测量放线工岗位培训教材

王光遐　马国庆　张金元　编著
杨嗣信　刘翰生　白崇智　审定

中国建筑工业出版社

图书在版编目（CIP）数据

测量放线工岗位培训教材/王光遐等编著.—北京：中国建筑工业出版社，2003
ISBN 978-7-112-06099-3

Ⅰ.测… Ⅱ.王… Ⅲ.建筑测量—技术培训—教材 Ⅳ.TU198

中国版本图书馆 CIP 数据核字（2003）第 111351 号

测量放线工岗位培训教材
王光遐 马国庆 张金元 编著
杨嗣信 刘翰生 白崇智 审定

*

中国建筑工业出版社出版、发行（北京西郊百万庄）
各地新华书店、建筑书店经销
北京云浩印刷有限责任公司印刷

*

开本：850×1168 毫米 1/32 印张：22 字数：590 千字
2004 年 2 月第一版 2012 年 1 月第五次印刷
印数：8501—9500 册 定价：**33.00** 元
ISBN 978-7-112-06099-3
（12112）

版权所有 翻印必究
如有印装质量问题，可寄本社退换
（邮政编码 100037）

本书为测量放线工岗位培训教材。全书共分 15 章内容及 6 个附录。主要内容包括：工程识图的基本知识、工程构造的基本知识、测绘学的基本知识、有关施工测量的法规和管理工作、水准测量、角度测量、距离测量、高新科技仪器在施工测量中的应用、测量误差的基本理论知识和应用、测设工作的基本方法、建筑工程施工测量前的准备工作、建筑工程施工测量、市政工程施工测量、大比例尺地形图的测绘、安全生产、公民道德和班组管理。书后并附有函数型计算器在测量中的应用、测量记录及报验用表、初、中、高级工培训内容、阶段模拟测验题和总复习提纲及测量放线、验线人员、测量放线等级工理论测试示范试卷等。

该书特点是根据国家最新的现行标准、规范编写、技术内容新颖、实用性强，内容简洁、文图并茂、技术含量高。

本书可作为建筑工程和市政工程测量放线工岗位培训教材，也可供测量放线、验线技术人员、测量监理人员使用和参考。

* * *

责任编辑：余永祯
责任设计：孙　梅
责任校对：黄　燕

序 言 一

王光遐老师 1984 年底调来我北京建工总公司，负责全总公司所有重点工程施工测量工作的指导、检查和培训放线、验线人员。1987 年在对我总公司 800 多名放线、验线人员培养的基础上，向建设部提出增设测量放线工种与其相应的应知应会的建议，得到部领导的支持，从此建设行业中正式有了测量放线工种。

1989 年初王光遐老师受北京市建委的委托，为全市测量放线、验线人员编写的 10 万字的上岗培训教材，我受邀参加了评审会，由于编写是使用当时的现行规范，内容实用、简明，得到好评，在全市 1989～2000 年 14 次近 1.5 万人的上岗培训中起到很好作用。

1985～1991 年王老师为我总公司培训了测量放线初级工、中级工与高级工，并编写了中级工测量教材，得到北京市劳动局与北京市建委的评审通过（见本书附录 4）。

1995 年秋我参加了由北京市建委原祖荫总工程师和王光遐老师主编，有建工集团总公司五人参加的北京市强制性地方标准《建筑工程施工测量规程》（DBJ01—21—95）的评审，《规程》的通过与实施使北京市的施工测量走上了规范化的道路。

王光遐老师现在编写的这本教材（送审稿）是在 1991 年中级工教材的基础上扩编而成，前几周送来让我审定，我重点看了新技术与有关高级工培训部分，对比建设部的应知应会我有如下看法：

1. 教材的全文转载了建设部的应知应会及培训大纲作为全书编写的依据，这很好。

2. 全书使用当前现行规范、规程，使读者在现场放线、验线中能学以致用，按规范作业，以保证工程质量，这是全书最可宝贵之处。

3. 全书所介绍的仪器、测法都是先进的，有利于提高建筑业测量放线、验线水平。

4. 全书内容，完全符合建设部测量放线初、中、高级工的应知、应会要求，内容实用先进、文字简洁，复习思考题也有利于消化和理解正文。

5. 全书介绍了自动安平水准仪、电子经纬仪与全站仪等新技术，对改变当前放线与验线工作面貌将会起到很好的作用。

总之，这是一本很好的测量放线、验线的教材，也是王光遐老师到我总公司十多年来，坚持深入施工一线，理论联系实际，在协助做好现场测量中注意收集与总结广大测量放线、验线人员的实践经验的结果。谢谢王老师用了近一年的业余时间写了这本教材，更谢谢广大测量放线、验线人员的辛勤劳动。我相信这本书的出版将会给广大测量放线、验线人员和广大施工人员业务水平的提高起到很好的作用。

杨嗣信

2002.8.4

杨嗣信同志今年73岁，是国务院有突出贡献的专家，教授级高级工程师，1983～1988年北京建工局局长、北京建工总公司总经理，1989～1997年北京建工总公司总工程师，现任北京市政府专业顾问城建组组长、北京建工集团科委会顾问、清华大学兼职教授、双圆监理公司专家。

序　言　一（续）

　　去年我审定了王光遐老师送来的测量教材"送审稿"并写了序言。今年初又送来增加识图审图、工程构造、安全生产、班组管理与公民道德等内容的"修订稿"，我看过并提了些意见。日前又送来将问答式，分初、中、高级工改为章节一体的"出版稿"让我再审定，我看后感到这本教材在经过一年的两次大修订后，内容更加完善、更加适合测量人员的全面培训，更加符合建设部的要求。科技工作者就是应当有这种精益求精的工作精神，相信这本教材出版后一定能受到广大读者的欢迎。

杨嗣信

2003.8.15

序 言 二

　　王光遐、马国庆两位于上月初，给我送来测量放线等级工培训教材（送审稿）让我审校。我看了一个多月，感觉写得很好。这本教材是在两次审定后又全面修订，大幅度增补而成的。第一次是 1989 年初由王光遐、洪越、张金元三位写的《北京市建筑施工企业测量放线、验线人员上岗培训教材》，约 10 万字，有我、张大有、朱成燐、文孔越、杨嗣信等 21 位参加，当时以实用先进、简明扼要等特点通过审定，这本前后印了 2 万多本，培训了 1.5 万人，效果很好。第二次是 1991 年秋由王光遐、洪越编写的测量放线中级工教材，约 20 万字，由我主持评审，有市劳动局、市建委、市建工总公司等 16 位参加，当时评定是："中级工所编教材内容比较成熟，建议修改后可以出版；高级工班教学内容也应按中级班所编讲义方式尽量组织人员编辑成书，以利推广"（见本书附录 4）。

　　这次送来的是初、中、高级工培训教材（送审稿）约 53 万字，我看后认为：比以前的两本教材更成熟、更完整、更实用、更体现了与时俱进的精神；教材内容符合建设部制定的放线工应知、应会及培训大纲的要求，而且密切结合北京的建设实际情况；教材使用了现行最新的国家法令与规范，法制性强；内容实用先进，所用实例都非常有代表性、典型性，体现了近些年来北京乃至全国的先进测量放线水平；文字比较简练，习题均来自生产实际，而且有不少地方作者都有创见，如对水准仪和经纬仪的构造发展划分四个阶段，对全站仪划分三代，对坐标变化的算法更有独创之处等。

　　总之，这是来自实践又高于实践的一本较好的培训教材，也是一本生产实用的测量放线手册。我确信这本教材的刊印对今后测量放线技术人员与测量放线等级工培训和提高整个建筑业施工放线水平都将起到指导性作用。

  王光遐、马国庆两位所以能写出这本好教材，主要是他们有着深厚的根基。他们的老师是二战前北洋大学优秀毕业生蔺尚义老先生，他比我年长八岁。王、马两位1948～1952年在蔺老的直接教育下成长，毕业后留校又在蔺老严谨治学的领导下，进行教学与工作。蔺老从三方面培养青年教师。首先送马国庆同志去北京解放军测绘学院进修大地测量，后去武汉测绘学院进修航测专业；送王光遐同志到清华进修，后又两次去武汉测绘学院进修工测专业及部分研究生课程，使两位在原来土木工程的基础上又具有了较好的测量专业理论。其次是在贯彻"教育与生产劳动相结合"的方针中，让两位带领学生参加大量的工程实践，如西长安街的拓宽、40km护城河的整修、门头沟矿区与三家店水库库区测图、酒仙桥电子工业区的建厂测量、怀柔水库、密云水库的施工测量，以及郊区县山区公路勘测与施工测量等，丰富多彩的生产实习既培养了学生更锻炼了青年教师的实践能力。三是在日常教学中更是严格要求青年教师努力学习教育学，认真备课，编写教材……，总之，蔺老的言传身教，使两位茁壮成长。1961年蔺老调北京工业大学任教，两位顺利接替了北京建工学院测量教研室的主任工作，"文化大革命"后在建工出版社出版了"普通工程测量"发行20多万册。真是严师出高徒，我们老一代看到新一代的成长，内心甚感欣慰。他们两位现已年近七旬，仍在建设第一线工作，而且用业余时间编写这本内容丰富的教材的精神值得赞扬。

刘翰生
2002.8.10

  看过出版稿，完全同意杨总意见。 刘翰生 2003.12.10

  刘老教授今年83岁，离休前是清华大学测量教研室主任。

序 言 三

　　日前送来由王光遐、马国庆两位老师主编的施工测量放线、验线人员培训教材（送审稿）请我审定、修改。近日我因工作太忙，抽空把教材大体上看了一遍，重点看了第1、2、8、10、13与15章中，有关市政工程施工测量方面的内容。感到全书写的很好，全书使用了当前最新的国家与北京市的规范、规程，其中我市政集团主编的就有5本。书中内容理论联系实际，是一本很好教材，更是一本施工现场测量作业的指导书。但希望适当增加一些盾构施工与城市轨道工程方面的内容。

　　马国庆同志是有30多年教龄的高校测量老师，1984年夏天调来北京市市政总公司，先后参加了市政设计工作、施工管理工作和施工监理工作，是全国第一批国家级监理工程师，近年来，从事ISO 9000质量管理认证咨询工作，对各省市多家企业进行咨询认证。从他近20年来所担任的工作就可以看出，马国庆老师的工程技术特别是测量技术功底的深厚，1990年按北京市建委的要求编写了市政工程施工测量培训教材，之后为北京市市政系统培训了数千名测量放线与验线方面的人员，受到各方面的好评。这次又与他的老战友合作编写了这本教材，真是老骥伏枥。

相信这本教材按建设部人事教育司的要求修改出版后,对北京市乃至全国培训施工测量人员将起到良好的作用。谢谢马国庆与王光遐两位老师的辛勤耕耘。

白崇智同志今年 65 岁,北京市有突出贡献专家,教授级高级工程师,中国土木工程学会常务理事,中国土木工程学会市政工程分会常务副理事长。1991~2002 年任北京市市政工程总公司总工程师,现任北京市政协常委,北京市政协城建环保委员会副主任,北京市市政工程总公司顾问总工程师。

前 言

为深入贯彻 2002 年全国职业教育工作会议精神，落实建设部、劳动和社会保障部《关于建设行业生产操作人员实行职业资格证书制度的有关问题的通知》精神，全面提高建设职工队伍整体素质，根据建设部颁发的《职业技能标准》、《职业技能岗位鉴定规范》和建设部、劳动部和社会保障部共同审定的手工木工等 8 个《国家职业标准》，我们编写了这本包含了建筑工程与市政工程测量放线初、中、高级工全部的知识要求（应知）、操作要求（应会），内容符合建设部要求的测量放线工岗位培训教材，也可供测量放线、验线技术人员、测量监理人员等有关专业人员参考。

本教材是在总结北京市建国以来，尤其是改革开放以来的建筑工程与市政工程施工测量经验，以及 1985 年以来培训数千名测量放线初、中、高级工的教材基础上，不断补充、修改、统一而成的一本测量专业培训教材，避免了因技术等级间的内容重复和衔接上存在的问题。

本教材注重建筑工程与市政工程的行业实际。理论讲述以明白、够用为度，重点突出操作技能的训练要求，注重实用与实效，以达到使读者明理会作。书中文字力求简要、插图清晰明了，问题引导留有余地，每题、每章均附有复习思考题，难易适度。

本教材共 15 章内容和 6 个附录。

第 1、2 章是工程识图、审图与工程构造的基本知识。按设计图施工是施工中的基本原则。施工测量在整个施工中，对工程的平面位置、高程、形状与尺寸起着整体控制作用；在各部位施工中是先导性的工序。因此，要想做好施工测量，懂得工程构造，熟练地掌握识图、审图能力是重要的基本条件。故在本教材的开始就设置了这两章，请读者，尤其对于新参加测量放线的同志更为重要。

第3、4章是测绘学的基本知识和有关施工测量的法规，这是学好施工测量的专业基础知识。

第5~8章分别介绍了水准测量、角度测量、距离测量和高新科技仪器的基本构造、测量原理、操作方法及使用要点等，这是掌握施工测量工作的基本功，必须学好理论的同时要通过实习掌握操作。

第9章测量误差的基本理论知识和应用，是3.4节的加深和扩展，是提高对误差理论认识与分析能力的需要。

第10~13章是本教材的核心部分，第10与11章是基础、第12、13章是建筑工程与市政工程施工测量。讲授时与学习时一定要结合工程实践、认真领会各种规范的要求，深入掌握。

第14章是小区域地形图的测绘，重点是小区域地形图的测绘步骤与闭合导线、附合导线的外业及内业——这是测图的需要，更是测量施工控制网的需要。

第15章，内容分四个部分显得有些"杂"，但都是测量管理工作的需要。

本教材使用现行国家法令、国家标准、行业标准与北京市地方标准等70多种。书中内容符合新工艺与新技术推广要求。书中着重介绍了国产先进测量仪器、也适当地介绍了国外先进实用的仪器以适应工作需要。总之，作者认为本书是土木建筑施工测量生产操作人员进行就业技能岗位培训的适用教材。也可作为高、中等职业院校实践教学使用。

本教材由北京建工集团总公司王光遐高工、北京市政集团总公司马国庆高工与北京城建集团总公司张金元高工共同编写，由王光遐、马国庆统稿、定稿。由清华大学刘翰生老教授、北京建工总公司杨嗣信总工程师与北京市政工程总公司白崇智总工程师审定。

编者　　王光遐、马国庆、张金元

2003年6月2日

目 录

第1章 工程识图的基本知识 ……………………………… 1
1.1 平面图和地形图在工程中的应用 ……………………… 1
   1.1.1 平面图与地形图 …………………………………… 1
   1.1.2 地形图在工程中的具体应用 ……………………… 10
1.2 工程制图三面正投影的基本知识 ……………………… 12
   1.2.1 三面正投影的原理 ………………………………… 12
   1.2.2 三面正投影中的三等关系与方位关系 …………… 14
1.3 民用建筑工程施工图的基本内容和识读要点 ………… 14
   1.3.1 《房屋建筑制图统一标准》(GB/T 50001—2001) ………… 14
   1.3.2 民用建筑工程施工图的基本内容 ………………… 20
   1.3.3 建筑总平面图的基本内容与识读要点 …………… 21
   1.3.4 建筑定位轴线的作用、编号与审校 ……………… 25
   1.3.5 建筑平面图的基本内容与识读要点 ……………… 28
   1.3.6 建筑基础图的基本内容与识读要点 ……………… 32
   1.3.7 建筑立面图的基本内容与识读要点 ……………… 35
   1.3.8 建筑剖面图的基本内容与识读要点 ……………… 37
   1.3.9 楼梯详图的基本内容与识读要点 ………………… 38
1.4 工业建筑工程施工图的基本内容和识读要点 ………… 41
   1.4.1 单层工业厂房平面图与基础图的基本内容与识读要点 ……… 41
   1.4.2 单层工业厂房立面图与剖面图的基本内容与识读要点 ……… 43
1.5 市政工程施工图的基本内容和识读要点 ……………… 45
   1.5.1 市政工程施工图的基本内容 ……………………… 45
   1.5.2 城市道路、公路带状平面设计图的基本内容
         与识读要点 ………………………………………… 46

1.5.3　城市道路、公路纵断面设计图的基本内容与识读要点 …… 47
　1.5.4　城市道路、公路横断面设计图的基本内容与识读要点 …… 48
　1.5.5　校核城市道路、公路的平面、纵断面与横断面的关系 …… 49
　1.5.6　桥、涵平面设计图的基本内容与识读要点 ……………… 51
　1.5.7　管道（排水、给水、燃气、热力、电力、
　　　　 电信等）工程平面设计图的基本内容与识读要点 ……… 52
　1.5.8　管道工程纵断面设计图的基本内容与识
　　　　 读要点 ……………………………………………………… 53
1.6　工程标准图（工程通用图） ………………………………… 53
　1.6.1　工程标准图（工程通用图） …………………………… 53
　1.6.2　北京地区使用的标准图集 ……………………………… 54
1.7　图纸会审和签收 ……………………………………………… 54
　1.7.1　图纸会审与设计交底 …………………………………… 54
　1.7.2　测量人员如何参加图纸会审与设计交底 ……………… 55
　1.7.3　设计图纸的签收与保管 ………………………………… 56
1.8　复习思考题 …………………………………………………… 56
1.9　操作考核内容 ………………………………………………… 57

第2章　工程构造的基本知识 ……………………………………… 58
2.1　民用建筑构造的基本知识 …………………………………… 58
　2.1.1　建筑物的分类 …………………………………………… 58
　2.1.2　民用建筑物与构筑物 …………………………………… 59
　2.1.3　民用建筑工程的基本名词术语 ………………………… 60
　2.1.4　建筑物的耐久年限等级与耐火等级 …………………… 61
　2.1.5　日照间距与防火间距 …………………………………… 63
　2.1.6　确定民用建筑定位轴线的原则 ………………………… 64
　2.1.7　变形缝的分类、作用与构造 …………………………… 64
　2.1.8　楼梯的组成、各部分尺寸与坡度 ……………………… 65
2.2　工业建筑构造的基本知识 …………………………………… 66
　2.2.1　工业建筑物与构筑物 …………………………………… 66
　2.2.2　工业建筑工程的基本名词术语 ………………………… 67

  2.2.3 工业建筑的特点 ································· 68
  2.2.4 确定厂房定位轴线的原则 ··························· 68
 2.3 市政工程的基本知识 ································· 69
  2.3.1 城市道路与公路的特点 ····························· 69
  2.3.2 城市道路与公路工程中的基本名词术语 ··············· 70
  2.3.3 城市道路的分类、分级与技术标准 ··················· 72
  2.3.4 公路的分级与技术标准 ····························· 73
  2.3.5 桥梁、涵洞的分类与基本名词术语 ··················· 74
 2.4 复习思考题 ··· 76

第3章 测绘学的基本知识 ································· 77
 3.1 测绘学的基本内容 ··································· 77
  3.1.1 测绘学 ··· 77
  3.1.2 工程测量的任务与作用 ····························· 78
  3.1.3 工程施工测量的任务与作用 ························· 79
 3.2 地面点位的确定 ····································· 80
  3.2.1 测量工作的实质与确定地面点位的基本要素 ··········· 80
  3.2.2 水准面、水平面与弧面差 (E) ······················· 81
  3.2.3 大地水准面、"1985国家高程基准"
    与各"地方高程系统" ····························· 82
  3.2.4 绝对高程(H)、相对高程(H')与高差(h)、
    坡度(i) ··· 83
  3.2.5 地面上的基本方向——子午线 ······················· 85
  3.2.6 直线方向的表示方法——方位角(φ)、象限角(R) ····· 86
  3.2.7 测量平面直角坐标系与数学坐标系 ··················· 87
  3.2.8 北京城市测量坐标系 ······························· 88
  3.2.9 坐标增量(Δy、Δx)、坐标正算(P→R)与坐标反算
    (R→P) ··· 91
 3.3 地球的形状、大小和坐标系 ··························· 94
  3.3.1 地球的形状与大小 ································· 94
  3.3.2 当测区面积较小时可以用水平面代替水准面 ··········· 95

3.3.3 大地坐标系 ·· 96
　　3.3.4 高斯正形投影平面直角坐标系 ···························· 97
　　3.3.5 1954 北京坐标系、1980 国家大地坐标系、1984 世界
　　　　　大地坐标系与独立坐标系 ··································100
3.4 测量误差的基本概念 ···102
　　3.4.1 真误差（Δ）、较差（d）与精度（k） ············102
　　3.4.2 测量中产生误差的原因 ·····································103
　　3.4.3 测量误差的分类 ···104
　　3.4.4 衡量测量精度的标准 ··106
　　3.4.5 测角与量距精度的匹配、点位误差 ······················109
　　3.4.6 正确对待测量放线中的误差与错误 ······················111
　　3.4.7 保证测量放线最终成果正确性的两个基本要素 ·······111
3.5 复习思考题 ···112
3.6 操作考核内容 ··114

第4章 有关施工测量的法规和管理工作 ···························116
4.1 中华人民共和国测绘法和计量法 ································116
　　4.1.1 中华人民共和国测绘法 ·····································116
　　4.1.2 中华人民共和国计量法 ·····································116
　　4.1.3 中华人民共和国法定计量单位 ·····························117
　　4.1.4 中华人民共和国计量法实施细则 ··························119
4.2 ISO 9000（2000 版）质量管理体系 ····························119
　　4.2.1 ISO ···119
　　4.2.2 ISO 9000：2000 质量管理体系 ·····························120
　　4.2.3 GB/T 19000 质量管理体系标准对施工测量管理工作的
　　　　　基本要求 ··121
4.3 《建筑工程施工测量规程》（DBJ 01—21—1995） ·········123
　　4.3.1 《建筑工程施工测量规程》（DBJ 01—21—1995） ····123
　　4.3.2 测量放线工作的基本准则 ···································124
　　4.3.3 测量验线工作的基本准则 ···································125
　　4.3.4 测量记录的基本要求 ··127

  4.3.5　测量计算的基本要求 ……………………………………… 127
 4.4　施工测量的管理工作 ………………………………………… 129
  4.4.1　施工测量工作应建立的管理制度 ……………………… 129
  4.4.2　施工测量管理人员的工作职责 ………………………… 129
  4.4.3　施工测量技术资料 ……………………………………… 130
 4.5　测量放线工职业技能标准和岗位培训计划与大纲 … 131
  4.5.1　施工测量人员在业务上应具备的基本能力 …………… 131
  4.5.2　1996年2月17日建设部颁发的建设行业——测量放线工——职业技能标准 ……………………………… 133
  4.5.3　2002年10月28日建设部人事教育司颁发的初级测量放线工培训计划与培训大纲 ……………………… 137
  4.5.4　2002年10月28日建设部人事教育司颁发的中级测量放线工培训计划与培训大纲 ……………………… 143
  4.5.5　2002年10月28日建设部人事教育司颁发的高级测量放线工培训计划与培训大纲 ……………………… 151
 4.6　复习思考题 …………………………………………………… 156

第5章　水准测量 …………………………………………………… 160
 5.1　水准测量原理 ………………………………………………… 160
  5.1.1　高程测量的分类 ………………………………………… 160
  5.1.2　水准测量公式 …………………………………………… 161
 5.2　普通水准仪的基本构造和操作 ……………………………… 162
  5.2.1　水准仪的分类 …………………………………………… 162
  5.2.2　S3级微倾水准仪的基本构造 …………………………… 164
  5.2.3　光学自动安平水准仪的基本构造与工作原理 ………… 165
  5.2.4　电子自动安平水准仪的基本构造与工作原理 ………… 167
  5.2.5　水准仪的安置 …………………………………………… 168
  5.2.6　水准仪的观测 …………………………………………… 169
 5.3　水准测量和记录 ……………………………………………… 171
  5.3.1　水准点（BM） …………………………………………… 171
  5.3.2　水准测站的基本工作 …………………………………… 171

5.3.3 水准测量记录 ……………………………………… 172
  5.3.4 水准高程引测中的要点 …………………………… 175
  5.3.5 立水准尺的要点 …………………………………… 176
 5.4 水准测量的成果校核 ……………………………………… 177
  5.4.1 水准测量的测站校核 ……………………………… 177
  5.4.2 水准测量的成果校核 ……………………………… 177
  5.4.3 附合水准测量闭合差的计算与调整 ……………… 178
  5.4.4 往返水准测量闭合差的计算与调整 ……………… 180
 5.5 测设已知高程和坡度线 …………………………………… 181
  5.5.1 测设已知高程 ……………………………………… 181
  5.5.2 由±0.000向基坑内与向屋顶上传递高程 ……… 183
  5.5.3 测设坡度线 ………………………………………… 184
 5.6 精密水准仪和三、四等水准测量 ………………………… 185
  5.6.1 精密水准仪的分类与基本构造 …………………… 185
  5.6.2 精密因瓦水准尺 …………………………………… 188
  5.6.3 三、四等水准测量 ………………………………… 189
 5.7 普通水准仪的检定、检校、保养和一般维修 …………… 193
  5.7.1 水准仪检定项目 …………………………………… 193
  5.7.2 水准盒轴（$L'L'$）平行竖轴（VV）的检校 ……… 194
  5.7.3 微倾水准仪水准管轴（LL）平行视准轴（CC）
      的检校 ……………………………………………… 195
  5.7.4 自动安平水准仪视准线水平的检校 ……………… 195
  5.7.5 S3水准仪i角的限差与测定 ……………………… 196
  5.7.6 水准仪的保养 ……………………………………… 196
  5.7.7 三脚架与水准尺的保养 …………………………… 197
  5.7.8 维修普通测量仪器的基本原则 …………………… 197
  5.7.9 测量仪器的拆卸 …………………………………… 198
  5.7.10 定平螺旋与制、微动螺旋的维修 ………………… 200
  5.7.11 竖轴的维修 ………………………………………… 200
  5.7.12 望远镜系统故障的维修 …………………………… 201

    5.7.13　胶合透镜、胶合棱镜与光学零件的清洁 ················· 202
  5.8　复习思考题 ·· 203
  5.9　操作考核内容 ··· 206

第6章　角度测量 ·· 209
  6.1　角度测量原理 ··· 209
    6.1.1　水平角（β）、后视边、前视边、水平角值 ············· 209
    6.1.2　竖直角（θ）、仰角、俯角 ····························· 210
  6.2　普通经纬仪的基本构造和操作 ································ 211
    6.2.1　经纬仪的分类 ··· 211
    6.2.2　经纬仪的主要用途 ·· 212
    6.2.3　普通光学经纬仪的基本构造 ······························ 213
    6.2.4　J6级光学经纬仪的读数系统 ······························ 215
    6.2.5　J2级光学经纬仪的读数系统 ······························ 216
    6.2.6　电子经纬仪的基本构造、工作原理与特点 ··············· 217
    6.2.7　经纬仪的安置 ··· 219
  6.3　水平角测量和记录 ·· 221
    6.3.1　水平角测量的常用方法 ···································· 221
    6.3.2　用度盘离合器光学经纬仪以测回法测量水平角 ········· 222
    6.3.3　用度盘变位器光学经纬仪以测回法测量水平角 ········· 223
    6.3.4　用度盘离合器光学经纬仪以复测法测量水平角 ········· 223
    6.3.5　全圆测回法测量水平角 ···································· 224
    6.3.6　用电子经纬仪以测回法测量水平角 ······················ 226
    6.3.7　水平角施测中的要点 ······································ 226
  6.4　测设水平角和直线 ·· 227
    6.4.1　用度盘离合器光学经纬仪以测回法测设水平角 ········· 227
    6.4.2　用度盘变位器光学经纬仪以测回法测设水平角 ········· 228
    6.4.3　用电子经纬仪以测回法测设水平角 ······················ 229
    6.4.4　用精密测法测设水平角 ···································· 229
    6.4.5　用经纬仪延长直线 ·· 230
    6.4.6　经纬仪延长直线时遇障碍物的处理 ······················ 231

6.4.7 在两点间的直线上安置经纬仪 …………………… 232
6.4.8 在两点的延长线上安置经纬仪 …………………… 232
6.4.9 在两轴线的交点上安置经纬仪 …………………… 234
6.5 竖直角测法和在施工测量中的应用 …………………… 234
 6.5.1 光学经纬仪竖直度盘及指标的基本构造
   与用经纬仪测设水平线 …………………… 234
 6.5.2 光学经纬仪以测回法测量竖直角（θ） …………… 236
 6.5.3 电子经纬仪以测回法测量竖直角（θ） …………… 237
 6.5.4 竖直角直接测量高差（h）（即三角高程测量） …… 237
 6.5.5 竖直角间接测量高差（h）、高程（H） ………… 238
 6.5.6 经纬仪测设倾斜平面 …………………… 241
6.6 普通经纬仪的检定、检校、保养和一般维修 ………… 242
 6.6.1 经纬仪检定项目 …………………… 242
 6.6.2 经纬仪检校的主要项目 …………………… 243
 6.6.3 照准部水准管轴（LL）垂直竖轴（VV）的检校 … 244
 6.6.4 视准轴（CC）垂直横轴（HH）的检校 ………… 245
 6.6.5 横轴（HH）垂直竖轴（VV）的检校 …………… 245
 6.6.6 J6、J2 经纬仪 c 角与 i 角的限差与测定 ………… 246
 6.6.7 竖盘指标水准管的检校 …………………… 247
 6.6.8 光学对中器视准轴与竖轴（VV）不重合的检校 … 247
 6.6.9 经纬仪的正确使用与保养 …………………… 247
 6.6.10 竖轴的维修 …………………… 249
 6.6.11 读数系统的维修 …………………… 249
 6.6.12 读数窗与有分划线的光学零件的清洁 ………… 251
6.7 复习思考题 …………………… 251
6.8 操作考核内容 …………………… 252

第 7 章 距离测量 …………………… 254
7.1 钢尺的性质和检定 …………………… 254
 7.1.1 钢尺的性质 …………………… 254
 7.1.2 钢尺检定项目 …………………… 256

7.1.3 钢尺的名义长与实长 ……………………………………… 257
7.2 钢尺量距、设距和保养 …………………………………… 257
7.2.1 往返量距 …………………………………………… 257
7.2.2 精密量距 …………………………………………… 258
7.2.3 精密设距 …………………………………………… 259
7.2.4 钢尺量距的要点 …………………………………… 261
7.2.5 钢尺的保养 ………………………………………… 261
7.3 钢尺在施工测量中的应用 ………………………………… 262
7.3.1 用钢尺自直线上一点向线外作垂线 ……………… 262
7.3.2 用钢尺自直线外一点向线上作垂线 ……………… 263
7.3.3 用钢尺测设任意水平角 …………………………… 264
7.4 光电测距 …………………………………………………… 266
7.4.1 电磁波与电磁波测距 ……………………………… 266
7.4.2 光电测距仪的基本构造、工作原理与标称精度 … 266
7.4.3 光电测距仪的分类与检定项目 …………………… 268
7.4.4 光电测距仪的基本操作方法、使用与保养要点 … 269
7.4.5 光电测距三角高程测量 …………………………… 271
7.5 视距测法 …………………………………………………… 273
7.5.1 视距测法 …………………………………………… 273
7.5.2 水平视线视距原理与测法 ………………………… 274
7.5.3 倾斜视线视距原理与测法 ………………………… 275
7.6 复习思考题 ………………………………………………… 277
7.7 操作考核内容 ……………………………………………… 278
第8章 高新科技仪器在施工测量中的应用 ………………… 279
8.1 激光技术的发展和激光特性 ……………………………… 279
8.1.1 激光技术的发展 …………………………………… 279
8.1.2 激光的特性 ………………………………………… 279
8.2 激光横向准直和水平测设 ………………………………… 280
8.2.1 激光横向准直仪的基本构造与功能 ……………… 280
8.2.2 激光扫平仪的基本构造与功能 …………………… 281

8.3 铅垂准直和竖向投测 …………………………………… 282
8.3.1 经纬仪的铅垂准直与竖向投测 …………………… 282
8.3.2 垂准仪的校准光学垂准仪的基本构造与操作 …… 284
8.3.3 激光垂准仪的基本构造与操作 …………………… 286

8.4 全站仪的基本构造和操作 ……………………………… 288
8.4.1 全站仪的发展简况与基本构造 …………………… 288
8.4.2 国产第二代全站仪的构造特点 …………………… 290
8.4.3 全站仪的精度等级与检定项目 …………………… 293
8.4.4 全站仪的基本操作方法、使用与保养要点 ……… 294
8.4.5 第三代全站仪的构造特点 ………………………… 296
8.4.6 全站仪的选购与选用 ……………………………… 297

8.5 GPS 全球卫星定位系统在工程测量中的应用 ………… 299
8.5.1 GPS 全球卫星定位系统简况与功能 ……………… 299
8.5.2 GPS 全球卫星定位系统的定位原理 ……………… 302
8.5.3 GPS 全球定位系统的精度等级与 GPS 接收机的检定项目 …………………………………………… 304
8.5.4 我国国家高精度 GPS 网（NGPSN）网的建立 …… 306
8.5.5 GPS 全球卫星定位系统在工程测量中的应用 …… 307

8.6 复习思考题 ……………………………………………… 308
8.7 操作考核内容 …………………………………………… 309

第9章 测量误差的基本理论知识和应用 …………………… 310
9.1 测量误差的传播定律 …………………………………… 310
9.1.1 观测值函数的中误差 ……………………………… 310
9.1.2 算术平均值及其中误差 …………………………… 313
9.1.3 等精度观测值的中误差 …………………………… 315
9.1.4 加权平均值及其中误差 …………………………… 317

9.2 测量误差理论的应用 …………………………………… 321
9.2.1 水准测量与水平角测量允许误差的公式 ………… 321
9.2.2 钢尺量距、水准测量与水平角测量中的误差 …… 323

9.3 复习思考题 ……………………………………………… 327

第10章 测设工作的基本方法 ········· 329
10.1 测设点位的基本方法 ············ 329
10.1.1 直角坐标法测设点位 ········· 329
10.1.2 极坐标法测设点位 ··········· 331
10.1.3 极坐标法测设风车楼 ········· 332
10.1.4 角度交会法测设点位 ········· 334
10.1.5 距离交会法测设点位 ········· 336
10.2 测设圆曲线的基本方法 ·········· 338
10.2.1 圆曲线各部位名称与测设要素的计算公式 ······ 338
10.2.2 圆曲线主点的测设 ··········· 340
10.2.3 直角坐标法测设圆曲线辅点 ···· 341
10.2.4 极坐标法测设圆曲线辅点 ······ 344
10.2.5 角度交会法测设圆曲线辅点 ···· 348
10.2.6 距离交会法测设圆曲线辅点 ···· 349
10.2.7 中央纵距法测设圆曲线辅点 ···· 351
10.3 道路工程中圆曲线和缓和曲线的测设方法 ······ 353
10.3.1 道路工程中圆曲线的测设 ······ 353
10.3.2 缓和曲线的测设 ············· 360
10.4 复杂图形建（构）筑物的测设方法 ··· 367
10.4.1 在长弦上测设圆曲线 ········· 367
10.4.2 根据方程式测设圆曲线上的点位与圆心 ······ 371
10.4.3 测设蝶形大厦 ··············· 372
10.4.4 测设椭圆形建筑物 ··········· 374
10.4.5 测设综合圆形、扇形与椭圆形建筑 ····· 375
10.4.6 测设双曲线与抛物线形建筑 ···· 378
10.4.7 测设复杂图形的一般规律 ······ 381
10.5 建（构）筑物定位的基本方法 ····· 381
10.5.1 建（构）筑物定位的重要性与基本方法 ······ 381
10.5.2 坐标法定位 ················· 383
10.5.3 关系位置法定位 ············· 386

10.6 复习思考题 ·· 390
10.7 操作考核内容 ·· 393

第11章 建筑工程施工测量前的准备工作 394

11.1 施工测量前准备工作的主要内容 ··············· 394
  11.1.1 准备工作的主要目的 ···························· 394
  11.1.2 准备工作的主要内容 ···························· 394
  11.1.3 制定测量放线方案前的准备工作 ············· 397
  11.1.4 施工测量方案应包括的主要内容 ············· 398

11.2 校核施工图 ·· 399
  11.2.1 校核施工图上的定位依据与定位条件 ······· 399
  11.2.2 校核建筑物外廓尺寸交圈 ····················· 402
  11.2.3 审核建筑物±0.000设计高程 ·················· 404

11.3 校核建筑红线桩和水准点 ·························· 406
  11.3.1 建筑红线在施工中的作用与使用红线时应注意的事项 ······································ 406
  11.3.2 根据红线桩坐标反算其边长(D)、左夹角(β) ··· 406
  11.3.3 在红线桩坐标反算中各项计算校核的意义 ··· 407
  11.3.4 校测红线桩的目的与方法 ····················· 408
  11.3.5 根据红线桩坐标计算红线范围内的面积 ····· 408
  11.3.6 校测水准点的目的与方法 ····················· 410

11.4 测量坐标(y, x)和建筑坐标(B, A)的换算 ······ 410
  11.4.1 两种坐标系的换算 ······························ 410
  11.4.2 传统的解析几何坐标变换方法 ················ 411
  11.4.3 用函数型计算器的坐标正反算方法进行坐标变换 ··· 414

11.5 场地平整测量 ·· 415
  11.5.1 场地平整的原则 ································· 415
  11.5.2 方格法平整场地 ································· 416
  11.5.3 等高线法平整场地 ······························ 419

11.6 复习思考题 ·· 421
11.7 操作考核内容 ·· 426

第12章 建筑工程施工测量 ……………………… 428
12.1 一般场地控制测量 ……………………… 428
12.1.1 一般场地控制网的作用 ……………………… 428
12.1.2 一般场地平面控制网的布网原则、精度、网形及基本测法 ……………………… 428
12.1.3 根据城市导线点测设一般场地平面控制网 ……………………… 433
12.1.4 一般场地高程控制网的布网原则、精度与基本测法 ……………………… 435
12.2 大型场地控制测量 ……………………… 436
12.2.1 大型场地平面控制网的布设原则与基本测法 ……………………… 436
12.2.2 大型场地方格控制网的测设 ……………………… 437
12.2.3 大型场地导线控制网的测设 ……………………… 438
12.2.4 大型场地三角控制网的测设 ……………………… 442
12.2.5 大型场地高程控制网的布设原则与基本测法 ……………………… 444
12.2.6 大型场地控制网的复测 ……………………… 446
12.3 建筑物定位放线和基础放线 ……………………… 446
12.3.1 建筑物定位的基本测法 ……………………… 446
12.3.2 选择建筑物定位条件的基本原则 ……………………… 449
12.3.3 建筑物定位放线的基本步骤 ……………………… 450
12.3.4 龙门板的作用与钉设步骤 ……………………… 452
12.3.5 建筑物定位验线的要点 ……………………… 453
12.3.6 建筑物基础放线的基本步骤、验线的要点与允许误差 ……………………… 454
12.3.7 基础施工中标高的测设 ……………………… 455
12.3.8 钢筋混凝土基桩的放线 ……………………… 456
12.3.9 皮数杆的作用、绘制与测设 ……………………… 457
12.4 结构施工和安装测量 ……………………… 458
12.4.1 砖混结构的施工放线 ……………………… 458
12.4.2 现浇钢筋混凝土框架结构的施工放线 ……………………… 460
12.4.3 装配式钢筋混凝土框架结构的施工放线 ……………………… 461

12.4.4 大模板结构的施工放线 …………………………… 462
12.4.5 单层厂房结构的施工放线 …………………………… 463
12.4.6 单层厂房预制混凝土柱子的安装测量 …………… 465
12.4.7 用经纬仪做柱身（或高层建筑）铅直校正时，仪器位置对校正的影响 …………………………… 467
12.4.8 吊车梁的安装测量 …………………………… 469
12.4.9 屋架的安装测量 …………………………… 471
12.5 建筑物的高程传递和轴线的竖向投测 …………… 472
12.5.1 建筑物的高程传递 …………………………… 472
12.5.2 建筑物高程传递的允许误差 …………………… 473
12.5.3 建筑物轴线竖向投测的外控法 ………………… 474
12.5.4 建筑物轴线竖向投测的内控法 ………………… 476
12.5.5 建筑物轴线竖向投测的允许误差 ……………… 478
12.6 建筑工程施工中的沉降观测 …………………………… 478
12.6.1 建筑工程施工中沉降观测的主要作用与基本内容 …… 478
12.6.2 沉降观测的特点与操作要点 ………………… 480
12.6.3 沉降观测控制网的布设原则与主要技术要求 …… 481
12.6.4 沉降观测点的布设原则与主要技术要求 ……… 482
12.6.5 施工场地邻近建（构）筑物的沉降观测 ……… 484
12.6.6 高层建筑工程的沉降观测 …………………… 487
12.7 建筑工程竣工测量 …………………………… 488
12.7.1 竣工测量的目的与竣工测量资料的基本内容 …… 488
12.7.2 竣工测量的工作要点 ………………………… 488
12.7.3 建筑竣工图的作用与基本要求 ……………… 489
12.7.4 建筑竣工图的内容、类型与绘制要求 ……… 490
12.8 复习思考题 …………………………… 491
12.9 操作考核内容 …………………………… 496

第13章 市政工程施工测量 …………………………… 498

13.1 市政工程施工测量前的准备工作 …………………… 498
13.1.1 市政工程 …………………………… 498

- 13.1.2 市政工程施工测量的基本任务与主要内容 ········ 498
- 13.1.3 市政工程施工测量前的准备工作 ············· 499
- 13.1.4 学习与校核设计图纸时重点注意的问题 ········ 500
- 13.1.5 施工前对施工部位现状地面高程的复测及土方量的复算 ···················· 500
- 13.1.6 市政工程施工测量方案应包括的主要内容 ······ 501

13.2 道路工程施工测量 ···················· 502
- 13.2.1 恢复中线测量 ····················· 502
- 13.2.2 恢复中线测量的方法 ················ 502
- 13.2.3 纵断面测量 ······················ 503
- 13.2.4 横断面测量 ······················ 506
- 13.2.5 贯穿道路工程施工始终的三项测量放线基本工作 ··· 508
- 13.2.6 边桩放线 ························ 508
- 13.2.7 路堤边坡的放线 ··················· 509
- 13.2.8 边桩上纵坡设计线的测设 ············· 510
- 13.2.9 竖曲线、竖曲线形式与测设要素 ········ 512
- 13.2.10 竖曲线的测设 ··················· 512
- 13.2.11 路面施工阶段测量工作的主要内容 ····· 513
- 13.2.12 路拱曲线的测设 ·················· 514

13.3 管道工程施工测量 ···················· 515
- 13.3.1 管道工程施工测量的主要内容 ·········· 515
- 13.3.2 坡度板的测设 ···················· 515

13.4 桥涵工程施工测量 ···················· 519
- 13.4.1 桥涵工程施工测量的主要内容 ·········· 519
- 13.4.2 桥（涵）位的放线 ················· 519
- 13.4.3 桩基桩位的放线 ··················· 520
- 13.4.4 预制构件吊装时的竖向校测 ··········· 521
- 13.4.5 锥形护坡的放线 ··················· 521

13.5 场站建（构）筑物工程施工测量 ············ 522
- 13.5.1 场站建（构）筑物工程施工平面控制网的布

　　　　设原则与精度要求 …………………………………… 522
　　13.5.2　场站建（构）筑物工程施工高程控制网的布
　　　　设原则与精度要求 …………………………………… 523
　　13.5.3　场站建（构）筑物定位条件的选择 ……………… 523
　　13.5.4　圆形建（构）筑物施工控制桩的测设 …………… 524
　13.6　市政工程竣工测量 …………………………………………… 525
　　13.6.1　市政工程竣工测量 ………………………………… 525
　　13.6.2　地下管线竣工测量的基本精度要求 ……………… 526
　　13.6.3　用解析坐标测量地下管线所依据导线的布设与
　　　　主要技术要求 ………………………………………… 526
　　13.6.4　线路转折点坐标的测算 …………………………… 528
　　13.6.5　地下管线高程测量的主要技术要求 ……………… 528
　　13.6.6　各种地下管线高程施测部位的要求 ……………… 529
　　13.6.7　各种地下管线设施调查的基本内容与要求 ……… 530
　　13.6.8　各种地下管线竣工测量资料整理与装订要求 …… 530
　　13.6.9　各种地下管线竣工测量检查验收的主要内容 …… 531
　　13.6.10　编制（绘制）市政工程竣工图的技术要求 ……… 531
　　13.6.11　绘制市政工程竣工图的基本方法 ………………… 533
　13.7　复习思考题 …………………………………………………… 534
　13.8　操作考核内容 ………………………………………………… 535

第14章　小区域地形图的测绘 …………………………………… 538

　14.1　小区域测图的控制测量概念 ………………………………… 538
　　14.1.1　测绘小区域地形图的基本步骤 …………………… 538
　　14.1.2　控制网的作用 ……………………………………… 539
　14.2　经纬仪导线测量 ……………………………………………… 539
　　14.2.1　导线与经纬仪导线 ………………………………… 539
　　14.2.2　导线选点的基本原则 ……………………………… 540
　　14.2.3　导线外业的基本内容 ……………………………… 540
　　14.2.4　导线内业的基本内容 ……………………………… 540
　　14.2.5　导线计算的步骤 …………………………………… 541

- 14.2.6 按正算表格计算闭合导线与附合导线 542
- 14.2.7 导线计算中的各项计算校核 545
- 14.2.8 导线图的展绘 546
- 14.3 小平板仪、经纬仪和全站仪测图 547
  - 14.3.1 小平板仪测图的原理 547
  - 14.3.2 小平板仪的构造 548
  - 14.3.3 小平板仪的安置 548
  - 14.3.4 小平板仪测定点位的基本方法 549
  - 14.3.5 经纬仪测记法、经纬仪测绘法与全站仪数字化测图法 551
- 14.4 复习思考题 551
- 14.5 操作考核内容 553

第15章 安全生产、公民道德和班组管理 554
- 15.1 安全生产 554
  - 15.1.1 《中华人民共和国安全生产法》 554
  - 15.1.2 《安全生产法》规定有关人员的权利与义务 554
  - 15.1.3 建筑业的有关安全规程、规范 555
  - 15.1.4 施工安全生产中的基本名词术语 558
- 15.2 施工测量人员的安全生产 559
  - 15.2.1 施工测量人员在施工现场作业中必须特别注意安全生产 559
  - 15.2.2 市政工程施工测量人员安全操作要点 560
  - 15.2.3 建筑工程施工测量人员安全操作要点 561
- 15.3 公民道德和职业道德 562
  - 15.3.1 公民道德建设与基本道德规范 562
  - 15.3.2 职业道德与职业守则 563
  - 15.3.3 测量放线人员应自觉遵守公民道德与职业道德，努力把自己培养成四有新人 564
- 15.4 施工测量班组管理 565
  - 15.4.1 施工测量中的两种管理体制 565

15.4.2 施工测量班组管理的基本内容……………… 566
15.5 向初、中级工传授技能和解决本工种
   操作技术的疑难问题 ……………………… 569
 15.5.1 向初级测量放线工传授技能 …………… 569
 15.5.2 向中级测量放线工传授技能 …………… 571
 15.5.3 高级测量放线工需解决的疑难问题……… 573
15.6 复习思考题……………………………………… 574
附录1 编写本教材依据的有关国家法令、标准、
   规范、文件和参考资料目录 ………………… 576
附录2 函数型计算器在施工测量中的应用 ……… 582
附录3 施工测量记录和报验用表（附3-1~附3-9） 596
附录4 测量放线中级工、高级工培训内容 ……… 605
附录5 阶段模拟测验题和总复习提纲
   （附5-1~附5-3） …………………………… 613
附录6 测量放线、验线技术人员和测量放线等级工
   理论测试示范试卷（附6-1~附6-4）……… 633
编后语……………………………………………………… 671

第1章 工程识图的基本知识

1.1 平面图和地形图在工程中的应用

1.1.1 平面图与地形图

1. 平面图与地形图在工程建设中的作用

平面图与地形图是按一定的程序和方法（详见第14章），用符号、注记等方法全面表示了测区内各种自然现象（地物与地貌）和社会现象。图上的位置、形状与实物的实地位置、形状是按一定比例缩小的对应关系；图上的文字和数字又说明了它们的名称、特征、种类和数量。因此，平面图与地形图的量度性和直观性是特别明显的，与工程设计图上的距离只能按注记尺寸为准不同，而是按图的比例由图上直接量取或通过计算后求得所需要的距离、方向、高差、面积和体积等。正是平面图与地形图有以上的作用，所以它是工程总体布局和局部设计的重要依据，也是施工现场布置、场地平整等重要依据。故施工测量人员必需全面掌握平面图与地形图的识读与应用。根据《城市测量规范》（CJJ 8—1999）规定：不同比例尺地形图在城市规划和在工程建设不同阶段的用途见表 1.1.1-1 所示。

不同比例尺地形图在工程建设不同阶段的用途　　　表 1.1.1-1

比例尺	在工程规划、设计、施工与管理各阶段的用途
1:10000，1:5000	城市总体规划设计、小区规划、厂址选择、方案比较等
1:2000	城市详细规划、市政工程、建筑工程项目的初步设计等
1:1000，1:500	城市详细规划、管理、地下管网和地下普通建（构）筑工程的现状图、工程项目的施工详图设计等

2. 地物、地貌与平面图、地形图

（1）地物　人工建造与自然形成的物体。如房屋建筑、道路桥梁、地上地下的各种管线、树木、沟坎、河流、湖泊等。

（2）地貌　地面的高低起伏。如平地、斜坡、山头、山脊、山谷和洼地等。

（3）平面图　将地物沿铅垂方向投影到水平面上，并按一定的比例尺缩绘成的图。它只能反映出地物的平面位置关系，见图1.1.1-1所示立交桥平面形状而不能显示各种高低情况的平面图。

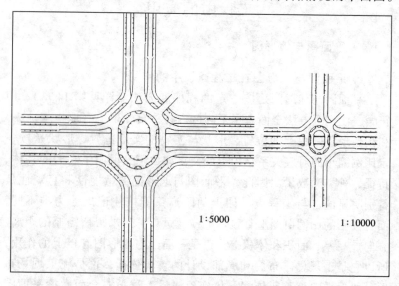

图1.1.1-1　1:5000、1:10000立交桥平面图

（4）地形图　既能反映出地物的平面位置关系，又能用等高线将地貌的起伏情况表示出来的图，如图1.1.1-2所示工矿区平面形状与高程情况的地形图。

3. 地形图比例尺、比例尺精度与测图精度

（1）地形图比例尺　地形图上任意线段的长度 l 与它所代表的地面上实际水平长度 L 之比，用分子为1的分数表示，即：

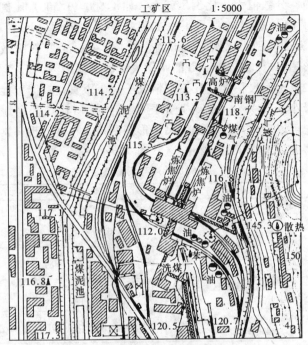

图 1.1.1-2 1:5000、1:10000 工矿区地形图

$$\frac{l}{L} = \frac{1}{M} \tag{1.1.1-1}$$

式中 M 是缩小的倍数。地形图比例尺的大小是由其分数值

决定的，分数值大，比例尺就大。如1:500（1/500）比例尺大于1:1000（1/1000）比例尺。在工程建设中常将比例尺1:10万~1:2.5万的叫做小比例尺地形图，1:1万~1:5000的叫做中比例尺地形图，1:2000~1:500的叫做大比例尺地形图。

(2) 比例尺精度　在正常情况下，人眼直接在图上能分辨出来的最小长度为0.1mm，地形图上0.1mm所代表的实地水平距离。它可以反映出各种比例尺地形图的精确程度。现将常用的比例尺精度列于表1.1.1-2中。

比例尺精度与测图精度　　　　　　　　表1.1.1-2

比例尺		1:500	1:1000	1:2000	1:5000	1:10000
比例尺精度（m）		0.05	0.10	0.20	0.50	1.00
点位中误差（m）	城市建筑区和平地、丘陵地	0.25	0.50	1.00	2.50	5.00
	山地和设站施测困难的旧街坊	0.38	0.75	1.50	3.75	7.50
邻近地物点间距中误差（m）	城市建筑区和平地、丘陵地	0.20	0.40	0.80	2.00	4.00
	山地和设站施测困难的旧街坊	0.30	0.60	1.20	3.00	6.00

(3) 测图精度　在测绘地形图中，由于控制测量与碎部测绘中（详见第14章）各种误差的影响，使得地形图上明显地物点的误差一般在0.5mm左右，0.5mm所表示的实地距离（0.5mm×M）就叫测图精度。根据《城市测量规范》（CJJ8—1999），现将常用的比例尺测图精度列于表1.1.1-2中。

由表1.1.1-2可知：地形图的比例尺越大，它的精度就越高，表示地物地貌就越详尽，精确；反之，比例尺越小，它的精度就越低，表示地物地貌就越简略。如图1.1.1-3为1:500的城区居民区，图中内容较详细。图1.1.1-4为1:1000的农村居民区，图中内容则较简略。

4. 地物符号

(1) 地物符号　在图上表示各种地物的符号。

(2) 地物符号分类　1996年5月1日实施的国家标准《1:

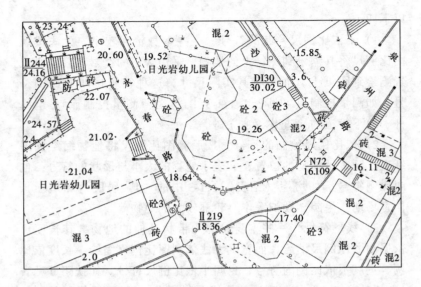

图1.1.1-3 1:500城区居民区地形图

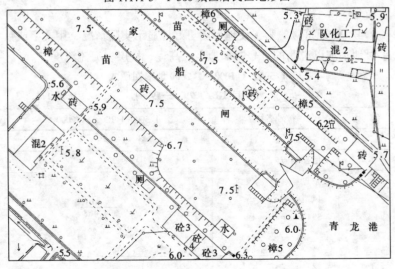

图1.1.1-4 1:1000农村居民区地形图

500、1:1000、1:2000地形图图式》(GB/T 7929—1995),统一规定了我国地形图使用的符号,如表1.1.1-3所示。地物符号分为

以下四类:

1) 不依比例尺绘制的符号 一些本身轮廓较小,无法按测图比例尺将其缩绘到图纸上的地物,采用规定的符号将其中心位置测绘到图纸上,而不管其实际尺寸,这种符号也叫非比例符号。如测量控制点(见表 1.1.1-3 中的"3"测量控制点)、电线杆、地下管道的检查井、独立树等。

2) 依比例尺绘制的符号 按照测图比例尺将地物缩绘到图纸上,既表示地物的位置,又表示地物的大小与形状的符号,也叫比例符号。如房屋(见表 1.1.1-3 中的"4"居民地和垣栅)、体育场地、果园、湖泊等本身轮廓较大的地物等。

3) 线形符号 一些本身轮廓为带状延伸的地物,其长度可依据测图比例尺缩绘,而宽度无法依测图比例尺缩绘,长度依比例、宽度不依比例的符号,也叫半依比例尺符号。如铁路(见表 1.1.1-3 中的"6、7"交通、管线及附属设施)、通讯线路与各种管道等。

4) 注记符号 为了使地形图更好地显示实际情况,用文字或数字对地物加以说明的符号。如地名、高程、楼层、河流深度等。

1:500、1:1000、1:2000 地形图图式
(摘自 GB/T 7929—1995)

表 1.1.1-3

编号	符号名称	1:500 1:1000 1:2000
	3 测 量 控 制 点	
3.1	平面控制点	
3.11	三角点 凤凰——点名 394.468——高程	△ 凤凰山 394.468 3.0
3.1.5	导线点 116——等级、点号 84.46——高程	2.0 □ $\dfrac{I16}{84.46}$

续表

编 号	符号名称	1:500　1:1000　1:2000
3.2 3.2.1 3.1.4	高程控制点 水准点 　Ⅱ京石 5——等级、点名、点号 　32.804——高程 土堆上的小三角	2.0 ⊗ $\dfrac{Ⅱ京石5}{32.804}$ ▽
4 居民地和垣栅		
4.1 4.1.1 4.1.2 4.1.3	普通房屋 一般房屋 　混——房屋结构 　3——房屋层数 简单房屋 建筑中的房屋	1.6 混3 建
5 工矿建(构)筑物及其他设施		
5.1 5.1.1 5.1.2	矿山开采、地质勘探设施 钻孔 探井	3.0 ⊙ 1.0 3.0 ⊠ 2.0
6 交通及附属设施		
6.1 6.1.1 6.1.2	铁路和其他轨道 一般铁路 电气化铁路	0.2　　10.0 0.2　　　　　0.6 0.4　　8.0 0.2 0.2 1.0 10.0 0.8 1.0 0.8 10.0

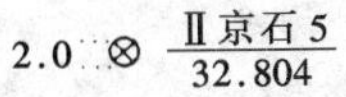

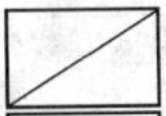

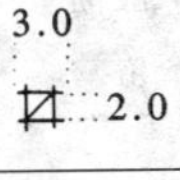

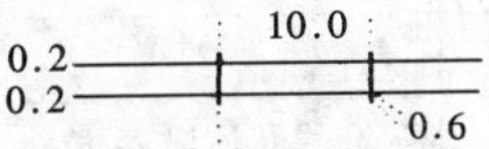

7

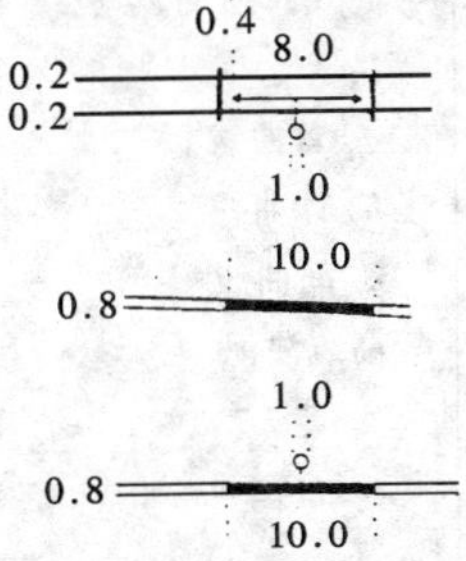

续表

编 号	符号名称	1:500　1:1000　1:2000
		7　管线及附属设施
7.1 7.1.1	电力线 输电线 　*a*. 地面上的 　*b*. 地面下的 　*c*. 电缆标	*a* ———○———— 4.0 ———○———— *b* ─ ─ ─ 1.0 ─┼─ 2.0 ─── 8.0 ──── 4.0 ─ ─ ─ 　　　　　*c*　　　　　　　　　　　　1.0
7.2	通信线 　*a*. 地面上的	*a* ———○———— 4.0 ———○————
		8　水系及附属设施
8.1 8.1.1	河流、溪流 常年河 　*a*. 水涯互 　*b*. 高水界 　*c*. 流向 　*d*. 潮流向 　←涨潮 　→落潮	*a*　*b*　0.15 3.0 1.0 *c* 0.5 *d* 7.0
		9　境界（略）
		10　地貌和土质
10.1 10.1.1 10.1.2	等高线及注记、示坡线 等高线 　*a*. 首曲线 　*b*. 计曲线 　*c*. 间曲线 等高线注记	*a* ～～～～～～～～ 0.15 *b* ━━━━━━━━ 0.3 　　　1.0　　　　6.0 *c* ─ ─ ─ ─ ─ ─ ─ ─ 0.15 　　　25

8

续表

编 号	符号名称	1:500 1:1000 1:2000
		11　植被
11.1 11.1.1 11.1.2	耕地 稻田 旱地	0.2　↓ 3.0　↓ 　　　1.0 　↓　　↓ 10.0 　　　　　10.0
		12　注记(略)

5．等高线、等高距、等高线平距、等高距与地貌精度

（1）等高线　地面上高程相等的相邻点所连成的闭合曲线。地形图上用等高线表示地面的高低起伏情况。

（2）等高距　相邻两条等高线之间的高差。

1）首曲线　根据不同测图比例尺及不同地貌情况，按有关规定的等高距绘出的等高线，也叫做"基本等高线"如图1.1.1-5中的74、76、78、80m等高线，其等高距为2m。

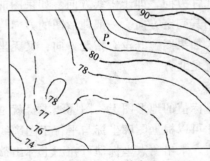

图1.1.1-5　等高线

2）计曲线　为了阅读方便，图中每隔四条首曲线，应加绘一条较粗的等高线，叫做"加粗等高线"。如图1.1.1-5中的80、90m等高线。

3）间曲线　如局部地貌复杂，为了能较好地表达该局部地貌变化情况，可加绘基本等高距一半的等高线，也叫做"半距等高线"。如图1.1.1-5中的77m长虚线等高线。

（3）等高线平距　相邻两条等高线之间的水平距离。在相同等高距的情况下，等高线平距小，表示地面坡度陡；等高线平距

大，表示地面坡度缓；等高线平距相等，则表示地面坡度均匀。

（4）等高距与地貌精度　一般等高距越小，表示地貌越详细，精度越高。但等高距的大小的选择与比例尺大小、地形坡度情况有关。为此，《城市测量规范》(CJJ8—1999)对不同比例尺与地区的地形图基本等高距与等高线高程中误差规定见表 1.1.1-4。

地形图的基本等高距与等高线高程中误差　　表 1.1.1-4

比例尺		1:500	1:1000	1:2000	1:5000	1:10000
基本等高距 (m)	平　地	0.5	0.5	0.5, 1	1	1, 2
	山　地	0.5	1.0	2	5	5
等高线高程 中误差	平　地	1/3 等高距				
	山　地	2/3 等高距				

复习思考题：

见 1.8 节 1～5 题。

1.1.2　地形图在工程中的具体应用

1. 在地形图上判定方向

一般地形图上多画有指北针方向，即子午线方向。如果图的四廓有测量坐标格网线，则用其判定方向。一般地形图的方向均为上北、下南、左西、右东。如果图上既没有指北方向，又无坐标格网，则图上注字的方向就是北方。

2. 在地形图上求点位坐标

在图廓角上注有纵、横坐标值的地形图上，图廓线本身就是 Y 轴与 X 轴的平行方向，因此可以根据图廓坐标与平行于图廓线的方向量测出某一点的坐标值。求出测点坐标即可在图上标出欲建建筑物的用地范围，并据此在地面上测设出来。

3. 在地形图上求直线的水平距离与方位角

（1）求水平距离　欲在图上量测 AB 两点距离，可用比例尺直接量取，也可先量测两点坐标值，然后根据下式计算两点间距离：

$$D_{AB} = \sqrt{(y_B - y_A)^2 + (x_B - x_A)^2} \qquad (1.1.2\text{-}1)$$

（2）求方位角　欲在图上量测直线的方位角，因地形图左、右图廓线为坐标子午线方向，故量测直线方位角时，过直线起点作图廓线的平行线，以其北端为起始方向，用量角器顺时针量到直线，即得该直线的方位角。

4．在地形图上求点位高程与两点间平均坡度

（1）求高程　欲在图上量测某点高程，该点应在等高线的范围内。如图 1.1.1-5 所示：欲求 P 点高程，根据 P 点所在位置，可用目估法确定其高程为 82.4m，在不便于绘等高线的城市建筑区，是用一定密度的高程注记点来表示地貌，注记点只表示这一点的高程，相邻注记点之间没有必然的联系，因此在等高线范围之外，不能确定任一点的高程。

（2）求平均坡度　欲在图上求两点间的平均坡度（i），先应在图上求出两点的高程及其高差（h），并求出其间的水平距离（d）。由于直线的坡度（i）是其两端点的高差（h）与水平距离（d）之比，故：

$$i = \frac{h}{d} \text{（坡度 } i \text{ 一般用百分率或千分率表示）} \quad (1.1.2\text{-}2)$$

5．在地形图上求图形面积

欲在地形图上计算某一范围的面积，可先将这一范围划分成若干几何图形（三角形、矩形、梯形、正方形等），然后在地形图上直接量取所需的数据，计算出其面积。若为多边形图形，可先量测出各角点坐标，再按 11.3.5 所讲算法，算出其面积。

若图形的四周为曲线，可用求积仪计算。

6．根据地形图绘制断面图

在道路、管道等线路工程的设计中，为使设计合理，通常需要较详细地了解沿线路方向上地面的高低起伏情况，因此，常根据地形图上的等高线绘制地面的断面图

如图 1.1.2（a）所示地形图，欲绘制 MN 方向的断面图，先画纵横轴线，如图 1.1.2（b）所示断面图，横轴表示水平距离，纵轴表示高程。量测出各点间距，将各点在横轴上表示出来

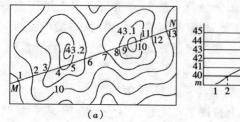 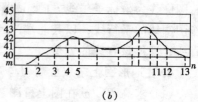

图 1.1.2

(a) 地形图；(b) 断面图

(m、1、2、3……13、n)，量测出各点高程，并在纵线上表示出来，就得到各点在断面图上的位置，用平滑曲线连接各点，即为 MN 方向的断面图。

为了明显地表示地面的高低起伏变化情况，断面图上的高程比例尺往往比水平距离比例尺大 10 倍或 20 倍。

复习思考题：

见 1.8 节 6 与 7 题

1.2 工程制图三面正投影的基本知识

1.2.1 三面正投影的原理

在工程设计中，为了能在平面的图纸上，全面准确地表达出占有空间立体形状的建（构）筑物，最常用的绘图方法就是三面正投影法。将物体（如图 1.2.1-1 中的桥台）置于三个相互垂直的投影面之中，图中 H 面为水平面，V 面为立面，W 面为侧面。用三组分别垂直于三个投影面的投射线（水平面投影是由上向下投射，立面投影是由前向后投影，侧面投影是由左向右投射）将物体轮廓分别投影到三个面上，得到三个不同的投影图形，将三个面按一定的旋转规则展开到一个平面上即得到图 1.2.1-2 所示的三面正投影图。该三面正投影图表示了空间的物体轮廓各面投影所反映的尺寸，只有在物体的某一条线或某一个面与投影面成平行关系时，它在那个投影面上的投影尺寸才是真实的长度。

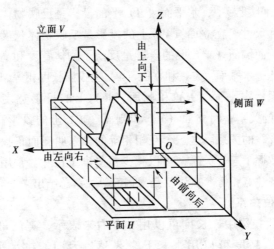

图 1.2.1-1 三面投影图的形成

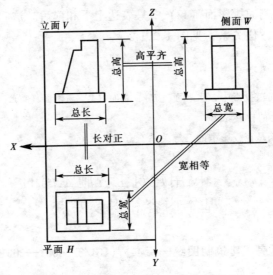

图 1.2.1-2 三面正投影图的展开

1.2.2 三面正投影中的三等关系与方位关系

1. 三等关系

在三面正投影中,水平面(H)上的投影是反映物体的长度和宽度的轮廓尺寸,在立面(V)上的投影是反映物体长度和高度的轮廓尺寸,而侧面(W)上的投影是反映了物体宽度和高度的轮廓尺寸。因此,水平面(H)和立面(V)上投影长度相等,即"长对正"的关系;水平面(H)和侧面(W)上的投影宽度相等,即"宽相等"的关系;而立面(V)和侧面(W)上的投影高度相等,即"高平齐"的关系。这三个互相相等的关系叫三面正投影图的三等关系。掌握了三等关系,可以减少重复度量尺寸。常用的"长对正、高平齐、宽相等"口诀就是根据三等关系总结出来的。

2. 方位关系

在三面投影中,长度可以用左、右来表示,宽度可以用前、后来确定,高度可以用上、下来表达。因而,在水平投影面(H)中只表达左右和前后,在立面投影面(V)中只表达左右和上下,在侧面投影面(W)中只表达上下和前后。这叫三面投影体系中的方位关系,见图 1.2.1-2。

复习思考题:

1. 三面正投影中,水平面(H)、立面(V)与侧面(W),各表示物体什么方向上的投影轮廓?
2. 什么是正投影中的三等关系?方位关系?

1.3 民用建筑工程施工图的基本内容和识读要点

1.3.1 《房屋建筑制图统一标准》(GB/T 50001—2001)

在工程建设中,为了正确地表达建(构)筑物的形状、尺寸、规格和材料等内容，需要将建（构）筑物按照投影的方法（见1.2节）和国家统一绘图标准表达在图上，叫做工程图样，俗称设计图或施工图。设计人员要通过施工图来表达设计思想和要求；施工人员则要以施工图作为施工的依据，按图施工。因此，施工图被喻为工程界的技术语言。为了统一房屋建筑制图规则，保证制图质量，提高制图效率，做到图面清晰、简明，符合设计、施工、存档的要求，适应当今工程建设的需要，建设部于2001年发布国家标准《房屋建筑制图统一标准》（以下简称"统一标准"）（GB/T 50001—2001），由2002年3月1日起实施。

"统一标准"共10章，各章标题是：1.总则，2.图纸幅面规格与图纸编排顺序，3.图线，4.字体，5.比例，6.符号，7.定位轴线，8.常用建筑材料图例，9.图样画法，10.尺寸标注。以下重点介绍其中7项内容。

1. 图纸目录与编排顺序

（1）图纸目录　是由各设计单位自行编排,但总的内容体现在图纸的标题栏中,主要包括:工程名称、建设单位名称、设计单位名称、图纸名称及图号。"统一标准"规定标题栏的格式如图1.3.1-1。

（2）图纸编排顺序　一般应为总图、建筑图、结构图、给水

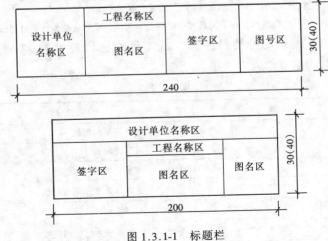

图1.3.1-1　标题栏

排水图、暖通空调图、电气图……等。各专业的图纸，应按图纸内容主次关系、逻辑关系，有序排列，它可体现在会签栏中。"统一标准"规定会签栏的格式如图 1.3.1-2。

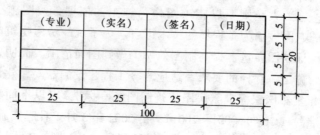

图 1.3.1-2 会签栏

2．图线的种类与用途

（1）图纸宽度 b 的选择　应根据施工图的复杂程度与比例大小，先选定基本线宽 b，再选用表 1.3.1-1 中相应的线宽组。

线宽组（mm） 表 1.3.1-1

线宽比	线 宽 组					
b	2.0	1.4	1.0	0.7	0.5	0.35
$0.5b$	1.0	0.7	0.5	0.35	0.25	0.18
$0.25b$	0.5	0.35	0.25	0.18		

注：1　需要微缩的图纸，不宜采用 0.18mm 及更细的线宽。
　　2　同一张图纸内，各不同线宽中的细线，可统一采用较细的线宽组的细线。

（2）图线的种类与用途　施工图应选用表 1.3.1-2 所示图线，其用途也如表中所示。

图　线 表 1.3.1-2

名称		线　型	线宽	一　般　用　途
实线	粗	——————	b	主要可见轮廓线
	中	——————	$0.5b$	可见轮廓线
	细	——————	$0.25b$	可见轮廓线、图例线
虚线	粗	— — — —	b	见各有关专业制图标准
	中	— — — —	$0.5b$	不可见轮廓线
	细	— — — —	$0.25b$	不可见轮廓线、图例线

续表

名称		线型	线宽	一般用途
单点长画线	粗		b	见各有关专业制图标准
	中		$0.5b$	见各有关专业制图标准
	细		$0.25b$	中心线、对称线等
双点长画线	粗		b	见各有关专业制图标准
	中		$0.5b$	见各有关专业制图标准
	细		$0.25b$	假想轮廓线、成型前原始轮廓线
折断线			$0.25b$	断开界线
波浪线			$0.25b$	断开界线

3．定位轴线（详见1.3.4）

4．常用建筑材料图例（见表1.3.1-3）

5．施工图画法

主要使用三面正投影法，详见1.2节。

6．尺寸标注

(1) 尺寸界线、尺寸线及尺寸起止符号　如图1.3.1-3。

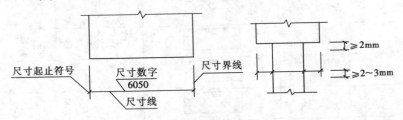

图1.3.1-3　尺寸的标注

(2) 尺寸的数字的注写方向、位置及排列　如图1.3.1-4（a）为尺寸注写方向，原则上与地形图上注字一样，字头是向上（北）或向左（西），倾斜时要向上。图1.3.1-4（b）为尺寸注写位置，原则上是注写在尺寸线上，尺寸线太短时。可注写在其近旁。图1.3.1-4（c）为工程图上最常用的三道平行排列的尺寸标注法，细部尺寸离轮廓线最近，轴线尺寸在中间，最外一道为外包总尺寸。

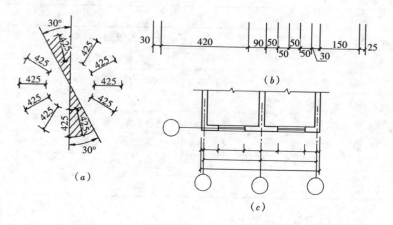

图 1.3.1-4 尺寸数字的注写方向、位置及排列

常用建筑材料图例（GB/T 50001—2001）　　表 1.3.1-3

序号	名　称	图　例	备　注
1	自然土壤		包括各种自然土壤
2	夯实土壤		
3	砂、灰土		靠近轮廓线绘较密的点
4	砂砾石、碎砖三合土		
5	石　材		
6	毛　石		
7	普通砖		包括实心砖、多孔砖、砌块等砌体。断面较窄不易绘出图例线时，可涂红
8	耐火砖		包括耐酸砖等砌体
9	空心砖		指非承重砖砌体

续表

序号	名 称	图 例	备 注
10	饰面砖		包括铺地砖、陶瓷锦砖、人造大理石等
11	焦渣、矿渣	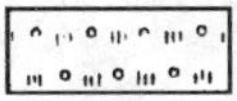	包括与水泥、石灰等混合而成的材料
12	混凝土	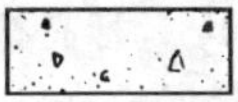	1. 本图例指能承重的混凝土及钢筋混凝土 2. 包括各种强度等级、骨料、添加剂的混凝土 3. 在剖面图上画出钢筋时，不画图例线 4. 断面图形小，不易画出图例线时，可涂黑
13	钢筋混凝土		
14	多孔材料		包括水泥珍珠岩、沥青珍珠岩、泡沫混凝土、非承重加气混凝土、软木、蛭石制品等
15	纤维材料	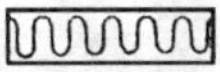	包括矿棉、岩棉、玻璃棉、麻丝、木丝板、纤维板等
16	泡沫塑料材料	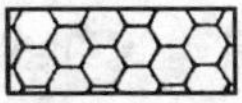	包括聚苯乙烯、聚乙烯、聚氨酯等多孔聚合物类材料
17	木 材		1. 上图为横断面，上左图为垫木、木砖或木龙骨 2. 下图为纵断面
18	胶合板		应注明为×层胶合板
19	石膏板		包括圆孔、方孔石膏板、防水石膏板等
20	金 属		1. 包括各种金属 2. 图形小时，可涂黑

7. 标高

标高符号应以直角等腰三角形表示，如图 1.3.1-5（a）所示形式用细实线绘制，如标注位置不够，也可如图 1.3.1-5（b）所示形式绘制。标高符号的具体画法如图 1.3.1-5（c）、（d）所示。总平面图室外地坪标高符号，宜用涂黑的三角形表示。如图 1.3.1-5（e）。

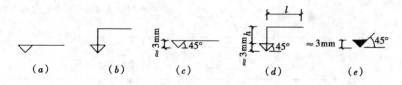

图 1.3.1-5　标高符号

（l—取适当长度注写标高数字；h—根据需要取适当高度）

复习思考题：

见 1.8 节 8 题。

1.3.2　民用建筑工程施工图的基本内容

民用建筑工程施工图由下面五个基本部分组成：

1. 建筑总平面图

是表明建筑物的总体布置、所在的地理位置和周围原地形环境的平面图。一般在图上标出建筑红线和新建筑物的外形，建成后的道路，通讯、电源、给水排水管道的位置；建筑物周围的地物与原有建筑，一般地区还应标有等高线和坐标格网。为了表示建筑物的朝向和方位，应标出指北针或表示朝向及风向的"风玫瑰"图等，详细内容可参见 2002 年 3 月 1 日实施的国家标准《总图制图标准》(GB/T 50103—2001)。

2. 建筑施工图

是表明建筑物建造的规模、尺寸、细部构造以供施工的图纸。建筑施工图包括平面图、立面图、剖面图、节点详图及材料做法表、门窗表等。其编号为"建×"，详细内容可参见 2002 年 3 月 1 日实施的国家标准《建筑制图标准》(GB/T 50104—2001)。

3. 结构施工图

是表明建筑物承重结构的类型、尺寸、材料和详细构造以供施工的图纸。它包括基础、楼层、屋盖、楼梯及抗震构造措施等项内容。其编号为"结×",详细内容可参见 2002 年 3 月 1 日实施的国家标准《建筑结构制图标准》(GB/T 50105—2001)。

4. 水暖、空调设备施工图

是指给水和排水设备、暖气设备、通风空调设备、煤气设备的施工图纸。它包括平面图、系统图和详图等。其代号为"设×",详细内容可参见 2002 年 3 月 1 日实施的国家标准《给水排水制图标准》(GB/T 50106—2001)与《暖通空调制图标准》(GB/T 50114—2001)。

5. 电气施工图

是指照明、动力、电话、广播、避雷等电气设备的线路走向及构造的施工图。它包括平面图、系统图和详图等。其代号为"电×",有关电气制图国家标准正在制定中。

复习思考题:

建筑工程施工图由哪五部分组成,它们之间的关系如何?

1.3.3 建筑总平面图的基本内容与识读要点

1. 总平面图的作用

表明建筑红线、工程的总体布置及其周围的原地形情况。它是新建建筑物定位置、定高程、施工放线、土方施工和进行施工现场总平面布置的基本依据。

2. 总平面图的基本内容

总平面图是在用细线条绘制的原实测地形图底图上,用粗线条绘制成的新建建筑物的总体布置图。因之,总平面图上一般包括场地原地形情况,新建建筑物和建筑红线(或其他定位依据)等三部分。

(1) 新建建筑物的平面形状、四廓尺寸、首层室内地面设计高程、层数、建筑面积、主要出入口,建筑红线(或其他定位依据)与新建建筑物的定位关系等;

(2) 用地范围、道路、地下管网、庭院、绿化等的布置，新建建筑物与原有建（构）筑物、拆除建（构）筑物或道路、围墙等的关系；

(3) 设计的场地地面高程、坡度，道路的绝对高程，表明土方的填挖与地面坡度、雨水排除的方向等；

(4) 用指北针来表示建筑物的朝向，有时也用风玫瑰图表示常年风向频率和风速；

(5) 根据工程的需要，有时还有水、暖、电、煤气等管线总平面图或管道综合布置图，以及场地竖向设计图、人防通道图、道路布置图、庭院绿化布置图等。

3．读图要点

(1) 阅读文字说明、熟悉总图图例（见表1.3.3）并了解图的比例尺、方位与朝向的关系；

(2) 了解总体布置、地物、地貌、道路、地上构筑物、地下各种管网布置走向，以及水、暖、煤气、电力电信等在新建建筑物中的引入方向；

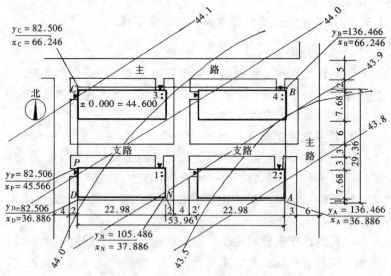

图 1.3.3 某小区建筑总平面图

（3）对于测量人员要特别注意查清新建建筑物位置和高程的定位依据和定位条件。

4. 识读注意事项

图 1.3.3 为某小区总平面图，识读中应注意以下几点：

（1）x 为南北向的纵坐标，y 为东西向的横坐标，$ABCD$ 为建筑红线是 53.96m×29.36m 的矩形，是定位依据；

（2）1、2、3、4 栋新建建筑物的南北纵向净间距为 12m、东西横向净间距为 8m，新建建筑物平行建筑红线、南北距红线1.000m、东西与红线齐平，为定位条件；

（3）新建建筑物中的圆点表示层数；

（4）注意地面高程上的变化，图中两条曲线为原地面等高线，平行直线为场地平整后的设计等高线，从中可看出场地平整需要填挖的情况。

复习思考题：

1. 测量人员在阅读总平面图中，如何审核新建建筑物的定位依据和定位条件？
2. 如何审核新建建筑物的设计高程的合理性？

总平面图例（GB/T 50103—2001） 表 1.3.3

序号	名 称	图 例	备 注
1	新建建筑物	8 ▲	1. 用▲表示出入口，在图形内右上角用点数或数字表示层数； 2. 建筑物外形（一般以±0.00高度处为准）用粗实线表示
2	原有建筑物		用细实线表示
3	计划扩建的预留地或建筑物		用中粗虚线表示

续表

序号	名称	图例	备注
4	拆除的建筑物	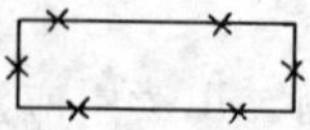	用细实线表示
5	散状材料露天堆场	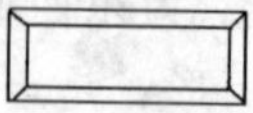	
6	铺砌场地	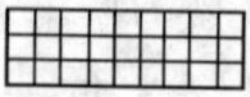	
7	冷却塔（池）	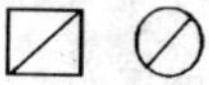	应注明冷却塔或冷却池
8	水塔、贮罐	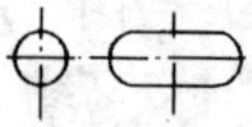	左图为水塔或立式贮罐 右图为卧式贮罐
9	水池、坑槽		也可以不涂黑
10	烟囱	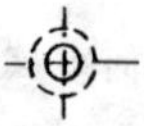	实线为烟囱下部直径，虚线为基础，必要时可注写烟囱高度和上、下口直径
11	围墙及大门		左图为实体性质的围墙 右图为通透性质的围墙
12	挡土墙	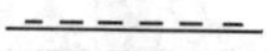	
13	挡土墙上设围墙		被挡土在"突出"的一侧
14	台阶	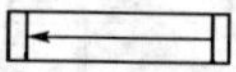	箭头指向表示向下
15	门式起重机	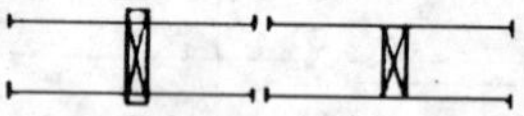	左图表示有外伸臂 右图表示无外伸臂
16	坐标	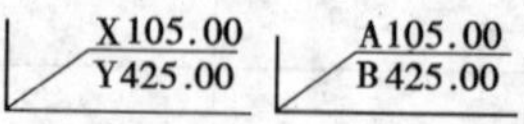 X105.00 Y425.00　　A105.00 B425.00	左图表示测量坐标 右图表示建筑坐标
17	方格网交叉点标高	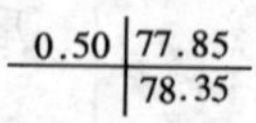 0.50 | 77.85 78.35	"78.35"为原地面标高；"77.85"为设计标高；"-0.50"为施工高度；"-"为挖方（"+"为填方）

续表

序号	名称	图例	备注
18	截水沟或排水沟	⊥⊥⊥⊥40.00⊥⊥⊥⊥	"1"为1%的沟底纵坡，"40.00"为变坡点间距离，箭头为水流方向
19	室内标高	151.00(±0.00)	
20	室外标高	●143.00▼143.00	室外标高也可采用等高线表示

1.3.4 建筑定位轴线的作用、编号与审校

1. 建筑定位轴线的作用

它是用来确定建（构）筑物主要结构或构件位置及尺寸的控制线。如决定墙体位置，柱子位置，屋架、梁、板、楼梯的位置等主要部位都要编轴线。在平面图中，横向与纵向的轴线构成轴线网，它是设计绘图时决定主要结构位置和施工时测量放线的基本依据。一般情况下主要结构或构件的自身中线与定位轴线是一致的。但也常有不一致的情况，这在审图、放线和向施工人员交底时，均应特别注意，以防放错线、用错线而造成工程错位事故。

2. 定位轴线的画法与编号

根据2002年3月1日实施的国家标准《房屋建筑制图统一标准》（GB/T 50001—2001）规定：定位轴线应用细点画线绘制。定位轴线的编号是以平面图左前角为准，沿长度（横向）方向从左向右用阿拉伯数字1、2、3…表示，沿宽度（纵向）方向从前向后用汉语拼音字母的大写体标注，即A、B、C…，但I、O、Z不用，以免造成误会。若字母不够用时，可在主体字母下加小角码表示，A_A、B_B…，见图1:3.4-1。

轴线编号应标注在轴线圆内，其直径为8～10mm。若有附加

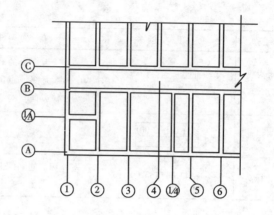

图 1.3.4-1 轴线的编号

轴线时应采用分数表示法。1/4表示4号轴线以后附加的第一条轴线；1/A表示A轴以后的第一条附加轴线。轴线间距尺寸的标注见图 1.3.1-4(c)。

当建筑物是分区组建时，轴线应分区编号。如图 1.3.4-2、建筑物分为3区建设，则轴线编号是先区号、后轴线号，如1区的1轴与A轴编号分别为 1-1 与 1-A，2区的D轴与3区的3轴编号

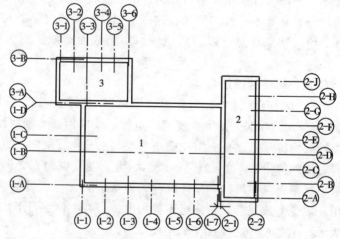

图 1.3.4-2 定位轴线的分区编号

分别为 ②-① 与 ③-③。

3. 如何审校定位轴线图

由于定位轴线是确定建（构）筑物主要结构或构件位置及尺寸的控制线。因此，严格审校好定位轴线图中的各种尺寸、角度关系是以后审校平面图的基础，尤其是大型、复杂建（构）筑物的定位轴线图。

（1）定位轴线图的图形　根据建（构）筑物的造型布置可分为：

1）矩形直线型轴线　这是最常用的、也是最简单的轴线。但当建筑平面分成几区时，则应注意各分区轴线间的关系尺寸。如图 1.3.4-2 中，1 区的 ①-⑧ 轴与 2 区的 ②-① 轴东西贯通，1 区的 ①-① 轴与 3 区 ③-③ 轴南北贯通；在没有贯通时，如 1 区的 ①-① 轴与 3 区的 ③-④ 轴是相重合的，1 区的 ①-⑦ 轴与 2 区的 ②-① 轴的东西间距 y 在图中应注明，以明确各分区间关系。

2）多边折线型轴线　如图 12.1，2-3 为北京昆仑饭店的 60°折线"S"形轴线，图 10.4.3-1 为湖南某大厦的中心对称蝶形轴线。

3）圆弧曲线型轴线　如图 10.2.3-2 为北京国际饭店的三面圆弧形轴线，图 10.2.4-2 为上海华亭宾馆的"S"形圆弧轴线。

4）二次曲线型轴线　如图 10.4.4 为椭圆形综合大楼，图 10.4.6-1 为双曲线-抛物线大厅。

5）复杂曲线型轴线　图 10.4.5 为北京植物园钢结构展览大厅蜗牛状复杂曲线。

（2）定位轴线图的审校　要遵守以下原则：

1）先校整体、后查细部的原则　即先对整个建筑场地和建筑物四廓尺寸的闭合校核无误后，再校核各细部尺寸。建筑物四廓尺寸的校核详见 11.2.2。

2）先审定基本依据数据、再校核推导数据的原则　例如一段圆曲线的校核，一般折角 α 与半径 R 是基本依据，而圆弧长

L、切线长 T、弦长 C、外距 E 及矢高 M 则是推导数据,基本依据数据必须是原始的正确的,才能用于对推导数据的校核。

3) 必须有独立有效的计算校核的原则　具体计算校核方法,参见 4.3.5。

4) 工程总体布局合理、适用,各局部布置符合各种规范要求的原则　前三项审校都是从几何尺寸上的审校,本项审核则是从工程功能、工程构造与工程施工等方面的审校,如建筑物的间距应满足防火与日照及施工的需要等,这方面的审核就要有丰富的工程知识和经验。

复习思考题:

1. 定位轴线的作用与编号的规律是什么?
2. 审校定位轴线的原则是什么?

1.3.5　建筑平面图的基本内容与识读要点

1. 建筑平面图的作用

主要是供测量放线、砌筑墙体、安装门窗、内部装饰、安装设备,以及编制预算、备料、提加工订货等用。

2. 建筑平面图的基本内容

(1) 表明建筑物的平面形状、房间布置和朝向　它包括建筑物的平面外形,内部房间布置(应注明房间名称或编号),走道、楼梯和电梯的位置,盥洗室、卫生间的位置和突出外墙面的一些构造部分。首层平面图应画有台阶、坡道、花台、散水、雨水等、暖气管沟、检查井、采光井、指北针,以及剖面的剖切位置、外墙大样的剖切位置等。二层平面图应画有首层门上的雨罩、窗上的遮阳板及本层的阳台等。三层及以上各层平面图只画有下面相邻一层窗上的遮阳板和本层的阳台。

(2) 表明建筑物各部分的尺寸　即用轴线和尺寸线标注各处的准确尺寸。横向和纵向外廓尺寸为三道,即总外廓尺寸、开间与进深轴线尺寸和门窗洞口及窗间垛尺寸。内部尺寸则根据实际需要标注，主要标注墙厚、柱子的断面，内墙门窗洞口和预留洞口的位置、大小、洞底标高等。标注时应注意与轴线的关系。

（3）表明建筑物的结构形式和主要建筑材料 应通过图例来加以辨认和说明。

（4）表明各层楼地面的标高 一般首层室内设计地面标高为±0.000，首层平面图还应标注室外地面设计标高。

（5）表明门窗编号及安装位置，门的开启方向 其中 M 代表门，C 代表窗。门窗表、材料做法表及图集号等。

（6）表明各种索引编号。

（7）反映水、暖、电、煤气对土建专业的要求 如配电盘、消火栓，留洞留孔尺寸等。

（8）在文字说明中应注明 砌块、砂浆、混凝土的强度及对施工的要求等。

3．读图要点

（1）多层建筑物的各层平面图，原则上应从首层平面图（有地下室时应从地下室）读起，逐层读到顶层平面图。必须注意每层平面图上的文字说明，尺寸要以轴线图为准。

（2）每层平面图先从轴线开始读起，记准开间、进深尺寸，再看墙厚、柱子的尺寸及其与轴线的关系，门窗尺寸和位置等。一般应按先大后小、先粗后细、先结构后装饰的顺序进行。最后可按不同的房间，逐个掌握图纸表达的内容。

（3）检查尺寸与标高有无注错或遗漏。

（4）仔细核对门窗型号和数量，掌握内装饰的各处做法。

（5）结合结构布置图，设备系统平面图识读，互相参照，以利施工。

4．识读注意事项

图1.3.5为××办公楼首层与二层平面图，识读中应注意以下几点：

（1）砖垛尺寸，这属于装饰性壁柱；

（2）台阶尺寸；

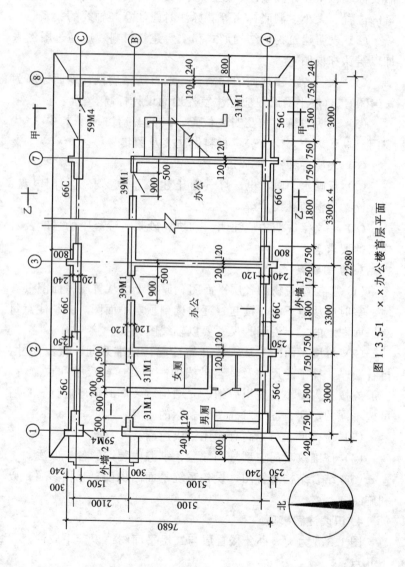

图 1.3.5-1 ××办公楼首层平面

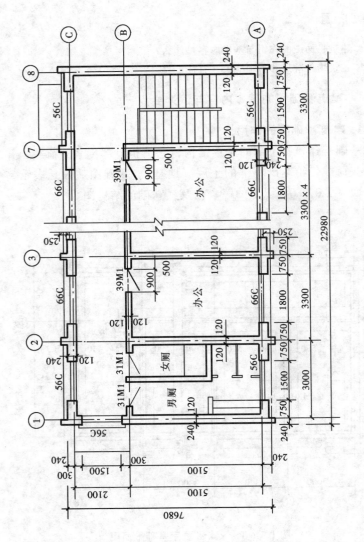

图 1.3.5-2 ××办公楼二层平面

(3) 图纸编号及与其他各图的关系。

复习思考题：

1. 建筑平面图的作用与基本内容是什么？
2. 建筑物外廓尺寸与轴线尺寸有什么关系？

1.3.6 建筑基础图的基本内容与识读要点

1. 建筑基础图的作用

基础是建筑物下部的承重结构，它承担上部传来的荷载，并将这些荷载传给基础下部的土层（地基）。基础图一般是表示室内地面（±0.000）以下的墙、柱及其基础的结构图。

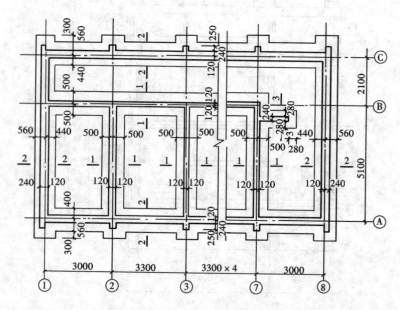

图 1.3.6-1 ××办公室基础平面图

基础图包括基础平面图和基础详图。主要作为测量放线、挖槽、抄平、确定井点排水部位、打垫层、基础和管沟施工用。

2．建筑基础图的基本内容

以条形基础为例见图 1.3.6-1。

（1）基础平面图

1）表明横向与纵向定位轴线及轴线编号，注明开间与进深的尺寸；

2）表明基槽宽度、基础墙的厚度及其与轴线的关系；

3）表明管沟的宽度和位置、预制钢筋混凝土沟盖板的型号和数量、检查井的位置及其盖板编号等；

4）表明基础墙上留洞的位置、宽高尺寸及洞底标高，注明管沟穿墙处、转角处所用预制钢筋混凝土过梁的型号与根数；

5）表明尺寸不同和做法不同的基础详图的索引号及方向标志图例；

6）表明当埋深不一致时，基础的衔接做法。

（2）基础详图（剖面详图）见图 1.3.6-2。

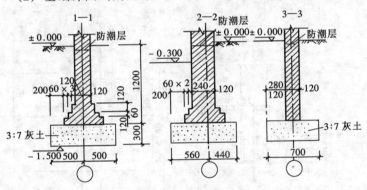

图 1.3.6-2　基础详图

1）表明轴线号、基础宽度和基础墙厚度（均应以轴线为准标注尺寸）、基础的高度和大放脚的做法；

2）表明室内、室外地面的位置及基础的埋置深度（自室外地面至基础底皮）。一般还应注明室内外地面、基础底皮和管沟底皮的标高；

3）表明勒脚、墙身防潮层和管沟做法；

4）注意详图编号及画图的比例。

(3) 文字说明　图面无法表达但又很重要的内容，可以用文字说明。它一般包括±0.000相当的绝对高程数值，地基承载力、砌体、砂浆的强度，钢筋型号，挖槽和打钎验槽要求等。

(4) 由于建筑地区按八度抗震设防，在基础中应加设圈梁和构造柱。其构造做法（包括配筋、与砌体连接的构造）的细部详图，见图1.3.6-3。

3. 读图要点

(1) 应对照建筑首层平面图识读基础平面图。核对横向与纵向轴线尺寸是否一致，承重墙下是否都有基础，墙厚是否一致，管沟走向是否一致等；

(2) 应对照建筑外墙大样图识读基础详图。如勒脚、防潮层做法，墙与轴线关系是否一致，室内外标高差是否一致等；

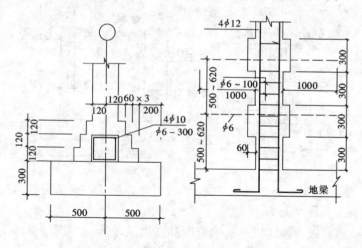

图1.3.6-3　圈梁与构造柱详图

(3) 基础图中留洞和留孔的位置、尺寸、标高与设备专业图、电气专业图是否一致等；

(4) 注意方向标志是否与总平面图、建筑首层平面图是否一致；

(5) 核对基础图中构件类型和数量表与图中是否一致。

复习思考题：

1. 建筑基础图的作用与基本内容是什么？
2. 测量人员识读基础图时要特别注意什么？

1.3.7 建筑立面图的基本内容与识读要点

1. 建筑立面图的作用

主要表明建筑物的外观、装饰做法及做法代号，有时还要说明装饰做法的材料配比。

2. 建筑立面图的基本内容

(1) 表明建筑的外形，以及门窗、阳台、雨罩、台阶、花台、门头、勒脚、檐口、女儿墙、雨水管、烟囱、通风道、室外楼梯等的形式、位置和做法说明；

(2) 通常外部在竖直方向要标注三道尺寸线（细部尺寸、楼层高度与总高度），水平尺寸除个别要求标注外，一般均不标注；

(3) 通常标注有室外地面、首层地面、各层楼面、顶板结构上表面（坡屋顶为支座上皮）、檐口（女儿墙）和屋脊上皮，以及外部尺寸不易表达的一些构件尺寸等；

(4) 注明外墙各处的外装饰做法及所用材料；

(5) 注明局部或外墙详图的索引编号。

3. 读图要点

(1) 应根据图名或轴线编号对照平面图，明确各立面图所表示的内容是否正确；

(2) 检查立面图之间有无不吻合的地方，通过识读立面图，联系平面图及剖面图建立建筑物的整体概念。

4. 识读注意事项

图 1.3.7 为××办公室北立面与南立面图，识读中应注意以下两点：

(1) 南北两立面的标高应一致并与剖面图相对应；

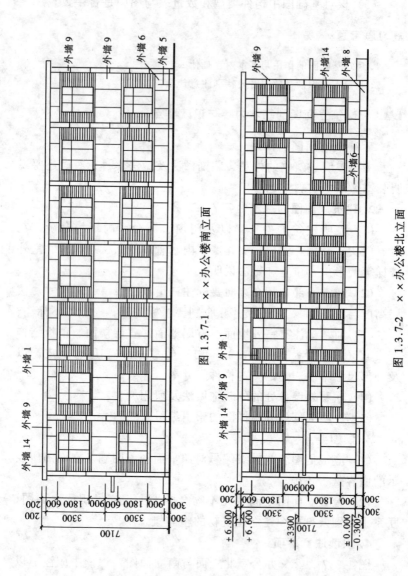

图 1.3.7-1 ××办公楼南立面

图 1.3.7-2 ××办公楼北立面

(2) 首层室内外设计标高要与基础图相对应。

复习思考题：

建筑立面图的作用与基本内容是什么？如何审核南北立面的标高？

1.3.8 建筑剖面图的基本内容与识读要点

1. 建筑剖面图的作用

主要表明建筑物的结构型式、各层面标高、高度尺寸及各部分特别是平面图中复杂部位的做法。

2. 建筑剖面图的基本内容

(1) 表明建筑物的层次，各层梁板的位置及与墙柱的关系，屋顶的结构型式等。

(2) 剖面图所注的尺寸，除竖直方向有时加注内部尺寸，以表明室内净高、楼层结构、楼地面构造厚度的尺寸外，外部尺寸应标注三道，即窗台、窗高、窗上口、室内外高差、女儿墙或檐口高度为第一道外尺寸；第二道为层高尺寸；第三道为室外地面至檐部的总高度尺寸。水平方向应标注出轴线间尺寸及轴线编号。伸出墙外的雨罩、阳台、挑檐板等应标注尺寸。

(3) 剖面图中应标注地面、楼地面、顶棚、踢脚、墙裙、内墙面、屋面等做法层次或做法代号。需绘制详图时，应另加索引号。

3. 读图要点

(1) 根据平面图中表明的剖切位置及剖视方向，校核剖面图所表明的轴线编号、剖切到的部位及可见到的部位与剖切位置，剖视方向是否一致。

(2) 校对尺寸、标高是否与平面图一致。通过核对尺寸、标高及材料做法，加深对建筑物各处做法的整体了解。

4. 识读注意事项

图 1.3.8 为××办公楼剖面图，识读中应注意以下两点：

(1) 剖面图的标高应与立面图的标高一致；

（2）首层室内外设计标高与基础图相对应。

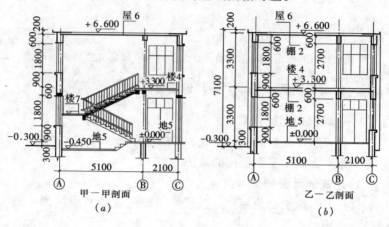

图 1.3.8 ××办公楼剖面图

复习思考题：

建筑剖面图的作用与基本内容是什么？如何对照立面图与剖面图审校相对应的标高？

1.3.9 楼梯详图的基本内容与识读要点

楼梯分为现浇楼梯与预制楼梯两种做法。应分别绘制建筑和结构两个专业的楼梯详图。

1. 楼梯详图的作用

表明楼梯型式、结构类型、楼梯各组成部分，如楼梯段、休息板、栏杆（栏板）和扶手等处标高、尺寸和做法。楼梯详图包括楼梯平面（原则上每层一个，但中间各层做法相同时，可用标准层表示）、楼梯剖面及主要节点详图等。

2. 楼梯详图的基本内容

（1）楼梯平面图 各层平面图所表达的内容，习惯上是从本层地面与休息板之间的某一高度所作的水平剖切而得到的正投影图。各层平面图除应注明楼梯间的轴线和编号外，必须注明楼梯跑（又叫楼梯段）、楼梯井（两跑楼梯之间的缝隙）、休息板、楼层平台板的宽度，楼梯跑的水平投影长度。还应标注楼梯间墙厚、门窗等位置和尺寸。

各层平面图均自楼地面为起点，标明上或下的箭头，并应注出上下步数及每步尺寸。还应注出各个休息板及楼层处的标高。在首层平面图上还应标出剖切线的位置及剖视方向。

(2) 楼梯剖面图 表明休息板和楼层的标高、各楼梯跑的步数和楼梯跑数、各构件的搭接做法、楼梯栏杆的式样和扶手高度、楼梯间门窗洞口的位置和尺寸等。楼梯剖面图还应注明各节点的详图索引号及有关文字说明。

(3) 有关详图 一般应包括踏步防滑、底层踏步、栏杆、栏板及扶手连接休息板处护窗栏杆、顶层水平扶手入墙等节点。在这些节点中要注明式样、标高、尺寸、材料等细部要求。

(4) 有时建筑专业与结构专业的楼梯图画在一起时，除表明上述建筑部分有关内容外，还应注明结构节点构造和配筋情况，以及标准构件图集的索引号等。

3. 读图要点

(1) 根据轴线编号查清楼梯详图与建筑平面、立面、剖面图的关系；

(2) 楼梯间门窗洞口及圈梁的位置和标高，要与建筑平面、立面、剖面图及结构图纸对照识读；

(3) 当楼梯间地面低于首层地面标高时，应注意楼梯间墙的防潮做法；

(4) 当楼梯详图由建筑和结构两专业分别绘制时，应互相对照，特别注意校核楼梯梁、板的尺寸和标高。

4. 识读注意事项

图1.3.9为××办公楼楼梯间剖面图，识读中应注意以下几点：

(1) 注意剖切线的位置及剖视方向，注意剖切到的部分和看到的部分；

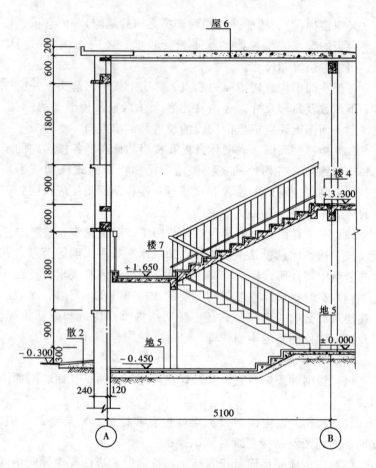

图 1.3.9 ××办公楼梯剖面

(2) 注意有无储藏室,储藏室的门是否足够高,楼梯梁是否满足高度要求;

(3) 楼梯间底层有出入口时,应注意开门高度。

复习思考题:

楼梯详图的作用与基本内容是什么?如何审核其各部尺寸与标高是否有误,以防楼梯间施工中出现墙面错台?

1.4 工业建筑工程施工图的基本内容和识读要点

1.4.1 单层工业厂房平面图与基础图的基本内容与识读要点

1. 厂房平面图与基础图的作用

主要是供测量放线、浇筑杯形柱基础垫层定位和厂房四周围护墙放线，安装厂房钢窗、铁门与生产设备，以及编制预算、备料、提加工订货等用。

2. 厂房平面图与基础图的基本内容

（1）表明厂房的平面形状、布置与朝向　它包括厂房平面外形、内部布置、厂门位置、厂外散水宽度与厂内地面做法等。

（2）表明厂房各部平面尺寸　即用轴线和尺寸线标注各处的准确尺寸。横向和纵向外廓尺寸为三道，即总外廓尺寸、柱间距与跨度尺寸，以及门窗洞口尺寸。内部尺寸则主要标注墙厚、柱子断面和内墙门窗洞口和预留洞口位置、大小、标高等。标注时应注意与轴线的关系。

（3）表明厂房的结构形式和主要建筑材料　通过图例加以说明。

（4）表明厂房地面的相对标高与绝对高程　厂房外散水与道路的设计标高。基础底面与顶面的设计标高。

（5）反映水、电等对土建的要求　如配电盘、消火栓等。

3. 读图要点与注意事项

图 1.4.1 的右半部为××厂房的平面图，左半部为该厂房的基础图。识读中应注意以下几点：

（1）以轴线为准，检查平面图与基础图的柱间距、跨度及相关尺寸是否对应；

（2）厂房内中间柱列⑥至⑦轴中有洗手池，12m 跨中有一台 5t 吊车，18m 跨中有一台 10t 吊车，厂房东南角有两间工具间；

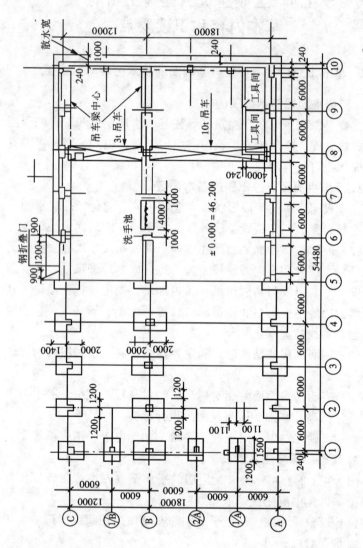

图 1.4.1 ××厂房平面图(右)与基础图(左)

(3) 厂房内地面绝对高程为 46.200m，厂房柱基尺寸有三种，宽度均为 2.4m，但长度不同，四角柱基尺寸相同，但轴线位置不同；

(4) 厂房外为 240mm 厚的围护结构，1m 宽的散水；

(5) 厂房的柱间距与跨度的尺寸均较大，但厂房内也有尺寸较小的构件如爬梯等，看图时也应注意。

复习思考题：

厂房平面图与基础图的作用与基本内容是什么？特点是什么？

1.4.2 单层工业厂房立面图与剖面图的基本内容与识读要点

1. 厂房立面图与剖面图的作用

立面图主要表明厂房的外观、装饰做法。剖面图主要表明厂房结构型式、标高尺寸等。

2. 厂房立面图与剖面图的基本内容

(1) 厂房立面图一般比较简单，主要表明厂房的外形、散水、勒脚、门窗、圈梁、檐口、天窗、爬梯等。

(2) 立面图表明各处的外装饰做法及所用材料。

(3) 厂房剖面图表明围护结构、圈梁与柱的关系、梁板结构、位置、屋架、屋面板与天窗架等。

(4) 厂房内吊车及吊车梁等。

(5) 厂房内地面标高及厂房外地面标高。由于厂房多不分层，各结构部位均标注标高和相对高差。

3. 读图要点与注意事项

图 1.4.2-1 为××厂房西侧立面图，图 1.4.2-2 为××厂房剖面图。阅读中应注意以下几点：

(1) 根据平面图中表明的剖切位置及剖视方向，校核剖面图表明的轴线编号、剖切到的部位及可见到的部位与剖切位置、剖切方向是否一致；

(2) 校对跨度、尺寸、标高与平面图、立面图是否一致，通

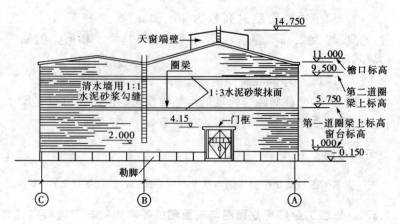

图 1.4.2-1 ××厂房西侧立面

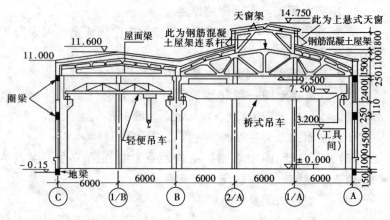

图 1.4.2-2 ××厂房剖面

过核对尺寸、标高及材料做法，加深对厂房结构各处做法的全面了解；

(3) 厂房内地面标高与厂房外地面标高与基础标高应相对应。

复习思考题：

厂房立面图与剖面图的作用及基本内容是什么？特点是什么？

1.5 市政工程施工图的基本内容和识读要点

1.5.1 市政工程施工图的基本内容

市政工程大部分是带状地区的线路工程和局部地区的场（厂）站工程两大部分。线路工程又可分为地上路线工程和地下管道工程两大类。城市道路工程、公路工程、轨道交通工程与桥梁工程、城市立交、地下过街通道、地上人行过街桥等均属地上工程；给水、排水、燃气、热力、电力、电信与地下铁道等属地下工程。场（厂）站工程主要包括城市广场、停车场、给水厂、污水处理厂及加油站等。市政工程类别不同，要求不同，施工图表达重点也不一样。

1. 市政线路工程施工图的基本内容

（1）设计说明书；
（2）设计概算或工程预算；
（3）工程数量及材料数量表；
（4）带状平面图；
（5）纵断面图；
（6）横断面图（结构大样图）；
（7）附属构筑物的平、立、剖面结构详图；
（8）有关标准图、零配件图等。

2. 市政场（厂）站工程施工图的基本内容

（1）设计说明书；
（2）设计概算或工程预算；
（3）工程数量及材料设备表；
（4）总平面布置图；
（5）工程平面图；
（6）竖向设计图；

(7) 管（渠）结构图；
(8) 排水管（渠）道纵断面图；
(9) 各种构筑物设计图；
(10) 管（渠）附属设备建筑安装详图；
(11) 机电设备和公用设施设计安装图。

复习思考题：

市政线路工程与市政场（厂）工程施工图各由哪几个主要部分组成？

1.5.2　城市道路、公路带状平面设计图的基本内容与识读要点

1. 道路平面设计图的作用

主要表示道路的平面位置、工程内容、设计意图以及某些项目的具体做法。

2. 道路平面设计图的基本内容与识读要点

(1) 道路位置的控制线及主体部分的界限　道路的规划中线，建筑红线，施工中线，线位控制点坐标，路面边线，征地或拆迁物边线。高程控制点的位置和高程。

(2) 道路设计的平面布置情况　如路面、人行道、树池、路口、交叉道路处理，广场、停车场、边沟、弯道加宽，缓和曲线范围及布置情况等。

(3) 构筑物及附属工程的平面位置和布置情况及对现有各种设施的处理情况　如桥梁、涵洞、立交桥、挡土墙护岸、护栏、台阶、各种排水设施以及现有地上杆线、树木、房屋、地下管缆及地下地上各种构造物拆除、改建、加固等措施。

(4) 与其他设计配合和同时施工的建设项目的关系，配合内容等。

(5) 各种尺寸关系　上述四项的中线或里程的相对关系尺寸，平面布置的尺寸，路线及路口平曲线要素以及应控制的高程及坡度等。

(6) 文字注释　有关各项设计内容的名称，设计意图，型

式、做法要求及必要的设计数据。

(7) 图标　表明设计单位，设计人，比例尺、出图时间等。

复习思考题：

道路平面设计图的作用与基本内容是什么？

1.5.3　城市道路、公路纵断面设计图的基本内容与识读要点

1. 道路纵断面设计图的作用

纵断面设计图主要表明道路主体的竖向设计及与地形地物竖向配合的情况。

2. 道路纵断面设计图的基本内容与识读要点

道路纵断面图包括图样和资料表两个部分。图样在图纸上方，资料表在图纸下方，上下一一对应，如图 13.2.3-2。

(1) 图样部分　是路中线纵断面图（水平方向表示路线长度，竖直方向表示路线高程），主要内容有：

1) 现况地面线及道路中线的设计坡度线；

2) 竖曲线位置及曲线要素　变坡点桩号与高程、曲线起点及终点桩号、半径 R、外距 E、切线长 T 和竖曲线凸凹型式；

3) 桥涵构筑物　名称、种类、尺寸及中心里程桩号；

4) 水准点　编号、位置、高程；

5) 地质钻探资料　土质、天然含水量、相对湿度及液限、地下水位线；

6) 排水边沟纵断面设计线及坡向、坡度注记；

7) 沿线建（构）筑物的基础地平线或公共设施的高程与路线纵断填挖方有关的处理措施；

8) 地下管线和道路附属构筑物的类型、位置和高程情况。

(2) 资料表　是对应于纵断面设计图形的计算而编制的，主要内容有：

1) 桩号　整数里程桩和加桩（包括断链情况）；

2) 坡度与坡长（距离）；

3) 高程 地面高、路面设计高、挖填高度;

4) 平曲线 沿路线前进方向有左转弯曲线和右转弯曲线,并标出平曲线要素。

复习思考题:

道路纵断面设计图的作用与基本内容是什么?如何校核路面设计高与挖填高度?

1.5.4 城市道路、公路横断面设计图的基本内容与识读要点

1. 横断面设计图的作用

横断面设计图是确定全线或各路段的横断布置及各部尺寸。

2. 横断面设计图的基本内容与识读要点

(1) 街道或路基宽度、建筑红线宽度、施工界限(或边线);

(2) 机动车道、非机动车道、人行道(或路肩)、分车带、绿地带宽度及边沟断面尺寸等;

(3) 路拱形式、路拱曲线线型及其计算公式、曲线与直线坡的连接关系,横坡度和坡向;

(4) 道路缘石规格和设置形式;

(5) 路面结构局部大样图;

(6) 照明灯杆及植树绿化位置关系;

(7) 地下管缆断面形式、尺寸、高程及其中心离开施工中线的距离;

(8) 施工中线与永久中线及原路中线的关系 标准施工横断面与规划横断面、原路横断面之间的位置关系;

(9) 文字注释 不同标准断面图,标有所在路段和起止桩号,对各组成部分必要的说明,或有关各断面设计的统一说明文字注在图幅的适当位置。

复习思考题:

道路横断设计图的作用与基本内容是什么?

1.5.5 校核城市道路、公路的平面、纵断面与横断面的关系

从工程施工角度出发，阅读和校核施工图，以了解设计意图，熟悉设计图内容，提出有关设计图中的疑问和建议，对平、纵、横设计图纸可能存在不相符之处进行校核。

1. 通读工程的全套施工图

了解工程全貌，工程规模。主要工程项目和内容，主要工程数量，工程概（预）算等。

2. 中线里程的校核

由于里程桩号的连续性，若整个路线中有一处桩号有问题，则在其后的各里程桩号，必然出现断链（见 10.3 节）而影响全局。因此，必须重视这项校核工作。

当各交点均有已知坐标，可用坐标反算方法，核算各交点的间距与转折角是否有误；当各交点没有坐标值，则应由路线起点（0 + 000）起，先校核各交点处的曲线要素（L、T、C、E、M 及校正值 J）与各主点桩号均无误后，再用下式校核各交点间距 D_{ij} 与路线终点桩号是否正确。

（1）交点间距 D_{ij} 的计算与校核　如图 1.5.5 所示。

$JD_7 \sim JD_8$ 间距离 $D_{78} = T_7 +$ （ZY_8 桩号 – YZ_7 桩号）$+ T_8$

(1.5.5-1)

计算校核：　　　　$D_{78} = JD_8$ 桩号 – JD_7 桩号 $+ J_7$　　　(1.5.5-2)

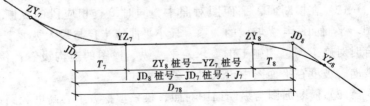

图 1.5.5　交点间距

（2）线路总长度的计算校核　当线路起点桩号为 0 + 000 时，

则

$$\begin{array}{c}线路总长度的\\计算校核\end{array} = \varSigma D\begin{pmatrix}各交点间\\距的总和\end{pmatrix} - \varSigma J\begin{pmatrix}各交点处\\校正值总和\end{pmatrix}$$

(1.5.5-3)

3. 平面图线型设计

街道（路基）宽度，道路两侧建筑物、建筑设施情况，路口设计、沿线桥涵和附属构筑物设计情况，地上、地下房屋、树木、杆线、田地等拆迁情况，地下管缆设置和原有管缆情况等；

4. 纵断面图纵断线型设计

最大纵坡度及其坡长，竖曲线最小半径，最大竖曲线长度。沿线土质、水文情况，桥涵过街管缆等附属构筑物位置、高程，原有建筑、设施基底高程。在平面与纵断面图上的路口，包括广场、停车场、支线的高程衔接是否一致。

5. 横断面图横断设计

路面结构，标准横断面、规划横断面、原路横断面相互关系等。

（1）全路有几种不同的设计标准横断面时，可以从路线桩号的起点至终点，顺序用相应的标准横断面对平面图进行校核。在同一种横断面布置的路段中，校核各组成部分的宽度，施工中线、规划中线、原路中线，路拱横坡，路面结构，地下管线位置、高程，该标准横断面的起止桩号与平面图是否相符，同一种路面结构的使用范围与平面图中所示路段是否一致。

（2）在横断面、平面图对照中，同时检查相应段的纵断面图。平面曲线与纵坡段的关系，最小平曲线半径与最大纵坡度重合时对施工测量和施工的要求，平、纵、横图的边沟设置范围，坡向、坡度在平面图中出入口的处理方式。

（3）横断面图与纵断面图对照，校核填挖方中心高度、路边建筑物和设施的基底高程与横断面高程的关系。

6. 桥涵和附属构筑物设计

位置与高程在平面、纵断面图与结构图上标注是否一致。

复习思考题：

校核平、纵、横三者关系的要点是什么？如何校核 JD 间距？

1.5.6 桥、涵平面设计图的基本内容与识读要点

1. 桥涵平面设计图的作用

主要是供测量定位放线，砌筑墩、台等下部结构，安装支座与施工上部结构的依据，以及据以编制预算、备料、提加工订货等。

2. 桥涵平面设计图的基本内容

（1）桥涵中线及墩、台的平面位置与高程，城市测量平面控制点与水准点；纵横轴线位置与河道主航线或街道中心线的位置及角度关系；墩、台或涵洞进出口墙的纵横轴线平面位置、距桥涵中线的距离及角度关系。

（2）墩、台或涵洞基础的尺寸与纵横轴线的尺寸关系；墩、台桩位和高程。

（3）墩、台帽或盖梁的纵横轴线与桥梁中线的位置尺寸关系；与墩台纵横轴线间的关系，互相校核，决定支座位置与高程。

（4）涵洞（管）的进出口构筑物的基础尺寸及与纵横轴线的尺寸关系、角度关系。

（5）主梁各桥跨的平面与高程关系，横向排列位置关系。

3. 读图要点与注意事项

（1）结构设计图各部分主要尺寸，应按 1.2 节所讲三面正投影中的"三等关系"，校核"长对正"、"宽相等"、"高平齐"——对应，各部尺寸关系必须正确、清楚。

（2）各部位结构中的钢筋构造、预埋件、预留孔洞、预应力孔道、钢筋保护层等位置、互相间尺寸关系、对施工安装有何影响及施工放线的控制关系。

复习思考题：

桥涵平面设计图的作用与基本内容是什么？

1.5.7 管道（排水、给水、燃气、热力、电力、电信等）工程平面设计图的基本内容与识读要点

1．各种管道工程平面设计图的基本内容

（1）比例尺及单位，管道中线起点、折点、支线点、终点的位置及坐标，城市测量控制点、水准点，与规划路中线或建筑红线以及其他地下管线的关系；

（2）管道的种类、管道上下游接口形式，管道不同管径的长度，检查井类型、井号，支管与预留管情况。

2．各种管道工程平面设计图的不同内容与识读要点

（1）排水管道　由于是无压自流管道，其出口设计高程与沿线设计坡度均严格受到限制，故一旦施工之后，其位置与高程均不易改动。排水管道管径均较大，多为混凝土制成，故需要做基础，且一般每50m设一检查井。排水管道均以出口处为 0+000 向上游排里程桩号；其他管道均以入口处（如水厂、热力厂）为 0+000 向下游排里程桩号。

（2）给水管道　由于是有压管道、多为铸铁管，只在接口处设支墩结构。设置支管处多为 90°、45°、22.5°等固定角度。

（3）燃气、热力管道　为有压钢管、多架设在管沟内，热力管道均有外保温层和防涨缩的设施与小室。

（4）电力、电信管道　分直埋式、管块式与管沟式三种，井室种类大致相同。

（5）各种管道的相交　相交的位置要准确、防止管道的弯折，更要注意相交处的管底与管顶高程，防止相互影响。

复习思考题：

各种管道的特点是什么？测量放线时各应注意什么？

1.5.8 管道工程纵断面设计图的基本内容与识读要点

1. 比例尺　为突出显示管道高低变化，竖向比例尺大于横向比例尺 10 倍，一般竖向 1:100，横向 1:1000 或竖向 1:50，横向 1:500；

2. 管道起、折、终点坐标位置、管道种类、管段长度、坡度或流向；

3. 管径、接口形式、基础种类或支架、吊架形式；

4. 检查井、人孔井、小室等构筑物的型号、结构类型、顶面和底面高程，坐标位置；

5. 雨污水跌落井型号、结构、上下游落差、井盖和流水面高程，坐标位置；

6. 与地下其他管线和构筑物交叉处的处理形式和方法，与地上结构物的位置关系；

7. 遇有地下水或软弱地基的处理加固方法和要求；

8. 管道纵断面设计图中的管线、管段、井号等数据与平面设计图应一一对应。

复习思考题：

各种管道纵断面设计图的特点是什么？测量放线时，各应注意什么？

1.6　工程标准图（工程通用图）

1.6.1　工程标准图（工程通用图）

各类工程设计部门，为了提高标准化水平，简化设计工作，提高设计质量，便于统一施工工艺，组织工厂化生产和加强施工管理，将大量使用的同类工程构筑图的设计图纸，经过综合、提炼绘制成各种标准工程图，也叫工程通用图。

标准图（通用图）也是用于施工的。因为标准图与一般施工图在绘制原理上是一致的,表达的内容也是相同的。但一般施工图只适用某一个具体工程的施工,图纸上的各种尺寸都是确定的;而标准图集中某一种图可以适用于某相同的一类工程的施工,图中某些尺寸除固定者外都用代号(如:a,b,c……)标注,图中附有选用条件及对应尺寸,施工中要依据设计要求和具体条件选用图纸中标注的某一组尺寸即可。

1.6.2 北京地区使用的标准图集

有以下三大类:

1. 国家建设标准设计图集

由中国建筑标准设计研究所组织制定的共有:建筑专业(J)、结构专业(G)、给水排水专业(S)、暖通空调专业(T)、动力专业(R)、电气专业(D)、弱电专业(X)、人防图集等。

2. 华北地区及北京市标准图集

共有:建筑构造通用图集、建筑设备施工安装图集、建筑电气通用图集、华北通用图集、北京市标准图集等。

3. 市政工程标准图集

共有:无压排水圆管管基、接口通用图、雨水污水检查井通用图、雨水口污水口通用图、砌体主沟通用图集、砌体方沟附属构筑物通用图集等。

复习思考题:

标准图(通用图)与设计施工有什么关系?北京地区使用的标准图有哪三类?

1.7　图纸会审和签收

1.7.1　图纸会审与设计交底

图纸会审与设计交底的主要目的是使施工单位了解建设意图

与设计意图,解决施工单位提出的设计图纸中的差错与问题,解决施工单位针对工程与本单位实际情况对设计图纸提出的修改意见与合理化建议。图纸会审一般分以下三阶段进行。

1. 各专业部门对施工图进行学习与自审

当施工单位收到设计图纸后,要立即安排各专业部门对图纸进行深入学习与审校,对于图中的"错、漏、碰、缺"等差错与问题要一一记出,作为各专业间相互校对或与设计交底时的问题一起解决。

2. 各专业间的沟通与核对

这个阶段是把各专业分散的问题,在施工单位内部进行沟通与核对,解决可以解决的问题。再把余下的必须由建设单位和设计单位解决的问题汇总起来,如有可能先分别送有关单位考虑解决。

3. 设计交底与图纸会审

设计交底是先由设计主持人对设计意图,在施工中应注意的主要事项进行说明。之后,由施工单位把汇总的主要问题提出进行会审,请建设单位和设计单位答复解决。

一些主要问题必须要使建设单位、设计单位、监理单位与施工单位通过相互沟通、协商达成意见一致,并形成决定写成文字,叫做"图纸会审纪要",作为施工的正式文件资料,以后还要归档成为工程档案的一部分。

复习思考题:

图纸会审的主要目的是什么?基本步骤如何?

1.7.2 测量人员如何参加图纸会审与设计交底

测量人员必须参加图纸会审,首先要通读建筑总平面图、建筑施工图及结构施工图,以全面了解工程情况。在这之后再仔细校核建筑总平面图、建筑轴线及基础平面图等。要在总平面图上明确定位依据与定位条件,并以总平面图为准校核各单幢建筑物的基本尺寸、关系位置及设计标高。要以建筑轴线为准校核建筑物各开间、进深尺寸、基础平面、首层平面与标准层平面的相应尺寸是否一致。

测量人员必须参加设计交底,以了解设计意图、建筑总体布局、定位依据、定位条件及设计对测量精度的基本要求等。总之,通过图纸会审与设计交底,测量人员一定要消除设计图上的差错,取得正确的定位依据、定位条件和有关的测量数据及精度要求。

复习思考题:

测量放线人员参加图纸会审与设计交底的主要任务是什么?

1.7.3 设计图纸的签收与保管

施工单位一定要给测量放线人员配备成套的设计图纸。因此,测量放线班组中,要有专人负责设计图纸的签收与保管。由于设计图纸经常有修改与变更,为了防止误用过时失效的图纸而造成放线失误,测量班组在签收设计图纸时,一定要在图纸上注意签明收到日期,对有更改的图纸和设计洽商一定及时通报全班组以防误事。

1.8 复习思考题

1. 大比例尺平面图与地形图在工程建设中的作用是什么?
2. 什么是地物、地貌、平面图、地形图?
3. 什么是地形图的比例尺、比例尺精度?测图精度?比例尺的大小与地形图表示地物、地貌详尽或粗略有什么关系?
4. 地物符号分哪四类?举例说明之。
5. 什么是等高线、等高距、等高线平距?等高距、等高线平距与反映地貌精度、地面坡度的关系?
6. 如何在地形图上判定方向?如何在地形图上求某直线的

水平距离和方位角？

7. 如何在地形图上根据等高线求某点的高程和两点间的平均坡度？

8.《房屋建筑制图统一标准》（GB/T50001—2001）的基本内容是什么？其中标高符号有哪几种？适用于何种情况？

1.9 操作考核内容

1. 了解比例尺的意义，看懂一般地形图，并能在图上量取有关数据。初、中级放线工均应能完成本题要求。

2. 能对建筑总平面图、平面图、立面图、剖面图及局部大样图进行审核，并能说明与测量放线工作的关系？对建筑施工企业中的初、中级放线工均应分别完成小型建筑工程与中大型建筑工程中的本题要求。

3. 能对市政工程总平面图、纵断面图、横断面图及厂站工程施工图进行审核，并能说明与测量放线工作的关系？对市政施工企业中的初、中级放线工均应分别完成小型市政工程与中、大型市政工程中的本题要求。

4. 对高级测量放线工应能同时完1.9.2与1.9.3题所述大型工程图纸的审核，并说明与测量放线工作的关系？

第 2 章 工程构造的基本知识

2.1 民用建筑构造的基本知识

2.1.1 建筑物的分类

建筑物一般按下列方法进行分类：

1. 按建筑物的用途分

（1）民用建筑 它包括居住建筑和公共建筑两大部分。居住建筑包括住宅、宿舍、招待所等。公共建筑包括生活服务、文教卫生、托幼、科研、医疗、商业、行政办公、交通运输、广播通讯、体育、文艺、展览、园林小品、纪念等多种类型；

（2）工业建筑 包括主要生产用房、辅助生产用房和仓库等建筑；

（3）农业建筑 包括各类农业用房，如拖拉机站、种子仓库、粮仓、牲畜用房等。

2. 按结构类型分

（1）砌体结构 这种结构的竖向承重构件为砌体，水平承重构件为钢筋混凝土楼板和屋顶板；

（2）钢筋混凝土板墙结构 这种结构的竖向承重构件为现浇和预制的钢筋混凝土板墙，水平承重构件为钢筋混凝土楼板和屋顶板；

（3）钢筋混凝土框架结构 这种结构的承重构件为钢筋混凝土梁、板、柱组成的骨架；围护结构为非承重构件，它可以采用砖墙、加气混凝土块及预制板材等；

（4）其他结构 除上述结构类型外，经常采用的还有砖木结构、钢结构、空间结构（网架、壳体）等。

3. 按施工方法分

(1) 全现浇式　竖向承重构件和水平承重构件均采用现场浇筑的方式；

(2) 全装配式　竖向承重构件和水平承重构件均采用预制构件，现场浇筑节点的方式；

(3) 部分现浇、部分装配式　一般竖向承重构件采用现场砌筑、浇筑的墙体或柱子，水平承重构件大都采用预制装配式的楼板、楼梯；

4. 按建筑层数与高度分

根据 1987 年 10 月 1 日实施的（现仍有效）《民用建筑设计通则》（JGJ 37—1987）规定：

(1) 非高层建筑　1～3 层属于低层、4～6 层属于多层、7～9 层（总高度在 24m 以下）属于中高层建筑；

(2) 高层民用建筑　它是指 10 层和 10 层以上的住宅建筑，以及建筑高度超过 24m 的其他民用建筑；

(3) 超高层建筑　建筑物的高度超过 100m 时，不论住宅或公共建筑均为超高层建筑。

复习思考题：

1. 见 2.4 节 1 题。
2. 建筑物按构造类型与按施工方法各有哪几种？

2.1.2　民用建筑物与构筑物

1. 民用建筑物

一般指直接供人们居住、工作、生活之用。民用建筑由以下六部分组成：

(1) 基础　承受上部荷载，并将荷载传至地基；

(2) 墙或柱　竖向承重构件，承受屋顶及楼层荷载并下传至基础，墙体还起围护与分隔作用；

(3) 楼板与地面　它是水平承重构件，并起分隔层间的作用；

(4) 楼梯　楼房建筑中的上下通道；

(5) 屋顶　房屋顶部的承重与围护部分，一般应满足承重、保温、防水、美观等要求；

(6) 门窗　门供人们出入及封闭空间用，窗供采光、通风和美化建筑方面用。

2. 民用构筑物

一般指为建筑物配套服务的附属构筑物，如水塔、烟囱、管道支架等。其组成部分一般均少于六部分，而且大多数不是直接为人们使用。

复习思考题：

建筑物与构筑物的主要区别是什么？

2.1.3　民用建筑工程的基本名词术语

为了做好民用建筑工程施工测量放线，必须了解以下有关的名词术语：

1. 横向　指建筑物的宽度方向；

2. 纵向　指建筑物的长度方向；

3. 横向轴线　沿建筑物宽度方向设置的轴线，轴线编号从左向右用数字①、②、…表示；

4. 纵向轴线　沿建筑物长度方向设置的轴线，轴线编号从下向上用汉语拼音大写Ⓐ、Ⓑ、…表示；

5. 开间　两条横向定位轴线之距离；

6. 进深　两条纵向定位轴线之距离；

7. 层高　指两层间楼地面至楼地面间的高差；

8. 净高　指净空高度，即为层高减去地面厚、楼板厚和吊顶厚的高度；

9. 总高度　指室外地面至檐口顶部的总高差；

10. 建筑面积（单位为"m^2"）　指建筑物外廓面积再乘以层数。建筑面积由使用面积、结构面积和交通面积组成；

11. 结构面积（单位为"m^2"）　指墙、柱所占的面积；

12. **交通面积**（单位为"m^2"）　指走道、楼梯间等净面积；

13. **使用面积**（单位为"m^2"）　指主要使用房间和辅助使用房间的净面积。

复习思考题：

什么是横向？开间？什么是纵向？进深？

2.1.4　建筑物的耐久年限等级与耐火等级

1. 建筑物的耐久年限等级

根据《民用建筑设计通则》(JGJ 37—1987)规定，以主体结构确定的建筑耐久年限分以下四级：

（1）一级耐久年限　100年以上，适用于重要的建筑和高层建筑；

（2）二级耐久年限　50～100年，适用于一般性建筑；

（3）三级耐久年限　25～50年，适用于次要的建筑；

（4）四级耐久年限　15年以下，适用于临时性建筑。

2. 民用建筑的耐火等级

根据1988年5月1日实施的《建筑设计防火规范》(GBJ 16—1987)(2001年版)规定建筑物的耐火等级分为四级，民用建筑物的耐火等级、层数和面积应符合表2.1.4-1的要求。

民用建筑的耐火等级、层数、长度和面积　　表2.1.4-1

耐火等级	最多允许层数	防火分区		备　注
		最大允许长度(m)	最大允许占地面积(m^2)	
一、二级	9层及9层以下住宅，建筑高度不超过24m	150	2500	1. 体育馆、剧院、展览建筑等的观众厅、展览厅的长度和面积可以根据需要确定 2. 托儿所、幼儿园的儿童用房不应设在四层及四层以上或地下、半地下建筑内
三级	5层	100	1200	1. 托儿所、幼儿园的儿童用房及儿童游乐厅等儿童活动场所和医院、疗养院的住院部分不应设在三层及三层以上或地下、半地下建筑内 2. 商店、学校、电影院、剧院、礼堂、食堂、菜市场不应超过二层

61

续表

耐火等级	最多允许层数	防火分区 最大允许长度(m)	防火分区 最大允许占地面积(m²)	备注
四级	2层	60	600	学校、食堂、菜市场、托儿所、幼儿园、医院等不应超过一层

注：1. 重要的民用建筑应采用一、二级耐火等级的建筑。商店、学校、食堂、菜市场如采用一、二级耐火等级的建筑有困难时，可采用三级耐火等级的建筑。
2. 建筑物的长度，系指建筑物各分段中线长度的总和。如遇有不规则的平面而有各种不同量法时，应采用较大值。
3. 设有自动灭火设备时，每层最大允许建筑面积可按本表增加一倍。局部设置时，增加面积可按该局部面积，一倍计算。
4. 防火分区间应采用防火墙分隔，如有困难时，可用水幕和防火卷帘分隔。
5. 托儿所、幼儿园及儿童游乐厅等儿童场所应独立建造。当必须设置在其他建筑内时，宜设置独立的出入口。

3．高层建筑分类与耐火等级

根据1995年10月1日实施的《高层民用建筑设计防火规范》(GB 50045—1995)(2001年版)规定10层及10层以上住宅以及24~250m高度的公共建筑为高层建筑。高层建筑的耐火等级分为一、二两级。

高层民用建筑物应根据其使用性质、火灾危险性、疏散和扑救难度等进行分类。其分类方法详见表2.1.4-2。

高层建筑物的分类　　　　　表2.1.4-2

名称	一 类	二 类
居住建筑	高层住宅 19层及19层以上的普通住宅	10至18层的普通住宅
公共建筑	1. 医院 2. 高级旅馆 3. 建筑高度超过50m或每层建筑面积超过1000m²的商业楼、展览楼、综合楼、电信楼、财贸金融楼 4. 建筑高度超过50m或每层建筑面积超过1500m²的商住楼 5. 中央级和省级（含计划单列市）广播电视楼 6. 网局级和省级（含计划单列市）电力调度楼 7. 省级（含计划单列市）邮政楼、防灾指挥调度楼 8. 藏书超过100万册的图书馆、书库 9. 重要的办公楼、科研楼、档案楼 10. 建筑高度超过50m的教学楼和普通的旅馆、办公楼、科研楼、档案楼等	1. 除一类建筑以外的商业楼、展览楼、综合楼、电信楼、财贸金融楼、商住楼、图书馆、书库 2. 省级以下的邮政楼、防灾指挥调度楼、广播电视楼、电力调度楼 3. 建筑高度不超过50m的教学楼和普通的旅馆、办公楼、科研楼、档案楼等

一类建筑物的耐火等级应为一级,二类建筑物的耐火等级不应低于二级。

与高层建筑相连的附属建筑,其耐火等级不应低于二级。

建筑物的地下室,其耐火等级应为一级。

复习思考题:

见2.4节2题。

2.1.5 日照间距与防火间距

日照间距与防火间距是审核总平面图中应特别注意的两项内容。

1. 日照间距

是指南北两排建筑物的北排建筑物在底层窗台高度处保证冬季能有一定的日照时间。房间日照时间的长短,是由两排南北间距(D)和太阳的相对位置的变化关系决定的。其计算式为:

$$D = \frac{h}{\tan\theta} \qquad (2.1.5)$$

式中 D——日照间距;

h——南排建筑物檐口和北排建筑物底层窗台间的高差;

θ——冬至日中午十二点的太阳仰角。

在实际工作中,常用D/h的比值来确定,一般取0.8、1.2、1.5等。北京地区常取1.4~1.6。

2. 防火间距

是指两建筑物的间距必须符合有关防火规范的规定。这个间距应保证消防车辆顺利通过,亦保证在发生火灾的时间,避免波及左邻右舍。具体数值可查有关防火规定。

复习思考题:

如何计算日照间距?计算2.4节3题。

2.1.6 确定民用建筑定位轴线的原则

1. 承重内墙顶层墙身的中线与平面定位轴线相重合；
2. 承重外墙顶层墙身的内缘与平面定位轴线间的距离，一般为顶层承重外墙厚度的一半、半砖或半砖的倍数；
3. 非承重外墙与平面定位轴线的联系，除可按承重布置外，还可使墙身内缘与平面定位轴线相重合；
4. 带承重壁柱外墙的墙身内缘与平面定位轴线的距离，一般为半砖或半砖的倍数。为内壁柱时，可使墙身内缘与平面定位轴线相重合；为外壁柱时，可使墙身外缘与平面定位轴线相重合；
5. 柱子的中线应通过定位轴线；
6. 结构构件的端部应以定位轴线来定位。

在测量放线中，由于轴线多是通过柱中线，钢筋等影响视线。为此，在放线中多取距轴线一侧为 1~2m 的平行借线，以利通视。但在借线中，一定要坚持借线方向（向北或向南，向东或向西）和借线距离（最好为整米数）的规律性。

复习思考题：

为什么测量放线中多不用轴线，而要用借线？如何借线才能少出差错？

2.1.7 变形缝的分类、作用与构造

变形缝分为伸缩缝、沉降缝和防震缝三种。其构造特点如下：

1. 伸缩缝

解决温度变形。当建筑物的长度大于或等于 60m 时，一般用伸缩缝分开，缝宽为 20~30mm。其构造特点是仅在基础以上断开，基础不断开。

2. 沉降缝

解决沉降变形。当建筑物的高度不同、荷载不同、结构类型

不同或平面有明显变化处，应用沉降缝隔开。沉降缝应从基础垫层开始至建筑物顶部全部断开。缝宽为 70~120mm。

3. 防震缝

建造在地震区的建筑物，在需要设置伸缩缝或沉降缝时，一般均按防震缝考虑。其缝隙尺寸应不小于 120mm，或取建筑物总高度的 1/250。这种缝隙的基础也断开。

复习思考题：

三种变形缝的主要区别是什么？

2.1.8 楼梯的组成、各部分尺寸与坡度

楼梯由楼梯段、休息平台、栏杆或栏板三部分组成。楼梯是建筑物中的上下通道，楼梯的各部分尺寸均应满足防火和疏散要求。

1. 楼梯段

楼梯段是由踏步组成的。踏步的水平面叫踏面，立面叫踢面。按步数规定，楼梯段步数最多为 18 步，最少为 3 步。楼梯段在单股人流通行时，宽度不应小于 850mm，供两股人流通行时，宽度不应小于 1100~1200mm。供疏散用的楼梯最小宽度为 1100mm。

2. 休息平台

休息平台可以缓解上下楼时的疲劳，起缓冲作用。休息平台的宽度应不小于楼梯段的宽度，这样才能保证正常通行。

3. 栏杆或栏板

它是为保证上下楼行走安全。栏杆或栏板上应安装扶手，栏杆与栏板的高度，也应保证安全。除幼儿园等建筑中扶手高度较低或做成两道扶手外，其余均应在 900~1100mm 之间。

4. 楼梯的坡度

楼梯的坡度是指楼梯段的坡度。一般有两种确定方法：其一是斜面和水平面的倾斜角，其二是用斜面的高差与斜面在水平面

上的投影长度之比。

楼梯的倾角 θ 一般在 $20°\sim45°$ 之间，也就是坡度 $i=1/2.75\sim1/1$ 之间。在公共建筑中，上下楼人数较多，坡度应该平缓，一般用 1/2 的坡度，即倾角 $\theta=26°34'$。住宅建筑中的楼梯，使用人数较少，坡度可以陡些，常用 1/1.5 的坡度，即倾角 $\theta=33°41'$。

楼梯的踢面与踏面的尺寸决定了楼梯的坡度。踢面与踏面的尺寸之和应为 450mm，或两个踢面与一个踏面的尺寸之和应为 620mm。踏面尺寸应考虑行走方便，一般不应小于 250mm，常用 300mm。一个楼梯段中踢面比踏面多一个，这一点在放线工作中不可忽视。

复习思考题：

楼梯放线中易出现什么差错？

2.2 工业建筑构造的基本知识

2.2.1 工业建筑物与构筑物

1. 工业建筑物

一般指直接为生产工艺要求进行生产的工业建筑物叫做生产车间，而为生产服务的辅助生产用房、锅炉房、水泵房、仓库、办公、生活用房等叫辅助生产房屋。两者均属工业建筑物。一般单层厂房建筑由以下六部分组成。

（1）基础　单层厂房下部的承重构件；

（2）柱子　竖向承重构件；

（3）吊车梁　支承起重吊车的专用梁；

（4）屋盖体系　这是屋顶承重构件，其中包括屋架、屋面梁、屋面板、托架梁、天窗架等；

（5）支撑系统　保证厂房结构稳定的构件，其中包括柱间支撑与屋盖支撑两大部分；

（6）墙身及墙梁系统　墙梁包括圈梁、连系梁、基础梁等构件，它一方面保证排架的稳定，一方面承托墙身的重量，墙身是厂房的围护结构。

厂房除上述六个组成部分以外，还有门窗、吊车止冲装置、消防梯、作业梯等。

2. 工业构筑物

一般指为建筑物配套服务的构造设施，如水塔、烟囱、各种管道支架、冷却塔、水池等。其组成部分一般均少于六部分，且不是直接为生产使用。

复习思考题：

见 2.4 节 4 题。

2.2.2　工业建筑工程的基本名词术语

为了做好工业建筑工程施工的测量放线，必须了解以下有关名词术语：

1. 柱距

指单层工业厂房中两条横向轴线之间即两排柱子之间的距离，通常柱距以 6m 为基准，有 6m、12m 和 18m 之分。

2. 跨度

指单层工业厂房中两条纵向轴线之间的距离，跨度在 18m 以下时，取 3m 的倍数，即 9m、12m、15m 等，跨度在 18m 以上时，取 6m 的倍数，即 24m、30m、36m 等。

3. 厂房高度

单层工业厂房的高度是指柱顶高度和轨顶高度两部分。柱顶高度是从厂房地面至柱顶的高度，一般取 30mm 的倍数。轨顶高度是从厂房地面至吊车轨顶的高度，一般取 600mm 的倍数（包括有 ±200mm 的误差）。

2.2.3 工业建筑的特点

工业厂房是为生产服务的，在使用上必须满足工艺要求。工业建筑的特点大多数与生产因素有关，具体有以下几点：

1. 工艺流程决定了厂房建筑的平面布置与形状

工艺流程是生产过程，是从原材料→半成品→成品的过程。因此，工业厂房柱距、跨度大，特别是联合车间，面积可达10万 m^2。

2. 生产设备和起重运输设备是决定厂房剖面图的关键

生产设备包括各种机床、水压机等，运输设备包括各类火车等，起重吊车一般在几吨至上百吨。

3. 车间的性质决定了构造做法的不同

热加工车间以散热、除尘为主，冷加工车间应注意防寒、保温。

4. 工业厂房的面积大、跨数多、构造复杂

如内排水、天窗采光及一些隔热、散热的结构与做法。

复习思考题：

根据工业建筑的特点，工业建筑施工测量有什么特点？

2.2.4 确定厂房定位轴线的原则

厂房的定位轴线与2.1.6所讲民用建筑定位轴线基本相同，也有纵向、横向之分。

1. 横向定位轴线决定主要承重构件的位置

其中有屋面板、吊车梁、连系梁、基础梁以及纵向支撑、外墙板等。这些构件又搭放在柱子或屋架上，因而柱距就是上述构件的长度。横向定位轴线与柱子的关系，除山墙端部排架柱及横向伸缩缝外柱以外，均与柱的中心线重合。山墙端部排架柱应从轴线向内侧偏移500mm。横向变形缝处采用双柱，柱中均与定位轴线相距500mm。横向定位轴线通过山墙的里皮（抗风柱的外皮),形成封闭结合。

2. 纵向定位轴线与屋架(屋面架)的跨度有关

同时与屋面板的宽度、块数及厂房内吊车的规格有关。纵向定位轴线在外纵墙处一般通过柱外皮即墙里皮(封闭结合处理);纵向定位轴线在中列柱外通过柱中;纵向定位轴线在高低跨处,通过柱边的叫封闭结合,不通过柱边的叫非封闭结合。

3. 封闭结合与非封闭结合

纵向柱列的边柱外皮和墙的内缘,与纵向定位轴线相重合时,叫封闭结合。纵向柱列的边柱外缘和墙的内缘,与纵向定位轴线不相重合时,叫非封闭结合。轴线从柱边向内移动的尺寸叫联系尺寸。联系尺寸用"D"表示,其数值为150mm、250mm、500mm。

4. 插入距的概念

为了安排变形缝的需要,在原有轴线间插入一段距离叫插入距。封闭结合时,插入距(A) = 墙厚(B) + 缝隙(C)。非封闭结合时,插入距(A) = 墙厚(B) + 缝隙(C) + 联系尺寸(D)。关于插入距在纵向变形缝、横向变形缝处的应用,可参阅有关图形。

复习思考题:

工业建筑物的定位轴线与民用建筑有何区别?

2.3 市政工程的基本知识

2.3.1 城市道路与公路的特点

1. 城市道路的特点

(1)城市道路与公路以城市规划区的边线分界。城市道路是根据1990年4月1日实施的《中华人民共和国城市规划法》按照城市总体规划确定的道路类别、级别、红线宽度、横断面类型、地面控制高程和交通量大小、交通特性等进行设计，以满足城市发展的需要。

（2）城市道路的中线位置，一般均由城市规划部门按城市测量坐标确定的。道路的平面、纵断面、横断面应相互协调。道路高程、路面排水与两侧建筑物要配合。设计中应妥善处理各种地下管线与地上设施的矛盾，贯彻先地下后地上的原则，避免造成反复开挖修复的浪费。

（3）道路设计应处理好人、车、路、环境之间的关系。注意节约用地、合理拆迁，妥善处理文物、名木、古迹等。还应考虑残疾人的使用要求。

2. 公路的特点

（1）公路是根据1998年1月1日实施的《中华人民共和国公路法》，按照公路网的规划，从全局出发，按照公路的使用任务、功能和远景交通量综合确定的公路等级、道路建筑界限、横断面类型、纵断面高程与控制坡度和近、远期交通量大小等进行设计，以满足公路网发展的需要。

（2）公路的中线位置，一般均在勘测阶段所测绘的沿线带状地形图上定线确定的。公路的平面线型、纵横断面的协调既要满足公路等级的需要又要适合地形的现状做到合理、经济。设计中应妥善处理相交道路、铁路、河道及所经村镇的关系，一般应靠近村镇，而不穿越村镇，以利交通又保证安全。

（3）公路建设必须重视环境保护。修建高速公路和一级公路以及其他有特殊要求的公路的，应做出环境影响评价及环境保护设计。

复习思考题：

城市道路中线定位与公路中线定位有何不同？

2.3.2 城市道路与公路工程中的基本名词术语

为了做好城市道路与公路工程施工测量放线，必须了解以下有关的名词术语：

1. 车行道（行车道）与车道 道路上供汽车行驶的部分，在车行道上供单一纵列车辆行驶的部分；

2. 路肩 位于公路车行道外缘至路基边缘，具有一定宽度的带状部分（包括硬路肩与土路肩），为保证车行道的功能和临时停车使用，并作为路面的横向支承；

3. 路侧带 位于城市道路外侧缘石的内缘与建筑红线之间的范围，一般为绿化带及人行道部分；

4. 路幅 由车行道、分幅带和路肩或路侧带等组成的公路或城市道路横断范围，对城市道路而言即为两侧建筑红线范围之内；

5. 路基、路堤与路堑 按照路线位置和一定技术要求修筑的作为路面基础的带状构造物叫路基；高于原地面的填方路基叫路堤，低于原地面的挖方路基叫路堑；

6. 边坡、护坡与挡土墙 为保证路基稳定，在路基两侧做成的具有一定坡度的坡面叫边坡。路堤的边坡由于是填方、一般缓于1∶1.5，而路堑的边坡由于是挖方、一般徒于1∶1.5；为防止边坡受冲刷，在坡面上所做的各种铺砌和栽植叫做护坡；为防止路基填土或山坡岩土坍塌而修筑的、承受土体侧压力的墙式挡土构造物叫挡土墙，用以保证边坡的稳定性；

7. 路面结构层 构成路面的各铺砌层，按其所处的层位和作用，主要有面层、基层及垫层；面层是直接承受车辆荷载及自然因素的影响，并将荷载传递到基层的路面结构层；基层是设在面层以下的结构层，主要承受由面层传递的车辆荷载，并将荷载分布到垫层或土基上，当基层分为多层时，其最下面的一层叫底基层；垫层设于基层以下的结构层，其主要作用是隔水、排水、防冻以改善基层和土层的工作条件；

8. 交通安全设施 为保障行车和行人的安全，充分发挥道路作用，在道路沿线所设置的人行地道、人行天桥、照明设备、护栏、杆柱、标志、标线等设施。

2.3.3 城市道路的分类、分级与技术标准

1. 城市道路的分类、分级

根据1991年8月1日实施的《城市道路设计规范》(CJJ 37—1990)规定：城市道路按照在整个路网中的地位、交通功能以及对沿线建筑物的服务功能等，分为以下四类，其计算行车速度见表2.3.3-1。

（1）快速路 应为城市中大量、长距离、快速交通服务。快速路对向行车道之间应设中间分车带，其进出口应采用全控制或部分控制。

（2）主干路 应为连接城市各主要分区的干路，以交通功能为主。

（3）次干路 应为主干路组合组成路网，起集散交通的作用，兼有服务功能。

（4）支路 应为次干路与街坊路的连接线，解决局部地区交通，以服务功能为主。

各类各级城市道路计算行车速度　　　表2.3.3-1

道路类别	快速路	主干路			次干路			支路		
道路级别	一	Ⅰ	Ⅱ	Ⅲ	Ⅰ	Ⅱ	Ⅲ	Ⅰ	Ⅱ	Ⅲ
计算行车速度（km/h）	80 60	60 50	50 40	40 30	50 40	40 30	30 20	40 30	30 20	20

2. 各类城市道路的技术标准

根据《城市道路设计规范》有关章节规定，摘录了有关技术指标，如表2.3.3-2所示。

各类城市道路技术标准　　　表2.3.3-2

	计算行车速度（km/h）	80	60	50	40	30	20
圆曲线半径（m）	不设超高最小半径	1000	600	400	300	150	70
	设超高推荐半径	400	300	200	150	85	40
	设超高最小半径	250	150	100	70	40	20

续表

	计算行车速度（km/h）	80	60	50	40	30	20
平曲线长度（m）	平曲线最小长度	140	100	85	70	50	40
	圆曲线最小长度	70	50	40	35	25	20
缓和曲线最小长度（m）		70	50	45	35	25	20
不设缓和曲线的最小圆曲线半径（m）		2000	1000	700	500	—	
最大超高横断面坡度（%）		6		4		2	
最大纵坡	推荐值（%）	4	5	5.5	6	7	8
	限制值（%）	6		7	8	9	

复习思考题：

见 2.4 节 5 题。

2.3.4 公路的分级与技术标准

1. 公路的分级

根据 1998 年 1 月 1 日实施的《公路工程技术标准》（JTJ 001—1997）规定：公路按照使用任务、功能和适应的交通量分为以下五级，其计算行车速度见表 2.3.4-1。

（1）高速公路 为专供汽车分向、分车道行驶并全部控制出入的干线公路。其平均昼夜交通量，四车道为 25000 ~ 55000 辆，六车道为 45000 ~ 80000 辆，八车道为 60000 ~ 100000 辆；

（2）一级公路 为供汽车分向、分车道行驶的公路，一般能适应平均昼夜交通量为 15000 ~ 30000 辆；

（3）二级公路 为一般能适应平均昼夜交通量 3000 ~ 7500 辆；

（4）三级公路 为一般能适应平均昼夜交通量 1000 ~ 4000 辆；

（5）四级公路 为一般能适应平均昼夜交通量双车道为 1500 辆以下，单车道为 200 辆以下。

各级公路计算行车速度   表 2.3.4-1

公路等级		高速公路	一级	二级	三级	四级
计算行车速度（km/h）	平原、微丘地区	120, 100	100	80	60	40
	山岭、重丘地区	80, 60	60	40	30	20

2. 各级公路的技术标准

根据《公路工程技术标准》有关章节规定，摘录了有关技术指标，如表 2.3.4-2 所示。

各级公路技术标准　　　　表 2.3.4-2

公路等级		高速公路				一级		二级		三级		四级	
计算行车速度（km/h）		120	100	80	60	100	60	80	40	60	30	40	20
车道数		8、6、4	4	4	4	4	4	2	2	2	2	1或2	
行车道宽度（m）		2×15.0 11.25 7.5	2×7.5	2×7.5	2×7.0	2×7.5	2×7.0	9.0	7.0	7.0	6.0	3.5或6.0	
中间带宽度（m）	一般值	4.5	3.5	2.5	2.5	3.0	2.5						
	低限值	3.0	2.5	2.0	2.0	2.0	2.0						
路基宽度（m）	一般值	26.0	24.5	22.5	25.5	22.5	12.0	8.5	8.5	7.5	4.5或7.0		
	变化值		24.5	23.0	20.0	24.0	20.0	17.0					
圆曲线半径（m）	不设超高最小半径	5500	4000	2500	1500	4000	1500	2500	600	1500	350	600	150
	一般最小半径	1000	700	400	200	700	200	400	100	200	65	100	30
	极限最小半径	650	400	250	125	400	125	250	60	125	30	60	15
缓和曲线最小长度（m）		100	85	70	50	85	50	70	35	50	25	35	20
纵坡	最大值（%）	3	4	5	5	4	6	5	7	6	8	6	9
	最小坡长（m）	300	250	200	150	250	150	200	120	150	100	100	60

2.3.5 桥梁、涵洞的分类与基本名词术语

1. 桥梁涵洞的分类

根据 1989 年 10 月 1 日实施的《公路桥涵设计通用规范》（JTJ 021—1989）与 1993 年 10 月 1 日实施的《城市桥梁设计准则》（CJJ 11—1993）的规定，桥梁涵洞按跨径分类见表 2.3.5-1，按车辆荷载等级分类见表 2.3.5-2、表 2.3.5-3。

桥梁涵洞按跨径分类　　　　表 2.3.5-1

桥梁分类	多孔跨径总长 L（m）	单孔跨径 L_0（m）
特大桥	$L \geqslant 500$	$L_0 \geqslant 100$
大桥	$500 > L \geqslant 100$	$L_0 > 40$
中桥	$100 > L > 30$	$20 \leqslant L_0 < 40$
小桥	$30 \geqslant L \geqslant 8$	$5 \leqslant L_0 < 20$
涵洞	$L < 8$	$L_0 < 5$

城市桥梁车辆荷载等级选用表　　　　表 2.3.5-2

荷载类别＼城市道路等级	快速路	主干路	次干路	支路
计算荷载与验算荷载	汽车－20级 挂车－100	汽车－20级 挂车－100 或 汽车－超20级 挂车－120	汽车－15级 挂车－80 或 汽车－20级 挂车－100	汽车－15级 挂车－80

公路桥梁车辆荷载等级选用表　　　　表 2.3.5-3

公路等级	汽车专用公路			一般公路		
荷载类别	高速公路	一	二	二	三	四
计算荷载	汽车－超20级	汽车－超20级 汽车－20级	汽车－20级	汽车－20级	汽车－20级	汽车－10级
验算荷载	挂车－120	挂车－120 挂车－100	挂车－100	挂车－100	挂车－100	履带－50

2．桥梁工程中的基本名词术语

（1）上部结构　桥梁支座以上跨越桥孔部分总体叫上部结构。它包括主梁、横梁、纵梁与梁面系。梁面系是直接承受车辆、人群等荷载并将其传递至主要承重构件的桥面构造系统，包括桥面铺装、桥面板与人行道等。

（2）支座　是设在桥梁上部结构与下部结构之间，使上部结构具有一定活动性的传力装置。支座一般分固定支座与活动支座两种。固定支座是使上部结构能转动而不能水平移动的支座；活动支座是使上部结构能转动和水平移动的支座；支座的位置是体现桥梁上部结构荷载的集中之处，是桥梁施工测量中定位的重点部位。

（3）下部结构　通过支座支承桥梁上部结构并将其荷载传递至地基的桥墩、桥台和基础的构造物叫做下部结构。桥墩基础多在水中，是施工测量的难点。桥台在桥的两端，其间距即为桥梁总长度，这是测量中的重点。为保护桥头路堤边坡不受冲刷，在桥台的两侧修筑锥形护坡（其放线方法见 13.4.5）。

复习思考题：

见 2.4 节 6 题。

2.4 复习思考题

1. 建筑物按用途分为哪三类？其构造特点各是什么？对测量放线的要求有何不同？
2. 高层民用建筑分哪二类？其层数或高度的界限是什么？在施工测量中有何不同？
3. 已知南北两楼设计净距 $D = 16.6m$，室外地面标高均为 $-0.60m$，南楼檐口顶部标高为 $H_{南顶} = +12.4m$，北楼底层窗台标高 $+0.80m$，冬至日中午 12 点的太阳仰角 $\theta = 33°15'$，计算南北两楼设计日照间距是否符合要求？
4. 对比单层厂房建筑与一般民用建筑各由哪六部分组成？在施工测量中有何不同？
5. 控制行车速度的道路技术标准主要是哪两项？为什么？
6. 桥梁施工测量中的难点与重点是什么？

第3章 测绘学的基本知识

3.1 测绘学的基本内容

3.1.1 测绘学

根据国家学科分类，测绘学是研究与地球有关的基础空间信息的采集、处理、显示、管理、利用的科学与技术。它内容包括研究测定、描述地球的形状、大小、重力场、地表形态以及它们的各种变化，确定自然和人造构筑物与设施的空间位置及属性，制成各种地图和建立有关信息系统。现代测绘学的技术已部分应用于其他行星和月球上。测绘学具体可分以下 6 个方面。

1. 大地测量学

研究和确定地球的形状、大小、重力场及其变化。通过建立区域和全球三维控制网、重力网及利用卫星测量等方法，对地球整个与局部地表面点的几何位置以及它们的变化的理论和技术的学科。我国已建成了全国统一的国家测绘基准体系，其中包括由 154348 个高等级平面控制点组成的国家大地平面控制网，建立了"1980 国家大地坐标系"；实测了 114041 个高等级水准点组成的国家高程控制网，建立了"1985 国家高程基准"。为全国各方面测量的需要建立了良好大地测量基础。

2. 摄影测量与遥感学

研究利用电磁波传感器获取目标物的几何和物理信息，用以测定目标物的形状、大小、空间位置，判释其性质及其相互关系，并用图形、图像和数字形式表达的原理和技术的学科。我国航空影像的国土覆盖率已超过 80%，遥感影像国土覆盖率达

93%，基本上满足全国各方面的需要。

3. 地图制图学

研究地图的信息传输、空间认知、投影原理、制图综合和地图的设计、编制、复制以及建立地图数据库等的理论和技术的学科。为建立全国地理信息系统打下良好基础。

4. 工程测量学

研究工程建设和自然资源开发中各个阶段进行的控制测量、地形测绘、施工放样、变形监测及建立相应信息系统的理论和技术的学科。以三峡枢纽工程为代表的一大批水利工程，西气东输、青藏铁路等一大批巨型工程的兴建，全国数百座城市的规划建设做出了重大贡献。

5. 海洋测绘学

研究海洋定位、测定海洋大地水准面和平均海面、海底和海面地形、海洋重力、磁力、海洋环境等自然和社会信息的地理分布，及编制各种海图的理论和技术的学科。

6. 测绘仪器

为测绘工作设计制造的数据采集、处理、输出等仪器和装置。我国光学仪器已满足国内需要并大批量出口，光电仪器、全站仪与GPS接收机也达到一定水平。

复习思考题：

为什么说测绘工作是国民经济和社会发展的一项前期性、基础性工作？

3.1.2 工程测量的任务与作用

无论是建筑工程测量，还是市政工程测量均分两个阶段进行。

1. 设计测量

将拟建地区的地面现状（包括地物、地貌）测出，其成果用数字表示或按一定比例缩绘成平面图或地形图，作为工程规划、设计的依据,这项工作叫做设计测量或地形测绘。

2. 施工测量

将设计图上规划、设计的建筑物、构筑物,按设计与施工的要求,测设到地面上预定的位置,作为工程施工的依据,这项工作叫做施工测量或施工放线。

复习思考题:

对比设计测量(见14章)和施工测量(见11~13章)的作用、内容和工作程序有何同异?

3.1.3 工程施工测量的任务与作用

建筑工程施工测量与市政工程施工测量均分四个阶段进行。

1. 施工准备阶段

校核设计图纸与建设单位移交的测量点位、数据等测量依据。根据设计与施工要求编制施工测量方案,并按施工要求进行施工场地及暂设工程测量。

根据批准后的施工测量方案,测设场地平面控制网与高程控制网。场地控制网的坐标系统与高程系统应与设计一致。

2. 施工阶段

根据工程进度对建筑物、构筑物定位放线、轴线控制、高程抄平与竖向投测等,作为各施工阶段按图施工的依据。

在施工的不同阶段,做好工序之间的交接检查工作与隐蔽工程验收工作,为处理施工过程中出现的有关工程平面位置、高程和竖直方向等问题提供实测标志与数据。

3. 工程竣工阶段

检测工程各主要部位的实际平面位置、高程和竖直方向及相关尺寸,作为竣工验收的依据。工程全部竣工后,根据竣工验收资料,编绘竣工图,作为工程运行、管理的依据。

4. 变形观测

对设计与施工指定的工程部位,按拟定的周期进行沉降、水平位移与倾斜等变形观测，作为验证工程设计与施工质量的依据。

复习思考题：

各阶段施工测量的作用与内容是什么？如何做好？

3.2 地面点位的确定

3.2.1 测量工作的实质与确定地面点位的基本要素

1. 测量工作的实质是确定点的位置

即平面相对位置或绝对位置（y，x）与高程（H）。

2. 确定地面点位的基本要素

水平角（β）、水平距离（D）与高差（h）（或斜距离 D' 与竖直角 θ）。传统的测量方法是根据已知点位的平面位置（$y_已$，$x_已$）及其高程（$H_已$），测出已知点至各欲求点位间的水平角（β）、水平距离（d）及其间的高差（h），推算出各欲求点位的平面位置（y_i，x_i）与高程（H_i）。但自全站仪问世以来，由于它可以同时测出水平角、斜距离与竖直角，并通过仪器中的电脑程序算出所需要的测量结果。因此，将全站仪安置在已知点位（$y_已$，$x_已$，$H_已$）后视已知方位后，将已知点位的坐标与后视方位输入，就可以直接测算出欲求点的坐标（y_i，x_i，H_i）或各欲求点间的距离和高差，简化了测量工作，提高了工作效率。在当前的施工测量放线中，全站仪主要用于场地控制测量和主要点位的放线工作。而水准仪测高差、经纬仪测水平角及用钢尺量距还是现场放线中的基本操作，因此是必须熟练掌握的基本功。

复习思考题：

既然全站仪可以直接在已知点上测出各欲测点位（y_i，x_i，H_i），为什么在施工放线中,还必须掌握水准抄平、经纬测角及钢尺量距?

3.2.2 水准面、水平面与弧面差（E）

为了比较地面上各点间的高低,就需要有其基准面——水准面、水平面。

1. 水准面 自由静止的水表面,处处与铅垂线成正交的曲面。

2. 水平面 与水准面相切的平面,仅在切点处与铅垂线成正交的平面。

3. 弧面差（E） 用水平面代替水准面产生的高差误差。

如图 3.2.2 所示：AO 与 BO 为过 A 点、B 点的铅垂线，$\overset{\frown}{AB}$ 为水准面，AB' 为 A 点处的水平面，它在 A 点处与 $\overset{\frown}{AB}$ 水准面相切,在 B 点处水准面与水平面间的差值 BB' 即为 AB 两点间的弧面差 $E = \dfrac{D^2}{2R}$。

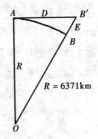

图 3.2.2 水准面与水平面

公式推导如下：

$\because D^2 + R^2 = (R + E)^2 = R^2 + 2RE + E^2$

$\therefore D^2 = E(2R + E)$

即 $E = \dfrac{D^2}{2R + E}$ 因 E 与 $2R$（地球平均半径 $R = 6371\text{km}$）相比甚小,故可近似写为：

$$E = \dfrac{D^2}{2R} \qquad (3.2.2)$$

根据上式计算：当 D 为 100m（0.1km）、1km 与 10km 时,E 值分别为 0.8mm、78mm、7.800m。因此,在测量中应根据测区的大小与视线的长短适当考虑其影响。

复习思考题：

- 在水准测量中若做到前后视线等长,弧面差对测量结果还有无影响?

3.2.3 大地水准面、"1985国家高程基准"与各"地方高程系统"

为了表示全国、全球性的高低，用占全球表面71%的海水面作基准面是合适的。

1. 大地水准面　平均静止的海水面，作为统一高程（标高）的起算面。

2. "1985国家高程基准"　我国1987年规定，以青岛验潮站1952年1月1日~1979年12月31日所测定的黄海平均海水面作为全国高程的统一起算面。并推测得青岛观象山上国家水准原点的高程为72.260m，从此全国各地的高程则以它为基准进行测算。原1950年1月1日~1956年12月31日所测定的1956年黄海高程系统（水准原点高程为72.289m）停止使用，但许多地方的旧资料中的高程仍为1956年黄海高程系统，这一点请读者在工作中要特别注意。

3. 我国在解放以前高程系统是十分混乱的，全国有：大连及葫芦岛的基准面、大沽基准面，旧黄河基准面、青岛基准面、吴松基准面、坎门基准面、珠江基准面等等。这些各不相同的高程系统，形成极为复杂的关系。现在北京地区使用的高程系统是沿用历史遗留下来的"北京地方高程系"，它是1916年由大沽口引测至正阳门洞内将军石上，其高程为43.714m。在北京附近还有"旧华北水利高程系统"。若某点1985国家高程为50.000m，则其"1956黄海高程"为50.029m，"北京地方高程"为50.426m，"旧华北水利高程"为51.537m，"吴松高程"为51.717m，"珠江高程"为49.443m。

复习思考题：

1. 大地水准面是重力等位面，其表面光滑，能否用数学方程式表示？为什么？

2. 见3.5节1. 题。

3.2.4 绝对高程(H)、相对高程(H')与高差(h)、坡度(i)

1. 绝对高程(H) 地面上一点到大地水准面的铅垂距离。如图3.2.4-1中A点、B点的绝对高程分别为$H_A = 44m$、$H_B = 78m$。

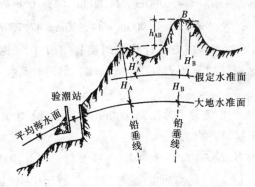

图3.2.4-1 绝对高程与相对高程

2. 相对高程(H') 地面上一点到假定水准面的铅垂距离。见图3.2.4-1中A点、B点的相对高程为$H'_A = 24m$、$H'_B = 58m$。

在建筑工程中，为了对建筑物整体高程定位，均在总图上标明建筑物首层地面的设计绝对高程。此外，为了方便施工，在各种施工图中多采用相对高程。一般将建筑物首层地面定为假定水准面，其相对高程为±0.000。假定水准面以上高程为正值；假定水准面以下高程为负值。例如：某建筑首层地面相对高程$H'_0 = ±0.000$（绝对高程$H_0 = 44.800m$），室外散水相对高程为$H'_散 = -0.600m$，室外热力管沟底的相对高程$H'_沟 = -1.700m$，二层地面相对高程为$H'_{二层} = +2.900m$。

3. 已知相对高程(H')计算绝对高程(H) 则P点绝对

高程 $H_P = P$ 点相对高程 $H'_P +$ （±0.000 的绝对高程 H_0）

$$(3.2.4-1)$$

如上题中某建筑物的相对标高：室外散水 $H'_{散} = -0.600\text{m}$、室外热力管沟底 $H'_{沟} = -1.700\text{m}$ 与二层地面 $H'_{二层} = +2.900\text{m}$，其绝对高程（H）分别为：

$$H_{散} = H'_{散} + H_0 = -0.600\text{m} + 44.800\text{m} = 44.200\text{m}$$

$$H_{沟} = H'_{沟} + H_0 = -1.700\text{m} + 44.800\text{m} = 43.100\text{m}$$

$$H_{二层} = H'_{二层} + H_0 = +2.900\text{m} + 44.800\text{m} = 47.700\text{m}$$

4. 已知绝对高程（H）计算相对高程（H'） 则 P 点相对高程 $H'_P = P$ 点绝对高程 $H_P -$ （±0.000）的绝对高程 H_0）

$$(3.2.4-2)$$

如计算上述某建筑外 25.000m 处路面绝对高程 $H_{路} = 43.700\text{m}$，其相对高程为：

$$H'_{路} = H_{路} - H_0 = 43.700\text{m} - 44.800\text{m} = -1.100\text{m}$$

5. 高差（h） 两点间的高程差。若地面上 A 点与 B 点的高程 $H_A = 44\text{m}$（$H'_A = 24\text{m}$）与 $H_B = 78\text{m}$（$H'_B = 58\text{m}$）均已知，则 B 点对 A 点的高差

$$h_{AB} = H_B - H_A = 78\text{m} - 44\text{m} = 34\text{m}$$
$$= H'_B - H'_A = 58\text{m} - 24\text{m} = 34\text{m} \quad (3.2.4-3)$$

h_{AB} 的符号为正时，表示 B 点高于 A 点；符号为负时，表示 B 点低于 A 点。

6. 坡度（i） 一条直线或一个平面的倾斜程度，一般用 i 表示。水平线或水平面的坡度等于零（$i = 0$），向上倾斜叫升坡（+）、向下倾斜叫降坡（−）。在建筑工程中如屋面、厕浴间、阳台地面、室外散水等均需要有一定的坡度以便排水。在市政工程中如各种地下管线，尤其是一些无压管线（如雨水和污水管道）均要有一定坡度，各种道路在中线方向要有纵向坡度，在垂直中线方向上还要有横向坡度，各种广场与农田均要有不同方向的坡度，以便排水与灌溉。

见图 3.2.4-2，AB 两点间的高差 h_{AB} 比 AB 两点间的水平距离 D_{AB} 即为坡度，亦即 AB 斜线倾斜角（θ）的正切（$\tan\theta$），一般用百分比（%）或千分比（‰）表示：

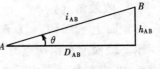

图 3.2.4-2　高差与坡度

$$i_{AB} = \frac{H_B - H_A}{D_{AB}} = \frac{h_{AB}}{D_{AB}} \quad (\%) \qquad (3.2.4\text{-}4)$$

例题 1：某建筑物外 25.000m 处路面高程 $H_路 = 43.700\text{m}$，建筑物散水高程 $H_散 = 44.200\text{m}$，求路面至散水间的坡度 $i = ?$

解：$\quad i = \dfrac{H_散 - H_路}{25.000\text{m}} = \dfrac{44.200\text{m} - 43.700\text{m}}{25.000\text{m}} = 2\%$

例题 2：计算一般的"二五举"房架（即 10.000m 的跨度、2.500m 的举高）的坡度 $i = ?$ 其上弦梁的倾斜角 $\theta = ?$

解：
$$i = \frac{h}{D} = \frac{2.500\text{m}}{5.000\text{m}} = \frac{1}{2} = 50\%,$$

$$\theta = \arctan\frac{1}{2} = 26°33'54''.$$

复习思考题：

1. 用两点的绝对高程或相对高程计算其高差时结果一样吗？在 ±0.000 以下计算相对高程和高差时，要特别注意什么？h_{AB} 与 h_{BA} 各表示什么意思？
2. AB 为上坡 1.2%、BC 为下坡 -0.7%，问 ABC 竖向折角是多少？
3. 见 3.5 节 2 题。

3.2.5　地面上的基本方向——子午线

1. 子午线

即南北线，分为真子午线、磁子午线与坐标子午线三种。

（1）真子午线　过地面上一点指向地球南、北极的方向线。

（2）磁子午线　过地面上一点磁针所指的方向线。

（3）坐标子午线　与过测区坐标原点的真子午线平行的方向线。

2. 收敛角（γ）

地面上东西两点真子午线方向间的夹角，如图 3.2.5（a）所示。地面上东西两点的真子午线除赤道上以外，均不平行，在北纬 40°当东西两点相距 1.8km 时，其收敛角约为 1′。

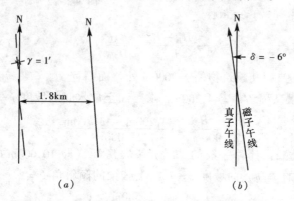

图 3.2.5 收敛角 γ 与磁偏角 δ

3. 磁偏角（δ）

地面上一点的磁子午线与真子午线之间的夹角，如图 3.2.5（b）所示。由于地磁南北极与地球的南北极不一致，故地面上某点的磁子午线与真子午线常不重合，磁子午线方向在真子午线方向以东叫做东偏，δ 取正号；西偏则 δ 取负号。北京地区的磁子午线北端偏于真子午线以西约 6°，叫西偏 6°或 -6°（也叫抢阳 6°）。

复习思考题：

1. 见 3.5 节 3 题。
2. 为什么城市工程测量中多采用坐标子午线？

3.2.6 直线方向的表示方法——方位角（φ）、象限角（R）

1. 方位角（φ） 由子午线北端顺时针方向量到直线的夹角，用以表示该直线的方向。正北的方位角为 0°，正东、正南、正西的方位角分别为 90°、180°、270°，正西北的方位角为 315°。

一条直线起端的方位角叫做该直线的正方位角,用 $\varphi_正$ 表示;直线终端的方位角叫做该直线的反方位角,用 $\varphi_反$ 表示;两者的关系是:$\varphi_正 = \varphi_反 \pm 180°$。如直线 AB 的正方位角 $\varphi_{AB}=35°$,则其反方位角 $\varphi_{BA}=215°$;直线 BC 的正方位角 $\varphi_{BC}=320°$,则其反方位角 $\varphi_{CB}=140°$。

2. 象限角（R） 子午线北端或南端与直线间所夹的锐角,用以表示直线的方向。正北（N）的象限角为 N0°E,正东（E）、正南（S）、正西（W）的象限角分别为 N90°E、S0°E、N90°W,正西北的象限角为 N45°W。

3. 方位角（φ）与象限角（R）的换算关系如表 3.2.6。

方位角 φ 与象限角 R 的换算关系　　　表 3.2.6

直线所在象限	已知 φ 求 R	已知 R 求 φ
Ⅰ（北东 NE）	$R = \varphi$	$\varphi = R$
Ⅱ（南东 SE）	$R = 180° - \varphi$	$\varphi = 180° - R$
Ⅲ（南西 SW）	$R = \varphi - 180°$	$\varphi = 180° + R$
Ⅳ（北西 NW）	$R = 360° - \varphi$	$\varphi = 360° - R$

复习思考题:

已知直线 AB 的正方位角 $\varphi_{AB}=35°$,BC 的正方位角 $\varphi_{BC}=320°$,绘图并求其象限角各是多少？∠ABC（顺时针转）是多少？

3.2.7 测量平面直角坐标系与数学坐标系

图 3.2.7（a）,3.2.7（b）分别为测量平面直角坐标系与数学平面直角坐标系,两者有三点不同:

1. 测量直角坐标系是以过原点的南北线即子午线为纵坐标轴,定为 X 轴;过原点东西线为横坐标轴,定为 Y 轴（数学直角坐标系横坐标轴为 X 轴,纵坐标轴为 Y 轴）。

2. 测量直角坐标系是以 X 轴正向为始边,顺时针方向转定

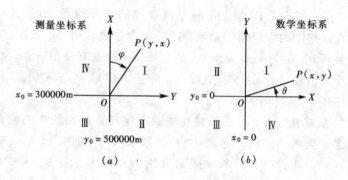

图 3.2.7 测量坐标系与数学坐标系

方位角（φ）及Ⅰ、Ⅱ、Ⅲ、Ⅳ象限（数学直角坐标系是以 X 轴正向为始边，逆时针方向转定倾斜角（θ），分Ⅰ、Ⅱ、Ⅲ、Ⅳ象限）。

3. 测量直角坐标系原点 O 的坐标（y_0，x_0）多为两个大正整数，如北京城市测量坐标原点的坐标 $y_0 = 500000\text{m}$，$x_0 = 300000\text{m}$（数学坐标原点的坐标 $x_0 = 0$，$y_0 = 0$）。

复习思考题：

在一张方形的透明的薄模上，画一测量坐标系，以方形的左下角为极，将薄模翻转过来看，就是数学坐标系。由此你可以解释为什么两种坐标系的三点不同的原因与道理？

3.2.8 北京城市测量坐标系

1. 北京城市测量坐标系

是于 1950 年建网测定的。限于当时建国初期的条件与北京市城市建设的急需的历史原因，而形成的"北京城市测量坐标系"。实质上就是以北京复兴门三角点为原点的独立坐标系，当时在原点上进行了经纬度及真子午线测量，规定该子午线为 X 坐标轴，定其 $y_0 = 50$ 万 m、从该点向南×××.××m 为坐标系原点 O，过 O 点的东西方向为 Y 坐标轴、定其 $x_0 = 30$ 万 m，如图 3.2.8-1。图中 1、2、3、4 各点的坐标如下：

1 点 $\begin{cases} y_1 = 504000\text{m} \\ x_1 = 304000\text{m} \end{cases}$ 　　2 点 $\begin{cases} y_2 = 502000\text{m} \\ x_2 = 296000\text{m} \end{cases}$

3 点 $\begin{cases} y_3 = 497000\text{m} \\ x_3 = 298000\text{m} \end{cases}$ 　　4 点 $\begin{cases} y_4 = 498000\text{m} \\ x_4 = 306000\text{m} \end{cases}$

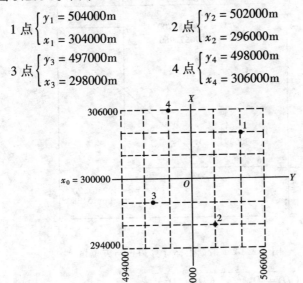

图 3.2.8-1　北京城市测量坐标系

2. 根据各点坐标计算其间距

如图 3.2.8-2 所示，为××印刷厂扩建厂房平面设计图，根据图中 2、4、6 点坐标（凡在设计图上建筑物的对角处注明坐标，则该建筑的方向为正南北、正东西），计算图中 D_1、D_2、D_3、D_4、D_5。

$D_1 = y_2 - y_4 = 9667.700\text{m} - 9645.700\text{m} = 22.000\text{m}$

$D_2 = y_4 - y_6 = 9645.700\text{m} - 9584.670\text{m} = 61.030\text{m}$

$D_1 + D_2 = y_2 - y_6 = 9667.700\text{m} - 9584.670\text{m} = 83.030\text{m}$

$D_3 = x_4 - x_6 = 7057.060\text{m} - 6993.280\text{m} = 63.780\text{m}$

$D_4 = x_6 - x_2 = 6993.280\text{m} - 6975.280\text{m} = 18.000\text{m}$

$D_3 + D_4 = x_4 - x_2 = 7057.060\text{m} - 6975.200\text{m} = 81.780\text{m}$

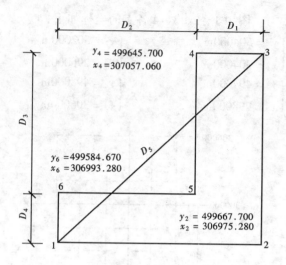

图 3.2.8-2 根据坐标计算边长与方位角

$$D_5 = \sqrt{(D_1 + D_2)^2 + (D_3 + D_4)^2}$$
$$= \sqrt{(22.000\text{m} + 61.030\text{m})^2 + (63.780\text{m} + 18.000\text{m})^2}$$
$$= 116.542\text{m}$$

3. 根据各点坐标计算其方位角

如图 3.2.8-2 所示，计算图中 14、13 及 15 直线的方位角。

$$\varphi_{14} = \arctan\frac{D_2}{D_3 + D_4} = \arctan\frac{61.030\text{m}}{63.780\text{m} + 18.000\text{m}} = 36°43'58''$$

$$\varphi_{13} = \arctan\frac{D_1 + D_2}{D_3 + D_4} = \arctan\frac{22.000\text{m} + 61.030\text{m}}{63.780\text{m} + 18.000\text{m}} = 45°26'04''$$

$$\varphi_{15} = \arctan\frac{D_2}{D_4} = \arctan\frac{61.030\text{m}}{18.000\text{m}} = 73°34'02''$$

复习思考题：

1. 计算图 3.2.8-1 中的 d_{34}、φ_{34}，d_{32}、φ_{32} 及 $\angle 132 = ?$
2. 见 3.5 节 4 题。

3.2.9 坐标增量(Δy、Δx)、坐标正算($P \to R$)与坐标反算($R \to P$)

1. 坐标增量（Δy、Δx）

ij 直线的终点 j（y_j，x_j）对起点 i（y_i，x_i）的坐标差（Δy_{ij}、Δx_{ij}）。如图 3.2.9 所示：

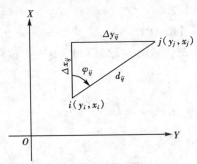

图 3.2.9 坐标增量

$$\begin{cases} \Delta y_{ij} = y_j - y_i \\ \Delta x_{ij} = x_j - x_i \end{cases} \quad (3.2.9\text{-}1)$$

例题 1：如图 3.2.8-2 中，计算 64 直线的终点 4 对起点 6 的坐标增量 Δy_{64}、Δx_{64}。

解：$\Delta y_{64} = y_4 - y_6 = 499645.700 - 499584.670 = 61.030 \text{m}$

$\Delta x_{64} = x_4 - x_6 = 307057.060 - 306993.280 = 63.780 \text{m}$

例题 2：如图 3.2.8-2 中，计算 24 直线的终点 4 对起点 2 的坐标增量 Δy_{24}、Δx_{24}。

解：$\Delta y_{24} = y_4 - y_2 = 499645.700 - 499667.700 = -22.000 \text{m}$

$\Delta x_{24} = x_4 - x_2 = 307057.060 - 306975.280 = -81.780 \text{m}$

2. 坐标正算（$P \to R$）

已知 ij 边长 d_{ij}、方位角 φ_{ij}（即极坐标 P），求其坐标增量 Δy_{ij}、Δx_{ij}（即直角坐标 R）。

$$\begin{cases} \Delta y_{ij} = d_{ij} \cdot \sin \varphi_{ij} \\ \Delta x_{ij} = d_{ij} \cdot \cos \varphi_{ij} \end{cases} \quad (3.2.9\text{-}2)$$

例题 3：如图 3.2.8-2 中，由上题已知 $d_{13} = 116.542\text{m}$、$\varphi_{13} = 45°26'04''$，计算 Δy_{13}、Δx_{13}。

解：$\Delta y_{13} = d_{13}\sin\varphi_{13} = 116.542\text{m} \cdot \sin 45°26'04''$
$= 83.030\text{m}$

$\Delta x_{13} = d_{13}\cos\varphi_{13} = 116.542\text{m} \cdot \cos 45°26'04''$
$= 81.780\text{m}$

3. 坐标反算（R→P）

已知 ij 边的 Δy_{ij}、Δx_{ij}，求其边长 d_{ij}、方位角 φ_{ij}。

$$\begin{cases} d_{ij} = \sqrt{(\Delta y_{ij})^2 + (\Delta x_{ij})^2} \\ \varphi_{ij} = \arctan\dfrac{\Delta y_{ij}}{\Delta x_{ij}} \end{cases} \quad (3.2.9\text{-}3)$$

φ 值的确定，见表 3.2.9。

方位角 φ 所在象限的确定　　　表 3.2.9

Δy	+	+	−	−
Δx	+	−	−	+
象限	Ⅰ	Ⅱ	Ⅲ	Ⅳ
φ	0° ~ 90°	~ 180°	~ 270°	~ 360°

例题 4：如图 3.2.8-2，见例题 1 及例题 2，已知 Δy_{64}、Δx_{64} 及 Δy_{24}、Δx_{64} 的数值，计算 d_{64}、φ_{64} 及 d_{24}、φ_{24}。

解：$d_{64} = \sqrt{(\Delta y_{64})^2 + (\Delta x_{64})^2} = \sqrt{(61.030\text{m})^2 + (63.780\text{m})^2}$
$= 88.275\text{m}$

$\varphi_{64} = \arctan\dfrac{\Delta y_{64}}{\Delta x_{64}} = \arctan\dfrac{61.030\text{m}}{63.780\text{m}} = 43°44'16''$

$d_{24} = \sqrt{(\Delta y_{24})^2 + (\Delta x_{24})^2} = \sqrt{(-22.000)\text{m}^2 + (81.780\text{m})^2}$
$= 84.687\text{m}$

$\varphi_{24} = \arctan\dfrac{\Delta y_{24}}{\Delta x_{24}} = \arctan\dfrac{-22.000\text{m}}{81.780\text{m}} = 344°56'35''$

复习思考题：

坐标增量（Δy、Δx）与高差（h）一样都是向量，因此均带符号，坐标增量（Δy、Δx）的符号取决于该直线的方位角（φ）其规律是什么？

4．函数型计算器坐标正、反算的程序

（1）计算程序　一般函数型计算器有专门按键以固定程序进行坐标正、反算。

1）CA 型计算器的计算程序：

正算（P→R）　　DEG：d ｜P→R｜ $\varphi°$ ｜=｜ Δx ｜x↔y｜ Δy

反算（R→P）　　DEG：Δx ｜R→P｜ Δy ｜=｜ d ｜x↔y｜ $\varphi°$

2）SH-5812 型计算器的计算程序：

正算（P→R）　　DEG：d ｜↕｜ $\varphi°$ ｜→xy｜ Δx ｜↕｜ Δy

反算（R→P）　　DEG：Δx ｜↕｜ Δy ｜→rθ｜ d ｜↕｜ $\varphi°$

3）SH-506P 型计算器的计算程序：

正算（P→R）　　DEG：d ｜a｜ $\varphi°$ ｜b｜ →xy Δx ｜b｜ Δy

反算（R→P）　　DEG：Δx ｜a｜ Δy ｜b｜ →rθ d ｜b｜ $\varphi°$

4）SH-EL531G 型计算器的计算程序：

正算（P→R）　　DEG：d ｜,｜ $\varphi°$ ｜→xy｜ Δx ｜→｜ Δy

反算（R→P）　　DEG：Δx ｜,｜ Δy ｜→rθ｜ d ｜→｜ $\varphi°$

（2）使用计算器进行坐标正、反算时应注意的事项：

1）坐标正算（P→R）时，要注意以下三点：

①一定要在"DEG"状态下进行，不能是"RAD"或"GRAD"或"STAT"状态；

②先输入 d，后输入 φ，但一定要把 $\varphi°'''$ 变成 $\varphi°$；

③结果是先得 Δx（邻边），后得 Δy（对边），而 Δx、Δy 均带符号。

2）坐标反算（R→P）时，要注意以下四点：

①一定要在"DEG"状态下进行，不能是"RAD"或"GRAD"或"STAT"状态；

②先输入 Δx，后输入 Δy（均应带符号）；

③结果是先得 d，后得 $\varphi°$，但一定要把 $\varphi°$变成 $\varphi°'''$；

④当 $\varphi°$为"−"号时，要+360°变成"+"号。

复习思考题：

1. 用计算器计算 3.5 节 5~7 题。

2. 熟练掌握使用计算器进行坐标正、反算。当反算结果 $\varphi°$为"−"号时是何意义，为什么要+360°变成"+"号？

3.3 地球的形状、大小和坐标系

3.3.1 地球的形状与大小

地球的自然表面是起伏不平极其复杂的。要表述这样一个复杂表面上各点的位置，就要选择一个基准面作依据。由于地球表面上海洋的面积约占 71%，而海水面有涨有落，所以人们把平均静止的海水面作为惟一的基准面，即大地水准面。用大地水准面所围成的形体表示地球的形状和大小，叫大地体。大地水准面的特点是面上各点处处与铅垂线成正交的曲面，由于地球内部物质分布不均匀，致使大地水准面虽表面光滑，但整体的几何形状是不规则的复杂曲面，如图 3.3.1（a）。为了便于表述和计算，选用一个非常接近大地水准面、能用数学公式表示的几何形体来建立一个投影面。这个数学形体是以地球自转轴 NS 为短轴的椭圆 NESW 绕 NS 旋转而成的椭球体，叫做地球椭球体，如图 3.3.1（b）。

决定地球椭球体形状大小的参数为椭圆的长半径 a 和短半径 b，和另一个参数——扁率 $\alpha = \dfrac{a-b}{a}$。随着近代人造卫星的观测，到目前为止，已知其精确值（1979 年国际大地测量与地球物理联合会第 17 届大会推荐的 1980 国际椭球参数）为：

$a = 6378137\text{m} \pm 2\text{m}$

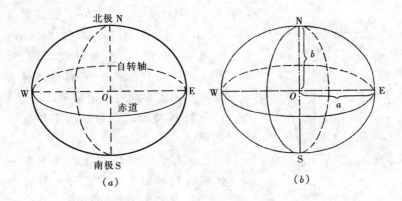

图 3.3.1 地球的形状

（a）地球自然表面；（b）地球椭球体

$b = 6356752.3142\text{m}$

$\alpha = (a-b)/a = 1/298.257$

由于扁率仅约为 1/300，故当测区不大时，可把地球当作圆球看待，其平均半径 $R = \dfrac{1}{3}(a+a+b) = 6371008.7\text{m} \approx 6371\text{km}$。

复习思考题：

地球的平均半径 R 为什么不是 $\dfrac{1}{2}(a+b)$？

3.3.2 当测区面积较小时可以用水平面代替水准面

1. 水准面的曲率对水平距离的影响

如图 3.3.2，水准面的曲率对水平距离的影响公式为：

$$\frac{\Delta S}{S} = \frac{1}{3}\left(\frac{S}{R}\right)^2 \qquad (3.3.2\text{-}1)$$

式中　ΔS——为用切线 AC 代替圆弧 AB（$= S$）所产生的误差。

　　　R 为地球半径。

欲使以水平面代替水准面所产生的误差为距离的 10^{-6}，取

95

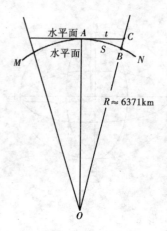

图 3.3.2 水准面与水平面

$R = 6371\text{km}$,则 $S = 11\text{km}$。由此可得出在半径为 11km 的圆面积内（380km²），可以不考虑地球曲率，把水准面当作水平面来看待，对水平面距离的影响可以略而不计。

2. 水准面的曲率对水平角度的影响

由球面三角学知道，球面上一多边形投影的各内角之和比其在平面上投影的各内角和要大一个球面角超 ε 的数值，其公式

$$\varepsilon'' = \rho'' \frac{A}{R^2} \quad (3.3.2\text{-}2)$$

式中：ρ'' 为以秒计的弧度；A 为球面多边形的面积；R 为地球半径。

当 $A = 100\text{km}^2$ 时，$\varepsilon'' = 0.51''$；由此看出，地球曲率对水平角度的影响在一般工程测量是不必考虑的。

3. 用水平面代替水准面的限度

从上两项的分析说明，在面积 100km² 的范围内，不论是进行水平距离或水平角度的测量都可以不考虑地球曲率的影响。而直接以水平面代替水准面。

3.3.3 大地坐标系

大地坐标系也叫地理坐标系。如图 3.3.3，NS 为地轴，WRE 为赤道面，K 点的大地经度为 L；通过 K 点作参考椭球体法线 KM，该法线与赤道面的角度 B 叫做 K 点的大地纬度。

在大地坐标系中，以大地纬度 B 及大地经度 L 表示 K 点的坐标。纬度值为 0°～90°，赤道南为南纬，赤道北为北纬；经度值为 0°～180°，自格林尼治子午线向东为东经，向西为西经。北

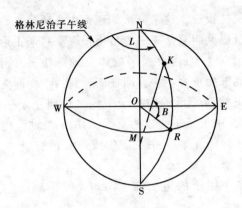

图 3.3.3 大地坐标系

京市的范围为：东经 115°30′~117°30′，北纬 39°30′~41°05′。

大地坐标是整个地球椭圆体上统一的坐标系，是全世界公用的坐标系。工程测量在应用国家大地点、国家基本图、坐标换算与坐标换带等测量方面，有时也应用大地坐标（B，L）。

复习思考题：

见 3.5 节 8 题。

3.3.4 高斯正形投影平面直角坐标系

1. 高斯正形投影

我国采用高斯正形投影平面直角坐标系，所以该坐标系也叫国家统一坐标系。

如前所述，当测区范围较小时可以把地球表面当作平面看待，即以水平面代替水准面。如果测区范围较大，如国家控制点测量、国家基本图测绘等，就不能再将球面看成平面，必须把球面上的图形采用适当的方法投影到平面上，将球面（严格说是椭球面）上的图形投影到平面上，不能不发生各种形变。

为减少投影的变形，并顾及到椭球面上大地坐标与平面直角坐标的换算，我国采用世界上通用的 6°带和 3°带的高斯正形投影，又名椭圆柱投影。这个方法的理论由高斯建立，而由克吕格研究改进，所以又叫高斯——克吕格投影。高斯正形投影是按带进行的。如图3.3.4-1，设椭圆柱体与地球上一个子午线相切，椭圆柱轴与地轴相垂直。将椭圆柱面展开为平面即为投影面，这条相切的子午线叫带形的中央子午线（也叫主子午线或轴子午线）。投影后，中央子午线成为直线，作为 X 轴，赤道成为与其相垂直的直线，叫 Y 轴，中央子午线与赤道交点 O 即为高斯平面坐标系的原点。

在中央子午线上的边长和方向均无变形。离中央子午线愈

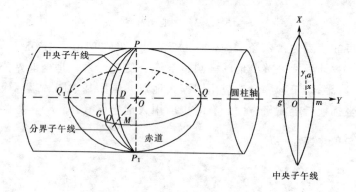

图3.3.4-1 椭圆柱投影

远，地球表面上的一切边长和方向的变形也愈大。

2. 投影地带的划分

通常投影是按6°带和3°带的统一分带的，即以通过格林尼治天文台的子午线为0°开始的，自西向东每隔6°或3°作为一个投影带，并依次给以1、2、……、n 的带号，每一带两侧边界子午线叫做分界子午线（或边缘子午线）。

6°带和3°带的中央子午线 L_0 用下式计算：

$$\left. \begin{array}{ll} 6°带 & L_0 = 6n - 3 \\ 3°带 & L_0 = 3n \end{array} \right\} \tag{3.3.4}$$

式中 n——投影带号。

3°带的中央子午线，一半与6°带的中央子午线重合，一半是6°带的分界子午线。在工程测量中还有按1.5°分带的；或以通过测区中部的中央子午线为主子午线，叫任意带。对于同一个三角点，可根据需要换算为不同投影带的坐标。

6°带与3°带的分带编号如图3.3.4-2所示。我国幅员辽阔，含有11个6°带（75°～135°），北京在第20带、中央子午线经度为117°。

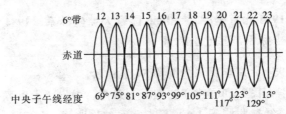

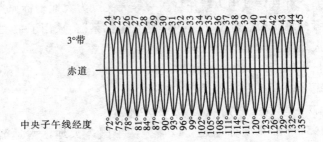

图3.3.4-2 6°带与3°带的分带编号

3．高斯平面坐标

在每一投影带内，高斯平面坐标系：中央子午线与赤道的交点为坐标原点；主子午线即 X 轴，x 值由赤道向北为正，南为负；赤道即 Y 轴，y 值为主子午线以东为正，西为负。

4．国家统一坐标系

在高斯平面坐标中，为了使横坐标值恒为正，在算得的 y 值上总是加常数500km，并在其前冠以所属带号。这样的坐标系叫国家统一坐标系。例如北京市某三角点的 $y = 20441922.188$m，表示该点位于6°带的第20带内，原来横坐标 $y = 441922.188 - 500000 = -38077.812$m。故在应用国家三角点的横坐标进行高斯平面坐标与大地坐标系换算时应先去掉带号并减去500km。

复习思考题：

见3.5节9题。

3.3.5 1954北京坐标系、1980国家大地坐标系、1984世界大地坐标系与独立坐标系

1. 1954北京坐标系（简称54坐标系）

中华人民共和国建立初期，为急需，引进了前苏联普尔柯沃坐标系，经过联测于1954年进行了东北地区一等三角锁系的区域平差，并选定其中内蒙托克托一等天文点为大地坐标原点，进行参考椭球定位，建立了"1954北京坐标系"，采用了1942年克拉索夫斯基椭球作参考椭球，其参数为：

长半轴　　$a = 6378245.000$m，
短半轴　　$b = 6356863.01877$m，
扁　率　　$\alpha = (a - b)/a = 1/298.3$。

1954年北京坐标系建立以后，从中国广大地区大地测量的结果来看，这一参考椭球及其定位与中国大地水准面的符合不很理想，参考椭球普遍低于大地水准面，平均低31m，在东南沿海地区最多低到67m，自西向东倾斜。

2. 1980国家大地坐标系

20世纪60年代以后，国际上利用卫星大地测量技术，得到了当时最佳拟合于全球大地水准面的椭球。因此，1972年至1982年期间，我国天文大地网整体平差时，采用1975年国际大地测量与地球物理联合会第16届大会推荐的1975国际椭球参数为：

长半轴　　$a = 6378140\text{m} \pm 5\text{m}$，

短半轴　　$b = 6356755.288158\text{m}$，

扁　率　　$\alpha = (a-b)/a = 1/298.257$。

并按着与中国全国范围大地水准面的最佳拟合条件进行椭球定位，建立了陕西省距西安市 60km 泾阳县永乐镇的大地原点，故也叫"1980 西安坐标系"或"C80 坐标系"。该项成果 1984 年 6 月通过技术鉴定。国家测绘局 1990 年 180 号文件通知 1991 年起，在全国采用 1980 国家大地坐标系。

3. 1984 世界大地坐标系（WGS-84 坐标系）

WGS-84 大地坐标系的几何意义是：原点位于地球质心，Z 轴指向 1984.0 定义的地球极方向，X 轴指向 1984.0 的零子午面和赤道的交点，Y 轴与 Z 轴构成右手坐标系。对应于 WGS-84 大地坐标系有一 WGS-84 椭球，采用国际大地测量与地球物理联合会第 17 届大会推荐的椭球参数为：

长半轴　　$a = 6378137\text{m} \pm 2\text{m}$，

短半轴　　$b = 6356752.3142\text{m}$，

扁　率　　$\alpha = 1/298.257223563$。

图 8.5.1-4 GPS 接收机显示屏中所显示：2011 点的坐标（北纬 $39°59'59.664''$，东经 $116°19'32.115''$，高程 33.45m），就是 WGS-84 坐标。由此值可转换成 1980 国家大地坐标或其他系坐标，转换算法见有关专业书籍。

4. 独立坐标系

独立坐标系是相对国家统一坐标系的一种局部地区的坐标系。常见的有两种情况：一种是国家控制网尚未到达的地区，通过天文测量测出某点的天文经纬度和一条边的天文方位角，按国家统一投影带换算成高斯平面上的坐标与方位角作为起始依据所建立的坐标系；另一种是仅采用国家控制网的一个点的坐标值与一条边的坐标方位角作为起始依据所建立的坐标系。

3.2.8所介绍的北京城市测量坐标系,就是独立坐标,建国初期不少城市都是使用独立坐标系。

在工程建设中为了设计的方便而建立的建筑坐标系,那更是在一个局部范围间的独立坐标系了。建筑坐标系与测量坐标的坐标换算方法详见11.4节。

复习思考题:

1. 见3.5节10与11题。
2. 独立坐标系的特点是什么?

3.4 测量误差的基本概念

3.4.1 真误差(Δ)、较差(d)与精度(k)

1. 真误差(Δ)

测值L(也叫观测值)与被测物理量的真值$\tilde{L}$之差(也叫绝对误差)。

$$\Delta = L - \tilde{L} = -v \qquad (3.4.1\text{-}1)$$

式中 v——改正数(修正数)。

例题1: 实测四边形内角和为359°58′56″,求其误差是多少?各内角的改正数是多少?

解: 由于四边形内角和的真值$\tilde{L} = 360°00′00″$,故其误差(也叫闭合差)$\Delta = 359°58′56″ - 360°00′00″ = -1′04″$。

各内角的改正数 $v = \dfrac{-\Delta}{4} = +0′16″$。

2. 较差(d)

同类观测中,两观测值之差(也叫互差)。如:往返量距中,往测值与返测值的差;水平角观测中,同一测回各方向二倍照准差的互差(即$2c$)。

3. 精度（k）

真误差 Δ（或中误差 m）与其真值 $\tilde{L}$（或平均值 $\overline{L}$）之比（也叫相对误差），通常用 $1/N$ 形式表示。

$$k = \frac{|\Delta \text{ 或 } (m)|}{\tilde{L} \text{（或} \overline{L}\text{）}} \qquad (3.4.1\text{-}2)$$

例题 2：用钢尺往返丈量 AB 两点间的距离 D_{AB}，往量 $D_{往} = 198.617\text{m}$、返量 $D_{返} = 198.606\text{m}$，计算其较差 d、平均值 $\overline{D}$ 及精度 k。

解：较差 $d = 198.617\text{m} - 198.606\text{m} = 0.011\text{m}$

$$\text{平均值 } \overline{D} = 198.617\text{m} - \frac{0.011\text{m}}{2} = 198.612\text{m}$$

$$= 198.606\text{m} + \frac{0.011\text{m}}{2} = 198.612\text{m}\text{（计算校核）}$$

$$\text{精度 } k = \frac{d}{D} = \frac{0.011\text{m}}{198.612\text{m}} = \frac{1}{18000}$$

复习思考题：

1. 见 3.5 节 12 题；
2. 误差的大小说明观测的质量，为什么对测角精度用绝对误差表示？而对量距精度一般用相对误差表示？

3.4.2 测量中产生误差的原因

任何一项测量工作，都是由观测者使用一定的仪器在一定的环境条件下进行的。由于观测者的感官鉴别能力有限和操作水平的不同；仪器不可能绝对精良；观测时外界环境千变万化。这样观测中产生误差是避不可免。产生误差的原因可分以下三个方面。

1. 仪器方面的误差

主要是仪器制造与组装误差，虽然仪器在出厂前均通过检验，但总会有残误差；此外仪器在使用中，均定期检定与检校，但也均有允许的误差存在。

2. 外界环境影响的误差

主要是天气变化与地势的起伏等，如温度与风吹对钢尺量距的影响，大气折光与仪器下沉对水准测量的影响等。

3. 观测者感官能力有限

主要是观测者的眼睛鉴别能力仅为 $1'$，此外操作水平的高低也直接影响观测的质量。

复习思考题：

1. 为什么说测量中产生误差是不可避免的？
2. 见 3.5 节 9 题。

3.4.3 测量误差的分类

1. 系统误差

在一定观测条件下的一系列观测值中，其误差大小、正负号均保持不变，或按一定规律性变化的测量误差，也叫常差，其性质是累积性，例如钢尺量距中由于尺长不准产生的误差。系统误差特征有二：

（1）系统误差的大小（绝对值）为一常数或按一定的物理、几何规律产生的误差，其大小随单一观测值的增长而形成线性的或函数性的累积误差。为此，可针对其规律通过计算或实验对观测结果进行改正，以消减其影响。如对钢尺量距结果进行尺长、温度与倾斜等的改正。

（2）系统误差的符号（正、负）保持不变。为此，观测中可采取对称性的措施，消减其影响，如水准测量中取前后视线相等的测法消减 i 角误差的影响，竖直角观测中，取盘左盘右平均，消减竖盘指标指差的影响。

2. 随机误差

在一定观测条件下的一系列观测值中，其误差大小、正负号不定，但符合一定的统计规律的测量误差，也叫偶差。其性质为抵消性。如读尺的估读小数造成的误差。随机误差特征有四：

（1）小误差的密集性　即绝对值小的误差较绝对值大的误差出现的机会多，近于零的误差出现的机会最多；

（2）大误差的有界性　从误差出现的范围看，在一定的观测条件下，误差的绝对值不会超过一定的限度；

（3）正负误差的对称性　从正、负误差出现的可能性看，绝对值相等的正误差和负误差出现的机会是相等的；

（4）全部误差的抵消性　从正负误差出现的机会相等性看，在大量的观测中，随机误差的算术平均值是趋近于零的。

3．错误

在一定观测条件下的一系列观测中，由于工作不过细或措施不周密，而使观测值中产生的超过规定限差的测量误差，也叫粗差。在测量放线中，每一环节均可能出现错误。若某一环节的错误没有发现，将给施工造成严重影响，这方面的教训是不胜枚举的。测量放线中发生错误主要原因有：

（1）起始依据方面的错误　主要是设计图纸中的错误和测量起始点位或数据的错误；

（2）计算放线数据的错误　主要是转抄原始数据有错、用错公式或计算中有错；

（3）观测中的错误　主要是用错点位（或点位碰动未发现）、仪器没检校或部件失灵、操作不当或测距仪主机与棱镜不配套等；

（4）记录中的错误　主要是听错、记错、漏记等；

（5）标志的错误　主要是放线人员给出的标志不明确或施工人员用错标志，如轴线不是中线等。

总之，从审核起始依据开始，经过多道工序至最后交付施工使用中，若有100道工序，其中只要有一道工序有错而没有发现，最后成果就是错误，即"99道工序对"＋"1道工序有错

= 错。

复习思考题：

见 3.5 节 14~16 题。

3.4.4 衡量测量精度的标准

1. 中误差（m）

中误差也叫均方误差，用 m 表示；数理统计学中叫标准差，用 σ 表示。在一组观测条件相同的观测值中，各观测值 l_i 与真值 x 之差叫做真误差 $\Delta_i = x - l_i$，分别以 Δ_1、$\Delta_2 \cdots\cdots \Delta_n$ 表示，观测次数为 n，则表示该组观测值质量的中误差 m 为：

$$m = \pm\sqrt{\frac{[\Delta\Delta]}{n}} \quad (3.4.4\text{-}1)$$

式中 n 是观测值的个数；

$[\Delta\Delta] = \Delta_1^2 + \Delta_2^2 + \Delta_3^2 + \cdots + \Delta_n^2$。

如 m 值小即表示观测精度较好，m 值大则表示精度差。

例题 1： 有两组三角形观测值的闭合差分别为：

第一组：$+3$，$+2$，$+2$，-5，$+2$，$+1$，-4。（单位为″）

第二组：-2，$+2$，-3，-1，$+1$，-8，-2。（单位为″）

解： 仅从表面上看，显然不好分清那组精度较好，若用中误差表示，则：

$$m_1 = \pm\sqrt{\frac{(3)^2 + (2)^2 + (-2)^2 + (-5)^2 + (2)^2 + (1)^2 + (-4)^2}{7}}$$

$$= \pm 3''.0$$

$$m_2 = \pm\sqrt{\frac{(-2)^2 + (2)^2 + (-3)^2 + (-1)^2 + (1)^2 + (-8)^2 + (-2)^2}{7}}$$

$$= \pm 3''.5$$

由以上两式知第一组的精度较好。同时也可看出中误差（m）的特点是：（1）直接求得误差数值，并有测量单位；（2）

大误差的影响显著;(3)本身带有±号。由于这些特点,反映了随机误差规律,所以测量多以中误差来衡量观测值的精度。也说明仪器精度,如 J6 级经纬仪其设计的精度为照准单一方向、一测回方向的中误差为 ± 6″。

随机误差的分布曲线是正态的,如图 3.4.4 所示。由数理统计理论知:± m 值是正态分布曲线两个拐点的横坐标值,误差 Δ 在 $-m \sim +m$ 之间出现的概率为 68.3%。

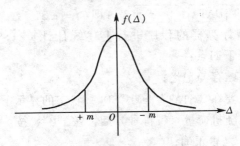

图 3.4.4 随机误差分布曲线

当真误差不可知时,取测值的算术平均值 $\overline{L}$ 为最或然值。$\overline{L}$ 与各测值之差叫改正数 v,即 $v_i = \overline{L} - L_i$,用改正数 v 以下式计算中误差。

$$m = \pm \sqrt{\frac{[vv]}{n-1}} \qquad (3.4.4\text{-}2)$$

式中 n 是观测值的个数;

$[vv] = v_1^2 + v_2^2 + v_3^2 + \cdots + v_n^2$。

例题 2:用钢尺丈量 AB 两点间距离 6 次,测值分别为:207.436m、207.442m、207.432m、207.439m、207.441m 和 207.438m,求其平均值 $\overline{D}$、观测值中误差 m 和观测值相对中误差(精度)k。

解:$\overline{D} = 207.400\text{m} + \dfrac{1}{6}$ $(0.036\text{m} + 0.042\text{m} + 0.032\text{m}$
$\qquad\qquad + 0.039\text{m} + 0.041\text{m} + 0.038\text{m})$
$\qquad = 207.438\text{m}$

$$m = \pm\sqrt{\frac{[vv]}{n-1}} = \sqrt{\frac{(0.438-0.436)^2 + \cdots + (0.438-0.438)^2}{6-1}}$$
$$= \pm 0.0036 \text{m}$$

$$k = \frac{m}{D} = \frac{0.0036\text{m}}{207.438\text{m}} = \frac{1}{57600}$$

用函数型计算器的计算程序计算 m 以例题 1 为例，在"SDAT"（或"SD"）的状态下，+3″ $\boxed{\text{DATA}}$ 、+2″ $\boxed{\text{DATA}}$ 、… +1″ $\boxed{\text{DATA}}$ 、−4″ $\boxed{\text{DATA}}$ ， $\boxed{\sigma}$ 3″，即 $m = \pm 3″$ 。

用函数型计算器的程序进行上述统计计算（STAT 或 SD）时，要注意以下四点：

（1）清除贮存与记忆；

（2）一定要在"STAT"（或"SD"）状态的显示下进行；

（3）输入随机变量（带符号）后，按"0"、按"n"检查输入变量个数 n 是否正确；

（4）使用"Δ"计算时，求 m 按 $\boxed{\sigma_n}$ （ $\boxed{\sigma}$ ）；使用"v"计算时，求 m 按 $\boxed{\sigma_{n-1}}$ （ $\boxed{S}$ ）。

2. 相对误差（k）

相对误差也叫精度，它本身是一个比值，即以观测量的误差，如导线全长闭合差（f）、边长中误差（m）或往返丈量较差（ΔD）等作为分子，以该观测量 T 为分母，此比值以分子等于 1 的形式表示出来。如

$$k = \frac{观测误差}{观测量} = \frac{1}{T} \tag{3.4.4-3}$$

例题 3：已知两个边的丈量结果及中误差分别为：$D_1 = 121.330\text{m}$，$m_1 = \pm 0.012\text{m}$；$D_2 = 196.126\text{m}$，$m_2 = \pm 0.012\text{m}$。

解：仅从 m_1、m_2 看，不能完全比较出两边丈量结果的精度，若用相对误差表示：

$$k_1 = \frac{1}{T_1} = \frac{m_1}{D_1} = \frac{0.012}{121.330} = \frac{1}{10000}$$

$$k_2 = \frac{1}{T_2} = \frac{m_2}{D_2} = \frac{0.012}{196.126} = \frac{1}{16300}$$

由以上两式可看出 D_2 较 D_1 的精度好，同时也可看出相对误差在量距中，比绝对误差表示测量的精度较为全面些。

3. 允许误差

由于随机误差第二特性：在一定的观测条件下，随机误差的绝对值不超过一定的限度。根据误差的理论和实践知道：误差大于两倍中误差（$2m$）的可能性只占 5%；误差大于三倍中误差（$3m$）的可能性只占 3‰。因而测量中常取 2～3 倍中误差作为允许误差。即：

$$f_允 = 2 \sim 3m \qquad (3.4.4\text{-}4)$$

$f_允$ 也叫最大误差。

复习思考题：

1. 在计算中误差 m 时，何时使用公式（3.4.4-1）、何时使用公式（3.4.4-2）？
2. 见 3.5 节 17 与 18 题。

3.4.5 测角与量距精度的匹配、点位误差

如图 3.4.5 所示：欲根据已知点 B 和已知方向 BA，用极坐标法测设点 C，则需要测设水平角 β 和水平距离 d，以确定 C 点位置。由于测角误差 $\Delta\beta$ 使 C 点产生横向误差 $m_横 = CC_1$ 或 CC_2；由于量距误差使 C 点产生纵向误差 $m_纵 = CC'$ 或 CC''。

1. 测角误差（$\Delta\beta$）对点位 C 产生横向误差 $m_横$：

$$m_横 = CC_1 = CC_2 = d \cdot \tan(\Delta\beta) \qquad (3.4.5\text{-}1)$$

量距误差（$k \cdot d$）对点位 C 产生纵向误差 $m_纵$：

$$m_纵 = CC' = CC'' = k \cdot d \qquad (3.4.5\text{-}2)$$

2. 量边与测角精度的匹配：若测角误差使 C 点产生的横向误差 $m_横 = CC_1$（或 CC_2）与量距误差值 C 点产生的纵向误差 $m_纵 = CC'$（或 CC''）相等，则说明测角与量距精度相匹配，即：

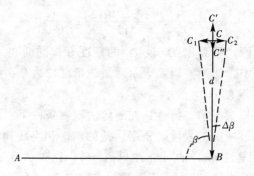

图 3.4.5 量边与测角精度的匹配

$$m_横 = m_纵$$
$$CC_1 = CC'$$
$$d \cdot \tan(\Delta\beta) = k \cdot d$$
$$\left.\begin{array}{l}\Delta\beta = \arctan k \\ k = \tan(\Delta\beta)\end{array}\right\} \quad (3.4.5\text{-}3)$$

如测角精度分别为 $\pm 10''$、$\pm 20''$、则与其相匹配的量距精度为 $\tan 10'' = 1/20000$、$\tan 20'' = 1/10000$。

如量距精度分别为 $1/8000$、$1/15000$，则与其相匹配的测角精度为 $\arctan(1/8000) = \pm 25.7''$、$\arctan(1/15000) = \pm 13.7''$。

3. 点位误差 $m_点$：由于测角误差引起的点位横向误差 $m_横$ 与由于量距误差引起的点位纵向误差 $m_纵$ 两者的综合影响即为点位误差 $m_点$：

$$m_点 = \sqrt{m_横^2 + m_纵^2} \quad (3.4.5\text{-}4)$$

例题：如图 3.4.5 中 $d = 80.000\text{m}$、测角误差 $\Delta\beta = \pm 20''$、量距精度 $k = 1/10000$，求 $m_点 = ?$

解：$m_横 = d \cdot \tan(\Delta\beta) = 80.000\text{m} \cdot \tan 20'' = 7.8\text{mm}$

$$m_纵 = k \cdot d = \frac{1}{10000} \times 80.000\text{m} = 8.0\text{mm}$$

$$m_点 = \sqrt{m_横^2 + m_纵^2} = \sqrt{(7.8\text{mm})^2 + (8.0\text{mm})^2} = \pm 11.2\text{mm}$$

复习思考题：

见 3.5 节 19. 与 20. 题。

3.4.6 正确对待测量放线中的误差与错误

1. 观测中产生误差是不可避免的，因此必须按规程作业，使观测成果精度合格。

2. 工作中出现错误也是难以杜绝的，因此作业中要采取严格的校核措施，在最后成果中发现并剔除它。

3. 为了减少误差，保证最终成果的正确性，在作业前要严格审核起始依据的正确性，在作业中要坚持测量、计算工作步步有校核的工作方法。

复习思考题：

见 3.5 节 21 与 22 题。

3.4.7 保证测量放线最终成果正确性的两个基本要素

测量放线工作中坚持做到测量、计算步步有校核，一般只能发现观测中的错误，而不能发现起始依据中的错误。

例如：只根据一个水准点，用往返测法引测高程，尽管在往返观测中做到测、算步步有校核，测得精度较好的两点高差，但若已知高程点位有误或已知高程数据有误，则根据它推算出的未知点高程，必然是有误的。

又例如：在施工测量中，若设计图中数据有误，根据它进行测设，虽在测设中认真做到测、算步步有校核，但因起始依据有误，其测得的最终成果必然是有误的。

根据以上两例可以看出：**在测量放线工作中，必须首先取得正确的起始依据，然后再坚持测量放线中测算步步有校核的作业方法，才可能保证最终成果是正确的。**

复习思考题：

1. 什么是保证测量放线最终成果正确的两个基本要素？
2. 测量放线工作的起始依据都有哪些？如何审核与校核其正确性？

3.5 复习思考题

1. 大地水准面、1985国家高程基准
2. 绝对高程、相对高程
3. 真子午线、方位角（φ）
4. 如图3.5.4所示，根据1点（$y_1 = 503536$，$x_1 = 308805$）与2点（$y_2 = 503606$，$x_2 = 308855$）的坐标，计算D_1、D_2、D_3及方位角φ。

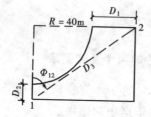

图3.5.4 建筑物边长与方位角计算

$D_1 = $ ———— $-$ ———— $=$

$D_2 = $ ———— $-$ ———— $=$

$D_3 = \sqrt{(\quad\quad)^2 + (\quad\quad)^2} =$

$\varphi = \arctan \dfrac{\quad\quad\quad\quad}{\quad\quad\quad\quad} =$

5. 已知$d_{12} = 177.824\text{m}$、$\varphi_{12} = 38°37'00''$，求$\Delta y_{12} = $ ————、$\Delta x_{12} = $ ————。

   $d_{23} = 148.336\text{m}$、$\varphi_{23} = 341°23'21''$，求$\Delta y_{23} = $ ————、$\Delta x_{23} = $ ————。

6. 已知$\Delta y_{AB} = 5.993\text{m}$、$\Delta x_{AB} = 137.391\text{m}$，求$d_{AB} = $ ————、$\varphi_{AB} = $ ————。

   $\Delta y_{BC} = -10.551\text{m}$、$\Delta x_{BC} = -8.142\text{m}$，求$d_{BC} = $ ————、$\varphi_{BC} = $ ————。

7. 如图 3.5.7 所示：经纬仪在 O 点以 OX 方向为后视（0°00′00″），用极坐标法测设 1、2、3、4、5 点，在表中填出各点直角坐标，并据此计算出各点的极坐标和间距。

8. 什么是大地坐标系？北京市的大地坐标是多少？

9. 什么是高斯正形投影平面直角坐标系？在 6°分带中、北京在哪个带中？

10. 什么是 1980 国家大地坐标系？大地原点在哪里？椭球参数是多少？

11. 什么是 WGS-84 坐标系？椭球参数是多少？GPS 测出的点位是什么坐标系的值？

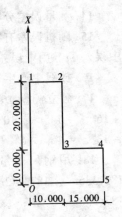

图 3.5.7　极坐标计算

测站	后视	测点	直角坐标 R (xy)（m）		极坐标 P ($r\theta$)		间距 D（m）
			横坐标 y	纵坐标 x	极距 d（m）	极角 φ	
O	X		0.000			0°00′00″	
			0.000	0.000	0.000	不	
		1	0.000	30.000	30.000	0°00′00″	30.000
		2					
		3					
		4					
		5	25.000	0.000	25.000	90°00′00″	
		O					
		X				检查后视	

12. 误差 Δ = _____（　　）- _____（　　）= _____ 改正数（v）。

13. 测量中产生误差的原因有哪三方面？

14. 测量误差分哪三类？

15. 随机误差有哪四个特性？绘出误差曲线，并在图中标出中误差 m。用中误差衡量精度的优点是什么？

16. 放线中产生错误的原因有哪五方面？

17. 独立测得 16 个三角形的角度闭合差（Δ）分别为 +4″、+16″、-14″、+10″、+9″、+2″、-15″、+8″、+3″、-22″、-13″、+4″、-5″、+24″、-7″、-4″，求其中误差 $m = $？

18. 用钢尺丈量 AB 两点间距离，共量六次测值分别为：187.336m、187.342m、187.332m、187.339m、187.344m 及 187.338m，计算：

平均值 $\overline{D}$_____；

观测值中误差 $m = $ _____；

相对中误差（精度）$k = \dfrac{_____}{_____}$。

19. 当测角精度分别为 1′ 与 30″ 时，和它相匹配的量距精度应分别为 1/_____ 与 1/_____；当量距精度分别为 1/6000 与 1/15000 时，和它相匹配的测角精度分别为 _____ 与 _____。

20. 如上题中当 $d = 66$m、测角精度 $\Delta\beta = \pm 30″$、量距精度 k 与其对应，计算：

点位横向误差 $m_{横} = $ _____，点位纵向误差 $m_{纵} = $ _____，点位误差 $m_{点} = $ _____。

21. 测量校核有哪四种常用的方法？各举二例说明：

22. 在测量放线中做到测、算工作步步有校核，在何种情况下不能发现测量起始依据的错误？在何种情况下才能发现起始依据的错误？

3.6 操作考核内容

1. 函数型计算器的基本操作考核

（1）初级工必须正确、熟练掌握函数型计算器的四则、代数、三角函数及坐标正反算的运算；

(2) 中级工必须在初级工的基础上，进一步掌握坐标系的换算与统计计算。

第4章 有关施工测量的法规和管理工作

4.1 中华人民共和国测绘法和计量法

4.1.1 中华人民共和国测绘法

1. 中华人民共和国测绘法（以下简称《测绘法》）于2002年8月29日第9届全国人民代表大会常务委员会第29次会议修订通过，当天由国家主席第75号令公布，自2002年12月1日起实施。

《测绘法》第1条规定了立法的宗旨：为了加强测绘管理，促进测绘事业发展，保障测绘事业为国家经济建设、国防建设和社会发展服务，制定本法。

2.《测绘法》共9章55条。各章标题是：1.总则，2.测绘基准和测绘系统，3.基础测绘，4.界线测绘和其他测绘，5.测绘资质资格，6.测绘成果；7.测量标志保护，8.法律责任，9.附则。

测绘工作是国民经济和社会发展的一项前期性、基础性工作。测绘学可分为：大地测量学、摄影测量与遥感学、地图学、工程测量、海洋测绘及测绘仪器6大部分。本书内容属工程测量中的建筑工程与市政工程施工测量部分。

复习思考题：

见4.6节1题。

4.1.2 中华人民共和国计量法

1. 中华人民共和国计量法（以下简称《计量法》）于1985年

9月6日第六届全国人民代表大会常务委员会第12次会议通过，当天由国家主席第28号令公布，自1986年7月1日起实施。

《计量法》第1条规定了立法的宗旨：为了加强计量监督管理，保障国家计量单位制的统一和量值的准确可靠，有利于生产、贸易和科学技术的发展，适应社会主义现代化建设的需要，维护国家、人民的利益，制定本法。

2.《计量法》共6章35条。各章标题是：1. 总则；2. 计量基准器具、计量标准器具和计量检定；3. 计量器具管理；4. 计量监督；5. 法律责任；6. 附则。

复习思考题：

1. 见4.6节2题。
2. 如何理解"量值的准确可靠"？

4.1.3 中华人民共和国法定计量单位

1. 法定计量单位——国家以法律或法令的形式规定的，强制使用或允许使用的计量单位。

2. 中华人民共和国法定计量单位是1984年2月27日国务院以命令形式公布的，并当天生效。此外，1994年7月1日实施的国家标准《国际单位制及其应用》（GB 3100—1993）中明确指出：国际单位制（SI）是我国法定计量单位的基础（国际单位制是在米（m）制基础上发展起来的），一切属于国际单位制的单位都是我国法定计量单位。它主要包括：

(1) 国际单位制的基本单位7个。如长度单位——米（m），质量单位——千克（公斤、kg），时间单位——秒（s），电流单位——安［培］（A）等❶。

(2) 包括国际单位制中辅助单位在内具有专门名称的导出单

---

❶ 单位符号一般用小写，如米（m）；但以人名命名的单位符号一律用正体大写，如安［培］（A）、牛［顿］（N）。

位18个。如力的单位——牛[顿](N),压强单位——帕[斯卡](Pa),功率单位——瓦[特](W),电压单位——伏[特](V),温度单位——摄氏度(℃)等。

(3) 可与国际单位制并用的我国法定计量单位18个。如时间单位——分(min)、[小]时(h)、日(天)(d),平面角单位——度(°)、(角)分(′)、(角)秒(″),质量单位——吨(t),体积单位——升(L、l);面积单位——平方米(m^2)、公顷(hm^2)、平方公里(km^2)等。❶

(4) 由词头和以上单位所构成的十进倍数和分数单位,用于构成十进倍数和分数单位的词头20个。如 10^9——吉(G)、10^6——兆(M),10^3——千(k)、10^{-1}——分(d)、10^{-2}——厘(c)、10^{-3}——毫(m)、10^{-6}——微(μ)等。❷

3. 从1991年1月1日起,公文与统计报表中,必须使用法定计量单位,不许再使用非法定计量单位,如:

(1) 市制单位——里、丈、尺、寸、斤、两、亩、顷等。

(2) 公制单位——公尺、公分、公升、公吨,公斤力(kgf)、公吨力(tf)、公斤力每平方公分(kgf/cm^2)等。(只有公斤、公里、公顷三个单位可以使用。)

(3) 英制单位——英尺(ft)、英寸(in),磅(lb),盎司(oz)、加仑(gal)等。

(4) 其他单位——毫米汞柱(mmHg)、西西(cc)、工程大气压(at)等。

复习思考题:

见4.6节3~7题。

---

❶ 1990年7月27日国务院批准,自1992年1月1日起我国面积的法定计量单位为平方米(m^2)、公顷(hm^2)与平方公里(km^2)。

❷ 千(k)与小于千(k)的词头符号一律用正体小写;兆(M)与大于兆(M)的词头符号一律用正体大写。

4.1.4 中华人民共和国计量法实施细则

1. 中华人民共和国计量法实施细则（以下简称《细则》）是1987年1月19日经国务院批准，1987年2月1日起实施，共11章、65条，各章标题是：1.总则，2.计量基准器具和计量标准器具，3.计量检定，4.计量器具的制造和修理，5.计量器具的销售和使用，6.计量监督，7.产品质量检验机构的计量认证，8.计量调解和仲裁检定，9.费用，10.法律责任，11.附则。

2. 《细则》第5章第25条规定：任何单位和个人不准在工作岗位上使用无检定合格印、证或者超过检定周期以及经检定不合格的计量器具。

3. 测量工作中使用的水准仪、经纬仪、光电测距仪、全站仪、钢卷尺、水准尺等均应进行定期检定。

4. 各种计量器具的检定周期，均以国家技术监督局发布的有关检定规程为准，一般为一年。

5. 计量器具检定，必须在国家授权的检定单位进行，且应出具检定合格证。

复习思考题：

见4.6节8与9题。

4.2 ISO9000（2000版）质量管理体系

4.2.1 ISO

ISO是国际标准化组织，是由各国标准化团体（ISO成员团体）组成的世界性联合会。制定国际标准的工作通常由ISO的技术委员会完成。由技术委员会通过的国际草案提交各成员团体表决，需要得到至少75%参加表决的成员团体的同意，才能作为国际标准正式发布。

ISO9000 由 ISO/TC176/SC2 质量管理和质量保证技术委员会概念与术语分委员会制定。

4.2.2 ISO9000:2000 质量管理体系

1. ISO9000:2000 版的发布 国际标准化组织（ISO）于 2000 年 12 月 15 日发布了 2000 版的质量管理体系国际标准 ISO9000:2000 族。我国的质量管理体系标准"等同（idt）"用国际标准，由我国国家技术监督局于 2000 年 12 月 28 日正式发布我国的质量管理体系推荐性的标准 GB/T 19000—2000 族，规定于 2001 年 6 月 1 日实施。新发布的 2000 版标准代替了 1994 版的标准。

2. 2000 版的质量管理体系标准的核心文件

（1）GB/T 19000—2000idt ISO 9000:2000 质量管理体系 基础和术语；

（2）GB/T 19001—2000idt ISO 9001:2000 质量管理体系 要求；

注：此标准是目前各个企业建立质量管理体系和取得认证的依据，它已经代替 1994 版的 9001，9002，9003。

（3）GB/T 19004—2000idt ISO 9004:2000 质量管理体系 业绩改进指南。

ISO 9000 质量管理体系标准是吸取了世界各国质量管理和质量保证工作的成功经验，提出了"八项质量管理原则"，旨在指导各行各业的质量管理工作，标准的内容是对产品质量要求的补充，而不是替代。企业采用本标准建立、实施质量管理体系以及持续改进其有效性，则可以通过有效的管理活动，提高企业的管理水平，提高企业的产品质量，提高企业各项工作的效率，提高企业的市场竞争能力，满足顾客的要求，增强顾客的满意程度。

3. 2000 版的质量管理体系要求的核心思想

是以顾客为关注的焦点，通过有效的过程管理和管理的系统方法，持续的改进质量管理，提供满足顾客要求的产品，并增强顾客的满意程度。标准要求按 P、D、C、A（P—策划，D—实施、C—检查、A—改进）的管理方法对"管理职责"、"资料管理"、"产品实现"和"测量、分析和改进"四大活动进行管理，具体内容描述在质量管理体系标准—要求的八个章节中。

复习思考题：

GB/T 19000—2000 族何时起实施？该体系要求的核心思想是什么？

4.2.3 GB/T 19000 质量管理体系标准对施工测量管理工作的基本要求

贯彻 ISO9000 标准是为了适应国际化的大趋势，与国际接轨的需要。为我国加入 WTO、进一步对外开放，走向国际建筑市场创造有利条件。我国建筑企业多数已经采用了 ISO9000 质量管理体系标准，各项活动已经纳入质量管理体系标准的要求之中，不少建筑企业也按 GB/T 19001—2000（ISO9001:2000）的要求实施管理，取得了质量管理体系的认证证书。施工测量是建筑企业质量管理的重要活动，是建筑施工的第一道工序，是保证施工结果符合设计要求的关键工序，因此，施工测量也必须按照质量管理体系标准的要求进行管理工作。

对于施工测量管理活动应按质量管理体系标准的要求做好施工测量方案的策划，并实施策划和改进实施的效果。其中应考虑的主要要求如下：

1. 质量管理体系（标准第 4 章）

（1）应按施工测量的过程建立质量管理体系，明确施工测量必需的过程、活动及其合理的顺序，明确对过程的控制所需的准则和方法，明确为保证过程实现所应投入的资源（人力、设备、资金、信息等），明确对过程进行监视、测量和分析的方法，如果有协作单位还应规定对协作单位的控制和协调方法等；

（2）应收集与施工测量有关的法规、标准、规程等工作中应依据的文件有效版本；明确应管理的主要文件，如施工图纸、放线依据、工程变更以及记录等；

(3) 明确施工测量应形成和保留的各种质量记录类型和数量，明确记录人、校核人，明确质量记录的记录要求和保存要求等；

(4) 建立制度做好文件的管理，如规定专人管理，建立档案，建立文件目录、及时清理无效文件等；

(5) 对外发放文件如有审批要求时应明确审批的责任人、审批的时间和审批的方式等。

2. 管理职责（标准第 5 章）

(1) 在企业质量方针的框架下，明确施工测量的质量目标，如测量定位准确率、测量结果无差错率、配合施工进度的及时率等，作为工作质量的奋斗目标和考核标准；

(2) 明确工作分工和岗位职责，充分发挥每个人的参与意识和责任心；

(3) 为企业领导层的管理评审提供施工测量质量管理的实施效果的有关信息。

3. 资源管理（标准第 6 章）

(1) 明确岗位的能力要求，如文化水平、工作经历、技能要求、培训要求等；

(2) 建立岗位培训制度，不断提高业务水平，确保工作质量；

(3) 明确测量任务所要求的设备类型、规格，如全站仪、经纬仪和水准仪的精度要求等，并按要求配齐数量。

4. 产品实现（标准第 7 章）

(1) 策划施工测量的实施过程，编制施工测量方案，方案中应明确测量的控制目标，工作依据，工作过程，检验标准，检验时机，检验方法，以及对设备、人员和记录的要求等；

(2) 应了解施工承包合同中双方的权利和义务，重点掌握与施工测量有关的要求；获取施工测量所必需的信息和资料，明确顾客对产品的各种要求；

(3) 按策划的结果和法规的要求实施施工测量，为施工提供可靠的依据（控制点、控制线、有关数据等），对施工中的特殊部位应加强监测，保护好测量标志，并正确指导施工人员用好测量标志；

（4）对测量设备应按法规的要求定期进行检定和检校，一旦发现测量设备有失准现象时，应立即停工检查，并使用准确的测量设备核实以往测量结果的有效性。

5．测量、分析和改进（标准第 8 章）

（1）要按施工测量方案的要求，对施工测量的过程和结果进行监视和测量，如采用自检、互检和验收的程序，保证施工测量的过程和结果符合顾客的要求、符合设计图纸的要求、符合法规的要求等。

（2）对施工测量中发现的不合格问题除应纠正达到合格外，还应分析原因，提出纠正措施，防止不合格现象的再次发生。

（3）对各类施工测量的结果应采用数据分析的方法进行分析，如计算中误差、分析误差的分布状态，比较以往测量结果的差异、查找应采取的预防措施或应改进的方面等。

（4）要对使用施工测量结果的人员进行访问或调查，了解对所提供的控制点、控制线、有关数据等在使用中的意见以及与施工配合中的问题，以满足顾客要求，增强顾客满意为努力方向，不断的改进施工测量的工作质量。

复习思考题：

见 4.6 节 10 题。

4.3《建筑工程施工测量规程》
（DBJ 01—21—1995）

4.3.1 《建筑工程施工测量规程》(DBJ 01—21—1995)

《建筑工程施工测量规程》（以下简称《施工测量规程》）是

根据北京市城乡建设委员会（91）京建科字第 109 号文件的要求，组织北京建筑工程总公司、北京城建总公司等有关单位，由王光遐、原祖荫主编，在总结北京市多年来建筑工程施工测量经验的基础上，参照有关国家规范、标准编制的。在编制过程中，多次组织专家进行了反复的修改审议，最后由北京市城乡建设委员会组织审查定稿。

北京市城乡建设委员会京建质［1995］577 号文件中规定：北京市《建筑工程施工测量规程》（DBJ 01—21—1995）为强制性地方标准，自 1996 年 6 月 1 日起实施。

《建筑工程施工测量规程》共 13 章 62 条。各章标题是：1 总则，2 术语、符号、代号，3 施工测量准备工作，4 平面控制测量，5 高程控制测量，6 建筑物的定位放线和基础施工测量，7 结构施工测量，8 工业建筑施工测量，9 装饰工程和建筑设备安装工程施工测量，10 特殊工程施工测量，11 建筑小区市政工程施工测量，12 变形测量，13 竣工测量和竣工现状总图的测绘。另有附录 25 条及条文说明。

北京市强制性地方标准《建筑工程施工测量规程》（DBJ 01—21—1995）的发布实施，为北京市建筑施工企业的发展做了基础性的工作。随着首都建设规模的不断扩大，激光技术、光电测距仪和全站仪等先进仪器的使用，为北京建筑施工测量走上规范化、现代化创造了前提条件。

复习思考题：

见 4.6 节 11 题。

4.3.2 测量放线工作的基本准则

《施工测量规程》中规定：

1. 认真学习与执行国家法令、政策与规范，明确为工程服务，对按图施工与工程进度负责的工作目的。

2. 遵守先整体后局部的工作程序 即先测设精度较高的场

地整体控制网,再以控制网为依据进行各局部建筑物定位、放线。

3. 严格审核测量起始依据的正确性,坚持测量作业与计算工作步步有校核的工作方法 测量起始依据应包括:设计图纸、文件、测量起始点、数据等。

4. 测法要科学、简捷,精度要合理、相称的工作原则 仪器选择要适当,使用要精心,在满足工程需要的前提下,力争做到省工、省时、省费用。

5. 定位、放线工作必须执行经自检、互检合格后,由有关主管部门验线的工作制度 还应执行安全、保密等有关规定,用好、管好设计图纸与有关资料,实测时要当场做好原始记录,测后要及时保护好桩位。

6. 紧密配合施工,发扬团结协作、不畏艰难、实事求是、认真负责的工作作风。

7. 虚心学习、及时总结经验,努力开创新局面的工作精神,以适应建筑业不断发展的需要。

复习思考题:

见 4.6 节 12 题。

4.3.3 测量验线工作的基本准则

《施工测量规程》中规定:

1. 验线工作应主动预控 验线工作要从审核施工测量方案开始,在施工的各主要阶段前,均应对施工测量工作提出预防性的要求,以做到防患于未然。

2. 验线的依据应原始、正确、有效 主要是设计图纸、变更洽商与定位依据点位(如红线桩、水准点等)及其数据(如坐标、高程等)要原始、最后定案有效并正确的资料,因为这些是施工测量的基本依据,若其中有误,在测量放线中多是难以发现的,一旦使用后果是不堪设想的。

3. 仪器与钢尺必须按计量法有关规定进行检定和检校。

4. 验线的精度应符合规范要求　主要包括：

（1）仪器的精度应适应验线要求，有检定合格证并校正完好。

（2）必须按规程作业，观测误差必须小于限差，观测中的系统误差应采取措施进行改正；

（3）验线成果应先行附合（或闭合）校核。

5. 验线工作必须独立，尽量与放线工作不相关　主要包括：

（1）观测人员；

（2）仪器；

（3）测法及观测路线等。

6. 验线部位　应为关键环节与最弱部位，主要包括：

（1）定位依据桩及定位条件；

（2）场区平面控制网、主轴线及其控制桩（引桩）；

（3）场区高程控制网及±0.000高程线；

（4）控制网及定位放线中的最弱部位。

7. 验线方法及误差处理：

（1）场区平面控制网与建筑物定位，应在平差计算中评定其最弱部位的精度，并实地验测，精度不符合要求时应重测；

（2）细部测量，可用不低于原测量放线的精度进行验测，验线成果与原放线成果之间的误差应按以下原则处理：

1）两者之差小于 $1/\sqrt{2}$ 限差时，对放线工作评为优良；

2）两者之差略小于或等于 $\sqrt{2}$ 限差时，对放线工作评为合格（可不改正放线成果，或取两者的平均值）；

3）两者之差超过 $\sqrt{2}$ 限差时，原则上不予验收，尤其是要害部位。若次要部位可令其局部返工。

复习思考题：

见 4.6 节 13 题。

4.3.4 测量记录的基本要求

《施工测量规程》中规定：

1．测量记录的基本要求 原始真实、数字正确、内容完整、字体工整。

2．记录应填写在规定的表格中 开始应先将表头所列各项内容填好，并熟悉表中所载各项内容与相应的填写位置。

3．记录应当场及时填写清楚 不允许先写在草稿纸上后转抄誊清，以防转抄错误，保持记录的"原始性"。采用电子记录手簿时，应打印出观测数据。记录数据必须符合法定计量单位。

4．字体要工整、清楚 相应数字及小数点应左右成列、上下成行、一一对齐。记错或算错的数字，不准涂改或擦去重写，应将错数画一斜线，将正确数字写在错数的上方。

5．记录中数字的位数应反映观测精度 如水准读数应读至 mm，若某读数整为 1.33m 时，应记为 1.330m，不应记为 1.33m。

6．记录过程中的简单计算，应现场及时进行 如取平均值等，并做校核。

7．记录人员应及时校对观测所得到的数据 根据所测数据与现场实况，以目估法及时发现观测中的明显错误，如水准测量中读错整米数等。

8．草图、点之记图应当场勾绘 方向、有关数据和地名等应一并标注清楚。

9．注意保密 测量记录多有保密内容，应妥善保管，工作结束后，应上交有关部门保存。

复习思考题：

见 4.6 节 14 题。

4.3.5 测量计算的基本要求

《施工测量规程》中规定：

1. 测量计算工作的基本要求 依据正确、方法科学、计算有序、步步校核、结果可靠。

2. 外业观测成果是计算工作的依据 计算工作开始前,应对外业记录、草图等认真仔细地逐项审阅与校核,以便熟悉情况并及早发现与处理记录中可能存在的遗漏、错误等问题。

3. 计算过程一般均应在规定的表格中进行 按外业记录在计算表中填写原始数据时,严防抄错,填好后应换人校对,以免发生转抄错误。这一点必须特别注意,因为抄错原始数据,在以后的计算校核中是无法发现的。

4. 计算中,必须做到步步有校核 各项计算前后联系时,前者经校核无误,后者方可开始。校核方法以独立、有效、科学、简捷为原则选定,常用的方法有:

(1) 复算校核 将计算重做一遍,条件许可时,最好换人校核,以免因习惯性错误而"重蹈旧辙"使校核失去意义;

(2) 总和校核 例如水准测量中,终点对起点的高差,应满足如下条件:

$$\Sigma h = \Sigma a - \Sigma b = H_{终} - H_{始};$$

(3) 几何条件校核 例如闭合导线计算中,调整后的各内角之和,应满足如下条件:

$$\Sigma \beta_{理} = (n-2)180°;$$

(4) 变换计算方法校核 例如坐标反算中,按公式计算和计算器程序计算两种方法;

(5) 概略估算校核 在计算之前,可按已知数据与计算公式,预估结果的符号与数值,此结果虽不可能与精确计算之值完全一致,但一般不会有很大差异,这对防止出现计算错误至关重要。

(6) 计算校核一般只能发现计算过程中的问题,不能发现原始依据是否有误。

5. 计算中所用数字应与观测精度相适应 在不影响成果精度的情况下,要及时合理地删除多余数字,以提高计算速度。删除多余数字时，宜保留到有效数字后一位，以使最后成果中有效数字不受删除数字的影响。删除数字应遵守"四舍、六入、整五凑偶（即单进、双舍）"的原则。

复习思考题：

见 4.6 节 15~17 题。

4.4 施工测量的管理工作

4.4.1 施工测量工作应建立的管理制度

1. 组织管理制度

（1）测量管理机构设置及职责；

（2）各级岗位责任制度及职责分工；

（3）人员培训及考核制度。

2. 技术管理制度

（1）测量成果及资料管理制度；

（2）自检复线及验线制度；

（3）交接桩及护桩制度。

3. 仪器管理制度

（1）仪器定期检定、检校及维护保管制度；

（2）仪器操作规程及安全操作制度。

复习思考题：

建立管理制度要与 4.2 节相对应。

4.4.2 施工测量管理人员的工作职责

1. 项目工程师 对工程的测量放线工作负技术责任，审核测量方案，组织工程各部位的验线工作。

2. 技术员 领导测量放线工作，组织放线人员学习并校核图纸，编制工程测量放线方案。

3．质检员 参加工程各部位的测量验线工作，并参与签证。

4．施工员（主管工长） 对本工程的测量放线工作负直接责任，并参加各分项工程的交接检查，负责填写工程预检单并参与签证。

复习思考题：

管理人员的工作职责要与上题管理制度相对应。

4.4.3 施工测量技术资料

根据2002年5月1日实施的国家标准《建设工程文件归档整理规范》（GB/T 50328—2001）与2003年2月1日实施的北京市地方标准《建筑工程资料管理规程》（DBJ 01—51—2003）及2003年8月1日实施的北京市地方标准《市政、公用工程资料管理规程》（DBJ 01—71—2003）的规定，施工测量技术资料主要应包括以下内容：

1．测量依据资料

（1）当地城市规划管理部门的"建设用地规划许可证及其附件"、"划拨建设用地文件"、"建设用地钉桩（红线桩坐标及水准点）通知单（书）"；

（2）验线通知书及交接桩记录表；

（3）工程总平面图及图纸会审记录、工程定位测量及检测记录；

（4）有关测量放线方面的设计变更文件及图纸。

2．施工记录资料

（1）施工测量方案、现场平面控制网与水准点成果表报验单、审批表及复测记录；

（2）工程位置、主要轴线、高程及竖向投测等的"施工测量报验单"与复测记录；

（3）必要的测量原始记录及特殊工程资料（如钢结构工程

等)。

3. 竣工验收资料

(1) 竣工验收资料、竣工测量报告及竣工图;

(2) 沉降变形观测记录及有关资料。

复习思考题:

1. 见 4.6 节 18 题。

2. 如何做好技术资料的收集与整理工作?

4.5 测量放线工职业技能标准和岗位培训计划与大纲

4.5.1 施工测量人员在业务上应具备的基本能力

施工测量工作是施工中的先导性工序,是测量专业与建筑专业的结合,是施工中各道工序之间的结合,更是脑力劳动与体力劳动的结合。为此,测量放线人员在业务上应具备以下基本能力:

1. 识图、审图、绘图的能力;

2. 掌握不同类型工程、不同施工方法对测量放线不同要求的能力;

3. 了解仪器构造、原理和掌握仪器使用、检校与基本维修的能力;

4. 对各种几何形状、数据、点位的计算、校核与使用函数型计算器、计算机的能力;

5. 了解误差理论,能针对误差产生的原因采取措施,以及对各种观测数据处理的能力;

6. 了解工程测量理论,能针对不同工程采用不同观测方法与校测方法,高精度、高速度的实测能力;

7. 针对不同现场、工程情况,综合分析、处理问题和组织实施的能力。

就全国而言，对于承担大型建厂的冶金部、机械工业部，对于兴建水利枢纽、电站的水利部、电力部，对于修建铁路、公路、桥梁、隧道的铁道部、交通部，他们对施工测量都是很重视的，都有高素质的专业测量队伍。但在民用建设部门，虽在基层部门也有"糙活不糙线"的传统说法，但过去一则由于工程规模小，再则测量放线工人数少而没有引起领导部门应有的重视。如1979年颁布的《土木建筑工人技术等级标准》中，根本没有测量放线这一工种。因此，1988年以前作者所在的拥有8万多土建施工职工队伍的北京建筑工程总公司，共有8百多名在岗的测量放线工，但他们都只有各自的原工种（多数是木工），他们的晋级考核都以原工种为准，这极大地挫伤了他们做测量放线工作的积极性，严重地影响测量放线的工作质量和队伍的稳定。为此，当1987年我们得知建设部正在修订工人技术等级时，就根据已掌握的调研资料，概括出测量放线人员应具备的上述七项基本能力，并据此拟出了测量放线初级工、中级工和高级工的应知应会标准（草案），报送建设部，后在西安会议上讨论，得到部领导和与会各单位的赞同，经会议讨论、修订，测量放线工正式列入1988年建设部颁布的《土木建筑工人技术等级标准》（JGJ 42—1988）中，这不仅是对我总公司测量放线队伍的鼓舞，而且对稳定与提高北京市、乃至全国施工企业测量放线工队伍都有深远意义。1989~2000年间，北京市建设委员会对全市上万名施工测量放线、验线人员进行了14次全市统一上岗培训与考核发证，再加上全市各大施工企业进行的测量放线中、高级工和技师、高级技师的培训与考核，使全市的施工测量水平有了很大的提高，从人才方面进一步保证了施工质量。

复习思考题：

1. 见4.6节19题。
2. 测量放线工作在整个工程施工中的作用是什么？如何在工作中提高

自身能力？

4.5.2 1996年2月17日建设部颁发的建设行业——测量放线工——职业技能标准

1．职业序号：13—015。
2．专业名称：土木建筑。
3．职业名称：测量放线工。
4．职业定义：利用测量仪器和工具，测量建筑物的平面位置和标高，并按施工图放实样、平面尺寸。
5．适用范围：工程施工。
6．技能等级：设初、中、高三级。
7．学徒期：二年。其中培训期一年，见习期一年。

初级测量放线工职业技能标准

1．知识要求（应知）

（1）识图的基本知识，看懂分部分项施工图，并能校核小型、简单建筑物平、立、剖面图的关系及尺寸。

（2）房屋构造的基本知识，一般建筑工程施工程序及对测量放线的基本要求，本职业与有关职业之间的关系。

（3）建筑施工测量的基本内容、程序及作用。

（4）点的平面坐标（直角坐标、极坐标）、标高、长度、坡度、角度、面积和体积的计算方法，一般计算器的使用知识。

（5）普通水准仪（S3）、普通经纬仪（J6、J2）的基本性能、用途及保养知识。

（6）水准测量的原理（视线高法和高差法），基本测法、记录和闭合差的计算及调整。

（7）测量误差的基本知识，测量记录、计算工作的基本要求。

（8）本职业安全技术操作规程、施工验收规范和质量评定标准。

2. 操作要求（应会）

（1）测钎、标杆、水准尺、尺垫、各种卷尺及弹簧秤的使用及保养。

（2）常用测量手势、信号和旗语配合测量默契。

（3）用钢尺测量、测设水平距离及测设 90°平面角。

（4）安置普通水准仪（定平水准盒）、一次精密定平、抄水平线、设水平桩和皮数杆，简单方法平整场地的施测和短距离水准点的引测，扶水准尺的要点和转点的选择。

（5）安置普通经纬仪（对中、定平）、标测直线、延长直线和竖向投测。

（6）妥善保管、安全搬运测量仪器及测具。

（7）打桩定点，埋设施工用半永久性测量标志，做桩位的点之记，设置龙门板、线坠吊线、撒灰线和弹墨线。

（8）进行小型、简单建筑物的定位、放线。

中级测量放线工职业技能标准

1. 知识要求（应知）

（1）制图的基本知识，看懂并审核较复杂的施工总平面图和有关测量放线的施工图的关系及尺寸，大比例尺工程用地形图的判读及应用。

（2）测量内业计算的数学知识和函数型计算器的使用知识，对平面为多边形、圆弧形的复杂建（构）筑物四廓尺寸交圈进行校算，对平、立、剖面有关尺寸进行核对。

（3）熟悉一般建筑结构、装修施工的程序、特点及对测量、放线工作的要求。

（4）场地建筑坐标系与测量坐标系的换算，导线闭合差的计算及调整，直角坐标及极坐标的换算，角度交会法距离交会法定位的计算。

（5）钢尺测量、测设水平距离中的尺长、温度、拉力、垂曲和倾斜的改正计算，视距测法和计算。

(6) 普通水准仪的基本构造、轴线关系、检校原理和步骤。

(7) 水平角与竖直角的测量原理,普通经纬仪的基本构造、轴线关系、检校原理和步骤,测角、设角和记录。

(8) 光电测距和激光仪器在建筑施工测量中的一般应用。

(9) 测量误差的来源、分类及性质,施工测量的各种限差,施测中对量距、水准、测角的精度要求,以及产生误差的主要原因和消除方法。

(10) 根据整体工程施工方案,布设场地平面控制网和标高控制网。

(11) 沉降观测的基本知识和竣工平面图的测绘。

(12) 一般工程施工测量放线方案编制知识。

(13) 班组管理知识。

2．操作要求（应会）

(1) 熟练掌握普通水准仪和经纬仪的操作、检校。

(2) 根据施工需要进行水准点的引测、抄平和皮数杆的绘制,平整场地的施测、土方计算。

(3) 经纬仪在两点投测方向点、直角坐标法、极坐标法和交会法测量或测设点位,以及圆曲线的计算与测设。

(4) 根据场地地形图或控制点进行场地布置和地下拆迁物的测定。

(5) 核算红线桩坐标与其边长、夹角是否对应,并实地进行校测。

(6) 根据红线桩或测量控制点,测设场地控制网或建筑主轴线。

(7) 根据红线桩、场地平面控制网、建筑主轴线或地物关系,进行建筑物定位、放线,以及从基础至各施工层上的弹线。

(8) 民用建筑与工业建筑预制构件的吊装测量,多层建筑、高层建（构）筑物的竖向控制及标高传递。

(9) 场地内部道路与各种地下、架空管的定线、纵断面测量和施工中的标高、坡度测设。

（10）根据场地控制网或重新布测图根导线，实测竣工平面图。

（11）用普通水准仪进行沉降观测。

（12）制定一般工程施工测量放线方案，并组织实施。

高级测量放线工职业技能标准

1．知识要求（应知）

（1）看懂并审核复杂、大型或特殊工程（如超高层、钢结构、玻璃幕墙等）的施工总平面图和有关测量放线的施工图的关系及尺寸。

（2）工程测量的基本理论知识和施工管理知识。

（3）测量误差的基本理论知识。

（4）精密水准仪、经纬仪的基本性能、构造和用法。

（5）地形图测绘的方法和步骤。

（6）在工程技术人员的指导下，进行场地方格网和小区控制网的布置、计算。

（7）建筑物变形观测的知识。

（8）工程测量的先进技术与发展趋势。

（9）预防和处理施工测量放线中质量和安全事故的方法。

2．操作要求（应会）

（1）普通水准仪、经纬仪的一般维修。

（2）熟练运用各种工程定位方法和校测方法。

（3）场地方格网和小区控制网的测设，四等水准观测及记录。

（4）用精密水准仪、经纬仪进行沉降、位移等变形观测。

（5）推广和应用施工测量的新技术、新设备。

（6）参与编制较复杂工程的测量放线方案，并组织实施。

（7）对初、中级工示范操作，传授技能，解决本职业操作技术上的疑难问题。

为了全面提高建设职工队伍整体素质，加强岗位培训的基础工作，建设部人事教育司于 2002 年 10 月 28 日根据上述测量放线初级工、中级工、高级工的职业技能标准，编写并颁发了《土木建筑职业技能岗位培训计划大纲》（以下简称《计划大纲》）。本书是按建设部 1992 年大纲编写，出版前按新《计划大纲》进行全面修改与增补。为了便于测量放线人员自学和培训单位工作的需要，现将测量放线工的新《计划大纲》全文转载如下（转载中只对个别名词和错别字做了修改）。

4.5.3 2002 年 10 月 28 日建设部人事教育司颁发的初级测量放线工培训计划与培训大纲

1. 培训目的与要求

本计划大纲是根据建设部颁布的《建设行业职业技能标准》的理论知识（应知）、操作技能（应会）的要求，结合全国建设行业全面实行建设职业技能岗位培训与鉴定的要求编写的。

通过对初级测量放线工的培训，使初级测量放线工基本掌握本等级的技术理论知识和操作技能，掌握初级测量放线工本岗位的职业要求，全面了解施工基础知识，为参加建设职业技能岗位鉴定做好准备，同时为升入中级测量放线工打下基础。其培训具体要求：掌握建筑识图的基本知识；了解房屋构造的基本知识及测量放线工作的任务和内容；掌握测量仪器及工具的构造、工作原理及使用方法；掌握水准测量和设计标高的测设；掌握角度的测量与测设；掌握钢尺量距的方法；掌握建筑物定位放线的方法；具备安全生产、文明施工、产品保护的基本知识及自身安全防备能力；具有对职业道德行为准则的遵守能力。

2. 理论知识（应知）和操作技能（应会）的培训内容和要求

根据培训目的和要求，在培训过程中要严格按照本计划大纲的培训内容及课时要求进行。适应目前建筑施工生产的状况、特点，要加强实际操作技能的训练，理论教学与技能训练相结合，教学与施工生产相结合。

培训内容与要求：

(1) 建筑工程施工图的识读

培训内容：

1) 建筑工程施工图的作用；

2) 识图的方法；

3) 建筑施工图的识读；

4) 结构施工图的识读。

培训要求：

1) 了解建筑工程施工图的分类，重点了解和本工种密切的总平面图、平面图、立面图、基础图；

2) 熟悉《房屋建筑制图统一标准》（GB/T 50001—2001），掌握识图的方法；

3) 会看一般的建筑工程施工图，掌握识图的要领、方法和步骤，重点为校核建筑平、立、剖面图的关系及尺寸。

(2) 房屋构造及施工中对测量放线工的要求

培训内容：

1) 民用建筑分类；

2) 民用建筑的构造组成；

3) 基础的分类与构造；

4) 墙体构造；

5) 楼梯的类型与组成；

6) 工业建筑构造；

7) 一般建筑工程的施工程序及对测量放线的基本要求，测量放线工与有关工种的工作关系。

培训要求：

1) 了解建筑物的分类；

2) 了解一般民用建筑六大组成部分及其各部分的作用；

3) 了解基础的分类与构造，懂得基础放线的重要性；

4) 了解墙体构造、地面构造、楼梯的类型与组成、屋顶构造；

5) 了解工业建筑的分类、构造组成，了解厂房定位轴线的概念；

6）了解一般建筑工程的施工程序及对测量放线的基本要求和有关工种之间的工作关系。

（3）普通水准仪和水准标尺

培训内容：

1）水准仪的构造及用途；

2）水准仪的使用；

3）水准标尺与尺垫。

培训要求：

1）了解水准仪的组成部分及其各部分的作用；

2）掌握使用水准仪的要点、水准尺识读方法、扶尺要点。

（4）普通经纬仪

培训内容：

1）经纬仪需具备的主要条件；

2）J6型光学经纬仪的主要部件；

3）J6型光学经纬仪的两种读数方法；

4）J2型光学经纬仪的特点；

5）经纬仪的保养知识。

培训要求：

1）了解经纬仪的构造、主要部件及其功能；

2）掌握普通经纬仪的使用方法，重点掌握读数方法以及懂得两种读数方法的区别；

3）掌握保养经纬仪的方法。

（5）建筑施工测量的基本内容

培训内容：

1）建筑施工测量的基本任务；

2）测量工作的基本原则；

3）常用名词及其含义。

培训要求：

1）掌握建筑施工测量的基本内容；

2）掌握施工测量工作的基本原则；

3）懂得测量工作中所需用的有关名词及其含义。

(6) 水准测量和设计标高的测设

培训内容：

1）水准测量概念；

2）水准测量的操作程序；

3）设计标高的测设与抄平；

4）方格网法平整场地的施测程序。

培训要求：

1）了解水准测量原理和操作程序；

2）掌握设计标高的测设与抄水平线、设水平桩的操作方法；

3）掌握方格网法平整场地的施测程序。

(7) 角度测量与测设

培训内容：

1）角度测量概念；

2）水平角测量的操作程序；

3）标测直线、延长直线的操作程序；

4）竖向投测。

培训要求：

1）懂得水平角、竖直角概念；

2）掌握水平角测量的操作程序和方法；

3）掌握标测直线、延长直线的操作程序和方法；

4）掌握建筑物竖向投测的方法。

(8) 钢尺量距

培训内容：

1）常用工具及其使用方法；

2）地面点的标定与直线定线；

3）钢尺量距一般方法及较精确量距的方法；

4）丈量成果的整理。

培训要求：
1）会正确使用钢尺及其他工具；
2）掌握地面点的标定和直线定线方法；
3）熟悉掌握钢尺量距的一般方法，了解较精确量距的工序、方法及成果整理和精度评定方法。

(9) 建筑物的定位放线
培训内容：
1）施工测量准备工作内容；
2）建筑物的定位、放线方法；
3）基础施工测量；
4）多层建筑施工测量。

培训要求：
1）懂得建筑物定位放线要做的哪些准备工作、检查复核工作及其重要性；
2）掌握常用的三种建筑物定位方法；
3）掌握测设轴线控制桩和测设龙门板的方法，掌握基坑深度控制、基础垫层标高控制和弹线方法；
4）掌握墙体的弹线定位，掌握墙体各部位高程关系控制、砌砖施工中使用皮数杆的画法和立法。

(10) 施工测量中的安全注意事项
培训内容：
现场施工中为确保施工放线操作的安全所要注意的事项。
培训要求：
懂得安全施工的重要性及其切实有效的安全措施。

3. 培训时间和计划安排

培训时间及采取的方法，各地区可根据本地的实际情况采用不同形式进行、但原则上做到扎实、实际、学以致用，基本保证下述计划表要求的课时；使学员通过培训掌握本职业的技术理论知识和操作技能。

计划课时分配见表 4.5.3。

初级测量放线工培训课时分配表　　　　表 4.5.3

序号	课题内容	计划学时
1	建筑识图	16
2	房屋构造及施工中对测量放线工的要求	8
3	普通水准仪和水准标尺	10
4	普通经纬仪	14
5	建筑施工测量的基本内容	4
6	水准测量和设计标高的测设	12
7	角度测量和测设	18
8	钢尺量距	10
9	建筑物的定位放线	26
10	施工测量中的安全注意事项	2
	合计	120

4．考核内容

（1）应知考试

应知考试可采用答卷形式，以是非题、选择题、计算题和问答题四种题型进行考试，具体可由各培训单位根据本教材附录6-2及建设部测量放线工试题库。

（2）应会考试

各地区培训考核单位应在以下试题内容中选择 4～6 项进行考核。

1）提供一台普通水准仪和一只水准尺，先说出仪器各组成部分的名称、作用与用法，并安置仪器测量两点间的高差。

2）提供一台普通经纬仪，先说出经纬仪各组成部分的名称、作用与用法，并对指定地面点进行对中、整平并测出两个方向的水平角值。

3）在规定的时间内，用水准仪抄水平线、设水平桩或测设设计标高。

4）在规定的时间内，进行短距离水准点引点测量（不少于

3个测站)。

5) 在规定的时间内,进行 1000m² 左右的场地中各方格网交点的高程测量。

6) 用经纬仪测设 150m 的直线或测指定线段的延长线。

7) 在规定的时间内,用经纬仪进行竖向投测。

8) 提供钢尺、标杆、测针等工具测量一般水平距离。

9) 在规定的时间内,提供定位依据和数据,测设出拟建建筑物的四角位置,并进行检测。

10) 在规定的时间内,完成某工程的基础放线,包括设置控制桩和龙门板及撒灰线。

11) 在规定的时间内,完成某工程主体结构的放线与弹出墨线,并设置好皮数杆。

4.5.4 2002年10月28日建设部人事教育司颁发的中级测量放线工培训计划与培训大纲

1. 培训目的与要求

本计划大纲是根据建设部颁布的《建设行业职业技能标准》的理论知识(应知)、操作技能(应会)的要求,结合全国建设行业全面实行建设职业技能岗位培训与鉴定的要求编写的。

通过对中级测量放线工的培训,使中级测量放线工全面掌握本等级的技术理论知识和操作技能,掌握中级测量放线工本岗位的职业要求,全面了解施工基础知识,为参加建设职业技能岗位鉴定做好准备,同时为升入高级测量放线工打下基础。其培训具体要求:掌握建筑制图的基本知识;能够校核施工图的关系及尺寸;掌握大比例尺地形图的识读与使用;掌握普通水准仪和普通经纬仪的操作与检校方法;掌握建筑物沉降观测的方法、步骤;了解电磁波测距及激光测量仪器等新技术、新设备的应用、使用方法;知晓钢尺丈量水平距离的精确方法;掌握测量误差的基本知识及消减误差的方法;掌握建筑场地的平面和高程控制的测量方法以及工业与民用建筑的施工测量方法;掌握一般工程施工测量的方案编制方法；掌握竣工总平面图的测量方法、步骤；具备安全生产、文明施工、产品保护的基本知识及自身安全防备能力；具有对职业道德行为准则的遵守能力。

2. 理论知识（应知）和操作技能（应会）的培训内容和要求

根据培训目的和要求，在培训过程中要严格按照本计划大纲的培训内容及课时要求进行。适应目前建筑施工生产的状况、特点，要加强实际操作技能的训练，理论教学与技能训练相结合，教学与施工生产相结合。

培训内容与要求：

（1）施工图校审及建筑制图

培训内容：

1）识读、审核施工图的方法和步骤；

2）识读、审核与测量放线有关的施工图的方法；

3）制图的一般要求；

4）绘制平、立、剖面图的步骤和方法。

培训要求：

1）掌握识读、审核施工图的方法、步骤和技巧；

2）看懂并学会审核较复杂施工图和有关测量放线施工图的关系及尺寸；

3）会正确使用制图工具，掌握各种线形正确的绘制方法；

4）掌握绘制平、立剖面图的步骤和方法。

（2）大比例尺地形图的识读与使用

培训内容：

1）地形图的基本内容；

2）识读大比例尺地形图的方法。

培训要求：

1）掌握地形图的识读要领，能够通过等高线确认地貌特征及地上物的准确位置的确认；

2）掌握从地形图上取得供工程使用的数据的方法。

(3) 复合水准测量及普通水准仪的检校

培训内容：

1) 复合水准测量；

2) 普通水准仪的检验，校正方法与步骤。

培训要求：

1) 掌握复合水准测量的施测、记录、成果检验及平差计算方法；

2) 懂得水准仪各部分应满足的几项几何条件，按规定步骤对仪器进行检验，掌握水准仪的检验校正方法。

(4) 普通经纬仪的操作与检校方法

培训内容：

1) 水平角观测方法；

2) 竖直角观测方法；

3) 经纬仪的检验校正方法。

培训要求：

1) 掌握测回法观测水平角的观测步骤、限差检查和记录、计算方法；

2) 熟悉根据竖盘的读数计算竖直角的公式，熟练计算竖盘指标差，熟练掌握竖直角测量的操作程序；

3) 懂得普通经纬仪应满足的四项几何条件，掌握检验校正普通经纬仪的方法。

(5) 建筑物的沉降观测

培训内容：

1) 水准点的布设要求；

2) 观测点的形式及布设要求；

3) 观测方法与要点；

4) 沉降观测成果整理。

培训要求：

1) 懂得布设沉降观测用水准点的特殊要求；

2) 了解四种观测点形式及选用方法，懂得观测点布设的选定原则；

3）熟悉沉降观测成果整理所包括的内容和要求。

（6）电磁波测距仪和激光测量仪器

培训内容：

1）电磁波测距仪的性能与使用方法；

2）激光经纬仪的性能与使用方法；

3）激光铅直仪的性能与使用方法。

培训要求：

1）了解电磁波测距仪的一般知识及型号、性能，懂得测距仪精度的含义，知晓仪器使用方法；

2）了解激光经纬仪的一般知识、型号、组成与使用方法；

3）了解激光铅直仪的一般性能与使用要点。

（7）钢尺丈量水平距离的精确方法

培训内容：

1）精确丈量水平距离的施测方法；

2）尺长、温度、垂曲、倾斜各项因素的影响与改正方法；

3）丈量成果的计算；

4）丈量距离的质量要求与保证措施。

培训要求：

1）掌握钢尺丈量水平距离的程序及要点，熟练掌握钢尺测设距离的精确方法；

2）熟练掌握尺长、温度、垂曲、倾斜各项因素的改正方法并按实例逐项进行计算。

（8）测量误差的基本知识

培训内容：

1）误差产生的原因；

2）测量误差的分类与性质；

3）量距误差的来源、消减办法和限差制定；

4）水准测量的误差来源、消减办法和限差制定；

5）角度测量误差的来源、消减办法和限差制定。

培训要求：

1）了解测量误差产生的原因主要来自仪器误差、外界自然条件的影响和观测误差三个方面，懂得消减误差的针对性的措施；

2）了解系统误差、偶然误差的特性及相应的消减误差的方法；

3）熟悉量距误差、水准测量误差和角度测量误差的各项来源，熟知制定各项限差的理论依据及限差的制定，掌握所采用的消减各项误差的办法。

(9) 建筑施工测量

培训内容：

1）民用建筑施工建筑基线的测量类型；

2）多层建筑的竖向投测和标高传递；

3）工业建筑矩形控制网的测设；

4）厂房基础施工测量；

5）厂房预制构件安装的施工测量；

6）钢结构钢柱柱基的定位与钢柱的弹线校正。

培训要求：

1）熟练掌握三种建筑基线的测设方法；

2）熟练掌握多层建筑施工中用线坠进行轴线投测和用经纬仪投测轴线的方法；

3）掌握单一的矩形控制网的测设和根据主轴线测设矩形控制网的两种放线方法；

4）掌握厂房基础施工中的柱列轴线测设和基础定位方法；

5）掌握厂房施工中柱子、吊车梁、屋架安装测量的步骤和方法；

6）了解钢柱柱基定位与钢柱的铅直度校正方法。

(10) 线路测设

培训内容：

1）道路与地下、架空管线的定线；

2) 线路纵断面测量;

3) 放工中标高、坡度的测量。

培训要求:

1) 掌握道路与管线定线的方法;

2) 掌握线路纵断面测量的方法;

3) 掌握施工中标高、坡度的测设方法。

(11) 曲线测设

培训内容:

1) 曲线测设数据的计算;

2) 曲线测设方法。

培训要求:

掌握圆曲线主点的测设方法、步骤。

(12) 竣工总平面的测绘

培训内容:

竣工平面图的测绘。

培训要求:

掌握竣工平面图的实测及绘图方法。

(13) 一般工程施工测量的方案编制

培训内容:

1) 施工测量方案应包括的内容;

2) 编制施工测量方案的方法、步骤。

培训要求:

1) 了解施工测量方案应包括的内容;

2) 了解施工测量方案的特点及方案的编制方法。

(14) 班组管理知识

培训内容:

1) 班组管理的内容;

2) 班组管理的要求。

培训要求:

知晓班组管理的各项内容及相应的要求。

3. 培训时间和计划安排

培训时间及采取的方法,各地区可根据本地的实际情况采用不同形式进行,但原则上做到扎实、实际、学以致用,基本上保证下述计划表要求的课时;使学员通过培训掌握本职业的技术理论知识和操作技能。

计划课时分配见表 4.5.4。

中级测量放线工培训课时分配表　　　　　表 4.5.4

序 号	课 题 内 容	计划学时
1	施工图校核及建筑制图	10
2	大比例尺地形图的识读与使用	6
3	复合水准测量及普通水准仪的检校	6
4	普通经纬仪的操作与检校方法	8
5	建筑物的沉降观测	4
6	电磁波测距仪和激光测量仪器	4
7	钢尺丈量水平距离的精确方法	6
8	测量误差的基本知识	12
9	建筑施工测量	14
10	线路测量	6
11	曲线测量	8
12	竣工总平面图的测绘	6
13	一般工程施工测量的方案编制	6
14	班组管理知识	4
	合计	100

4. 考核内容

(1) 应知考试

应知考试可采用答卷形式,以是非题、选择题、计算题和问答题四种题型进行考核,具体可由各培训单位根据本教材附录 6-3 及建设部测量放线工试题库选择出题。

(2) 应会考试

各地区培训考核单位应在以下试题内容中选择 4~6 项进行考核。

1) 提供一张较复杂的总平面图,要求对测量放线数据提出审核书面意见,并谈出实施定位放线的初步打算。

2) 根据所提供的大比例尺地形图上所标定的点位,在实地上测出 10 个点位和高程,并记录实际作业时间。

3) 提供一台水准仪,一根水准尺,检验其圆水准盒轴、十字线横线以及水准管轴与视准轴的关系是否合乎要求,并进行验校。

4) 提供一台经纬仪,校验其轴线关系并校正和消除竖盘指标差。

5) 某施工现场有三个水准点 8~12 个沉降观测点,采用普通水准仪,从一个水准点出发,测量水准点的高程,并闭合至原水准点,计算闭合差,并按测站数进行调整,列出观测成果表,并记录实际作业时间。

6) 综合实际条件,提供一台红外测距仪、激光经纬仪或垂准仪,在规定的时间内按相应的技术要求完成一项实际生产作业测量,并提交记录和资料。

7) 提供钢尺、温度计、线坠、弹簧秤等工具,在规定时间内,精密丈量一般不小于 200m 的距离,提出完整的记录,记录出各项改正数,并计算出水平距离。

8) 提供一台经纬仪、一盘钢卷尺、一组(不少于 5 点)直角坐标值,在规定的时间内,从实地两个已知坐标点出发,按规定的精度要求测出待定点位。

9) 提供 2~3 个点的已知坐标及一张标有控制网的地形图或施工总平面图,布设一个施工控制网,并进行外业施测,提出观测资料,并计算出方位角、坐标闭合差及坐标成果,可结合实际工程考核。

10) 提供 2~3 个控制点坐标,将某建筑物按图上所标定的坐标（或图上给定的关系），在实地上定位放线，并记录实际作业时间。

11）在规定时间内，按规定要求完成某项工业厂房的矩形控制网测设，柱列轴线测设或柱子吊装测量任务。可结合实际工程考核。

12）在规定的时间内，完成某线路的纵断面测量作业。

13）在规定的时间内，完成一条圆曲线的主点测设和详细测设

14）在规定的时间内，完成某工程的竣工平面图测量。

15）按给定的条件，在规定的时间内，编制一份施工测量放线方案。

4.5.5 2002年10月28日建设部人事教育司颁发的高级测量放线工培训计划与培训大纲

1. 培训目的与要求

本计划大纲是根据建设部颁布的《建设行业职业技能标准》的理论知识（应知）、操作技能（应会）的要求，结合全国建设行业全面实行建设职业技能岗位培训与鉴定的要求编写的。

通过对高级测量放线工的培训，使高级测量放线工基本掌握本等级的技术理论知识和操作技能，掌握高级测量放线工本岗位的职业要求，全面了解施工基础知识，为参加建设职业技能岗位鉴定做好准备。其培训具体要求：掌握精密水准仪的构造、性能和使用方法及四等水准测量的观测方法；掌握采用精密水准仪、经纬仪进行沉降、位移等变形观测；掌握小区域控制测量的方法；掌握大比例尺地形图的测绘；掌握复杂、大型或特殊工程的测量放线方法；掌握普通水准仪、经纬仪的一般维修方法；熟悉测量放线工作的全面质量管理工作；能够向初级工、中级工传授技能及本工种操作技术上的疑难问题；具备安全生产、文明施工、产品保护的基本知识及自身安全防备能力；具有对职业道德行为准则的遵守能力。

2. 理论知识（应知）和操作技能（应会）的培训内容和要求

根据培训目的和要求，在培训过程中要严格按照本计划大纲的培训内容及课时要求进行。适应目前建筑施工生产的状况，特点要加强实际操作技能的训练，理论教学与技能训练相结合，教学与施工生产相结合。

培训内容与要求：

（1）精密水准仪的性能、构造和用法

培训内容：

1）精密水准仪的性能、构造；
2）精密水准仪的类型；
3）精密水准仪的特点；
4）精密水准仪的使用方法与操作程序；
5）精密水准仪的检验。

培训要求：

1）了解精密水准仪各部分构造；
2）了解各种精密水准仪的技术参数；
3）了解精密水准尺的特点和刻划；
4）掌握精密水准仪的使用方法，操作程序及使用要点；
5）掌握精密水准仪的检验方法及各机构的重要性的认识。

（2）四等水准测量

培训内容：

1）高程控制网及其等级分类；
2）四等水准测量的技术要求；
3）四等水准测量的观测方法；
4）四等水准测量的成果整理；
5）质量通病的防治措施；
6）安全使用仪器注意事项。

培训要求：

1）了解四等水准测量的标准及适用范围及技术要求的具体

内容，懂得其规定的目的；

2) 掌握四等水准测量的观测方法以及成果整理方法；

3) 了解质量通病的防治措施以及安全使用仪器注意事项。

(3) 采用精密水准仪、经纬仪进行变形观测

培训内容：

1) 建筑物变形观测的目的和内容；

2) 变形观测的方法与要求；

3) 采用精密水准仪进行变形观测的方法与要点；

4) 采用经纬仪进行变形观测的方法与要点。

培训要求：

1) 明确建筑物变形观测的目的，掌握变形观测所包括的具体内容；

2) 掌握建筑物沉降、倾斜和位移观测的方法；

3) 掌握用精密水准仪进行沉降观测的方法，包括需要达到的精度、对水准基点及观测点标志的要求、观测的具体要求和需提交的资料等；

4) 掌握用精密水准仪观测基础倾斜的方法。

5) 掌握用经纬仪进行变形观测的方法和要求，包括倾斜观测和位移观测。

(4) 小区域控制测量

培训内容：

1) 控制测量概念；

2) 导线测量的布设要求和内业计算；

3) 小三角测量的布设要求和内业计算；

4) 高程控制测量的布设、观测和计算。

培训要求：

1) 了解控制测量所包括的内容；

2) 了解小三角测量的布设形式、技术要求、掌握小三角测量外业工作和内业计算方法、近似平差方法；

3) 掌握三角高程测量的布网要求、技术要求、观测方法和

高差计算公式及方法。

(5) 大比例尺地形图测绘

培训内容：

1) 视距测量；

2) 小平板仪和大平板仪的构造与使用；

3) 大比例尺地形图的绘制。

培训要求：

1) 掌握视距测量方法并了解其误差；

2) 掌握平板仪测图的操作工艺、立尺要点；

3) 掌握小平板仪与经纬仪测图的作业方法；

4) 掌握大比例尺地形图的测绘方法，包括坐标方格网的绘制、展绘控制点及野外施测时碎部点的选择等作业方法。

(6) 工程定位放线

培训内容：

1) 几种工程定位方法；

2) 圆弧形平面曲线建筑物定位；

3) 螺旋形曲线建筑物定位；

4) 椭圆形平面曲线建筑物定位；

5) 双曲线形平面曲线建筑物定位；

6) 抛物线形平面曲线建筑物定位。

培训要求：

1) 熟练掌握直角坐标法定位的工艺顺序及检核方法；

2) 熟练掌握极坐标、交会法定位数据计算和实地定位及检核方法；

3) 掌握特殊图形建筑物定位放线的思路和采用的相应方法。

(7) 普通水准仪、经纬仪的一般维修

培训内容：

1) 测量仪器检修的设备、工具和材料；

2) 普通水准仪、经纬仪的一般检修方法；

3) 普通水准仪常见故障的修理；

4）普通经纬仪常见故障的修理。

培训要求：
1）认识光学测量仪器维修的重要性并掌握维修的基本知识；
2）掌握普通水准仪、经纬仪的一般检修方法；
3）掌握普通水准仪、经纬仪常见故障的修理方法。

3．培训时间和计划安排

培训时间及采取的方法，各地区可根据本地的实际情况采用不同形式进行，但原则上做到扎实、实际，学以致用，基本上保证下述计划表要求的课时；使学员通过培训掌握本职业的技术理论知识和操作技能。

计划课时分配见表4.5.5。

高级测量放线工培训课时分配表　　表4.5.5

序　号	课　题　内　容	计划学时
1	精密水准仪的性能、构造和用法	10
2	四等水准测量	10
3	采用精密水准仪、经纬仪进行变形观测	8
4	小区域控制测量	22
5	大比例尺地形图测绘	6
6	工程定位放线	14
7	普通水准仪、经纬仪的一般维修	10
	合计	80

4．考核内容

（1）应知考试

应知考核可采用答卷形式，以是非题、选择题、计算题和问答题四种题型进行考试，具体可由各培训单位根据本教材附录6-4及建设部测量放线工试题库选择出题。

（2）应会考试

各地区培训考核单位应在以下试题内容中选择3~5项进行考核。

1）使用精密水准仪、因瓦水准尺，按精密水准测量的要求，往返观测一段长度不小于 500m 的线路，提出完整的记录，计算出往测、返测的高差值、闭合差及高差平均值。

2）按四等水准测量的技术要求，往返观测一段长度不小于 1 千米的水准线路，提出完整的记录，计算出往测和返测的高差值、闭合差及高差平均值，记录实际作业时间。

3）使用精密水准仪、因瓦水准尺，在某一布设沉降观测点的建筑物上，测量所有观测点的高程，需提出设站线路图、完整的记录，计算出全线闭合差，经平差后的观测点高程，记录实际作业时间。

4）提供某工程的定位项目，根据所提供的总平面图、控制点布设要求，按工程测量基本理论，提出施工控制网的布设方案及定位方法运用的选择意见。

5）提供一张施工总平面图及说明，在规定的期间里完成方格网的实际测设，需提出方案、作业方法、步骤、作业精度与总结。可结合某一工程考核。

6）结合某工程考核定位放线方案的选择，选不同的起算数据与放样数据，以考核其运用直角坐标法、极坐标法或交会法的实际能力。

7）结合实际工程，在规定的时间内测绘完成某处 1∶500 比例尺地形图，需提出完整资料，如图根坐标、实测原图、自查记录。

8）有一台普通水准仪发生故障，根据所学知识说明故障原因及排除方法。

9）提供新仪器或新设备及其中文说明书等有关资料，在规定的时间内考核其对仪器性能、使用方法的掌握情况。

4.6 复习思考题

1. 2002 年 12 月 1 日起实施的《中华人民共和国测绘法》的

立法宗旨是什么？

2. 1986年7月1日起实施的《中华人民共和国计量法》的立法宗旨是什么？

3. 什么是法定计量单位？

4. 填写表中国际单位制的基本单位和有专门名称的导出单位名称和符号。

量的名称	长度	质量	时间	力	应力	能、功	功率	摄氏温度
单位名称								
单位符号*								

* 以译音命名的单位符号一律用正体_____写；以人名命名的单位一律用正体_____写。

5. 填写表中国际单位制的词头名称和符号。

因 数	10^6	10^3	10^2	10^1	10^{-1}	10^{-2}	10^{-3}	10^{-6}
词头名称								
词头符号*								

* 千（k）和小于千（k）的词头符号一律用正体_____写；兆（M）和大于兆（M）的词头符号一律用正体_____写。

6. 1990年7月27日国务院批准，自1992年1月1日起我国面积的法定计量单位为：_____（　　）、_____（　　）、_____（　　）。

7. 国务院规定，从1991年1月1日起，公文和统计报表中，只允许出现下列哪些单位？

(1) 里、丈、尺、寸，(2) 斤、两，(3) 亩，(4) 吨（t），(5) 升（L、l），(6) 公尺、公分，(7) 公吨，(8) 公升，(9) 公斤（kg）、公里（km），(10) 公顷（hm^2），(11) 码（yd）、英寸（in），(12) 磅（lb）、盎司（oz），(13) 加仑（gal）、西西（cc），(14) 马力（hp），(15) 海里（n mile），(16) 公斤力/平方厘米（kgf/cm^2），(17) 工程大气压（at），(18) 毫米汞柱

(mmHg)、(19) 帕 (Pa)、(20) 卡 (cal)、(21) 大卡 (kcal)、(22) 焦耳 (J)、(23) 度 (电量)、(24) 平方米 (m^2)、平方公里 (km^2)。

8. 1987年2月1日起实施的《中华人民共和国计量法实施细则》第25条是什么？

9. 我国1999年12月6日实施的《钢卷尺检定规程》（JJG 4—1999）规定：钢卷尺检定的标准温度为_____、标准拉力为_____。现有A、B、C、D、E五盘钢尺，其检定情况如下：

A尺50m，2002年7月1日检定实长为50.0026m，但检定证丢失；

B尺50m，2002年5月1日检定实长为49.9976m，有检定证；

C尺50m，2002年7月1日检定实长为50.0032m，有检定证；

D尺30m，2002年7月1日检定实长为30.0032m，有检定证；

E尺30m，2002年7月1日检定实长为29.9969m，有检定证。

根据钢卷尺检定规程和计量法有关规定，在2003年6月2日进行放线工作，哪盘钢尺不可以使用，哪盘钢尺可以使用，为什么？

10. GB/T 19000—2000标准中，有关施工测量管理的主要内容有哪5方面？

11. 北京市城乡建设委员会京建质［1995］577号通知：《建筑工程施工测量规程》（DBJ 01—21—95）（以下简称《规程》）为北京市_____地方标准，自_____年_____月_____日起实施。

12. 做好施工测量放线工作应遵守的基本准则有哪7项？

13. 做好施工测量验线工作应遵守的基本准则有哪7项？

14. 测量记录的基本要求有哪 4 项？
15. 计算工作的基本要求有哪 5 项？
16. 计算校核有哪 5 种方法？各举 2 例。
17. 计算校核无误，一般只能说明什么？不能说明什么？
18. 施工测量技术资料包括哪 3 项主要内容？
19. 测量放线、验线人员在业务上应具备的基本能力是什么？

第5章 水 准 测 量

5.1 水准测量原理

5.1.1 高程测量的分类

根据使用的仪器及测法不同,可分为以下5种:

1. 水准高程测量 用水准仪提供的水平视线与水准尺测定地面上各点间的高差,再根据其中已知点的高程推算未知点高程。其精度较高,是工程中最常用的测法,是本章主要介绍的内容。

2. 三角高程测量 用经纬仪测量未知点竖直角,量两点水平距离,根据三角公式计算两点间的高差,再量取仪器高,推算未知点高程。其精度较水准测量低。若用全站仪与反射棱镜直接测量未知点的竖直角与斜距离,可直接测得高差、再推算未知点高程,只要视线不超过500m(主要是弧面差与折光差影响),其精度能够满足施工测量的要求。见本书的6.5.4、6.5.5与7.4.5。

3. 连通管高程测量 根据连通管原理用透明塑料制成连通管测高器,主要用在建筑工程室内装修抄平中。

4. 气压高程测量 根据大气压力随地面高度而变化的原理,用气压计测定未知点高程。其精度远低于水准测量及三角高程测量,通常用在工程踏勘或草测中。

5. GPS 高程测量 使用 GPS 卫星定位接收仪可直接测定 WGS-84 三维坐标,故多用于独立坐标系统的工程测量中。见本书8.5节。

5.1.2 水准测量公式

1. 水准读数 水准测量的基本要求是水准仪提供的视线必须水平,视线水平时在水准尺上的读数叫水准读数。

(1) 后视读数（a） 水准仪在已知高程点上水准尺的水准读数；

(2) 前视读数（b） 水准仪在欲求高程点上水准尺的水准读数；

(3) 水准读数的大小 当视线水平时,立尺点越低,则该点上的水准读数越大;反之,立尺点高、其上水准读数就越小。

2. 水准测量公式 如图5.1.2所示：M点的已知高程为H_M,N点的欲求高程为H_N,a为后视读数,b为前视读数,H_i为水平视线高程叫做视线高。

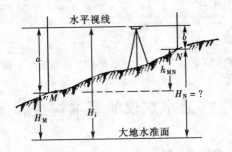

图 5.1.2 水准测量原理

(1) 视线高法公式

$$\begin{cases} H_i = H_M + a \\ H_N = H_i - b \end{cases} \quad (5.1.2\text{-}1)$$

即 $\begin{cases} 视线高 = M点已知高程 + 后视读数 \\ N点欲求高程 = 视线高 - 前视读数 \end{cases}$

(2) 高差法公式

$$\begin{cases} h_{MN} = a - b \\ H_N = H_M + h_{MN} \end{cases} \quad (5.1.2\text{-}2)$$

即 $\begin{cases} \text{高差} = \text{后视读数} - \text{前视读数} \\ N \text{ 点欲求高程} = M \text{ 点已知高程} + \text{高差} \end{cases}$

例题： M 点已知高程 $H_M = 43.714\text{m}$，M 点上的后视读数 $a = 1.672\text{m}$，N 点上的前视读数 $b = 1.102\text{m}$，用两种公式计算 N 点欲求高程 $H_N = ?$

解：（1）视线高法：$H_i = H_M + a = 43.714\text{m} + 1.672\text{m}$
$$= 45.386\text{m}$$
$$H_N = H_i - b = 45.386\text{m} - 1.102\text{m}$$
$$= 44.284\text{m}$$

（2）高差法：$h_{MN} = a - b = 1.672\text{m} - 1.102\text{m} = 0.570\text{m}$
$$H_N = H_M + h_{MN} = 43.714\text{m} + 0.570\text{m} = 44.284\text{m}$$

两种算法结果一致。

复习思考题：

既然两种算法结果是一致的，那么两种算法各适用于何种情况？

5.2 普通水准仪的基本构造和操作

5.2.1 水准仪的分类

1. 按精度分

根据 1998 年 7 月 1 日实施的国家标准《水准仪》（GB/T 10156—1997）规定，我国水准仪按精度分为 3 级。高精密水准仪（S02、S05）、精密水准仪（S1）与普通水准仪（S1.5）。精密水准仪在施工测量中，多用于沉降观测，普通水准仪是施工测量常使用的。我国水准仪系列及其基本参数如表 5.2.1（SX—S 为水准仪代号，X 为往返观测高差平均值的中误差，单位 mm）。

我国水准仪系列的等级及其基本规格参数 表 5.2.1

参 数 名 称		单位	高精密	精 密	普通
1km 往返水准测量中误差（标准偏差）		mm	0.2~0.5	1.0	1.5~4.0
望远镜	放大率	倍数	>(42~38)	>(38~32)	>(32~20)
	物镜有效孔径	mm	>(55~45)	>(45~40)	>(40~30)
水准泡角值	符合式水准管	(″)/2mm	10	10	20
	圆水准盒	(′)/2mm	4	4	8
自动安平补偿性能	补偿范围	(′)	±8	±8	±8
	安平时间	s	2	2	2
主要用途			国家一等水准测量 地震水准测量	国家二等水准测量 其他精密水准测量	国家三四等水准测量 一般工程水准测量

2. 按构造分

微倾水准管水准仪、光学自动安平（补偿）水准仪与电子自动安平水准仪。微倾水准仪是 20 世纪 40~50 年代由长筒望远镜的定、活镜 Y 式水准仪改进而成的常用仪器，现已趋于淘汰；光学自动安平水准仪是 20 世纪 50 年代以来发展起来的，是目前施工测量中使用最多的仪器；电子水准仪是 20 世纪 90 年代以后在自动安平水准仪的基础上实现自动调焦、数字显示的近代新产品，目前属于精密仪器。

复习思考题：

水准仪在 20 世纪中走过了四代，其改进、发展的主要趋势是什么？

5.2.2 S3级微倾水准仪的基本构造

1. S3级微倾水准仪由望远镜、水准器与基座三部分组成，如图5.2.2-1所示

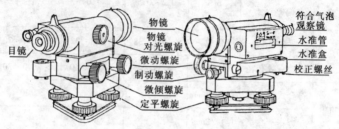

图 5.2.2-1 S3 微倾水准仪

（1）望远镜 包括物镜及物镜对光螺旋、十字线分划板、目镜及目镜对光螺旋；

（2）水准器 包括水准盒、水准管及微倾螺旋；

（3）基座 包括底座、定平螺旋、底板等。

2. 主要轴线如图5.2.2-2所示

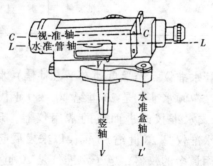

图 5.2.2-2 微倾水准仪轴线关系

（1）视准轴（CC） 十字线中央交点与物镜光心的连线；

（2）水准管轴（LL） 过水准管零点 O 与水准管纵向圆弧的切线；

（3）水准盒轴（$L'L'$） 通过水准盒零点 O' 的球面法线；

(4) 竖轴（VV） 望远镜水平转动时的几何中心轴。

3．各轴线间应具备的几何关系

(1) $L'L' \parallel VV$ 当用定平螺旋定平水准盒时，仪器竖轴处于概略铅直位置；

(2) $LL \parallel CC$ 当用微倾螺旋定平水准管时，视准轴才能处于水平位置，这样水准仪才能提供水平视线。

复习思考题：

1．见 5.8 节 1、2 题。

2．定平螺旋与微倾螺旋的作用各是什么？

5.2.3 光学自动安平水准仪的基本构造与工作原理

1950 年德国蔡司厂研制成自动安平水准仪，也叫自动补偿水准仪，它是在微倾水准仪的基础上，借助自动安平补偿器获得水平视线的水准仪。

1．基本构造

其构造是在微倾水准仪上，取消了水准管与微倾螺旋，但增设了补偿器。当望远镜视线有微量倾斜时，补偿器在重力作用下对望远镜做相对移动，从而能自动、迅速地获得视线水平时的水准尺读数。但补偿器的补偿范围一般为 $\pm 8'$ 左右。因此，在使用自动安平水准仪时，要先定平水准盒，使望远镜处于概略水平。图 5.2.3-1 为北京光学仪器厂生产的两种自动安平水准仪。

2．工作原理

当望远镜视线水平时，与物镜光心同高的水准尺上物点 P 构成的像点 Z_0 应落在十字线交点 Z 上（图 5.2.3-2（a））。当望远镜对水平线倾斜一小角 α 后，十字线交点 Z 向上移动，但像点 Z_0 仍在原处，这样即产生一读数差 Z_0Z（图 5.2.3-2（b））。当 α 很小时可以认为 Z_0Z 的间距为 $\alpha \cdot f$（f 为物镜焦距），这时可在光路中 K 点装一补偿器，使光线产生屈折角 φ_0，在满足 $\alpha \cdot f = \varphi_0 \cdot S_0$（$S_0$ 为补偿器至十字线中心的距离，即 KZ）的条件

图 5.2.3-1　北京光学仪器厂生产的自动安平水准仪

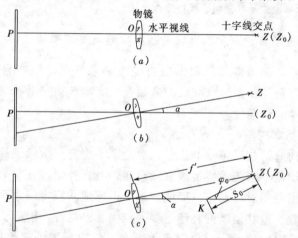

图 5.2.3-2　自动安平水准仪的工作原理

下,像 Z_0 就落在 Z 点上(图 5.2.3-2(c));或使十字线自动对仪器作反方向摆动,十字线交点 Z 落在 Z_0 点上。如光路中不采用光线屈折而采用平移时,只要平移量等于 Z_0Z,则十字线交点 Z 落在像点 Z_0 上,也同样能达到 Z_0 和 Z 重合的目的。自动安平补偿器按结构可分为活动十字线和挂棱镜等多种。补偿装置都有一个"摆",当望远镜视线略有倾斜时,补偿元件将产生摆动,为使"摆"的摆动能尽快地得到稳定,必须装一空气阻尼器或磁力阻尼器。这种仪器较微倾水准仪工效高、精度稳定,尤其在多风和气温变化大的地区作业更为显著。

3. 自动安平水准仪的操作

光学自动安平水准仪自20世纪50年代问世以来，制造技术不断完善成熟，现已较全面地代替了微倾水准仪。自动安平水准仪的关键部件是高灵敏度的自动补偿器，它能在定平水准盒的情况下，使望远镜视准轴自动处于水平位置。施测中，安置仪器定平水准盒、照准目标消除视差后，即可用十字线读数。有的仪器上装有检查视线水平按钮，按动一下按钮，十字线略有浮动后立即自动稳定，可继续观测。现代的自动安平水准仪的望远镜均为正像，观测时要注意使用正字水准尺。另外，观测中要注意防止震动。自动安平水准仪也需要经常检校视准轴的正确性，方法与微倾水准仪的 $LL \parallel CC$ 检校相同。

复习思考题：

见5.8节3题。

5.2.4　电子自动安平水准仪的基本构造与工作原理

1990年瑞士徕卡厂研制成电子自动安平水准仪，也叫数字水准仪，它是在自动安平水准仪的基础上，增设电子信息处理系统构成的能自动显示水准读数及视线长度的水准仪。

1. 基本构造

其构造是光学自动安平水准仪上，增设了一套完整的图像数字化电子信息处理系统。当与专用的条码水准尺（如图5.2.4（a））相配套使用时，则能将水准尺上的条码用数字显出来。当用普通水准尺时，则与光学自动安平水准仪使用方法相同。

2. 工作原理

如图5.2.4（b）所示，当仪器照准条码水准尺后，通过望远镜中的照像机，摄取水准尺上的条码图像信息，并传送给数据处理器，自动地在显示器上显示水准读数（1.2345m）及视线长度（46.34m）。

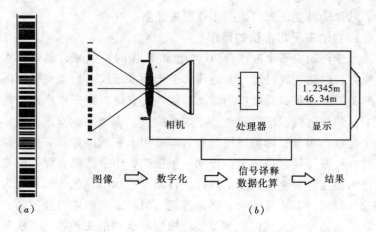

图 5.2.4 电子自动安平水准仪工作原理

5.2.5 水准仪的安置

主要是安好三脚架。定平水准盒,若使用微倾水准仪还要定平水准管。

1. 安好三脚架、定平水准盒

(1) 将仪器固定在三脚架上,使仪器高度适合操作者,并使三条腿一长(比短腿长 2~3cm)、二短;

(2) 将长腿插入土中,拉开两短腿,先用左脚踏实左侧短腿,左右、前后摆动右侧短腿并踏实,使水准盒气泡居中;

(3) 在硬地面或水泥地面上安置仪器,至少要使三脚架的两个脚架尖插入缝隙中,以防仪器滑倒;

(4) 用定平螺旋定平水准盒的基本规律是:气泡移动方向,与左手拇指转动定平螺旋方向相同,如图 5.2.5-1 所示。

2. 微倾水准仪定平水准管

从符合气泡观察镜中看水准管气泡的影像,如图 5.2.5-2 所示。用右手转动微倾螺旋的方向与左侧符合气泡移动方向一致,直至气泡两端的影像准确吻合。

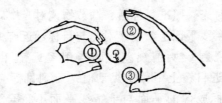

图 5.2.5-1　双手定平水准盒

3. 微倾水准仪一次精密定平法

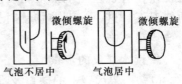

图 5.2.5-2　微倾螺旋定平水准管

在施工测量中，经常需要安置一次仪器，测量多个点的高程，为了减少微倾螺旋的操作，而采用"一次精密定平法"，其操作步骤如下：

（1）在水准盒气泡居中时，将水准管平行于两个定平螺旋，转动微倾螺旋，使水准管气泡居中；

（2）将望远镜平转 180°，若气泡不居中，则用定平螺旋与微倾螺旋各调整气泡偏差的一半，使水准管气泡居中；

（3）将望远镜平转 90°，利用第三个定平螺旋使气泡居中，这样望远镜在任何方向时水准管气泡均居中（即视准轴在任何方向均处于水平位置）。

复习思考题：

对水准管轴（LL）与竖轴（VV）的关系而言，一次精密定平的实质是什么？

5.2.6　水准仪的观测

主要是正确进行望远镜的对光与在水准尺上准确读数。

1. 望远镜对光的步骤

（1）**目镜对光**　把望远镜对着明亮的背景，调节目镜对光螺旋，使十字线的成像达到最清晰。目镜对光与观测者的视力有关。

(2) **物镜对光** 照准目标后，调节物镜对光螺旋，使目标的成像正落在十字线平面上。物镜对光与目标远近有关。

(3) **消除视差** 所谓视差，即当用望远镜照准目标对光后，当眼睛靠近目镜上下微微晃动时，看到目标与十字线也相对晃动（即目标成像的平面与十字线平面不重合），这一现象叫视差，有视差影响照准精度。消除视差是在十字线成像清晰的情况下，进一步调节物镜对光螺旋，使十字线及观测目标的成像均很清晰。

2．读水准尺的步骤

（1）用望远镜上的缺口及准星（或瞄准器），镜外瞄准水准尺，旋紧制动螺旋。

（2）从望远镜中观察目标，调节微动螺旋，精确照准水准尺。调节目镜、物镜对光螺旋、消除视差。

（3）微倾水准仪则用微倾螺旋精密定平水准管后，读取中线读数。依次读取米（m）、分米（dm）、厘米（cm）值，估读毫米（mm）值。读数以米（m）为单位。

（4）读数后应检查符合气泡是否仍居中，若不居中，则应重新定平并重新读数。

3．水准观测的要点

（1）**消** 视差要消除；

（2）**平** 视线要水平；

（3）**快** 读数要快；

（4）**小** 估读毫米数要取小值；

（5）**检** 读数后要检查视线是否水平。

复习思考题：

什么是视差？存在视差的原因是什么？不消除视差对观测结果有何影响？为什么？

5.3 水准测量和记录

5.3.1 水准点（BM）

由测绘部门，按国家规范埋设和测定的已知高程的固定点，作为在其附近进行水准测量时的高程依据，叫永久水准点。由水准点组成的国家高程控制网，分为四个等级。一、二等是全国布设，三、四等是它的加密网。在施工测量中为控制场区高程，多在建筑物角上的固定处设置借用水准点或临时水准点，作为施工高程依据。

复习思考题：

施工现场设置的临时水准点应选在什么地方？为何每年开春后和雨季后均应复测？

5.3.2 水准测站的基本工作

安置一次仪器，测算两点间的高差的工作是水准测量的基本工作。其主要工作内容是：

1. 安置仪器 安置仪器时尽量使前后视线等长，用三脚架与定平螺旋使水准盒气泡居中。

2. 读后视读数（a） 将望远镜照准后视点的水准尺，对光消除视差，如用微倾水准仪则要用微倾螺旋定平水准管，读后视读数（a）后，检查水准管气泡是否仍居中。

3. 读前视读数（b） 将望远镜照准前视点的水准尺，按读后视读数的操作方法读前视读数（b），注意不要忘记定平水准管。

4. 记录与计算 按顺序将读数记入表格中，经检查无误后，用后视读数（a）减去前视读数（b）计算出高差（$h = a - b$），再用后视点高程推算出前视点高程（或通过推算视线高求出前视点高程)。水准记录的基本要求是保持原始记录,不得涂改或誊抄。

复习思考题:

如每一测站均是先后视、再前视,这在整个水准测量中将产生什么性质的误差?如何解决?

5.3.3 水准测量记录

如图 5.3.3 所示:由 BM1(已知高程 43.714m)向施工现场 A 点与 B 点引测高程后,又到 BM2(已知高程 44.332m)附合校测,填写记录表格,做计算校核与成果校核,若误差在允许范围内,应求出调整后的 A 点与 B 点高程,写在该点的备注中。

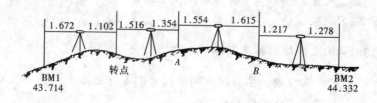

图 5.3.3 附合水准测量

1. 视线高法记录

在表 5.3.3-1 中,使用视线高法公式 (5.1.2-1) 计算,即:

$$\begin{cases} 视线高 = 已知点高程 + 后视读数 \\ 欲求点高程 = 视线高 - 前视读数 \end{cases}$$

2. 高差法记录

在表 5.3.3-2 中,使用高差法公式 (5.1.2-2) 计算,即:

$$\begin{cases} 高差 = 后视读数 - 前视读数 \\ 欲求点高程 = 已知点高程 + 高差 \end{cases}$$

视线高法水准记录表　　　　　　　　表 5.3.3-1

测　点	后视（a）	视线高（H_i）	前视（b）	高程（H）	备　注
BM1	1.672	45.386		43.714	已知高程
转点	1.516	45.800	1.102	+2 44.284	
A	1.554	46.000	1.354	+4 44.446	44.450
B	1.217	45.602	1.615	+6 44.385	44.391
BM2			1.278	+8 44.324	已知高程 44.332
计算校核	$\Sigma a = 5.959$		$\Sigma b = 5.349$ $\dfrac{\Sigma b = 5.349}{\Sigma h = 0.610}$	$\dfrac{H_{始} = 43.714}{\Sigma h = 0.610}$	
成果校核	实测闭合差 = 44.324m − 44.332m = −0.008m = −8mm 允许闭合差 = ±6mm$\sqrt{n}$ = ±6mm$\sqrt{4}$ = ±12mm 精度合格，每站改正数 = $-\dfrac{-8\text{mm}}{4\text{站}}$ = +2mm（逐站累积）				

高差法水准记录表　　　　　　　　表 5.3.3-2

测点	后视（a）	前视（b）	高差（h）		高程（H）	备注
			+	−		
BM1	1.672				43.714	已知高程
			0.570			
转点	1.516	1.102			+2 44.284	
			0.162			
A	1.554	1.354			+4 44.446	44.450
				0.061		
B	1.217	1.615			+6 44.385	44.391
				0.061		
BM2		1.278			+8 44.324	已知高程 44.332

续表

测点	后视（a）	前视（b）	高差（h）	高程（H）	备注
计算校核	$\Sigma a = 5.959$ $\Sigma b = 5.349$ $\Sigma h = 0.610$	$\Sigma b = 5.349$	$\Sigma h = 0.610 = 0.732 - 0.122$	$H_{始} = 43.714$ $\Sigma h = 0.610$	
成果校核	实测闭合差 $= 44.324\text{m} - 44.332\text{m} = -0.008\text{m} = -8\text{mm}$ 允许闭合差 $= \pm 6\text{mm}\sqrt{n} = \pm 6\text{mm}\sqrt{4} = \pm 12\text{mm}$ 精度合格，每站改正数 $= -\dfrac{-8\text{mm}}{4\text{站}} = +2\text{mm}$（逐站累积）				

3. 一般工程水准测量的允许闭合差（$f_{h允}$）

根据《工程测量规范》（GB 50026—1993）或《高层建筑混凝土结构技术规程》（JGJ 3—2002）

规定：（1）$f_{h允} = \pm 20\text{mm}\sqrt{L}$

（2）$f_{h允} = \pm 6\text{mm}\sqrt{n}$

式中　L——水准测量路线的总长（单位：公里）；

　　　n——测站数。

4. 水准记录中的计算校核

（1）计算校核公式：$\Sigma a - \Sigma b = \Sigma h = H_{终} - H_{始}$　　　（5.3.3）

即：后视读数总和（Σa）减去前视读数总和（Σb），等于各段高差总和（Σh），也等于终点高程（$H_{终}$）减去起点高程（$H_{始}$）。如表 5.3.3-1、5.3.3-2 中"计算校核"栏所示。

（2）在往返水准、闭合水准中，计算校核无误只能说明按表中数字计算没有错，不能说明观测、记录及起始点的高程有无差错。

（3）在附合水准中，若实测闭合差合格，则计算校核无误不但能说明按表中数字计算没有错,还能说明观测、记录及起始点高程均没有差错。

复习思考题:

1. 见 5.8 节 6~8 题。
2. 两种记录方法各适用于何种情况?

5.3.4 水准高程引测中的要点

水准高程引测中连续性很强,只要有一个环节出现失误,就容易出现错误或造成返工重测。因此,施测中应注意以下几点:

1. 选好镜位 仪器位置要选在安全的地方,前后视线长要适当(一般 40~70m),安置仪器要稳定,防止仪器下沉和滑动,地面光滑时一定要将三脚架尖插入小坑或缝隙中;

2. 选好转点(ZD 或 TP) 在长距离水准测量中,需要分段施测时,利用转点传递高程,逐段测算出终点高程。它的特点是:既有前视读数、以求得其高程,又有后视读数、以将其高程传递下去。

选择转点首先要保证前后视线等长,点位要选在比较坚实又凸起的地方,或使用尺垫,以减少转点下沉。前后视线等长有以下好处:

(1) 抵消水准仪视准轴不水平产生的 i 角误差;
(2) 抵消弧面差与折光差;
(3) 减少对光,提高观测精度与速度。

3. 消除视差 十字线调清后,主要是用物镜对光使目标成像清晰,并消除视差;

4. 视线水平 照准消除视差后,使用微倾水准仪时,应精密定平水准管;

5. 读数准确 估读毫米数要准确、迅速,读数后要检查视线是否仍水平;

6. 迁站慎重 在未读转点前视读数前,仪器不得碰动或移动;转点在仪器未读好后视读数前,转点不得碰动或移动,否则均会造成返工;

7. 记录及时 每读完一个数,要立即做正式记录,防止记录遗漏或次序颠倒。

复习思考题:

1. 哪项操作会产生随机误差?哪项操作会产生系统误差?哪项操作会造成错误甚至返工?转点的作用是什么?

2. 见 5.8 节 9 题。

5.3.5 立水准尺的要点

1. 检查水准尺 尤其使用塔尺时,要检查尺底及接口是否密合,使用过程中要经常检查接口有无脱落,尺底是否有污物或结冰;

2. 视线等长 立前视人要用步估后视点至仪器的距离,再用步估定出前视点位;

3. 转点牢固 防止转点变动或下沉,未经观测人员允许,不得碰动,否则返工;

4. 立尺铅直 立尺人要站正,以使尺身铅直,双手扶尺,手不遮尺面;

5. 起终点同用一尺 采取偶数站观测以使起终点用同一根尺,避免两尺"零点"不一致,影响观测成果。

复习思考题:

哪项操作会产生随机误差?哪项操作会产生系统误差?哪项操作会造成错误甚至返工?如何理解立水准尺的重要性与要点?

5.4 水准测量的成果校核

5.4.1 水准测量的测站校核

在水准高程引测中,由于各站的连续性,任何一站发生错误或超差,均会使整个成果返工重测。因此,每站均应进行校核,以及时发现问题。常用的测站校核方法有以下三种:

1. 双镜位法 在每一测站上安两次仪器测两次高差(但两次仪器高度差应大于 10cm),或同时使用两架仪器观测,当两次高差之差小于 5mm 时取中,大于 5mm 时要重测。

2. 双面尺法 使用有黑红刻划的专用双面水准尺,每测站上用黑红面尺所测得的高差做校核(详见 5.6 节)。

3. 双转点法 也叫高低转点法,即每一转点处,设置高差大于 10cm 的两个转点,这样从第二站起,就可以由高低两个转点求得该站的两个视线高,以做校核。

在上述三种测法中,为抵消仪器下沉误差,均应采取"后—前—前—后"的观测次序,即测第一次高差时,先后视、再前视;但测第二次高差时,要先前视、再后视,这样,取两次高差中数时,即可减少仪器下沉影响。

复习思考题:

三种测站校核方法的优缺点,说明为何采取"后—前—前—后"的观测次序。

5.4.2 水准测量的成果校核

水准测量成果校核有以下三种方法:

1. 往返测法 由一个已知高程点起,向施工现场欲求高程点引测,得到往测高差($h_{往}$)后,再向已知点返回测得返测高差($h_{返}$),当($h_{往} + h_{返}$)< 允许误差时,则可用已知点高程推

算出欲求点高程,具体算法见 5.4.4。

2. 闭合测法 由一个已知高程点起,按一个环线向施工现场各欲求高程点引测后,又闭合回到起始的已知高程点,这种测法各段高差的总和应为零(即 $\Sigma h = 0$),若不为零,其值就是闭合差。

3. 附合测法 由一个已知高程点起(如图 5.4.3 中的 BM7),向施工现场引测 A、B 点后,又到另一个已知高程点(BM4)附合校核,具体算法见 5.4.3。

实测中最好不使用往返测法与闭合测法,因为这两种方法只以一个已知高程点为依据,如果这个点动了、高程错了或用错了点位,在计算最后成果中均无法发现。

复习思考题:

1. 往返测法能抵消什么误差?对比往返测法说明为什么闭合测法与附合测法中,自起点至终点只能按一个方向观测?
2. 见 5.8 节 10 题。

5.4.3 附合水准测量闭合差的计算与调整

如图 5.4.3 所示:为了向施工现场引测高程点 A 与 B,由 BM7(已知高程 44.027m)起,经过 6 站到 A 点,测得高差 $h'_{7A} = 1.326\text{m}$;由 A 点经过 2 站到 B 点,测得高差 $h'_{AB} = -0.718\text{m}$;为了附合校核,由 B 点经过 8 站到 BM4(已知高程 46.647m),测得高差 $h'_{B4} = 2.004\text{m}$,求实测闭合差,若误差在允许范围以内,对闭合差进行附合调整,最后求出 A、B 点调整后的高程。

1. 计算实测闭合差 $f_{测} =$ 实测高差 h' − 已知高差 h

$f_{测} = (1.326\text{m} - 0.718\text{m} + 2.004\text{m}) - (46.647\text{m} - 44.027\text{m})$

$= 2.612\text{m} - 2.620\text{m}$

$= -0.008\text{m}$

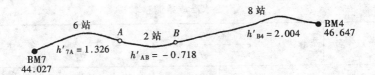

图 5.4.3 附合水准测量

2. 计算允许闭合差 $f_允 = ±6\text{mm}\sqrt{n}$

$f_允 = ±6\text{mm}\sqrt{16} = ±24\text{mm} > f_测$ 精度合格

3. 计算每站应加改正数 $v = -\dfrac{闭合差}{测站数}$

$v = -\dfrac{-0.008\text{m}}{16 \text{站}} = 0.0005\text{m}$

4. 计算各段高差调整值 $h = h' + v \times n$

$h_{7A} = 1.326\text{m} + 0.0005\text{m} \times 6 = 1.329\text{m}$

$h_{AB} = -0.718\text{m} + 0.0005\text{m} \times 2 = -0.717\text{m}$

$h_{B4} = 2.004\text{m} + 0.0005\text{m} \times 8 = 2.008\text{m}$

计算校核：$\Sigma h = 1.329\text{m} - 0.717\text{m} + 2.008\text{m} = 2.620\text{m}$

$\Sigma h = 2.612\text{m} + 0.008\text{m} = 2.620\text{m}$

5. 推算各点高程

$H_A = 44.027\text{m} + 1.329\text{m} = 45.356\text{m}$

$H_B = 45.356\text{m} + (-0.717\text{m}) = 44.639\text{m}$

计算校核：$H_4 = 44.639\text{m} + 2.008\text{m} = 46.647\text{m}$ 与已知高程相同，计算无误。

在实际工作中为简化计算，而采取表 5.4.3 格式计算。

附合水准成果调整表　　　　　　表 5.4.3

点 名	测站数	高　差（h）			高程（H）	备 注
		观测值	改正数	调整值		
BM7	6	+1.326	+0.003	+1.329	44.027	已知高程
A	2	-0.718	+0.001	-0.717	45.356	
B					44.639	
BM4	8	+2.004	+0.004	+2.008	④46.647	已知高程
和校核	16	+2.612 ①	+0.008 ②	+2.620 ③		

实测高差 $\Sigma h = +2.612$m

已知高差 $= H_{终} - H_{始} = 46.647\text{m} - 44.027\text{m} = 2.620$m

实测闭合差 $f_{测} = 2.612\text{m} - 2.620\text{m} = -0.008$m

允许闭合差 $f_{允} = \pm 6\text{mm}\sqrt{16} = \pm 24$mm　精度合格

每站改正数 $v = -\dfrac{f_{测}}{n} = -\dfrac{-0.008\text{m}}{16\text{站}} = 0.0005$m

---

上表中，①值应与实测各段高差总和（Σh）一致；②值应与实测闭合差数值相等，但符号相反；③值应与 BM4、BM7 的已知高差相等，并作为总和校核之用；④值是由 BM7 已知高程加各段高差调整值后推算而得，应与 BM4 已知高程一致以作计算校核。

总之，此表中的计算校核是严密的、充分的。

复习思考题：

1. 对比 4.3.5 说明表 5.4.3 中都使用了哪几种计算校核方法？全部计算校核无误时，能说明什么？

2. 见 5.8 节 11 题。

5.4.4　往返水准测量闭合差的计算与调整

由 BM7（已知高程 $H_7 = 44.027$m）起，用往返测法向 C 点引测高程，往返各测 9 站，往测高差 $h_{往} = -2.376$m，返测高差

$h_返 = 2.370\text{m}$,计算实测闭合差。若精度合格,计算误差调整后的 C 点高程 H_C。

1. 计算实测闭合差

$f_测 = h_往 + h_返$

$f_测 = -2.376\text{m} + 2.370\text{m} = -0.006\text{m}$

2. 计算允许闭合差

$f_允 = \pm 6\text{mm}\sqrt{n} = \pm 6\text{mm}\sqrt{9} = \pm 18\text{mm} > f_测$ 精度合格

3. 计算往返测高差平均值

$h_平 = \dfrac{h_往 - h_返}{2} = \dfrac{-2.376\text{m} - 2.370\text{m}}{2} = -2.373\text{m}$

4. 推算调整后的 C 点高程

$H_C = H + h_平 = 44.027\text{m} - 2.373\text{m} = 41.654\text{m}$

复习思考题:

使用此法中,为什么要特别注意起始依据(点位与高程数据)的正确性、观测方向及高差的正负号?

5.5 测设已知高程和坡度线

5.5.1 测设已知高程

如图 5.5.1 所示:根据 A 点已知高程 H_A 向龙门桩上测设 ± 0.000 水平线 H_0 的方法有两种:

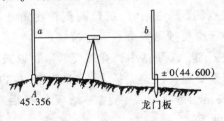

图 5.5.1 测设已知高程

1．高差法

（1）A 桩上立杆，在水准仪水平视线上画一点 a；

（2）在木杆上由 a 点向上（下）量高差 $h = H_0 - H_A$ 作标志 b（h 为正时向下量、h 为负时向上量）；

（3）沿龙门桩侧面上下移动木杆，当 b 点与水准仪水平视线重合时，在木杆底部画水平线即为 ±0.000 高程线。

高差法适用于安置一次仪器要测设若干相同高程点的情况，如抄龙门板 ±0.000 线、抄 50 水平线。

2．视线高法

（1）在 A 桩上立水准尺，以水准仪水平视线读出后视读数 a，并算出视线高 H_i；

（2）计算视线水平时水准尺在 ±0.000 处的应读前视 $b = H_i - H_0$；

（3）沿龙门桩侧面上下移动水准尺，当 b 点与水准仪水平视线重合时，在水准尺底部画水平线即为 ±0.000 高程线。

视线高法适用于安置一次仪器要测设若干不同高程点的情况。

3．测设已知高程的操作要点

（1）水准仪应每季度检校一次，使 $i < 10''$（即 3mm/60m）；

（2）镜位居中，后视两个已知高程点，测得视线高差不大于 2mm 时取平均值，抄测前要先校测已测完的高程线（点），误差 <3mm 时，确认无误；

（3）高差（或应读前视）要算对、测准，用黑铅笔紧贴尺底划线，相邻测点间距 <3m，门窗口两侧、拐角处均应设点，一面墙、一根柱至少要抄测三个点以作校核；

（4）小线要细，墨量适中，弹线要绷紧，以减少下垂；

（5）三脚架要稳，脚架尖插入土中（或小坑内），每抄测一点要检查视线是否水平，每测完一站要复查后视读数，误差 <1.5mm 时方可迁站。

复习思考题：

1. 如何提高测设水平线的精度？为什么现场中测设的已知高程水平线普遍比设计值偏低 1～3mm？

2. 用木杆测设的优缺点是什么？测设时要特别注意什么？

5.5.2 由 ±0.000 向基坑内与向屋顶上传递高程

1. 由 ±0.000 向基坑内传递高程

当基坑开挖有汽车坡道时，可用水准仪、水准尺以一般水准测法将地面上的已知高程引测到基底，在基坑侧面的护坡桩上测设一个比 ±0.000 标高低一个整数的负标高线，作为基坑、垫层和底板控制标高的依据。当基坑四周是用钢板桩或混凝土桩护坡时，可将已知高程测设到桩身竖直的护坡桩侧面（也可用在基坑内的塔吊的塔身的侧面），然后用钢尺沿铅垂方向将 ±0.000 以下的标高线画在桩身上，作为基础施工的依据。也可在基坑边用吊钢尺的方法向下传递高程，但吊杆一定要稳定，钢尺零点在下面，并坠以 49N 重物（见 7.1 节），当钢尺尺身稳定时，实为一根铅直的水准尺，这样就和一般水准测法一致了。

2. 由 ±0.000 向屋顶传递高程

当井字梁屋顶做顶棚时，常要求在梁侧面抄测水平线如图 5.5.2 所示。如为了测设 +3.800m 水平线，安置水准仪先在 ±0.000m 上立水准尺，后视读数 $a = 1.472$m，然后计算前视 $b = 3.800 - a = 3.800 - 1.472 = 2.328$m，将水准尺倒立并上下移动，

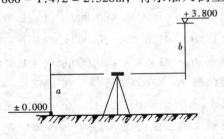

图 5.5.2　向屋顶传递高程

当水平视线前视正对准 $b = 2.328\text{m}$ 时,则水准尺 0 点即为 $+3.800\text{m}$ 高程处。

复习思考题:

1. 测设水平视线以下和以上高程点的主要差异是什么?
2. 见 5.8 节 12、13 题

5.5.3 测设坡度线

如图 5.5.3 为某小区一段污水管线混凝土平基的测设情况,$1^{\#}$ 桩处的设计高程 $H_1 = 41.600\text{m}$,设计坡度 $i = -1.4\%$,已知 BM7 高程 $H_7 = 44.027\text{m}$,测设步骤是:

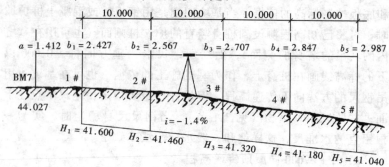

图 5.5.3 测设坡度线

1. 计算各桩设计高程 H_i:

$2^{\#}$ 设计高程 $H_2 = 41.600\text{m} + 10.000\text{m} \times (-1.4\%) = 41.460\text{m}$

$3^{\#}$ 设计高程 $H_3 = 41.600\text{m} + 20.000\text{m} \times (-1.4\%) = 41.320\text{m}$

$4^{\#}$ 设计高程 $H_4 = 41.600\text{m} + 30.000\text{m} \times (-1.4\%) = 41.180\text{m}$

$5^{\#}$ 设计高程 $H_5 = 41.600\text{m} + 40.000\text{m} \times (-1.4\%) = 41.040\text{m}$

2. 求出视线高 H_i 安置水准仪、在 BM7 上读后视读数 $a = 1.412\text{m}$,则视线高 $H_i = 44.027\text{m} + 1.412\text{m} = 45.439\text{m}$。

3. 计算各桩上的应读前视 b_i:

$1^{\#}$ 应读前视 $b_1 = 45.439\text{m} - 41.600\text{m} = 3.839\text{m}$

$2^{\#}$ 应读前视 $b_2 = 45.439\text{m} - 41.460\text{m} = 3.979\text{m}$

$3^{\#}$ 应读前视 $b_3 = 45.439\text{m} - 41.320\text{m} = 4.119\text{m}$

$4^{\#}$ 应读前视 $b_4 = 45.439\text{m} - 41.180\text{m} = 4.259\text{m}$

$5^{\#}$ 应读前视 $b_5 = 45.439\text{m} - 41.040\text{m} = 4.399\text{m}$

$5^{\#}$ 应读前视 $b_5 = 3.839\text{m} + 40.000\text{m} \times 1.4\% = 4.399\text{m}$ 计算无误

4. 在各桩的测面测出高程线 上下移动水准尺，当水准仪水平视线对准各应读前视 b_i 时，在水准尺底画水平线，最后用小线将各桩上的高程线连起，检查坡底顺直后，方可交施工使用。

复习思考题：

在测设中如何简化计算各点的应读前视？

5.6 精密水准仪和三、四等水准测量

5.6.1 精密水准仪的分类与基本构造

1. 精密水准仪的分类

表 5.2.1 已对水准仪的精度等级与规格参数做了介绍。S0.2、S0.5 级为高精密水准仪，S1 级为精密水准仪，其构造与普通水准仪基本相同，也是由望远镜、水准管或补偿设备、基座三部分组成，工程测量中常用的精密水准仪有以下三类：

（1）光学微倾精密水准仪　如图 5.6.1-1 所示 WILD N3 型高精密水准仪，是 S0.2 级的光学微倾高精密水准仪。

（2）光学自动安平精密水准仪　如图 5.6.1-2 所示 WILD NAK2 型精密水准仪，是 S0.7 的光学自动安平精密水准仪，它是在 S2 光学自动安平水准仪上附加一个平行玻璃板测微器，这样就可以达到 S0.7 的精度。编者认为这种普通、精密两用的仪器，

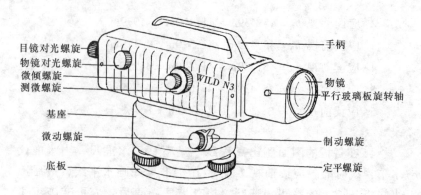

图 5.6.1-1 N3 型高精密水准仪

图 5.6.1-2 NAK2 型精密水准仪

更适合施工测量中使用。

(3) 电子自动安平精密水准仪 如图 5.6.1-3 所示,徕卡厂 2002 年生产的 DNA03/10 型电子自动安平精密水准仪,其原理见 5.2.4,其精度为 S0.3/S1。图中左侧,显示:后视点已知高程 $H_0 = 412.94500$ m,后视读数为 1.68027m,视线高为 414.62527m,视线长为 32.48m。

2. 精密水准仪的构造特点

(1) 视准轴水平精度高,一般不低于 ±0.8″ 若为水准管仪器其水准管格值 $\tau = (6″ \sim 10″)/2$ mm(S3 水准仪的水准管格值 $\tau = 20″/2$ mm);

(2) 望远镜光学性能好 精密水准仪的望远镜放大倍率一般

图 5.6.1-3　DNA03/10 型精密水准仪

大于 32 倍，普通 S3 水准仪望远镜放大倍率一般小于 30 倍，望远镜物镜有效孔径也较大，分辨率和亮度都较高；

(3) 结构坚固　精密水准仪的水准管（或补偿设备）和望远镜之间的连接非常牢固，以使视准轴与水准管轴（或补偿设备）的关系稳定，因此望远镜镜筒和水准管套多用因瓦合金制造，密封性好，受温度变化的影响小；

(4) 具有测微器装置　为了提高读数精度，精密水准仪装置了平行玻璃板测微器，其最小读数 $0.1 \sim 0.01$ mm。图 5.6.1-4 是平行玻璃板测微器示意图，利用平行玻璃板的前后俯仰，使视线平移后恰好对准一整数分划，这样从测微尺上就可精密读出视线平移的距离；

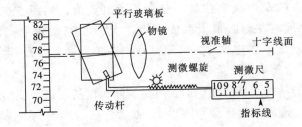

图 5.6.1-4　平行玻璃板测微器示意图

当平行玻璃板测微器的玻璃板与视线垂直，即玻璃板不起平移视线的作用时，测微器上的指标不是对准零而是对准测微尺的

中间位置 C，因此实际读数中都带有这个常数。在一般情况下其不影响高差结果，后视读数与前视读数相减就将 C 消除了。若只进行单向读数或水准点在上方（如在隧道中测量）需倒立尺读数时，就要注意在读数中除去 C。

复习思考题：

见 5.8 节 14 题。

5.6.2 精密因瓦水准尺

精密水准仪必需配备精密水准尺，精密因瓦水准尺是在木制（或铝制）尺槽中装有厚 1mm、宽 26mm 的因瓦带，一端固定而另一端用弹簧拉紧，使因瓦带平直和不受尺槽自身伸缩的影响。因瓦带是用 36% 的镍与 64% 的铁制成的合金带，其膨胀系数小于 $0.5 \times 10^{-6}/℃$，仅为钢膨胀系数的 1/24，故因瓦水准尺受外界温度、湿度的影响较小。因瓦水准尺上的分划线是条式的，多数精密水准尺分划为左右两排，一排叫基本分划，一排叫辅助分划，两排分划相差 3m 左右的尺常数。读数时用两排分划上读数之差是否等于尺常数来检核读数精度。为了保证工作时尺身竖直，尺身上装有灵敏度较高的圆水准盒。

当用精密水准仪以水平视线照准水准尺后，转动测微螺旋，使十字线的楔形线夹住某一分划，读出数值，如图 5.6.2 中的 0.77m，同时在测微窗上（或利用放大镜在测微轮上）读出数值，如图 5.6.2 中的 556（即 0.00556m），两个读数相加得到 0.77556 就是水准尺读数。

有的精密水准尺注记的长度是实际长度的两倍，使用这样的水准尺，应将所得的读数除以 2，或者将所得出的高差总和除以 2，才能去计算各点的高程。

复习思考题：

见 5.8 节 14 题。

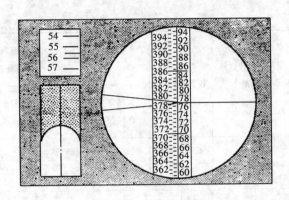

图 5.6.2 N3 精密水准仪读数

5.6.3 三、四等水准测量

1. 三、四等水准的主要技术要求

本章所讲的水准测量方法是最基本的方法，适用于一般测图和中小型工程。若测区范围较大，工程的精度要求又较高，就必须采取更精确地方法进行水准测量。从全国来讲，各地永久性的水准点都是按国家规范规定的一、二、三、四等精度逐级测定的。一般来说，根据国家一、二等水准点在测区内布设三、四等水准点已能满足大中型工程的精度要求。现将《工程测量规范》(GB 50026—1993) 有关等级水准测量的主要技术要求摘录在表 5.6.3-1 内。

二、三、四等水准测量的主要技术要求　　　表 5.6.3-1

等级	每公里高差全中误差 (mm)	附合路线长度 (km)	水准仪的型号	水准尺	观测次数		往返较差，附合或环线闭合差	
					与已知点联测	附合或环线	平地 (mm)	山地 (mm)
二等	±2	—	S1	因瓦	往返各一次	往返各一次	$\pm 4\sqrt{L}$	—

续表

等级	每公里高差全中误差(mm)	附合路线长度(km)	水准仪的型号	水准尺	观测次数		往返较差，附合或环线闭合差	
					与已知点联测	附合或环线	平地(mm)	山地(mm)
三等	±6	50	S1	因瓦	往返各一次	往一次	$±12\sqrt{L}$	$±4\sqrt{n}$
			S3	双面		往返各一次		
四等	±10	16	S3	双面	往返各一次	往一次	$±20\sqrt{L}$	$±6\sqrt{n}$

注：①结点之间或结点与高级点之间，其路线的长度，不应大于表中规定的 0.7 倍；

②L 为往返测段，附合或环线的水准路线长度（km），n 为测站数。

2．观测、记录

三、四等水准测量的外业工作包括：观测、记录、计算和校核等内容。三等与四等水准测量方法只是在观测程序上有微小的差别。

（1）三、四等水准测量一般采用 S3 型水准仪，使用有 cm 刻划的黑、红双面 3m 板尺。在通视良好，成像清晰稳定；埋设的水准点已经过长时间沉降，处于稳定的情况下进行。

（2）三等水准测量的观测顺序为：

后视黑面尺，读下、上、中三线读数（1），（2），（3）；

前视黑面尺，读中、下、上三线读数（4），（5），（6）；

前视红面尺，读中线读数（7）；

后视红面尺，读中线读数（8）。

即采用"后—前—前—后"观测程序，这样可以减弱因地面不坚实产生仪器下沉的影响。

（3）四等水准测量的观测程序为"后—后—前—前"。

（4）记录见表 5.6.3-2。表中括号内数字表示读数和计算次序。

三、四等水准测量

表 5.6.3-2

测站编号	后尺 下线/上线 后距（m） 视距差 d	前尺 下线/上线 前距（m） Σd	方向与尺号	水准读数（m） 黑面	水准读数（m） 红面	$K+$黑减红	高差中数	备注
	(1) (2) (15) (17)	(5) (6) (16) (18)	后 前 后—前	(3) (4) (11)	(8) (7) (12)	(9) (10) (13)	(14)	
1	1.804 1.446 35.8 −0.8	1.180 0.814 36.6 −0.8	后 9 前 10 后—前	1.625 0.997 0.628	6.412 5.684 0.728	0 0 0	0.628	
2	2.102 1.466 63.6 −0.5	1.532 0.891 64.1 −1.3	后 10 前 9 后—前	1.784 1.211 0.573	6.472 5.997 0.475	−1 +1 −2	0.574	黑红面零点差 $K_9=4.787$ $K_{10}=4.687$
3	1.007 0.314 69.3 +2.1	1.307 0.635 67.2 +0.8	后 9 前 10 后—前	0.660 0.971 −0.311	5.449 5.657 −0.208	−2 +1 −3	−0.309^5	
4	1.819 1.069 75.0 +0.2	1.376 0.628 74.8 +1.0	后 10 前 9 后—前	1.444 1.002 0.442	6.130 5.789 0.341	+1 0 +1	0.441^5	
计算校核	$\Sigma(15)=243.7$ $-\Sigma(16)=242.7$ $+1.0$	$\Sigma[(3)+(8)]=29.976$ $-\Sigma[(4)+(7)]=27.308$ 2.668 $\Sigma(11)+\Sigma(12)=2.668$				$\Sigma(14)=1.334$ $\dfrac{2.668}{2}=1.334$		

3. 计算、校核

(1) 用水准尺黑红面零点差检算

$$(3) + K_i - (8) = (9)$$
$$(4) + K_j - (7) = (10)$$

式中 K_i 为 i 号水准尺黑红面零点差，表中 $K_9 = 4.787$m，K_j 为 j 号水准尺黑红面零点差，表中 $K_{10} = 4.687$m。计算得 (9) 和 (10)，理论上均应为零，规范规定允许误差为 $\pm (2\sim3)$ mm。

(2) 高差计算

$$(3) - (4) = (11), \quad (8) - (7) = (12)$$
$$(13) = (11) - [(12) \pm 100]$$

式中 (13) 为黑面所得高差 (11) 与红面所得高差 (12) 之差，式中 100 为两根水准尺红面的零点差，单位为 mm。(13) 的值理论上应为零，规范规定允许误差为 $\pm (3\sim5)$ mm。以上两项计算无误合格后，再计算高差中数 (14)，

$$(14) = \frac{1}{2}\{(11) + [(12) \pm 100]\}$$

高差中数取位到 0.1mm。

(3) 视距计算（原理见第 5 章 5.5 节）

后距 $(15) = [(1) - (2)] \times 100$
前距 $(16) = [(5) - (6)] \times 100$
前后视距差 $(17) = (15) - (16)$
视距累计差 $\Sigma d = (18) =$ 本站 $(17) +$ 前站 (18)

规范规定前后视距差应小于 $3\sim5$m，视距累计差应小于 $6\sim10$m。

(4) 计算校核

用下列各式检查计算结果的正确性。

$$(13) = (9) - (10)$$
$$(14) = (11) + \frac{1}{2}(13)$$
$$末站 (18) = \Sigma(15) - \Sigma(16)$$

$$\Sigma(14) = \frac{1}{2}\{\Sigma[(3)+(8)]-\Sigma[(4)+(7)]\}$$
$$= \frac{1}{2}[\Sigma(11)+\Sigma(12)]$$

经计算校核无误后，若误差超限，应立即重新观测。每一测站都应限差合格后再迁站。

复习思考题：

见5.8节15题。

5.7 普通水准仪的检定、检校、保养和一般维修

5.7.1 水准仪检定项目

水准仪的检定是根据《水准仪检定规程》（JJG 425—2003），共检定15项，见表5.7.1，检定周期一般不超过一年。

水准仪检定项目表　　　　　　　　表5.7.1

序号	检定项目	检定类别		
		首次检定	后续检定	使用中检验
1	外观及各部件功能相互作用	+	+	+
2	水准管角值	+	−	−
3	竖轴运转误差	+	+	−
4	望远镜分划板横线与竖轴的垂直度	+	+	+
5	视距乘常数	+	−	−
6	测微器行差与回程差	+	+	−
7	数字水准仪视线距离测量误差	+	−	−
8	视准线的安平误差	+	+	+
9	望远镜视轴与水准管轴在水平面内投影的平行度（交叉误差）	+	+	−
10	视准线误差（i角）	+	+	+

续表

序号	检定项目		检定类别		
			首次检定	后续检定	使用中检验
11	望远镜调焦运行误差		+	+	-
12	自动安平水准仪	补偿误差及补偿器工作范围	+	+	-
13		双摆位误差	+	+	-
14	测站单次高差标准差		+	-	-
15	自动安平水准仪磁致误差		-	-	-

注：检定类别中"+"为需检项目。"-"为可不检项目，由送检单位需要确定。

5.7.2 水准盒轴（$L'L'$）平行竖轴（VV）的检校

将仪器安置在三脚架上，定平水准盒如图 5.7.2（a），然后将望远镜平转 180°，如果水准盒气泡仍居中，说明水准盒轴（$L'L'$）平行竖轴（VV）。若水准盒气泡不居中如图 5.7.2（b），则说明两轴线不平行。用定平螺旋，使气泡退回一半如图 5.7.2（c）（此时竖轴 VV 已铅直），用拨针调整水准盒的校正螺丝将气泡居中，如图 5.7.2（d）（此时水准盒轴 $L'L'$ 铅直），以达到 $L'L' \parallel VV$ 的目的。

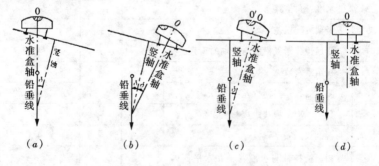

图 5.7.2 $L'L' \parallel VV$ 的检校

复习思考题：

如来不及校正，如何使 VV 处于铅直位置？

5.7.3 微倾水准仪水准管轴（LL）平行视准轴（CC）的检校

如图 5.7.3 所示：

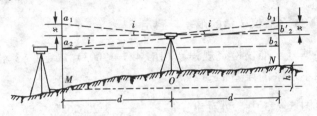

图 5.7.3　$LL \parallel CC$ 的检校

1. 在距 MN 两点（$2d = 80m$）等远处安置仪器，测得 a_1、b_1，则 $h = a_1 - b_1$。

2. 在原地改变仪器高后，测得 a'_1、b'_1，则 $h' = a'_1 - b'_1$。当 h 与 h' 较差小于 2mm 时，取平均值为 MN 两点的正确高差 $\bar{h}$。

3. 移仪器于 M 点近旁，望远镜照准 M 尺测得 a_2，计算应读前视 $b_2 = a_2 - \bar{h}$。

4. 望远镜照准 N 尺，测得 b'_2 与 b_2 重合，则说明 $LL \parallel CC$，否则说明 $LL \not\parallel CC$。当 b'_2 与 b_2 相差大于 4mm 时，则应校正。

5. 调节微倾螺旋，使视线与 N 尺上 b_2 重合（此时视准轴 CC 水平，但水准管气泡偏移），用拨针调整水准管一端的校正螺丝，使水准管气泡居中（即水准管轴 LL 水平），则 $LL \parallel CC$。

复习思考题：

见 5.8 节 16 题。

5.7.4 自动安平水准仪视准线水平的检校

自动安平水准仪视准线水平的检验方法与微倾式水准仪

完全相同（见5.7.3），但校正方法是打开目镜保护盖，调节十字线分划板校正螺丝，使视线与 N 尺上 b_2 重合，则视准线水平。

复习思考题：

既然是自动安平水准仪，为什么还要定期检测其视准线是否水平？

5.7.5 S3 水准仪 i 角的限差与测定

根据《水准仪检定规程》（JJG 425—2003）规定：S3 水准仪视准轴不水平的误差 $i \leqslant 12''$。

由图 5.7.3 中，可看出：$i \approx \dfrac{b'_2 - b_2}{2d} \times 206265''$　　（5.7.5）

例题： 若 $d = 40\text{m}$、$b'_2 - b_2 = 5\text{mm}$（4mm），计算 $i = ?$

解： $i \approx \dfrac{b'_2 - b_2}{2d} \times 206265'' = \dfrac{5\text{mm}}{2 \times 40\text{m}} \times 206265'' = 12.9'' > 12''$ 应进行校正。

$i \approx \dfrac{b'_2 - b_2}{2d} \times 206265'' = \dfrac{4\text{mm}}{2 \times 40\text{m}} \times 206265'' = 10.3'' < 12''$ 可不校正。

复习思考题：

已知：$d = 50\text{m}$，$b'_2 - b_2 = 8\text{mm}$（或 6mm），计算 $i = ?$

5.7.6 水准仪的保养

1. 三防

（1）**防震**　不得将仪器直接放在自行车后货架上骑行，也不得将仪器直接放在载货汽车的车厢上受颠震。

（2）**防潮**　下雨应停测，下小雨可打伞，测后要用干布擦去潮气。仪器不得直接放在室内地面上，而应放入仪器专用柜中并上锁。

（3）**防晒**　在强阳光下应打伞，仪器旁不得离人。

2. 两护

主要是保护目镜与物镜镜片，不得用一般擦布直接擦抹镜片。若镜片落有尘物，最好用毛刷掸去或用擦照像机镜头的专用纸擦拭。

复习思考题：

见 5.8 节 17 题。

5.7.7 三脚架与水准尺的保养

1. 三脚架 三脚架架首的三个紧固螺旋不要太紧或太松，接节螺旋不能用力过猛，三脚架各脚尖易锈蚀和晃动，要经常保持其干燥和螺钉的固定。

2. 水准尺 尺面要保持清洁、防止碰损，尺底板容易因沾水或湿泥而潮损，要经常保持其干燥和螺钉的固定。使用塔尺时，要注意接口与弹簧片的松动，抽出塔尺上一节时，要注意接口按好、防脱落而未发现，致使读数错误。

5.7.8 维修普通测量仪器的基本原则

普通测量仪器一般指 S3 水准仪和 J6 经纬仪。它们是施工测量中最常用的仪器，每台仪器的价格都要数千元，是比较贵重的仪器，其特点是构造复杂、精密，且不同厂家生产的仪器的具体构造是不相同的。因此，维修仪器首先要具备必要的机械、光学、仪器用油等基本知识和一般仪器维修技能外，还要了解各厂家所生产仪器的特点与所需维修工具。在维修中要特别遵守以下主要原则：

1. 开始维修工作，一定要在真正有经验的师傅指导下进行。先学习当助手，逐步掌握维修知识技能后，才能独立工作。没有接触过的仪器或部位不得轻易拆卸，以防损伤仪器。

2. 维修工作要有一个较安静、清洁的环境。

3. 所用工具必须与仪器配套，不合适的工具不得勉强使用。

4. 维修中一定要对照该仪器的使用、维修说明书自上而下有次序的进行。

5. 维修中一切动作要柔和，有锈蚀部分要先进行除锈处理，不可用大力、猛劲拆卸。

6. 检修仪器前应做好检查：

（1）查外观 检查外表面有无锈蚀、脱漆、电镀脱色及外表面零件的固连螺丝有无丢失、损坏和松动。

（2）查螺旋 检查各微动螺旋、微倾螺旋及定平螺旋的转动是否平稳，有无松动、晃动或跳进现象，制动螺旋是否有效。

（3）查水准器 检查各水准器是否完好无损，气泡是否已增长，水准器在金属管内有无松动，水准器的观测系统（观察镜、反光镜）有无缺损和霉污，成像是否清晰，符合成像。

（4）查望远镜 检查望远镜的成像情况，物镜、对光镜、分划板及目镜有无霉污或脱胶现象，各镜片表面有无划痕或破裂损伤，成像是否清晰，有无各种像差，鉴别率如何，对光透镜和目镜运动是否正常，松紧是否适当。

（5）查轴承 检查转动轴系的运动是否平滑均匀，有无过松或过紧的现象，有无异常响声。

（6）查三脚架 检查三脚架架首是否牢固，脚架伸缩是否灵活，螺丝扣是否能拧紧。

经上述检查后，将检查结果记入仪器检修表中，并据此判断仪器发生故障的原因并确定检修的范围。

复习思考题：

检修前应做好哪几项检查？为什么？

5.7.9 测量仪器的拆卸

1. 通过对测量仪器的检查，全面了解仪器现在的技术状况，准确判断出仪器产生故障的原因和部位，确定行之有效的拆卸方法。

2. 拆修仪器之前，应将检修仪器所用的通用、专用工具及存放仪器零部件的器皿准备好，放在工作台上随手可以拿到的地方，以免拆卸仪器过程中分散精力，引起事故。使用改锥时应垂直于螺钉的头部，向下压的力量应大于旋转的力量。

3. 为检修某些局部性的故障，应遵照"哪里有问题就拆修哪个部位"的原则，尽量不拆动与故障无关的零部件，以免因大拆大卸造成新的故障。

如若出现多种综合性的故障，应先处理局部容易解决的问题，然后再处理难度比较大的故障。同时要遵循一个局部一个局部的拆卸、修理、清洁、加油和组装的程序，以免装错或丢失零件。

遇到难拆卸的零部件，在没有弄清仪器的结构之前，不得强行拆卸，应待查找到原因后再动手拆卸。要仔细检查结构连接部位是否有定位螺丝，是否有反牙或被销钉销住。在拆卸用螺纹连接的部件和螺丝固定的零件时，千万不能用很大的力量去拧卸，以免将螺纹拧坏或将螺丝拧断，如遇有不易拆或锈蚀的螺钉，可在该部位滴几滴煤油，同时小心地轻轻敲几下螺丝，使生锈部分开裂后，螺钉便较容易拧下。

4. 拆卸的顺序应由上至下进行，避免在拆卸上部时污染下部。在拆卸光学零件时要避免用手指直接接触光学零件的抛光面，安装前须将所有光学零件的抛光面擦拭干净，擦拭后的光学零件上不得留有油迹或汗斑，否则形成霉污就很难去掉，在擦拭时一定要戴上乳胶手套。放置光学零件的器皿要垫脱脂棉或棉纸，多个零件共放时，要使零件与零件之间尽量分开。

拆卸下来的零部件，应就零件的精细程度分别存放和清洁，以免造成损伤或混杂。如不小心将各种大小不同的螺丝混淆在一起，则应将混淆的螺钉按长短、粗细的形状不同，分别整理成组，在安装仪器时按螺孔需要进行选择。

拆卸下的零部件要仔细检查有无损坏或不正常的情况，以便逐个修配，并且在拆卸时一定要注意原拆卸的部位和特点，以便顺利地装回。

5. 光学零件尽可能采取少拆或分批拆卸分批组装的办法。

复习思考题：

为什么说做好仪器的拆卸工作是维修好的前提？如何做好这项工作？

5.7.10 定平螺旋与制、微动螺旋的维修

1. 由于定平螺旋的晃动影响到基座晃动，从而影响仪器的稳定性。这主要是由于鼓形螺母与螺杆之间沾有灰尘，使两者之间磨损严重而引起间隙过大；定平螺旋内缺油或者是由于松紧调节罩没有调到适当的松紧程度而引起。

对于象定平螺旋这种密封较差或经常磨损的零件，应定期拆卸下来清洗并加润滑油脂和适当调节罩的松紧程度，即可解决。

2. 制、微动螺旋弹簧装在弹簧筒内，由于油污、灰沙的影响发生阻滞失效时，只要取出弹簧用汽油清洗后加点油即可解决。若是由于微动螺旋失效或是弹力不够而导致微动有跳进现象或不起作用时，可把弹簧取出拉长一些或者向弹性方向弯曲一些（弹簧片结构），以增加其弹性，如仍解决不了问题，只有更换新的弹簧（或弹簧片）。

5.7.11 竖轴的维修

若竖轴中沾有灰尘或是缺油，必须将轴拔出来进行清洗。清洗的方法是用布蘸上汽油，把每个零件上的灰尘、油渍等擦洗干净。轴套最好用一根粗细相当的木棒包上布（蘸汽油）擦拭，然后再用清洁的脱脂白绸布或白亚麻布蘸上航空汽油彻底擦干净，并在反射光线方向用 3～5 倍放大镜仔细检查，个别的纤维及灰点，可用竹签挑掉，轴与轴套清洁后，应立即用防尘罩罩上（或放在特制的盒内），待每一个零件清洁完毕后，马上涂油装复。涂油时须用清洁的竹签蘸"精密仪表油" 2～3 滴均匀地涂在轴

上和套内，随即将竖轴缓缓地旋转插入轴套内，将轴在轴套内旋转2~3周后，再将轴往上抽出一部分，再边转边进，反复2~3次即可。这样可使所涂的油充分均匀。

若竖轴或轴套上局部有锈斑，用布擦不掉时，可用刮刀小心地把锈刮去，注意切勿伤损轴身或轴套，然后在锈斑部位用银光砂纸或研磨膏将轴身或轴套轻轻抛光。

仪器竖轴与照准部相连接是用6个螺旋固定的，这是由工厂内专用设备安装的，维修人员不得拆动。

复习思考题：

见5.8节18题。

5.7.12 望远镜系统故障的维修

1．望远镜对光系统的故障与维修

当旋转望远镜对光螺旋时，对光筒在望远镜筒内运转应平衡、灵活、无过紧、过松、卡滞或摆动等现象。

（1）对光螺旋转动时过紧或有杂声，这是因对光齿轮、齿条沾有灰沙、油垢或对光螺旋缺油所致。此时将对光螺旋拆下来清洗干净，涂上适当油脂即可解决。

（2）对光螺旋转动时有晃动现象，这是因为对光齿轮与齿条磨损严重所致，此时只需将对光螺旋拆下来，并抽出对光滑筒，用汽油将齿轮、齿条刷洗干净，再涂上粘度较大的润滑脂，就基本上可以解决。

（3）对光螺旋失效，其原因是对光齿与齿条没啮合好，此时可将对光螺旋拆下来重新安装，使齿轮与齿条啮合好。

2．目镜对光螺旋发生过紧或晃动的故障与排除

目镜在对光时，如若发生过紧或晃动的现象，是由于对光螺旋螺纹中灰尘或油腻过多，或螺纹有损耗和缺油所致。此时须将目镜对光螺旋旋下，拆下屈光度环，用汽油将里面的灰尘油腻洗清，加上新的粘度较大的润滑脂即可。

3. 望远镜成像不清晰的故障与排除

(1) 物镜、对光镜、十字线分划板、目镜上沾有灰尘、油渍、脱胶或发霉起雾，均能使望远镜成像不清晰。此时首先要判断脏点的部位。判断的方法是先检查物镜和目镜最外面那片透镜，然后转动望远镜瞄向亮处，用眼睛从物镜端观察，此时，边转动对光螺旋边观察脏点与对光螺旋转动是否有关，若有关，则污点在对光透镜上；从目镜端观察，当旋转目镜对光螺旋时，脏点是否随之转动，若是，则脏点在目镜上，否则，在十字线分划板上；转动目镜对光螺旋，使十字线分划线清晰，此时脏点的清晰度与十字线分划线清晰度一样，则说明脏点与分划线在同一表面上（即靠近目镜端），反之脏点则在无分划线面上（即靠物镜端）。

(2) 物镜、对光镜与目镜装反或破碎，此时则需逐个检查所有光学零件，并要边装边观察，直至望远镜成像清晰为止。任何一个光学零件破碎，只有重配才能解决问题。

复习思考题：

这部分维修工作要慎重进行。

5.7.13 胶合透镜、胶合棱镜与光学零件的清洁

1. 如果用乙醇或乙醚清洁液清洁胶合透镜或棱镜，会对透镜或棱镜的胶层产生破坏作用，因此清洁胶合透镜或棱镜时，要用棉签蘸少量的清洁液擦拭，切勿使清洁液渗入胶合面，最后用干棉签将透镜或棱镜擦 1～2 遍即可。维修中千万不要把胶合透镜打开，否则难以复原。

2. 清洁用镶框的光学零件时，要防止清洁液渗入到镶框内，因清洁液一旦渗入到镶框内，则无法将清洁液擦干净，日久会使仪器镜片表面生霉。

3. 清洁镀有增透膜的光学零件时，不要将整个零件浸入清洁液中，只能用棉签蘸少量的乙醇（或乙醚）在镜面上由中心向

四周划圆圈轻轻擦拭，擦一次换一个棉签，重复多次后再用干棉签擦净，切勿使用硬的工具接触光学零件的表面，以免划破膜层。

若光学零件表面残有的霉蚀斑擦不掉，又对成像质量影响不大时，不必用碳酸钙粉抛光，因抛光后难于保证原来的曲率（或平直度）。

复习思考题：

这部分维修工作原则上不要进行。

5.8 复习思考题

1. 解释下面名词：

水准点（BM）、后视读数（a）、前视读数（b）、视准轴（CC）、水准管轴（LL）、水准盒轴（$L'L'$）。

2. S3微倾水准仪由_____、_____和_____三部分组成。它有四条主要轴线，其相互间应具备的几何关系是_____和_____，若 $LL \ {/\!\!/} \ CC$ 时，由已知高程点向施工现场引测高程时，应采取_____的措施，以抵消其影响。

3. 光学自动安平水准仪在构造上的特点是什么？

4. 在水准测量中，如果前视点的水准尺未立铅直，观测结果使前视点的高程变（高或低）。

5. 引测高程时，在一个测站上的基本工作是什么？

6. 如图5.8.6所示：由BM7（已知高程43.724m）向现场 A 点与 B 点引测高程后，又到BM8（已知高程44.344m）附合校对，填写高差记录表格，做计算校核与成果校核，并判断观测精度是否合格？若合格进行误差调整。

7. 若上题中除BM7点上的后视读数改为1.579m外，其他条件完全相同，填写视线高记录表格，并判断观测精度是否合格？若合格进行误差调整。

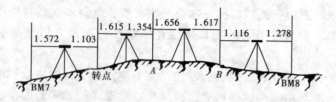

图 5.8.6 附合水准测量

8. 水准记录中的计算校核公式是什么？计算校核无误只能说明什么？计算校核无误不能说明什么？

9. 在引测高程中取前后视线等长，有什么好处？为什么？

10. 水准测量成果校核的方法有哪三种？为什么向现场引测高程点时强调使用附合测法？

11. 对表中附合水准观测结果进行计算与成果校核。若成果合格，调整闭合差，求出 A、B 两点高程，并作计算校核。

点 名	站数	高 差（h）			高程（H）	备 注
		观测值	改正值	调整值		
BM4	4	+1.006			48.724	已知高程
A	6	−1.547				
B						
BM5	2	+0.134			48.323	已知高程
和校核						

实测高差 =

已知高差 =

实测闭合差 =

允许闭合差 =

每站改正数 =

12. 某高层建筑，二层地面高程为 +3.000m，现浇楼板及地面作法共 150mm 厚，其模板板面高程为_____，该工程有两层地下室，地下一层地面高程为 −3.000m，现浇板一次成活 120mm 厚，其模板板面高程为_____。

13. 图 5.8.13 为某托儿所工程，±0.000 的设计高程为 44.600m，槽底设计相对高程为 -1.700m，现根据已知水准点 A（$H_A = 44.039$m），测设距槽底 50cm 的水平桩（B），回答下列问题：

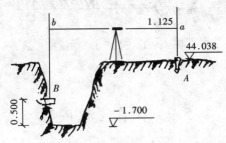

图 5.8.13 测设水平桩

（1）B 点相对高程 = _____ = _____
     绝对高程 = _____ = _____
（2）视线高法测设 B 点：
     B 尺应读前视 b = _____
（3）高差法测设 B 点：
     木杆上的 a 点向_____量反数 = _____ = _____

14. 精密水准仪与精密水准尺的构造特点是什么？

15. 三、四等水准测量的精度要求是什么？三、四等水准测量的测法是什么？

16. 为检校水准仪的视准轴（CC）是否水平，如图 5.8.16 所示：今在距 M、N 两点等远处安置仪器，定平后测得 a_1 = 1.617m，b_1 = 1.728m，然后移仪器于 M 点近旁，定平后测得 a_2 = 1.448m，问此时水准仪视准轴水平时，视线在 N 尺上的正确读数 b_2 = _____ m。若实际读数 b'_2 = 1.537m，则说明视线向 _____ 倾斜 _____ m。

17. 水准仪和经纬仪在使用中，为什么要特别注意"三防两护"？

18. 对普通水准仪的一般维修中应掌握哪几部分？维修中应

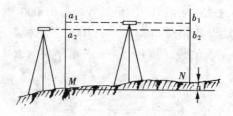

图 5.8.16　$LL /\!/ CC$ 的检校

特别注意什么？

5.9　操作考核内容

1．S3 微倾水准仪的基本操作考核

（1）用三脚架基本定平水准盒，操作正确；

（2）用双手定平水准盒，操作正确；

（3）用微倾螺旋和定平螺旋一次精密定平水准管，在 4 个 90°方向上检查符合气泡应基本上不错开，且各步操作正确；

（4）分别照准和准确读出 10m、30m、50m、70m、100m 各点上水准尺读数，各点上的读数误差不得大于 1mm（10m、30m）和 2mm（50m、70m），且目镜对光、物镜对光与微倾螺旋操作正确；

（5）安置 4 次仪器测 500～600m 闭合水准路线，个人独立观测、记录（同时使用高差与视线高两种记录）及计算，闭合差应小于 ± 6mm $\sqrt{n}$ = ± 12mm，测算总时间不超过 40 分钟，且一切操作正确（包括镜位选择、三脚架的安置等）。

以上是对初级放线工的要求，对中级放线工则要在第 5 项中，使用视线高记录，每一个测站上加测一个中间点，测、记、算总时间不超过 30 分钟。

2．测设已知高程的水平线与坡度线

（1）初级放线工要根据一已知高程点，在一段 20m 的墙面上，以 2.5m 的间距测设比视线低 1m 左右（即水准尺要正立的9个相同已知高程的点和比视线高0.5m左右（即水准尺要倒立）的9个相同已知高程的点。用10m的细小线拉紧检查各点是否同在线上，误差不得大于1.5mm，同在一铅直线的上下两点间距误差不大于2mm，且一切操作正确，时间不超过30分钟（从安置仪器开始、到测完为止，不包括检查时间）。

(2) 中级放线工要测设比视线低和高的二条不同已知高程且不同升降坡度的倾斜线上的各9个点。检查方法、允许误差及测算时间均同上。

3. 方格法平整场地测量

(1) 初级放线工测量40m×40m的10m方格点的地面高程（读数至厘米），按11.5.2计算场地地面平均高程，并以此为准按水平面平整场地，计算各方格点处的填挖数及各方格内的填挖方量。

(2) 中级放线工测量50m×60m的10m方格点（但在场地一角缺20m×10m如图5.9.3）的地面高程（至厘米），按11.5.2计算场地地面平均高程，并以一定坡度按填挖方量平衡的原则，计算各方格点处的填挖数、各方格内的开挖边界及填、挖方量。

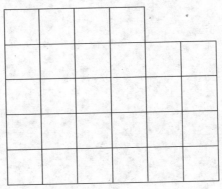

图 5.9.3 方格法平整场地

4. 检验与校正 S3 微倾水准仪

(1) 对初级放线工要求能按 5.7.2、5.7.3 的内容对 S3 微倾

水准仪的 $L'L' \mathbin{/\mkern-5mu/} VV$ 及 $LL \mathbin{/\mkern-5mu/} CC$ 进行检验。

（2）对中级测量放线工要求能按 5.7.2、5.7.3 的内容对 S3 微倾水准仪的 $L'L' \mathbin{/\mkern-5mu/} VV$ 及 $LL \mathbin{/\mkern-5mu/} CC$ 进行检验与校正。

5. 精密水准仪的基本操作考核

对高级放线工要求正确使用精密水准仪进行以下操作：

（1）用测微器在因瓦精密水准尺上，正确读数；

（2）安置4次仪器测 240~300m 闭合水准路线，个人独立观测、记录（单站：后—前—前—后，双站：前—后—后—前）及计算，闭合差应小于 1mm，测算总时间不得超过 1 小时，且一切操作正确。

第6章 角度测量

6.1 角度测量原理

6.1.1 水平角（β）、后视边、前视边、水平角值

图 6.1.1 中，AOB 为空中两相交直线，aob 为其在水平面上的投影。

1. 水平角（β）　两相交直线在水平面上投影的夹角。如图 6.1.1 中 $\angle aob = \beta$。

2. 后视边　水平角的始边，如图 6.1.1 中 OA。其读数为后视读数。

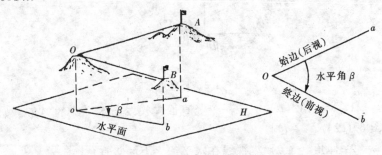

图 6.1.1　水平角原理

3. 前视边　水平角的终边，如图 6.1.1 中 OB。其读数为前视读数。

4. 水平角值 = 前视读数 – 后视读数： (6.1.1)

$\beta =$ （ + ）为顺时针角；

$\beta = (-)$ 为逆时针角。

复习思考题：

对比水准测量（5.1.2）说明后视、前视的不同含义；对比（6.1.1）式与（5.1.2-2）式说明其不同含义。

6.1.2 竖直角（θ）、仰角、俯角

图 6.1.2 中，OM 与 ON 为同一竖直面内的两相交直线。

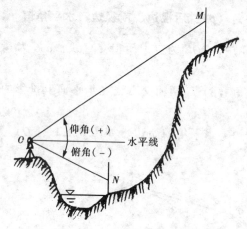

图 6.1.2 竖直角原理

1. 竖直角（θ）　　在一个竖直面内视线与水平线的夹角，如图 6.1.2。
2. 仰角（$+\theta$）　　视线在水平线之上的竖直角。
3. 俯角（$-\theta$）　　视线在水平线之下的竖直角。

复习思考题：

对比水平角定义说明竖直角与水平角的不同几何含义。

6.2 普通经纬仪的基本构造和操作

6.2.1 经纬仪的分类

1. 按精度分 根据1991年10月1日实施的国家标准《光学经纬仪系列及其基本参数》(GB 3161—1991)规定，我国经纬仪按精度分为3级。高精密经纬仪(J07)、精密经纬仪(J1)和普通经纬仪(J2、J6)。普通经纬仪是施工测量常使用的。我国经纬仪系列的等级及其基本规格参数如表6.2.1。

我国光学经纬仪系列的等级及其基本规格参数　　表6.2.1

参数名称		单位	J07	J1	J2	J6
一测回水平方向标准偏差	室外	(″)	0.7	1.0	2.0	6.0
	室内	(″)	0.6	0.8	1.6	4.0
望远镜	放大率	倍数	55、45、30	45、30、24	28	25
	物镜有效孔径	mm	65	60	40	35
水准泡角值	照准部	(″)/2mm	4	6	20	30
	竖直度盘指标	(″)/2mm	10	10	20	30
	水准盒	(′)	8	8	8	8
水平读数最小格值		(″)	0.2	0.2	1	60
主要用途			国家一等三角测量	国家二等三角测量 精密工程测量	国家三四等三角测量 工程测量	地形测图的控制测量 一般工程测量

2. 按测角方式分　方向仪与复测仪。方向仪装有度盘变位器或叫换盘手轮，复测仪装有度盘离合器或叫复测机构。

3. 按构造分　金属游标经纬仪、光学经纬仪与电子经纬仪。光学经纬仪是 20 世纪 40~60 年代以光学玻璃度盘代替镀银金属度盘改进而成的常用仪器（光学经纬仪又分倒像、竖盘水准管指标与正像、竖盘自动补偿指标两代），现已趋于淘汰；电子经纬仪是 20 世纪 70 年代以来发展起来的，由于使用电子技术、数字显示水平角值与竖直角值极大的提高了观测速度与精度。光电测距仪的小型化，出现了"光电测距仪＋光学或电子经纬仪"积木式过渡性的半站仪；20 世纪 80 年代以后，在半站仪的基础上实现了光电测距、电子测角与电脑控制为一体的全站仪已逐渐推广普及。

复习思考题：

1. 经纬仪在上个世纪中走过了 4 代，其改进、发展的主要趋势是什么？
2. 见 6.7 节 1 题。

6.2.2　经纬仪的主要用途

1. 测量水平角与测设水平角　见 6.3 节与 6.5 节；
2. 测量竖直角与测设竖直角（水平线、水平面、高差）见 6.4 节；
3. 测设斜线（坡度）、斜平面与测设铅直线（竖向投测）见 6.5 节与 12.5 节；
4. 测设直线（延长直线、两点间或两点外定直线）　见 6.4 节；
5. 测设圆曲线、二次曲线与任意曲线　见 10.2 节与 10.4 节；
6. 测定点的位置与测设点的位置　见 10.1 节；
7. 测量距离（视距、间接测距）　见 7.5 节；
8. 测绘平面图、地形图　见 14 章；

9. 测量子午线与测量经纬度　见实用天文学。

从经纬仪的广泛用途可以看出，必须全面、熟悉掌握经纬仪才能做好施工测量工作。

6.2.3　普通光学经纬仪的基本构造

1．J6 级光学经纬仪　由照准部、度盘与基座三部分组成，如图 6.2.3-1 所示，为北京光学仪器厂生产的 J6 级光学经纬仪。

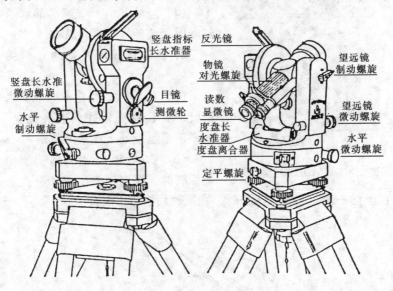

图 6.2.3-1　J6 级光学经纬仪构造图

（1）照准部　望远镜、读数显微镜与横轴（*HH*），望远镜制动微动装置，支架、水准管与竖轴（*VV*），度盘离合器（或变位器）及水平制微动装置等。

（2）度盘　水平度盘与竖直度盘，使用测微尺读数或测微轮读数。

（3）基座　底座、轴套、固定螺旋，定平螺旋与底板等。

2．J2 级光学经纬仪　与 J6 级经纬仪构造基本相同，但度盘只使用离合器与测微轮读数，图 6.2.3-2 为北京光学仪器厂生产的 2″，TDJ2E 型光学经纬仪。

3. 主要轴线 如图 6.2.3-3 所示：

(1) 视准轴（CC）；

(2) 横轴（HH） 望远镜纵向转动时所绕轴线，也叫水平轴；

(3) 照准部水准管轴（LL）；

(4) 竖轴（VV） 照准部水平转动时所绕轴线，也叫纵轴。

4. 各轴线间应具备的几何关系：

(1) $LL \perp VV$ 当定平照准部水准管时，仪器竖轴处于铅直位置，水平度盘也就处于水平位置；

(2) $CC \perp HH$ 当望远镜绕横轴纵转时，视准轴扫出一个垂直于横轴的平面，当横轴水平时，视准轴扫出一个铅直面；

图 6.2.3-2 TDJ2E 光学经纬仪

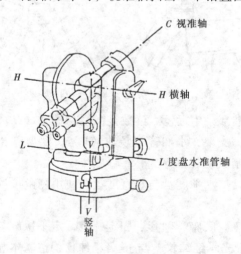

图 6.2.3-3 经纬仪轴线

(3) $HH \perp VV$　当 $LL \perp VV$ 定平照准部水准管，且 $CC \perp HH$ 时，望远镜绕横轴纵转，视准轴扫出铅直平面，此时望远镜做正确的铅直投影。

复习思考题：

1. 经纬仪的基本构造是如何满足测量水平角与测量竖直角要求的？
2. 见 6.7 节 2 题。

6.2.4　J6 级光学经纬仪的读数系统

J6 级光学经纬仪有测微尺与测微轮两种读数系统：

1. 测微尺读数系统　将度盘分划与测微尺同时放大，直接读数。如图 6.2.4（a）所示：水平度盘读数为 46°04′00″，竖盘读数为 92°27′06″。

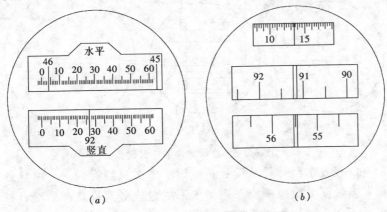

图 6.2.4　J6 级光学经纬仪读数
(a) 测微尺读数；(b) 测微轮读数

2. 测微轮读数系统　通过转动测微轮带动单平行玻璃板转动，使双线指标平分度盘上一条分划线，从测微轮分划尺上以单线指标读出小于度盘分划值的数值，再加上度盘双线指标所夹数值之和，即为读数。如图 6.2.4（b）所示：上部为测微轮分划，中间为竖直度盘分划，下部为水平度盘分划。水平度盘分划为

55°30′，测微轮分划读数为 13′30″，则水平度盘读数为 55°43′30″。

复习思考题：

对比测微尺与测微轮两种读数设备及读数方法的同异。

6.2.5 J2 级光学经纬仪的读数系统

J2 级光学经纬仪都是使用测微轮读数，为了在一次读数中，能抵消度盘偏心差的影响，均是通过度盘一直径两端的棱镜将其影像复合重叠在一起。如图 6.2.5（a）中、右下侧的三条横线的上面的三条竖线与下面的三条竖线分别是度盘一直径两端的三条度盘分划线，当转动测微轮使上、下三条分划线重合时，才能读数——此读数中已抵消度盘偏心差。

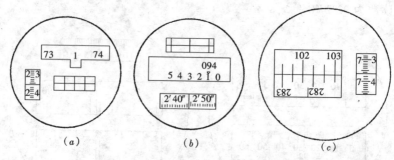

图 6.2.5 J2 级光学经纬仪读数

J2 级光学经纬仪从读数显微镜中一次只能看到一个度盘影像，通过度盘换像螺旋来选择水平度盘或竖直度盘。照准目标后，不能立即读数，需先转动测微轮，使右下侧度盘分划线上下对齐，然后在右上侧读度盘上的"度"和"十分"，在左下侧的测微轮上读"分"和"秒"（左侧为"分"，右侧为"秒"）最小分划为 1″。图 6.2.5（a）为北京光学仪器厂生产的 J2 级光学经纬仪的读数窗，其读数为 73°12′36″，图 6.2.5（b）、（c）为两种进口的 J2 级读数窗，其读数分别为 94°12′44″ 与 102°17′36.6″。

6.2.6 电子经纬仪的基本构造、工作原理与特点

1963年德国芬奈厂研制成编码电子经纬仪，也叫数字经纬仪。它是在第二代光学经纬仪的基础上，用编码度盘光电转换等技术获得水平度盘及竖直度盘的数字显示的经纬仪。

1. 基本构造

其构造是将光学经纬仪的刻度玻璃盘，改为编码度盘。目前多数电子经纬仪采用增量式编码度盘，如图6.2.6-1所示，在度盘的圆周上等间距刻有黑色分划线（最多可刻21600根，相当于角度$1'$）。

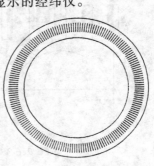

2. 工作原理

图6.2.6-1 增量式编码度盘

电子经纬仪数字显示的工作原理是：将度盘分划置于发光二极管和光敏二极管之间，当度盘与发光和接收元件之间有相对转动时，光线被度盘分划线间断遮隔，光敏二极管断续收到光信号，转变成电信号以确定度盘的位置。

增量式编码器的结构示意如图6.2.6-2所示。发光二极管发出的光线，经过准直透镜将散射光变成平行光，穿过主度盘和副度盘，主度盘上的分划线分布在整个圆周上，副度盘在度盘的对径分划处刻有与主度盘相同的分划线，光敏二极管接收穿过主度

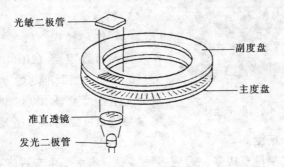

图6.2.6-2 增量式编码器的结构

盘和副度盘的平行光作为接收传感器。

当其中一块度盘转动时，产生两个度盘分划线的重合或错开，使光敏二极管接收到明暗有周期变化的调制光，如图6.2.6-

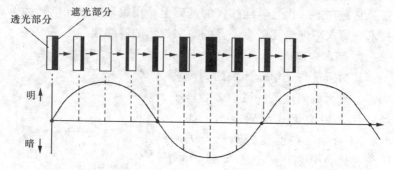

图6.2.6-3　明暗周期变化的调制光

3所示。如果主度盘上有21600根分划线，明暗变化一周所代表转过的角度为1′，明暗变化的周期数即为转过角度的整分数，再根据一个周期中明暗变化的规律，内插求得小于1′的角度读数。一般电子经纬仪的角度最小显示值为1～5″。图6.2.6-4为北京光学仪器厂生产的J2级电子经纬仪。

图6.2.6-4　电子经纬仪

3. 特点

（1）按键操作、数字显示　水平度盘设有锁定键（HOLD）和置0键（0 SET），当照准起始方向按置0键后，水平度盘显示0°00′00″。水平度盘与竖直度盘均以数字显示读数，速度快、精度高。

（2）测量模式多、适应多种需要　测水平角有右旋和左旋选择键（R/L），测竖直角有角度和坡度百分比显示选择键（V%）。

(3) 设有通讯接口　可与光电测距仪配套成半站仪使用，并能自动记录数据，避免记录错误。

复习思考题：

见 6.7 节 3 题。

6.2.7　经纬仪的安置

1. 经纬仪安置的基本要求

经纬仪安置的基本要求是对中与定平：

（1）对中　使水平度盘的中心正对在测站点的铅垂线上。

（2）定平　通过定平度盘水准管，使仪器的竖轴处于铅垂方向，这时水平度盘也就处于水平位置。

2. 用线坠（垂球）或激光对中器安置经纬仪

"单摆好、踩三脚"是安置经纬仪的基本方法，具体操作如下：

（1）三脚架调成等长并适合操作者身高，将仪器固定在三脚架上，使仪器基座面与三脚架座顶面平行，挂好线坠。

（2）将仪器摆放在测站点上，使线坠尖（或打开激光）对准测站点，先踩稳左侧脚架，后踩右侧脚架，使线坠线（或激光）、测站点及第三条脚架同在一立面内，最后转身踩第三条脚架，直至线坠尖（或激光）对准测站点小于 1mm。

（3）检查线坠（或激光点）对中，若有少量偏差，可松开连接螺旋，在三脚架顶上移动基座，使其精确对中后，旋紧连接螺旋。

（4）将水准管平行两定平螺旋，用定平螺旋定平水准盒与水准管。

（5）平转照准部 90°，用第三个定平螺旋定平水准管。

3. 用光学对中器安置经纬仪

（1）三脚架调成等长并适合操作者身高，将仪器固定在三脚架上，使仪器基座面与三脚架座顶面平行。

(2) 将仪器摆放在测站点上，目估大致对中后，踩稳一条脚架，调好光学对中器目镜（看清十字线）与物镜（看清测站点），用双手各提起一条脚架前后、左右摆动，眼观光学对中器使十字线交点与测站点重合后，放稳并踩实脚架。

(3) 伸缩三脚架腿的长短，使水准盒气泡居中。

(4) 将水准管平行两定平螺旋，定平水准盒与水准管。

(5) 平转照准部 90°，用第三个定平螺旋定平水准管。

(6) 检查光学对中，若有少量偏差，可打开连接螺旋平移基座，使其精确对中，旋紧连接螺旋，再检查水准管气泡居中。

4. 经纬仪的等偏定平

(1) 何时需要　当 $LL \perp VV$ 时。

(2) 操作步骤：

1）将水准管平行两定平螺旋，同时定平水准盒与水准管；

2）平转照准部 90°，用第三个定平螺旋定平水准管；

3）平转照准部 180°，若气泡偏移，则说明 $LL \perp VV$，用定平螺旋退回偏移的 1/2；

4）再平转照准部 90°，同样使气泡处于偏中位置。

(3) 目的　使 VV 铅垂。原理见 6.6.3 与图 6.6.3-3。

5. 经纬仪的等偏对中

(1) 何时需要　光学对中器的视准轴与仪器竖轴（VV）不重合，即当竖轴铅垂、平转照准部一周时，光学对中器投测出一个圆圈，而不是一个固定点。

(2) 操作步骤：

1）按前二题安置并定平或等偏定平后，即竖轴已铅垂；

2）调好光学对中器的目镜与物镜，平转照准部一周，若对中器十字线交点不正投在测站点上，而是投测出一个圆圈；

3）松开连接螺旋，平移基座使所投测出的圆心正对准测站点。

(3) 目的　使 VV 铅垂并对准测站点。

复习思考题：

1. 对比经纬仪的等偏定平与微倾水准仪的一次精密定平（5.2.5-3）有何同异？
2. 等偏对中在施工测量中的意义何在？

6.3 水平角测量和记录

6.3.1 水平角测量的常用方法

根据观测目标数量不同分为三种测法：

1. 测回法　用于观测两个方向之间的单角，如图 6.3.1（a）所示。

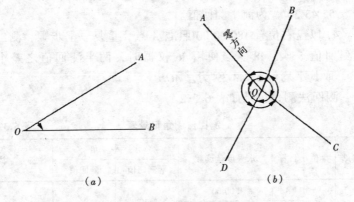

图 6.3.1　水平角测法
(a) 测回法测角；(b) 全圆测回法测角

2. 复测法　用于精密观测两个方向之间的单角。

3. 方向观测法（全圆测回法）　用于观测三个以上方向之间的各角，如图 6.3.1（b）所示。

在工程施工测量中，多采用测回法。

复习思考题：

复测法需要什么构造的仪器，此法适用于何种情况下？

6.3.2 用度盘离合器光学经纬仪以测回法测量水平角

如图 6.3.1（a）所示：仪器在 O 点上以 OA 为后视边，顺时针测量 $\angle AOB$。

1. 在 O 点安置仪器，将水平度盘读数对准 $0°00'00''$，扳下离合器按钮（此时水平度盘与照准部相接合）。

2. 以盘左位置用制微动螺旋照准后视 A 点后，扳上离合器按钮（此时水平度盘与照准部相脱离），检查目标照准与读数应仍为 $0°00'00''$。

3. 打开制动螺旋，转动望远镜照准前视 B 点，记录水平角读数 $55°43'30''$，为前半测回值。

4. 以盘右位置 $180°00'00''$ 照准 A 点，重复以上步骤，测出后半测回值 $55°43'48''$。当使用 J6 仪器时，两半测回值之差小于 $40''$、取其平均值 $55°43'39''$ 为 $\angle AOB$。

测回法测角记录如表 6.3.2。

测回法测角记录表　　　　　　表 6.3.2

测站	盘位	目标	水平度盘读数	水 平 角		备 注
				半测回值	测回值	
O	左	A	$0°00'00''$	$55°43'30''$	$55°43'39''$	J6 经纬仪
		B	$55°43'30''$			
	右	A	$180°00'00''$	$55°43'48''$		
		B	$235°43'48''$			

复习思考题：

在操作"2"中检查目标照准与读数仍为 $0°00'00''$ 的意义何在？

6.3.3 用度盘变位器光学经纬仪以测回法测量水平角

与上题相同,测量∠AOB。

1. 在 O 点安置仪器,以盘左位置用制微动螺旋照准后视 A 点。

2. 测微轮对 0′00″,用换盘手轮使水平度盘处在略大于 0°处,转测微轮使度盘刻划线上下重合,读后视读数 0°02′44″并记录(见表 6.3.3)。

3. 打开制动螺旋,转动望远镜,照准 B 点,再用测微轮使度盘刻划线上下重合,该前视读数 55°46′18″记录后,则水平角前半测回值为 55°43′34″。

4. 以盘右位置照准 A 点,用测微轮在水平度盘上读后视读数 180°02′38″后,再前视 B 点得前视读数 235°46′20″,则水平角后半测回值为 55°43′42″。

当两半测回值之差使用 J6 仪器时,应小于 40″;使用 J2 仪器时,应小于 20″,则可取其平均值 55°43′38″为∠AOB。

测回法测角记录表　　　表 6.3.3

测站	盘位	目标	水平度盘读数	水 平 角		备 注
				半测回值	测回值	
O	左	A	0°02′44″	55°43′34″	55°43′38″	J2 经纬仪
		B	55°46′18″			
	右	A	180°02′38″	55°43′42″		
		B	235°46′20″			

复习思考题:

使用度盘变位器测角时,能否用测微轮准确地使后视读数对在 0°00′00″?

6.3.4 用度盘离合器光学经纬仪以复测法测量水平角

与 6.3.2 相同,测量∠AOB,度盘离合器也叫复测机构。复测法是把一个角度累积复测几次（一般为 2~6 次），以复测的次数去除累积的角值，而得到较精确的测角值。由于计算累积的角值时，只用终了读数减去起始读数，而减少了读数误差对测角值的影响，因而弥补了低精度仪器的不足，提高了测角的精度，现以复测 $\angle AOB$ 三次为例具体操作步骤如下：

1.~3. 操作内容与 6.3.2 中的 1.~3. 完全相同。

4. 扳下离合器的按钮，松开制动，第二次照准后视点 A，照准后扳上按钮（此时度盘读数仍为 $55°43'30''$），第二次照准前视点 B（此时度盘上实际读数为 $\angle AOB$ 的二倍，但不必读数）。

5. 重复"4"的操作后，读出度盘读数如 $167°10'42''$，由于起始读数为 $0°00'00''$，则读数除以 3 就得到复测三次 $\angle AOB$ 的前半测回值。

6. 用盘右以 $180°00'00''$ 为起始读数，复测三次得后半测回值。记录格式如表 6.3.4。

复测法测角记录表　　　　　　　　表 6.3.4

测站	盘位	目标	复测数	水平度盘读数	水 平 角		备 注
					半测回值	测回值	
O	左	A		$0°00'00''$			
		B	1	$55°43'30''$	$55°43'34''$		
		B	3	$167°10'42''$		$55°43'36''$	J6 经纬仪
	右	A		$180°00'00''$	$55°43'38''$		
		B	3	$347°10'54''$			

复习思考题：

为什么复测法能提高观测成果的精度？使用此法观测中应特别注意什么才能防止错误？保证精度？

6.3.5　全圆测回法测量水平角

如图 6.3.1（b）所示，A、B、C、D 为某建筑工地的建筑红线桩，但各相邻两桩间均不通视、为校测其相互位置。现在场地中选定 O 点安置经纬仪能同时看到 A、B、C、D 各点，这样就在 O 点以全圆测回法实测以 O 点为极的各夹角 $\angle 1$、$\angle 2$、$\angle 3$、$\angle 4$。具体操作步骤如下:

1．~3．操作内容与 6.3.3 中的 1．~3．完全相同。

4．继续用水平制微螺旋、顺时针依次转动望远镜照准各前视点 C、D 与 A，并分别读记度盘读数 $171°33'24''$、$247°07'08''$、$0°02'48''$——最后照准 A 时叫"归零"，两次照准第一目标 A 的度盘读数之差叫归零差，归零差的限差值见表 6.3.5-2。以上为前半测回。

5．水平度盘不动、用盘右再以 A 点为起始方向观测后半测回，前、后两半测回各方向值之差叫"$2c$"（即左 – 右 ± 180°）主要反映仪器检校不完善所产生的误差，其限差值见表 6.3.5-2。全圆测回法记录格式如表 6.3.5-1。

全圆测回法记录表 表 6.3.5-1

测站	目标	水平度盘读数		$2c=$ 左 – (右 ± 180°)	方向值 $\frac{1}{2}$ (左 + 右 ± 180°)	归零方向值	水平角值	备注
		盘 左	盘 右					
O	A	$0°02'44''$	$180°02'38''$	$+6''$	$(0°02'44'')$ $0°02'41''$	$0°00'00''$		
	B	$55°46'18''$	$235°46'20''$	$-2''$	$55°46'19''$	$55°43'35''$	$55°43'35''$	$\angle 1$
	C	$171°33'24''$	$351°33'14''$	$+10''$	$171°33'19''$	$171°30'35''$	$115°47'00''$	$\angle 2$
	D	$247°07'08''$	$67°07'02''$	$+6''$	$247°07'05''$	$247°04'21''$	$75°33'46''$	$\angle 3$
	A	$0°02'48''$	$180°02'44''$	$+4''$	$0°02'46''$		$112°55'39''$	$\angle 4$

6．在多个测回观测中，要计算各测回归零后方向值的平均值。对同一方向各测回互差的限差、归零差与"$2c$"的限差《工程测量规范》(GB50026—1993) 中规定如表 6.3.5-2。

水平角方向观测法的限差（″） 表 6.3.5-2

等 级	仪器	半测回归零差	一测回中 $2c$ 变动范围	同一方向值各测回互差
一级及以下	J2	12	18	12
	J6	18	—	24

7. 使用全圆测回法时要特别注意：

（1）全圆测回法一般均使用度盘变位器的 J2 级仪器，若使用度盘离合器的 J6 级仪器时，应注意离合器不能带盘；

（2）起始方向应选在目标清晰、边长适中的方向。

复习思考题：

全圆测回法中，三种限差的意义何在？

6.3.6 用电子经纬仪以测回法测量水平角

用电子经纬仪以测回法测量水平角有操作简单、读数快捷等优点。用电子经纬仪测量图 6.3.1（a）中的 $\angle AOB$ 的操作步骤是：

1. 在 O 点上安置电子经纬仪后，打开电源，先选定左旋和 DEG 单位制，然后以盘左位后视 A 点，按置 0 键，则水平度盘显示 $0°00'00''$。

2. 打开制动螺旋、转动望远镜，照准前视 B 点后，水平度盘上则显示 $55°43'39''$，为前半测回。

3. 以盘右位置用锁定键以 $180°00'00''$ 后视 A 点，打开制动螺旋、转动望远镜，照准前视 B 点后，水平度盘显示 $235°43'39''-180°00'00''=55°43'39''$ 即为后半测回。记录方法同表 6.3.2。

复习思考题：

见 6.7 节 4 题。

6.3.7 水平角施测中的要点

在施工测量中，由于施工现场条件千变万化，故在水平角施测中必须注意以下要点：

1. 仪器要安稳 三脚架连接螺旋要旋紧、三脚架尖要插入土中或地面缝隙，仪器由箱中取出放在三脚架首上，要立即旋紧连接螺旋，仪器安好后，手不得扶摸三脚架，人不得离开仪器近旁，更要注意仪器上方有无落物，强阳光下要打伞；

2. 对中要精确　边越短越要精确，一般不应大于1mm；

3. 标志要明显　边短时可直立红铅笔、边较长时要用三脚架吊线坠；

4. 操作要正确　要用十字双线夹准目标或单线平分目标，并注意消除视差，使用离合器仪器时要注意按钮的开关位置，使用变位器仪器时，要注意旋钮的出入情况，读数时要认清度盘与测微器上的注字情况；

5. 观测要校核　在测角、设角、延长直线、竖向投测等观测中，均应盘左盘右观测取其平均值，这样校核有以下好处：

(1) 能发现观测中的错误；

(2) 能提高观测精度；

(3) 能抵消仪器 $CC \perp HH$、$HH \perp VV$ 的误差，但不能抵消 $LL \perp VV$ 的误差，为解决此项误差应采取等偏定平的方法安置仪器；

(4) 在使用J6级经纬仪时，能抵消度盘偏心差。

6. 记录要及时　每照准一个目标、读完一个观测值，要立即做正式记录，防止遗漏或次序颠倒。

复习思考题：

1. 水平角测量中，哪项操作会产生随机误差？哪项操作会产生系统误差？哪项操作会造成错误，甚至返工？

2. 见6.7节5、6题。

6.4　测设水平角和直线

6.4.1　用度盘离合器光学经纬仪以测回法测设水平角

如图6.4.1所示：以 OA 为后视边，顺时针测设 $\angle AOB = 55°43'39''$。

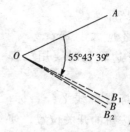

图 6.4.1 测设水平角

1. 在 O 点安置仪器,用测微轮将分划尺对准 $0'00''$,再用水平制微动螺旋使双线指标平分度盘 $0°$ 线,扳下离合器按钮。

2. 以盘左位置用制微动螺旋照准后视 A 点后扳上离合器按钮,检查目标照准与读数应仍为 $0°00'00''$。

3. 转动测微轮以单线指标对准 $13'36''$ 处(此时度盘双线指标对在 $-13'36''$ 处),打开制动螺旋,转动望远镜使双线指标夹准 $55°30'$(此时望远镜由 $-13'36''$ 转到 $55°30'$,共转了 $55°43'36''$),在视线上定出 B_1 点,为前半测回。

4. 以盘右位置 $180°00'00''$ 照准 A 点后扳上离合器按钮,检查目标照准与读数应仍为 $180°00'00''$。

5. 转动测微轮以单线指标对准 $13'42''$ 处(此时度盘双线指标对在 $-13'42''$ 处),打开制动螺旋。转动望远镜使双线指标夹 $235°30'$(此时望远镜由 $-13'42''$ 转动 $235°30'$,共转了 $55°43'42''$),在视线上定出 B_2 点,为后半测回。

当 B_1B_2 在允许误差范围内时,取其中点定为 B 点,则 $\angle AOB = \dfrac{1}{2}(55°43'36''+55°43'42'') = 55°43'39''$。

复习思考题:

对比 6.3.2 节题,说明用度盘离合器仪器测量与测设水平角在操作步骤上的同异。

6.4.2 用度盘变位器光学经纬仪以测回法测设水平角

与 6.4.1 相同,欲测设 $\angle AOB = 55°43'39''$。

1. 在 O 点安置仪器,以盘左位置用制微动螺旋照准 A 点。

2. 测微轮对 $0'00''$,用换盘手轮使水平度盘处在略大于 $0°$ 处,转测微轮使度盘刻划上下重合,读后视读数 $0°02'44''$。

3.转动测微轮,以单线指标对准 $6'23''$(此时度盘正对在 $2'44''-6'23''=-3'39''$ 处),打开制动螺旋,转动望远镜,使水平度盘对 $55°40'$(此时望远镜由 $-3'39''$ 转到 $55°40'$,共转了 $55°43'39''$),在视线上定出 B_1 点,为前半测回。

4.以盘右位置照准 A 点,重复以上步骤,在视线上定出 B_2 点,为后半测回。

当 B_1B_2 在允许误差范围内时,取其中点定为 B 点,则 $\angle AOB$ 为欲测设的水平角。

复习思考题:

对比 6.3.3 节题,说明用度盘变位器仪器测量与测设水平角在操作步骤上的同异。

6.4.3 用电子经纬仪以测回法测设水平角

与 6.4.1 相同,欲测设 $\angle AOB=55°43'39''$。

1.在 O 点安置电子经纬仪,以盘左位置照准 A 点后按置 0 键,则水平度盘上显示 $0°00'00''$。

2.打开制动螺旋、转动望远镜,使水平度盘显示 $55°43'39''$ 时制动,在视线上定出 B_1 点,为前半测回。

3.以盘右位置 $180°00'00''$ 照准 A 点后打开制动螺旋、转动望远镜,使水平度盘显示 $235°43'39''$ 时制动,在视线上定出 B_2 点,为后半测回。

当 B_1B_2 在允许误差范围内时,取其中点定为 B 点,则 $\angle AOB$ 为欲测设的水平角。

复习思考题:

对比 6.4.1 节题,即可看出使用电子经纬仪测设水平角的优越性。

6.4.4 用精密测法测设水平角

当用前述的方法,测设水平角的精度不能满足工程需要时,可用精密测法测设，其基本步骤是：

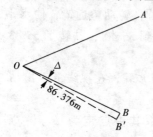

图 6.4.4　精密测设水平角

1．如图 6.4.4，欲以 OA 为后视边，测设 $\angle AOB = 55°43'39.6''$ 时，可先将仪器安置在 O 点处，以 OA 为后视边概略测设出 B'。

2．用复测法或多个测回的测法将 $\angle AOB'$ 值精密测出，如 $\angle AOB' = 55°43'37.4''$，则 $\Delta = \angle B'OB = 2.2''$，并量出 $OB' = 86.376 m$。

3．计算 $B'B = OB' \cdot \tan\Delta = 86.376 m \cdot \tan 2.2'' = 0.9 mm$

4．由 B' 向外改 0.9mm 定出 B 点，需要时，还可再对 $\angle AOB$ 进行精密测量，检查与欲测设值是否相符。

复习思考题：

1．精密测法的精度取决于什么？
2．见 6.7 节 7 题。

6.4.5　用经纬仪延长直线

如图 6.4.5 所示：欲延长 AO 线至 B。

1．在 O 点安置仪器，以盘左位置后视 A 点，纵转望远镜在视线上定 B_1 点。

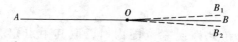

图 6.4.5　经纬仪延长线

2．以盘右位置再后视 A 点，纵转望远镜在视线上定出 B_2 点。

3．当 $B_1 B_2$ 在允许误差范围内时，取 $B_1 B_2$ 的中点 B 为 AO 的延长线方向。

4．为了校核，应以上述 1～3 步骤再做一遍，当两次的中点基本一致时，说明结果可靠。

复习思考题：

为什么只盘左、盘右（正倒镜）各一次取中位置是有可能靠不住的？

6.4.6 经纬仪延长直线时遇障碍物的处理

经纬仪延长直线的常规作法如前所述。但当遇到直线方向上有障碍物时，则需绕过障碍物后再延长直线。根据场地情况不同，一般采取以下两种测法：

1. 三角形法　如图6.4.6（a）所示：自 AB 直线起，依次测设 F、F_1、C 点。则 C 点即为 AB 的延长直线方向。当三角形为等边时，绕过障碍物的测设步骤比较简单，操作比较快。

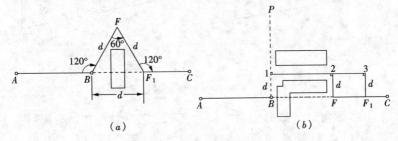

图 6.4.6　延长直线时遇障碍物

2. 矩形法　如图6.4.6（b）所示：若遇到此种情况，则只能依次测得 B、1、2、3、F、F_1、C 点，则 C 点即为 AB 的延长直线方向。

为避免或减少以短边为后视测设长边的误差，可以短边的延长线为后视点，如图6.4.6（b）中：在1点安置经纬仪时，以 P 点为后视测设直角，而不是以 B 为后视测设直角；在 F_1 安置经纬仪时，以 F 为后视延长直线，而不是在 F 安经纬仪，以2点为后视测设直角。

复习思考题：

在延长直线中，如何做好校核工作。

6.4.7 在两点间的直线上安置经纬仪

如图 6.4.7 所示：当 A、B 两点相距较远或在点位上不易安置仪器，欲测设 AB 直线时，可根据现场情况采取以下两种测法：

1. 相似三角形法 如图 6.4.7（a）所示：在 AB 之间任选一点 P'（若有条件尽可能使 $P'A = P'B$）安置经纬仪，正倒镜延长 AP' 直线至 B' 点。根据相似三角形性质，计算 $P'P$ 间距（若 $PA = PB$，则 $P'P = \frac{1}{2}B'B$），将经纬仪由 P' 向 AB 直线方向移 $P'P$ 后重新安置仪器，检查 APB 三点为一直线。

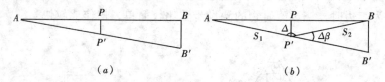

图 6.4.7 将经纬仪安置在两点间直线上

2. 测角法 如图 6.4.7（b）所示：若 $P'A$、$P'B$ 距离可量，则在 P' 点安置经纬仪，实测 $\angle AP'B$，用公式（6.4.7-1）～（6.4.7-2）计算 $P'P$。其他操作与以上两种方法相同。

$$\angle A = \Delta\beta \frac{S_2}{S_1 + S_2} \quad (6.4.7\text{-}1)$$
$$\angle B = \Delta\beta - \angle A \quad (6.4.7\text{-}2)$$
$$\Delta = S_1 \sin\angle A \quad (6.4.7\text{-}3)$$
$$\Delta = S_2 \sin\angle B \quad (6.4.7\text{-}4)$$

复习思考题：

对比两种方法的优缺点？

6.4.8 在两点的延长线上安置经纬仪

如图 6.4.8 所示，为了能在原有建筑物顶上设置Ⓐ轴延长点 $Ⓐ_W$ 以便在施工中控制Ⓐ轴方向。

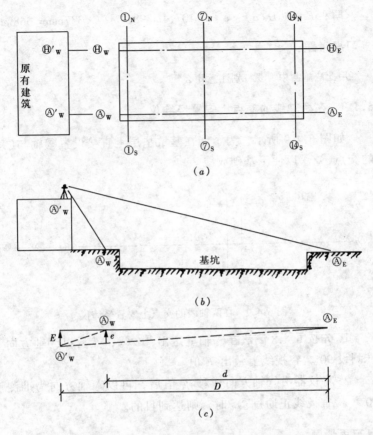

图 6.4.8 在直线的延长线上安置经纬仪
(a) 平面图；(b) 立面图；(c) Ⓐ轴投测图

1. 先目估将经纬仪安置在Ⓐ轴延长线上Ⓐ′$_W$点上，照准Ⓐ$_E$后，在Ⓐ$_W$点上量出视线偏差值 e，这样即可算出Ⓐ′$_W$的改正值 E

$$E = \frac{D}{d}e \quad (6.4.8)$$

2. 将仪器横移 E 值后，检查视线正通过Ⓐ$_E$-Ⓐ$_W$时，则达到目的。

例题：已知 $d=98.3$m、$D=107.4$m、$e=337$mm，计算 $E=?$

解：$E = (D/d) \cdot e = (107.4\text{m}/98.3\text{m}) \times 337\text{mm} = 368\text{mm}$

复习思考题：

用此法施测中，要特别注意什么？

6.4.9　在两轴线的交点上安置经纬仪

如图 6.4.9 所示，为了能在基坑垫层上直接设置Ⓐ轴与⑦轴的交点⑦/Ⓐ以便于基础放线。

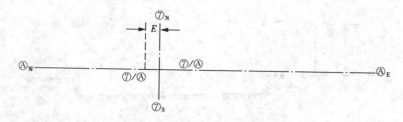

图 6.4.9　在两轴线的交点上安置经纬仪

1. 先按 6.4.8 测法在Ⓐ轴上定出⑦′/Ⓐ，然后以Ⓐ轴方向为准测设 90°，在视线上量出 E 值。

2. 将仪器沿Ⓐ轴方向横移 E 值后，再以Ⓐ轴方向为准测设 90°、检查视线正通过⑦$_N$ 时，则达到目的。

复习思考题：

1. 用此法施测现场要具备什么条件？施测中要特别注意什么？
2. 见 6.7 节 8 题。

6.5　竖直角测法和在施工测量中的应用

6.5.1　光学经纬仪竖直度盘及指标的基本构造与用经纬仪测设水平线

1. 竖直度盘：竖直度盘是垂直固定在望远镜横轴的一端，

并随望远镜一起转动。竖盘多为全圆刻划,注字多为顺时针,即视线水平时为90°、视线指向天顶时为0°,如图6.5.1所示。

2. 竖盘指标有两种:

(1)水准管指标是套在横轴上(但不随横轴转动),指标上装有水准管,转动指标水准管微倾螺旋,可使指标和水准管一起绕横轴微倾从而定平水准管,如图6.5.1(a);当定平指标水准管时,转动望远镜使视准轴也水平时,竖盘读数应正为90°。如不为90°,其差值叫竖盘指标差。

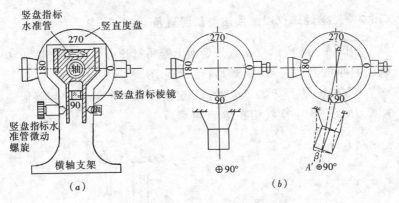

图6.5.1 光学经纬仪竖直度盘和指标

(2)自动补偿指标和自动安平水准仪原理一样,是在竖盘光路中安装补偿器,取代水准管,使仪器在一定的倾斜范围内如图6.5.1(b),仍能读得相应于指标水准管气泡居中时的竖盘指标读数。

3. 用经纬仪测设水平线:

(1)在目标上立水准尺;

(2)以盘左位置,用望远镜照准目标后制动,用竖盘指标水准管微倾螺旋定平指标水准管(若为自动补偿,则可省去这一操作——以下操作均同于此);

(3)用望远镜制微动螺旋使竖盘读数为90°00′00″,此时视线应水平,在目标上的读数即为水平视线读数;

(4) 为消减指标差提高精度,纵转望远镜再以盘右位置照准目标、定平指标水准管,并使竖盘读数为 270°00′00″时,在目标上读数。若该经纬仪竖盘指标差 x 为 0 或很小时,则二次读数基本相同;若两次读数有差异则说明有指标差 x,取其平均值即可抵消指标差,而得到正确的水平视线读数。

复习思考题:

对比经纬仪与微倾式水准仪观测水平视线读数的同异及优缺点?

6.5.2 光学经纬仪以测回法测量竖直角 (θ)

如图 6.5.2 所示,B 点是烟囱上避雷针顶点,为了测量 $M'B$ 视线的仰角 θ,其操作步骤如下:

1. 在 M 点上安置仪器对中,定平度盘水准管,仰起望远镜照准 B 点(十字横线切在 B 点顶端)。

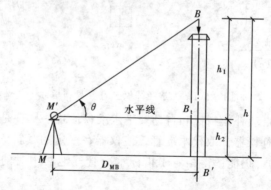

图 6.5.2 竖直角测法

2. 转动竖盘指标水准管微倾螺旋,定平指标水准管,读竖盘读数 $Z = 68°43′36″$,则竖直角:

$$\theta_Z = 90°00′00″ - Z = 90°00′00″ - 68°43′36″$$
$$= 21°16′24″$$

以上是用盘左位置观测的,叫前半测回。

3. 再用盘右位置照准 B 点、定平指标水准管、读竖盘读数

$Y = 291°16'36''$，则后半测回值：

$$\theta_Y = Y - 270°00'00'' = 291°16'36'' - 270°00'00''$$
$$= 21°16'36''$$

4. 取前、后两半测回值的平均值 θ，既可抵消竖盘指标差 x，又可提高成果精度，则：

$$\theta = \frac{1}{2}(\theta_Z + \theta_Y) = \frac{1}{2}(21°16'24'' + 21°16'36'')$$
$$= 21°16'30''$$

记录格式见表 6.5.5。

复习思考题：

1. 如图 6.5.2 所示，视线 $M'B$ 的竖直角 θ 是以 $M'B_1$ 水平线为准的 $\angle B_1M'B$，为什么在观测中不后视水平线？

2. 为什么照准 B 点，不用十字竖线平分目标，而是用横线切准目标顶端？在读竖盘读数前，为什么要先定平指标水准管？

3. 见 6.7 节 9 题。

6.5.3 电子经纬仪以测回法测量竖直角（θ）

竖直角是前视边与水平线间的夹角。电子经纬仪的竖盘指标均是自动补偿的。因此，一般电子经纬仪在开机之后，都要纵向旋转望远镜使其通过水平线时而在竖盘读数窗上显示出 $90°00'00''$，以此作为竖盘读数之始，叫做"初始化"（近年来先进仪器厂家生产的电子经纬仪已采取了技术措施，取消了初始化步骤），故用电子经纬仪观测竖直角时，只要初始化后，即可前视照准目标，则竖盘读数窗上立即显示出视线的竖直角度值。取盘左、盘右观测平均值，即为一测回。

复习思考题：

电子经纬仪测量竖直角的模式有哪几种？比光学经纬仪优点何在？

6.5.4 竖直角直接测量高差（h）（即三角高程测量）

如图 6.5.2 所示，为测量烟囱底 B' 点至避雷针顶端 B 点的

总高差 h，步骤如下：

1. 按前述方法测出竖直角 θ。

2. 按前述方法用水平视线在烟囱身上定出 B_1，并用钢尺量出 B_1 至 B' 的高差 h_2。

3. 用钢尺量出 M 至 B' 的距离 D_{MB}，则 B_1 至 B 的高差 $h_1 = D_{MB} \cdot \tan\theta$。

4. $h = h_1 + h_2$。

例题：北京××医院扩建工程中，在施工塔吊旋转范围内有一方形烟囱，为保证安全需要测出烟囱的高度，实测情况与图 6.5.2 相同，当时测得 $\theta = 23°47'40''$、$h_2 = 1.864\text{m}$、$D_{MB} = 53.266\text{m}$。计算烟囱高度 $h = ?$

解：$h = h_1 + h_2 = 53.266\text{m} \cdot \tan 23°47'40'' + 1.864\text{m} = 25.351\text{m}$

复习思考题：

如图 6.5.2，若实测得 $D_{MB} = 63.476\text{m}$，B 点的仰角为 $21°33'40''$、B' 点的俯角为 $3°47'00''$，计算 $h = ?$

6.5.5 竖直角间接测量高差（h）、高程（H）

如图 6.5.5 所示，已知 BM 高程 43.714m，为测量水塔顶的高程 H_B，而又不能直接量取测站点至塔中心的距离，因此要用间接测法，也叫前方交会法，测量步骤如下：

1. 在 M 点安置经纬仪：

（1）按 6.5.1 所述方法，用水平视线测出 BM 点上的水准后视读数 $a_M = \dfrac{1}{2}(a'_M + a''_M) = 1.659\text{m}$。

（2）按 6.3 节所述测回法，测出水平角 $\angle BMN = \beta_M = 68°45'15''$。

（3）在测水平角 $\angle BMN$ 中，后视 B 的同时，测出其仰角 $\theta_M = 21°16'30''$。

2. 在 N 点安置经纬仪，同上步骤测出：$a_N = \dfrac{1}{2}(a'_N + a''_N)$

$=1.667\text{m}$、$\angle MNB = \beta_N = 83°29'27''$ 与 $\theta_N = 22°32'27''$。

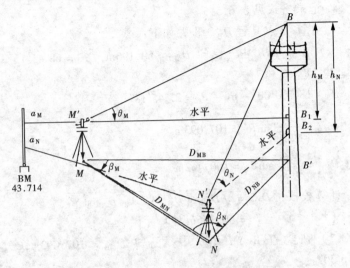

图 6.5.5 前交会法测塔高

前方交会测塔高记录 表 6.5.5

测站	盘位	目标	水平度盘读数	水平角 β 半测回值	水平角 β 测回值	竖直度盘读数	竖直角 θ 半测回值	竖直角 θ 测回值
M	左	B	0°00′00″	68°45′06″	68°45′15″	68°43′36″	21°16′24″	21°16′30″
M	左	N	68°45′06″	68°45′06″	68°45′15″			21°16′30″
M	右	B	180°00′00″	68°45′24″	68°45′15″	291°16′36″	21°16′36″	21°16′30″
M	右	N	248°45′24″	68°45′24″	68°45′15″			21°16′30″
N	左	M	0°00′00″	83°29′24″	83°29′27″			22°32′27″
N	左	B	83°29′24″	83°29′24″	83°29′27″	67°27′36″	22°32′24″	22°32′27″
N	右	M	180°00′00″	83°29′30″	83°29′27″			22°32′27″
N	右	B	263°29′30″	83°29′30″	83°29′27″	292°32′30″	22°32′30″	22°32′27″
水准点上水准读数			M 站：后视读数 盘左 $a'_M = 1.660\text{m}$ 盘右 $a''_M = 1.658\text{m}$ 平均 $a_M = 1.659\text{m}$			N 站：后视读数 盘左 $a'_N = 1.668\text{m}$ 盘右 $a''_N = 1.666\text{m}$ 平均 $a_N = 1.667\text{m}$		

3. 用钢尺往返量出 MN 距离 $D_{MN}=50.196\text{m}$。

4. 记录格式见表 6.5.5。

5. 计算 B 点高程 H_B，步骤如下：

（1）在 $\Delta MNB'$ 中，已知 $D_{MN}=50.196\text{m}$，$\beta_M=68°45'15''$、$\beta_N=83°29'27''$。

$\beta_B = 180°00'00'' - \beta_M - \beta_N = 27°45'18''$

$D_{MB} = \dfrac{D_{MN}}{\sin\beta_B}\sin\beta_N = 107.093\text{m}$

$D_{NB} = \dfrac{D_{MN}}{\sin\beta_B}\sin\beta_M = 100.462\text{m}$

计算校核：$D_{MN} = \sqrt{D_{MB}^2 + D_{NB}^2 - 2D_{MB}D_{NB}\cos\beta_B}$
$= 50.196\text{m}$ 计算无误。

（2）在竖直 $Rt\Delta M'B_1B$ 中，已知 $D_{MB}=107.093\text{m}$，$\theta_M=21°16'30''$。

$h_M = D_{MB}\cdot\tan\theta_M = 41.700\text{m}$

M' 视线高 $= 43.714\text{m} + \alpha_M = 45.373\text{m}$

M 站测得 B 点的高程 $H_{BM} = 45.373\text{m} + 41.700\text{m} = 87.073\text{m}$

（3）在竖直 $Rt\Delta N'B_2B$ 中，已知 $D_{NB}=100.462\text{m}$，$\theta_N=22°32'27''$。

$h_N = D_{NB}\cdot\tan\theta_N = 41.697\text{m}$

N' 视线高 $= 43.714\text{m} + \alpha_N = 45.381\text{m}$

N 站测得 B 点的高程 $H_{BN} = 45.381\text{m} + 41.697\text{m} = 87.078\text{m}$

（4）B 点高程 H_B

MN 两站所测高程较差 $= 87.078\text{m} - 87.073\text{m} = 0.005\text{m}$

MN 两站所测高程平均值 $H_B = \dfrac{1}{2}(87.078\text{m} + 87.073\text{m})$
$= 87.076\text{m}$

复习思考题：

1. 在上述测、算工作中是怎样体现校核的？β_B 值有无校核？怎样体现?

2. 在上述观测中,若BM已知高程43.714m有误或丈量MN距离D_{MN}有误,分别对测量结果H_B有何影响?

6.5.6 经纬仪测设倾斜平面

1. 原理

当倾斜平面的坡度较小时,可用水准仪按5.5节测法施测,当倾斜平面的坡度较大时,可用经纬仪施测,如图6.5.6所示,OP为欲测设的倾斜平面,其坡度$i = \dfrac{h}{d} = \tan\theta_i$为已知,水平角$\angle HOP = \beta$和竖直角$\angle P'OP = \theta$为经纬仪实测值,由图中可看出:

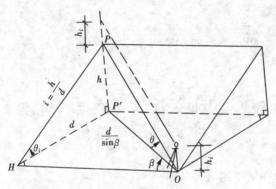

图6.5.6 用经纬仪测设斜平面

在$Rt\triangle P'HO$中,$OP' = d/\sin\beta$ (1)

在$Rt\triangle PP'O$中,$\tan\theta = \dfrac{h}{d/\sin\beta'} = \dfrac{h}{d}\cdot\sin\beta$ (2)

在$Rt\triangle HP'P$中,$i = \tan\theta_i = h/d$ (3)

将(3)式代入(2)式,得到:

$$\tan\theta = i \cdot \sin\beta \quad (6.5.6)$$

2. 测法

按公式(6.5.6)测设倾斜平面的步骤如下:

(1) 在倾斜平面的底边上 O 点安置经纬仪,量出仪器高 h_i;

(2) 用 $0°00'00''$ 后视斜平面的底边方向 OH,前视斜平面上任意点 P,测出水平角 β;

(3) 根据斜平面的坡度 i 和所测得的 β 值,代入公式(6.5.6)算出 P 点处的应读仰角 $\theta = \arctan(i \cdot \sin\beta)$;

(4) 将望远镜仰角置于 θ 处,此时若望远镜十字横线正对准 P 点的 h_i 处,则该 P 点正在所要测设的倾斜平面上。

例题:已知设计斜平面的坡度 $i = 25\%$,$\beta = 32°35'00''$,求 $\theta = ?$

解:$\theta = \arctan(i \cdot \sin\beta) = \arctan(25\% \cdot \sin 32°35'00'') = 7°40'04''$。

复习思考题:

已知 $i = 30\%$,$\beta_1 = 20°00'00''$、$\beta_2 = 40°00'00''$、$\beta_3 = 60°00'00''$,求 θ_1、θ_2、θ_3 各为若干?

6.6 普通经纬仪的检定、检校、保养和一般维修

6.6.1 经纬仪检定项目

1. 光学经纬仪的检定

根据《光学经纬仪检定规程》(JJG 414—2003)规定,共检定 15 项,如表 6.6.1,检定周期一般为一年。

光学经纬仪检定项目　　　　　表 6.6.1

序号	检 定 项 目	检 定 类 别		
		首次检定	后续检定	使用中检定
1	外观及各部件的相互作用	+	+	+
2	水准管轴与竖轴的垂直度	+	+	+

续表

序号	检定项目	检定类别		
		首次检定	后续检定	使用中检定
3	照准部旋转正确性	+	-	-
4	望远镜分划板竖线的铅垂度	+	+	+
5	光学测微器（带尺显微镜）行差	+	+	-
6	光学测微器隙动差	+	-	-
7	视准轴与横轴的垂直度	+	+	-
8	横轴与竖轴的垂直度	+	+	-
9	竖盘指标差	+	+	-
10	望远镜调焦运行误差	+	-	-
11	照准部偏心差和水平度盘偏心差	+	-	-
12	光学对中器视准轴与竖轴的同轴度	+	+	+
13	竖盘指标自动补偿误差	+	+	-
14	一测回水平方向标准偏差	+	+	+
15	一测回竖直角标准偏差	+	+	-

注：检定类别中，"+"号为必检项目；"-"号为可不检项目，依用户需求而定。

2. 电子经纬仪的检定

根据《全站型电子速测仪检定规程》（JJG100—2003）规定：共检定13项，见表8.4.3-2。检定周期为一年。

6.6.2 经纬仪检校的主要项目

1. 照准部水准管轴垂直竖轴（$LL \perp VV$） 目的是定平照准部水准管时，使竖轴处于铅垂位置，以保证水平度盘处于水平位置；

2. 视准轴垂直横轴（$CC \perp HH$） 目的是当望远镜绕横轴纵向旋转，使视准轴的轨迹为一平面，否则为一圆锥面；

3. 横轴垂直竖轴（$HH \perp VV$） 目的是当 $LL \perp VV$ 与 $CC \perp$

HH 的情况下,望远镜纵向旋转,使视准轴的轨迹为一铅垂平面,否则为一斜平面。

复习思考题:

联系水平角的定义说明经纬仪为什么必须满足这三项要求?

6.6.3 照准部水准管轴（LL）垂直竖轴（VV）的检校

1. 精密定平照准部水准管,如图 6.6.3（a）。此时水准管轴（LL）水平,但竖轴（VV）倾斜 δ。

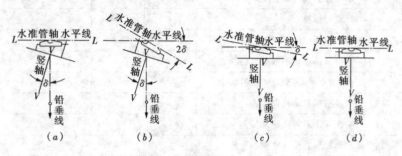

图 6.6.3 $LL \perp VV$ 的检校

2. 平转照准部 180°,若气泡仍居中,则 $LL \perp VV$；若气泡偏离中央,如图 6.6.3（b）,则需要校正,此时水准管轴（LL）倾斜 2δ。

3. 转动定平螺旋使气泡退回偏离值的一半,如图 6.6.3（c）,此时 VV 铅垂,但水准管轴（LL）倾斜 δ——即 6.2.7 中 4.所述的等偏定平。

4. 用拨针调整水准管一端的校正螺丝,使气泡居中,即 LL 水平,则 $LL \perp VV$,如图 6.6.3（d）。

复习思考题:

1. 见 6.7 节 10 题。
2. 根据这项检验,说明检验时"一次反转、显示二倍误差"的原理。

6.6.4 视准轴（CC）垂直横轴（HH）的检校

1. 用盘左延长直线 AO，至 B_1，如图 6.6.4（a），此时 B_1 偏离 AO 的正确延长点 B、$\angle B_1 OB = 2c$。

2. 用盘右延长直线 AO 至 B_2，如图 6.6.4（b），此时 B_2 向另一侧偏离 B 点、$\angle B_2 OB = 2c$，即 B 点正处于 B_1 与 B_2 的正中位置——即 6.4.5 题所述的延长直线的原理。

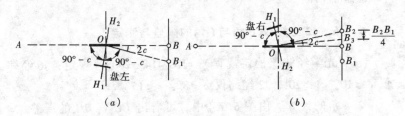

图 6.6.4　$CC \perp HH$ 的检校

3. 用拨针转动十字线分划板的左右校正螺丝，使视准轴 CC 由 B_2 向 B_1 方向移动 $\frac{1}{4} B_1 B_2$，则 $CC \perp HH$。

复习思考题：

1. 见 6.7 节 11 题。
2. 根据这项检验，说明检验时"两次反转、显示四倍误差"的原理。

6.6.5　横轴（HH）垂直竖轴（VV）的检校

此项检验要在 $CC \perp HH$ 的条件下进行。

1. 安置仪器于楼房近旁，以盘左位置照准高处 P 点，旋紧水平制动螺旋，放平望远镜，在墙上按视线方向定出 P_1 点，如图 6.6.5 所示。

2. 以盘右位置照准 P 点后，放平望远镜，在墙上按视线方向

图 6.6.5　$HH \perp VV$ 的检验

定出 P_2 点，若 P_1P_2 点重合，则 $HH \perp VV$，否则需要校正。

由于这项校正较复杂，应由专业人员进行。当前生产的仪器 $HH \perp VV$ 这项要求在出厂前均由厂方在组装中给以保证。

复习思考题：

此项检验中，为何必须在 $CC \perp HH$ 条件下进行？检验时，是否必须定平照准部水准管？

6.6.6　J6、J2 经纬仪 c 角与 i 角的限差与测定

1. 《光学经纬仪检定规程》（JJG 414—2003）规定：J6 经纬仪 $c \leqslant 10''$、$i \leqslant 20''$，J2 经纬仪 $c \leqslant 8''$、$i \leqslant 15''$。

2. c 角的计算　　由图 6.6.4 中，可看出 $CC \perp HH$ 的误差 $c = \dfrac{B_1B_2}{4D} \times 206265''$

例题 1：若 $D = OB = 50\text{m}$、$B_1B_2 = 9\text{mm}$，计算 $c = ?$

解：$c = \dfrac{B_1B_2}{4D} \times 206265 = \dfrac{9\text{mm}}{4 \times 50\text{m}} \times 206265'' = 9.3''$，若为 J6 经纬仪可不校正，若为 J2 经纬仪则应校正。

3. i 角的计算　　由图 6.6.5 中，可看出：$HH \perp VV$ 的误差 $i = \dfrac{P_1P_2}{2D} \cot\theta \times 206265''$

例题 2：若 $D = 35\text{m}$、$P_1P_2 = 4\text{mm}$、$\theta = 32°26'42''$，计算 $i = ?$

解：$i = \dfrac{P_1P_2}{2D} \cot\theta \times 206265'' = \dfrac{4\text{mm}}{2 \times 35\text{m}} \cot 32°26'42'' \times 206265'' = 18.5''$

若为 J6 经纬仪可不校正，若为 J2 经纬仪则应校正。

复习思考题：

1. 已知：$D = 60\text{m}$、$B_1B_2 = 11\text{mm}$，计算 $c = ?$
2. 已知：$D = 45\text{m}$、$P_1P_2 = 6\text{mm}$、$\theta = 31°47'18''$，计算 $i = ?$

6.6.7 竖盘指标水准管的检校

安置经纬仪后,在 20~30m 外立一水准尺,按 6.5.1 所述方法,以盘左、盘右读出水准读数 a_1 和 a_2,若 $a_1 = a_2$ 则说明竖盘指标差为 0,即指标水准管正确。若 $a_1 \neq a_2$,说明有竖盘指标差,指标水准管需要校正。校正方法是用望远镜微动螺旋将视准轴对准 $\frac{1}{2}(a_1 + a_2)$ 读数上(此时视准轴正水平),用竖盘指标微倾螺旋将竖盘读数对准 90°00′00″(盘左),此时指标水准管气泡偏离中央,用拨针转动水准管校正螺丝使气泡居中即可。现代光学经纬仪的竖盘指标均为自动补偿,故这项只是为检查竖盘指标差,而不进行校正。

6.6.8 光学对中器视准轴与竖轴（VV）不重合的检校

光学对中器是经纬仪的对中设备,包括物镜、分划板(十字线)与目镜。

分划板刻划中心与对中器物镜中心的连线是对中器的视准轴,应与仪器竖轴重合。检校步骤如下:

1. 在平坦的场地上安置经纬仪,通过对中器刻划中心在地面上定出一点。

2. 依次平转照准部 90°、180°、270°再定出三点,若四点重合,则对中器视准轴与仪器竖轴重合,否则需要校正。

3. 定出四点连线的中心 O,取下护盖,露出棱镜座,调整校正螺丝,移动分划板使刻划中心与 O 点重合为止。

复习思考题:

对比 6.2.7 中 5. 说明等偏对中的原理。

6.6.9 经纬仪的正确使用与保养

正确使用仪器是保证观测精度和延长仪器使用年限的根本措

施，测量人员必须从思想上重视，行动上落实。正确使用与保养经纬仪除遵守 5.7.6 所述"三防"、"两护"外还要注意以下几点：

1. 仪器的出入箱和安置　仪器开箱时应平放，开箱后应记清主要部件（如望远镜、竖盘、制微动螺旋、基座等）和附件在箱内的位置，以便用完后按原样入箱。仪器自箱中取出前，应松开各制动螺旋，一手持基座、一手扶支架将仪器轻轻取出。仪器取出后应及时关闭箱盖，并不得坐人。

测站应尽量选在安全的地方。必须在光滑地面安置仪器时，应将三脚架尖嵌入缝隙内或用绳将三脚架捆牢。安置脚架时，要选好三脚方向，架高适当、架首概略水平，仪器放在架首上应立即旋紧连接螺旋。

观测结束仪器入箱前，应先将定平螺旋和制微动螺旋退回至正常位置，并用软毛刷除去仪器表面灰尘，再按出箱时原样就位入箱。检查附件齐全后可轻关箱盖，箱口吻合方可上锁。

2. 仪器的一般操作　仪器安置后必须有人看护、不得离开，施工现场更要注意上方有无堕物以防摔砸事故。一切操作均应手轻、心细、稳重。定平螺旋应尽量保持等高。制动螺旋应松紧适当、不可过紧，微动螺旋在微动卡中间一段移动，以保持微动效用。操作中应避免用手触及物镜、目镜。阳光下或有零星雨点应打伞。

3. 仪器的迁站、运输和存放　迁站前，应将望远镜直立（物镜朝下）、各部制动螺旋微微旋紧、垂球摘下并检查连接螺旋是否旋紧。迁站时，脚架合拢后，置仪器于胸前、一手紧握基座，一手携持脚架于肋下，持仪器前进时，要稳步行走。仪器运输时不可倒放，更要做好防震防潮工作。

仪器应存放在通风、干燥、温度稳定的房间里。仪器柜不得靠近火炉或暖气管。

4. 对电子经纬仪　要注意电池与充电器的保护与保养。

复习思考题：

在施工现场如何防止摔砸仪器事故？在使用中如何保养好仪器以延长使用期？

6.6.10 竖轴的维修

仪器照准部的转动要求轻松自如，平滑均匀，没有紧涩、卡死、松紧不一、晃动等现象。仪器照准部旋转出现紧涩或晃动，多系轴系部分故障所引起。维修方法与水准仪竖轴维修（5.7.11）基本相同，但要注意以下几点：

1. 竖轴位置的高低不合适，也可引起仪器转动紧涩。当发现竖轴转动稍有紧涩时，可通过竖轴轴套的调节螺丝，调整竖轴位置的高低来解决。

2. 竖轴或轴套变形，会引起竖轴旋转紧涩或卡死。当变形量很小时，可用研磨竖轴或轴套的方法进行修复。在研磨过程中要勤试，千万不能磨成竖轴与轴套之间间隙过大而引起照准部晃动。

3. 照准部转动时出现晃动现象，其原因之一是竖轴与轴套之间因磨损而致间隙过大，之二是竖轴与托架的连接螺丝松动，或者轴套与基座的连接螺丝松动。对原因之一造成的晃动，只能将竖轴拔出，进行清洁后，换装粘度较大的精密仪表油。对原因之二引起的晃动，只需将竖轴拔出，旋紧有关连接螺丝即可。

复习思考题：

这部分维修一定要在有经验的同志指导下进行，尤其是对竖轴或轴套的研磨。

6.6.11 读数系统的维修

1. 视场全黑

虽然用强光直接照射进光窗仍然什么都看不见，这说明仪器由于受震或温度剧变后致使光学零件发生位移、脱落或碎裂，光线无法进入视场。此时须将仪器拆开，逐个检查光学零件。

2. 视场发暗

用强光照射进光窗时，可以看到读数窗和分划线的模糊阴影，这说明大部分光学零件生霉或污垢所致。仪器需要大清洗。

（1）视场局部发暗，但分划线清楚，这说明光路中棱镜位置发生变化所致，特别是进光棱镜位置的变化。

（2）利用经纬仪正、倒镜观察，若阴暗程度及位置有变化，而且阴暗的位置在视场的四周，这是由于横轴镜位置不正确引起的。

（3）视场中某一位置有阴影，当度盘分划线进入此区域时也随之模糊，这是在度盘读数显微镜系统的光学零件表面上生霉或有污物所致。当调节读数目镜时，若污物与测微器、刻划线同时清晰，则污物在刻划线面上，反之则在刻划线的反面。进一步可旋下读数目镜调节环的限位螺丝，以便在较大范围内调节读数目镜，以判断污物所在位置。

（4）视场污物是在水平度盘、竖直度盘、测微尺（或盘）、读数显微镜上轮廓较清晰的污物，都是随调节过程而移动的，极易区别。污物主要是灰尘、水气、霉斑、油渍等。

凡是霉斑及其他污物引起的视场发暗或是棱镜位置移动致使视场发暗，只需将有关棱镜拆下来清洗，然后再经装调即可解决。若是棱镜破碎，就要更换零件。

3. 分划像歪斜

分划像歪斜是由照明棱镜以后的各棱镜位置变动所致。由于仪器的结构形式各不相同，光路也不尽相同，因此要根据每种仪器的结构具体加以判断。

复习思考题：

这部分维修工作一定要在有经验同志的指导下进行。

6.6.12 读数窗与有分划线的光学零件的清洁

测量仪器中大部分光学零件都设计有保护玻璃，在清洁时要防止清洁液侵入胶合面而引起脱胶。对没有保护玻璃的光学零件，应注意不要将分划线擦掉，尤其是有少数仪器度盘的底层是照相底板，其感光层最怕水，只宜用无水乙醇或乙醚擦拭。在没有弄清底层结构之前，清洁时应先在无分划线的边部擦拭，待搞清其结构之后，再擦分划线部分。有的仪器分划线是上色的，清洁时要注意不要将分划线的颜色擦掉。

清洁真空镀铬的读数窗及带有分划的光学零件时，可从反射光方向上去观察分辨，分划线（或读数窗底面）一面是白的，象镜面那样光亮的是镀铬的；另一面（感光层）是呈黑色的。这类光学零件在成像过程中都要被放大观察，因此对零件表面要求都比较高，用肉眼观察不到的小擦痕，经放大后观察，往往就是不能容许的。所以在清洁时要特别小心，用料要极钝，其擦拭方式应垂直于分划线作单向运动。

由于度盘面积较大，一次不易清洁干净，所以应先做全面的擦拭后，再在读数显微镜中分段检查，逐步清洁度盘上残存的污点。

在整个光学零件的清洗过程中，严禁将镜片浸入清洗液中，并且严禁手指触摸光学零件及与成像光路有关部分，清洁后的光学零件应放在红外线下干燥后再重新组装。光学零件上的浮灰可用吹耳球吹掉。

复习思考题：

光学零件上的浮灰为什么不能用嘴吹掉？或布擦？

6.7 复习思考题

1. 经纬仪分哪几类？

2. 经纬仪上四条主要轴线应具备的几何关系是：＿＿＿＿轴垂直＿＿＿＿轴、＿＿＿＿轴垂直＿＿＿＿轴和＿＿＿＿轴垂直＿＿＿＿轴。在用经纬仪测角、设角、延长直线或竖向投测中，均应取盘左、盘右观测的平均值。因为这样可以抵消＿＿＿＿轴不垂直＿＿＿＿轴和＿＿＿＿轴不垂直＿＿＿＿轴的误差，但不能抵消＿＿＿＿轴不垂直＿＿＿＿轴的误差。

3. 对比光学经纬仪与电子经纬仪的主要特点是什么？

4. 对比 6.3.2～6.3.6 中题有五种测角方法的适用范围和优异之处？

5. 如何在操作中提高测角精度与速度？

6. 在用经纬仪测角、设角、延长直线与竖向投测中，取盘左盘右观测的平均值有什么好处？为什么？

7. 对比 6.4.1～6.4.4 中四种测设方法的适用范围和优异之处。

8. 对比 6.4.8 与 6.4.9 两种测法适用范围和优异之处。

9. 对比竖直角与水平角的测法与要点。

10. 经纬仪照准部水准管轴（LL）垂直于竖轴（VV）的检校步骤如何？

11. 经纬仪视准轴（CC）垂直于横轴（HH）的检校步骤如何？

6.8　操作考核内容

1. J6、J2 光学经纬仪的基本操作考核

（1）用三脚架基本对中仪器，操作要正确；

（2）以定平螺旋精密定平水准盒与水准管，并掌握等偏定平法，操作要正确；

（3）以测回法测量水平角 $\angle AOB$ 后，再以 OB 为始边以测回法测设 $\angle BOC = 180°00'00'' - \angle AOB$，最后检查 AOC 是否为一直线，J6 级仪器误差应小于 $40''$，J2 级仪器误差应小于 $20''$。测、记、算总时间不超 40 分钟。

以上为对初级放线工的要求。对中级放线工则要求根据地面上一已知高程点，按 6.5.5 题内容以前方交会间接测高法测出一楼顶避雷针顶高程，在两测站上所测高程误差不大于 1cm，测、记、算总时间不超过 50 分钟。

2．用经纬仪盘左盘右延长直线

初级放线工要求按 6.4.5 题内容，以盘左盘右延长 AO 直线至 B_1 点、B_2 点，然后取中点 B。再以半测回法检测 $\angle AOB$ 等于 $180°00'00''$，J6 级仪器误差不大于 $40''$，J2 级仪器误差不大于 $20''$，时间不超过 20 分钟。

3．将经纬仪安置在两轴线的交点上

中级放线工要求按 6.4.9 题内容，将经纬仪安在两轴线的交点上，并用测回法检测两轴线交角是否等于 $90°00'00''$，J6 级仪器误差不得大于 $40''$，J2 级仪器误差不大于 $20''$，时间不超过 30 分钟。

4．三角高程测量基本操作考核

要求中级放线工用经纬仪在二个测站上，以前方交会测法、测定目标高程，操作与计算均正确，时间不超过 50～60 分钟。

5．检验与校正经纬仪

（1）初级放线工应能说明经纬仪主要检校哪三项？目的是什么？并能操作检验 $LL \perp VV$。

（2）中级放线工则要求除上述内容外，并能对 $CC \perp HH$ 进行检验与校正，对 $HH \perp VV$ 进行检验。

第7章 距离测量

7.1 钢尺的性质和检定

7.1.1 钢尺的性质

1. 钢尺尺长受温度影响而冷缩热胀

钢材的线膨胀系数 α 在 $0.0000116/℃ \sim 0.0000125/℃$ 之间，故一般钢尺的线膨胀系数取 $\alpha = 0.000012/℃$，即 50m 长的钢尺，温度每升高或降低 1℃，尺长产生 $\Delta l_t = 0.000012/℃ × (\mp 1℃) × 50m = \mp 0.6mm$ 的误差。即每量 50m 一整尺需加改正数 $±0.6mm$——此值是可观的。以北京地区而言，五一劳动节前后、十一国庆节前后白天的平均温度在 20℃ 左右，而在 7～8 月份的白天最高温度能达到 37℃ 左右，1 月上、中旬白天最低温度能达到 -10℃ 左右，这样对于 50m 长的钢尺而言，其尺长将有 $10 \sim -18mm$ 的变化。由此看出钢尺尺长是使用时温度变化的函数，为此世界各国都规定了本国钢尺尺长的检定标准温度，西欧国家多取 15℃，我国规定钢尺尺长的检定标准温度为 20℃。

2. 钢尺具有弹性受拉会伸长

在钢尺的弹性范围内，尺长的拉伸是服从虎克定律的，即钢尺伸长值 ΔL_P 与拉力增加值 ΔP、钢尺尺长 L 成正比，与钢尺的弹性模量 E（$200000N/mm^2$）、钢尺的断面面积 A（一般为 $2.5mm^2$）成反比，故 ΔL_P 为：

$$\Delta L_P = \frac{\Delta P \cdot L}{E \cdot A} \quad (7.1.1\text{-}1)$$

若拉力每变化 10N，即 $\Delta P = ±10N$，使用 50m 钢尺，即 $L =$

50000mm，$E = 200000 \text{N/mm}^2$，$A = 2.5 \text{mm}^2$ 则：

$$\Delta L_P = \frac{\pm 10\text{N} \times 50000\text{mm}}{200000\text{N/mm}^2 \times 2.5\text{mm}^2} = \pm 1.0\text{mm}$$

以上就是断面面积为 2.5mm^2 的 50m 钢尺在平铺丈量时，拉力每增加或减少 10N，则尺长产生 $\mp 1.0\text{mm}$ 的误差，即每平量 50m 一整尺需加改正数 $\pm 1.0\text{mm}$ 的计算公式。由此看来钢尺尺长也是使用时所用拉力大小的函数，为此世界各国也都规定了本国钢尺尺长的检定标准拉力，西欧国家多取 100N，我国规定钢尺尺长的检定标准拉力为 49N。

3. 钢尺尺长因悬空丈量，其中部下垂（f）产生的垂曲误差（ΔL_f）

钢尺尺身因悬空而形成悬链曲线，由此产生的垂曲误差（ΔL_f）为钢尺的测段长 L 与钢尺两端（等高）间的水平间距之差。若钢尺每米长的质量为 W，拉力为 P，当测段两端等高、中间悬空时，垂曲误差值为：

$$\Delta L_f = \frac{W^2 L^3}{24 P^2} \qquad (7.1.1\text{-}2)$$

若使用断面面积为 2.5mm^2 的钢尺，拉力分别为 49N 和 98N 悬空丈量时，产生的垂曲误差见表 7.1.1。

垂曲误差表（单位：mm）　　　　表 7.1.1

L（m）	5m	10m	15m	20m	25m	30m	35m	40m	45m	50m
$P = 49\text{N}$	0.1	0.7	2.2	5.2	10.2	17.6	28.0	41.8	59.5	81.7
$P = 98\text{N}$		0.2	0.6	1.3	2.6	4.4	7.0	10.5	14.9	20.7

由上表中可看出若钢尺尺长是平铺检定的，而丈量是悬空时，产生的垂曲误差是很可观的。

复习思考题：

1. 在实际作业中如何使钢尺温度、空气温度与温度计温度三者一致，使温度计真正测出钢尺的实际温度？
2. 计算 30m 长钢尺，温度每升高或降低 1℃，尺长变化 $\Delta l_t = $?

3. 在实际作业中，一般男同志均感到用 49N 拉 50m 钢尺是较松的，多数认为 80N "合适"，这样每量 50m，就会产生什么性质的多大误差？

4. 若在现场必须悬空丈量时，应采取什么措施减少垂曲误差。

7.1.2 钢尺检定项目

根据《钢卷尺检定规程》（JJG 4—1999）规定：

1. 钢尺的检定项目共 3 项

如表 7.1.2-1，检定周期为一年。

钢尺检定项目表　　　　表 7.1.2-1

序号	检定项目	检定类别	
		新制的	使用中
1	外观及各部分相互作用	+	+
2	线纹宽度	+	-
3	示值误差	+	+

注：表中"+"表示应检定；"-"表示可不检定。

2. 钢尺检定标准

(1) 标准温度为 20℃；

(2) 标准拉力为 49N；

(3) 尺长允许误差（平量法）：

$$\begin{aligned} \text{I 级尺} \ \Delta &= \pm(0.1+0.1L) \ (\text{mm}) \\ \text{II 级尺} \ \Delta &= \pm(0.3+0.2L) \ (\text{mm}) \end{aligned} \quad (7.1.2)$$

式中　L——长度（m）。

按上式计算，50m、30m 钢尺的允许误差，如表 7.1.2-2。

钢尺尺长允许误差表　　　　7.1.2-2

规格 等级	50m	30m	规格 等级	50m	30m
I 级	±5.1mm	±3.1mm	II 级	±10.3mm	±6.3mm

复习思考题：

1. 尺长检定中一般均为平量法，若需悬空检定应特殊说明，为什么？
2. 在建筑施工测量中为什么原则上只允许使用 I 级尺？

3. 见 7.6 节 1 题。

7.1.3 钢尺的名义长与实长

钢卷尺检定规程规定，检定必须在标准情况下进行，规定标准温度为 +20℃，标准拉力为 49N。在标准温度和标准拉力的条件下，让被检尺与标准尺相比较，而得到被检尺的实长（$l_实$）即在 +20℃ 和 49N 拉力下的实际尺长，而其尺身上的刻划注记值叫名义长（$l_名$）。故尺长误差（Δ）为：

尺长误差（Δ）= 名义长（$l_名$）- 实长（$l_实$）　　(7.1.3-1)
尺长改正数（v）= - 尺长误差（Δ）
　　　　　　　　= 实长（$l_实$）- 名义长（$l_名$）　　(7.1.3-2)

例题：某名义长 $l_名$ = 50m 的钢尺，经检定得到：平铺量整尺的实长 $l_实$ = 50.0046m，悬空量整尺的实长 $l_实$ = 49.9897m。问用该尺平铺量与悬空量一整尺的误差 Δ 与改正数各是多少？

解：平铺量一整尺的误差 Δ = - 4.6mm，改正数 v = + 4.6mm

悬空量一整尺的误差 Δ = + 10.3mm，改正数 v = - 10.3mm

复习思考题：

对比式（7.1.3-1）与式（3.4.1-1）说明两者有无差异？

7.2 钢尺量距、设距和保养

7.2.1 往返量距

1. 往返量距

在测量 AB 两点间距离时，先由起点 A 量至终点 B，得到往测值 $D_往$ = 175.834m，然后再由终点 B 量至起点 A，得到返测值 $D_返$ = 175.822m，两者比较以达到校核目的，取其平均值 $\overline{D}$ 能够提高精度。

2. 计算精度

(1) 较差 $d = |D_{往} - D_{返}|$ (7.2.1-1)

$\quad\quad = |175.834\text{m} - 175.822\text{m}|$

$\quad\quad = 0.012\text{m}$

(2) 平均值 $\overline{D} = \dfrac{1}{2}(D_{往} + D_{返})$ (7.2.1-2)

$\quad\quad = \dfrac{1}{2}(175.834\text{m} + 175.822\text{m})$

$\quad\quad = 175.828\text{m}$

(3) 精度 $k = \dfrac{d}{\overline{D}} = \dfrac{0.012\text{m}}{175.828\text{m}} = \dfrac{1}{14600}$ (7.2.1-3)

复习思考题：

1. 计算精度 $k = 1/14600$，为何不写成 $k = 1/14652$，不是更精细点吗？
2. 见 7.6 节 2 题。

7.2.2 精密量距

为精密测量地面上两点间的水平距离，应对测量结果进行如下改正计算：

1. 尺长改正数 $\Delta D_l = -\dfrac{l_名 - l_实}{l_名} \cdot D = \dfrac{l_实 - l_名}{l_名} \cdot D$

(7.2.2-1)

2. 温度改正数 $\Delta D_t = \alpha \cdot (t - 20℃) \cdot D$ (7.2.2-2)

3. 倾斜改正数 $\Delta D_h = -\dfrac{h^2}{2D}$ (7.2.2-3)

4. 改正数之和 $\Sigma\Delta D = \Delta D_l + \Delta D_t + \Delta D_h$ (7.2.2-4)

5. 实际距离 $D = D' + \Sigma\Delta D$ (7.2.2-5)

式中　$l_名$——钢尺名义长；

$\quad\quad l_实$——钢尺实长；

$\quad\quad D'$——名义距离；

$\quad\quad \alpha$——钢尺线膨胀系数（一般取 0.000012/℃）；

$\quad\quad t$——丈量时平均温度；

h——两点间高差。

例题： 如 7.2.1 中的用名义长 $l_名 = 50\text{m}$，实长 $l_实 = 49.9951\text{m}$ 的钢尺，以标准拉力往返测得 AB 两点间距离的平均值 $D' = 175.828\text{m}$，丈量时的平均温度 $t = -6℃$，两点间高差 $h = 3.500\text{m}$，计算 AB 两点间实际水平距离 $D_{AB} = ?$

解： （1）尺长改正数

$$\Delta D_l = \frac{l_实 - l_名}{l_名} \cdot D'$$

$$= \frac{49.9951\text{m} - 50.000\text{m}}{50.000\text{m}} \times 175.828\text{m}$$

$$= -0.0172\text{m}$$

（2）温度改正数

$$\Delta D_t = \alpha \cdot (t - 20℃) \cdot D'$$

$$= 0.000012/℃(-6℃ - 20℃) \times 175.828\text{m}$$

$$= -0.0549\text{m}$$

（3）倾斜改正数

$$\Delta D_h = -\frac{h^2}{2D'} = -\frac{(3.500\text{m})^2}{2 \times 175.828\text{m}} = -0.0348\text{m}$$

（4）三项改正数之和

$$\Sigma \Delta D = \Delta D_l + \Delta D_t + \Delta D_h$$

$$= (-0.0172\text{m}) + (-0.0549\text{m}) + (-0.0348\text{m})$$

$$= -0.107\text{m}$$

（5）AB 间实际水平距离

$$D_{AB} = D' + \Sigma \Delta D = 175.828\text{m} + (-0.107\text{m})$$

$$= 175.721\text{m}$$

复习思考题：

若例题中所用钢尺的实长 $l_实 = 50.0047\text{m}$、丈量时平均温度为 $35.7℃$，两点间高差 $h = -2.875\text{m}$，计算 $D_{AB} = ?$

7.2.3 精密设距

测设已知长度，即起点、测设方向和欲测设长度均已知，测

设的方法有两种:

1. 如7.2.2所述,先用往返测法测得结果,然后进行尺长、温度和倾斜等改正计算,得到其实长,以欲测设的长度与该结果的实长比较,对往返测所定的终点点位进行改正。此法适用于测设较长的距离。

例题1: 欲测设 AB 距离为 175.000m,先用往返测法测得 AB' 为 175.828m,丈量条件同 7.2.2 中题,求欲设 B 点的改正数及改正方向。

解:(1) AB' 实长 $D_{AB'} = 175.721$m (计算方法同 7.2.2 题)

(2) 改正数 $\Delta D = 175.721\text{m} - 175.000\text{m} = 0.721\text{m}$

(3) 改正方向:向 A 点方向改正。

2. 计算出各项改正数,直接求欲测设距离的尺读数,此法适用于测设小于钢尺名义长的较短距离。

例题2: 欲测设 AB 距离为 48.000m,丈量条件:地面水平,其他同 7.2.2 题,求钢尺上读什么数值 D' 时为欲测设的 B 点?

解:(1) 测设尺长改正数

$$\Delta D_l = \frac{l_{实} - l_{名}}{l_{实}} \cdot D$$

$$= \frac{49.9951\text{m} - 50.000\text{m}}{49.9951\text{m}} \times 48.000\text{m}$$

$$= -0.0047\text{m} \tag{7.2.3-1}$$

(2) 测设温度改正数

$$\Delta D_t = \alpha \cdot (t - 20℃) \cdot D$$

$$= 0.000012/℃ \times (-6℃ - 20℃) \times 48.000\text{m}$$

$$= -0.0150\text{m}$$

(3) 测设改正数之和

$$\Sigma \Delta D = \Delta D_l + \Delta D_t = (-0.0047\text{m}) + (-0.0150\text{m})$$

$$= -0.020\text{m}$$

(4) 尺读数

$$D' = D - \Sigma \Delta D = 48.000\text{m} - (-0.020\text{m})$$

$$= 48.020\text{m} \tag{7.2.3-2}$$

复习思考题：

见 7.6 节 3 题。

7.2.4 钢尺量距的要点

1. 直　在丈量的两点间定线要直，以保证丈量的距离为两点间的直线距离；

2. 平　丈量时尺身要水平，以保证丈量的距离为两点间的水平距离；

3. 准　前后测手拉力要准（用标准拉力）、要稳；

4. 齐　前后测手动作配合要齐，对点与读数要及时、准确。

复习思考题：

若定线不直和尺身不平，若拉力不准和配合不齐，各产生什么性质的误差？

7.2.5 钢尺的保养

钢尺在使用中要注意以下五防、一保护。

1. 防折　钢尺性脆易折，遇有扭结打环，应解开再拉，收尺不得逆转；

2. 防踩　使用时不得踩尺面，尤其在地面不平时；

3. 防轧　钢尺严禁车轧；

4. 防潮　钢尺受潮易锈，遇水后要用干布擦净，较长时间不使用时应涂油存放；

5. 防电　防止电焊接触尺身；

6. 保护尺面　使用时尺身尽量不拖地擦行以保护尺面，尤其是尺面是喷涂的尺子。

复习思考题：

1. 见 7.6 节 4 题。

2. 在施工测量中如何保护好钢尺,延长其使用年限。

7.3 钢尺在施工测量中的应用

7.3.1 用钢尺自直线上一点向线外作垂线

1. "3-4-5"法 如图 7.3.1（a）所示：从 AB 直线上一点 B 向线外作垂线 BP。

（1）操作步骤

1）用钢尺由 B 点向 A 方向量 4m,定出 M 点；

2）将钢尺零点对准 B 点,令 9m 刻划线对准 M 点,将尺身打一个环使 4m 与 3m 刻划线对齐,拉紧钢尺量出 P 点；

3）则 BP 即为 AB 的垂线。

（2）操作要点

1）以"4"为底,即已知方向上用"4"。当场地允许时,在 3:4:5 比例不变的条件下,尽量选用较大尺寸,如 6m:8m:10m 等；

2）三边同用钢尺有刻划线的一侧,且三边同在一平面内、拉力一致；

3）两个直角边中,至少有一边尺身要水平。

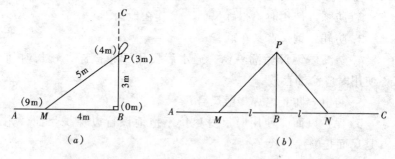

图 7.3.1 自直线上一点向外垂线

2. 等腰三角形法 如图 7.3.1（b）所示：从 AC 直线上一

点 B 向线外作垂线 BP。

(1) 操作步骤

1) 用钢尺由 B 点分别向 A 方向与 C 方向、量取等长度 l 定出 M 点与 N 点;

2) 用钢尺分别从 M 点与 N 点,以 $1.4l \sim 2.0l$ 的长度拉紧钢尺交出 P 点;

3) 则 BP 即为 AB 的垂线。

(2) 操作要点

1) A、M、B、N、C 最好同在一水平线上,至少是在一条直线上;

2) 三边(MN、NP、PM)同用钢尺有刻划线的一侧,且三边同在一平面内、拉力一致。

复习思考题:

1. 两种测设方法中,为什么要求三边同在一平面内、且拉力一致?
2. "3-4-5"法为什么两直角边中,至少有一边要水平?

7.3.2 用钢尺自直线外一点向线上作垂线

如图 7.3.2 所示:从线外一点 C 向直线 AB 作垂线。

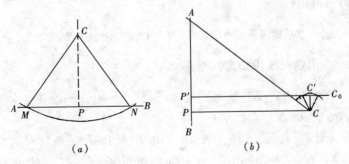

图 7.3.2　自直线外一点向线上作垂线

1. 用钢尺测设

(1) 操作步骤

1）如图7.3.2（a）所示：用小线连接 AB（或在地面上弹墨线）；

2）用钢尺自 C 点向 AB 直线划弧交出 M、N 两点；

3）取 MN 中点 P，则 CP 即为 AB 垂线。

（2）操作要点

1）连接 AB 的小线要绷紧拉直，不得抗线；

2）CM 与 CN 方向拉力一致；

3）划弧半径 CM、CN 长度适中，使∠CMN 为 60°左右最好。

2．用经纬仪与钢尺测设

（1）测法1　如图7.3.2（b）所示：将经纬仪安置在 A 点，测出∠CAB，用钢尺量出 AC 间距，则 $AP = AC\cos\angle CAB$，用钢尺沿 AB 方向量 AP 定出 P 点，则 CP 即为 AB 垂线。

（2）测法2　如图7.3.2（b）所示：C 点距 AB 较远，可先在 AB 直线上估出 P 点位置 P′ 点，将经纬仪安置在 P′ 点，以 A 为后视、测设 90°定出 C_0。用钢尺从 C 点向 P′C_0 线上做垂线得 C′。量 P′P = C′C 得到 P 点。最后将经纬仪安置在 P 点校测∠APC 应为 90°00′00″。

复习思考题：

为什么在用钢尺测设中，强调 CM 与 CN 方向拉力一致？

7.3.3　用钢尺测设任意水平角

如图7.3.3（a）所示：从 AB 直线上一点 B 测设任意水平角 β（BC 方向）。

为计算与测设方便，取 AB、BC 均为 10m，β 角所对边为欲求边 x。在△ABC 中，因 AB = BC，所以∠A = ∠C。过 B 点作 AC 边的垂线，将△ABC 分为两个全等直角三角形。在直角三角形中：

$$\sin\frac{\beta}{2} = \frac{x/2}{10} \qquad (7.3.3)$$

$$x = 20\sin(\beta/2)$$

由此得出结论：欲测设任意角 β，可取三边比例为 $10:10:x$，用公式（7.3.3）算出 x，即可测设 β。

例：欲测设 $\beta = 36°36'30''$，求 $x = ?$

解：$x = 20\sin\left(\dfrac{\beta}{2}\right) = 20\sin\left(\dfrac{36°36'30''}{2}\right) = 6.281\text{m}$

1. 操作步骤

如图 7.3.3（b）所示：

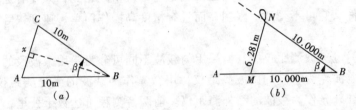

图 7.3.3 用钢尺测设水平角

（1）用钢尺由 B 点向 A 方向量 10m 定 M 点；

（2）将钢尺零点对准 B 点，令 $x + 11.000\text{m} = 6.281\text{m} + 11.000\text{m} = 17.281\text{m}$ 刻划线对准 M 点，将尺身打一环使 10m 与 11m 刻划线对齐，拉紧钢尺定出 N 点；

（3）连接 BN，则 $\angle ABN = \beta = 36°36'30''$。

2. 操作要点

（1）当场地允许时，在 $10:10:x$ 比例不变的条件下，尽量选用较大尺寸；

（2）三边同用钢尺有刻划线的一侧，且三边同在一平面内，拉力一致；

（3）两个等腰边要同时水平。

复习思考题：

为什么两个等腰边要同时水平，$\angle \beta$ 才是水平角？根据此测设方法的原理,说明如何用钢尺测量两直线间所夹的角度值?

7.4 光 电 测 距

7.4.1 电磁波与电磁波测距

电磁波就是振荡的电磁场在空间由近及远的传播。电磁波有多种,无线电波与光波(可见的与不可见的)都是电磁波。电磁波测距是用不同波段的电磁波作为载波传输测距信号,以测量两点间距离的一种方法。电磁波测距与钢尺量距相比,只要有通视条件、它可不受地形限制,而且有精度高操作简单、速度快等优点。

电磁波测距仪按其所采用的载波不同可分为:用微波段的无线电波作为载波的微波测距仪;用激光作为载波的激光测距仪;用红外光作为载波的红外测距仪。前两者测程可达数十公里,多用于远程的大地测量。后两者叫做光电测距仪。红外测距仪多用于短、中程测距的地形测量和工程测量。

7.4.2 光电测距仪的基本构造、工作原理与标称精度

1. 光电测距仪的基本构造

如图 7.4.2（a）为北京光学仪器厂生产的 DCH 型光电测距仪,它是装在 J2 级光学经纬仪与电子经纬仪上组成的半站仪,测程为 2~3.2km。其构造主要包括测距主机、反射棱镜［图 7.4.2（b）］、电源、充电设备及气压计、温度表等附件五部分。测距主机和经纬仪望远镜一起转动进行测距、测水平角及测竖直角。

2. 光电测距仪的工作原理

按测距方式的不同,分为相位式和脉冲式两种。脉冲式测距是直接测定光脉冲在测线上往返传播的时间,来求得距离的,精度较低。相位式测距是通过测定调制光波在测线上往返传播所产生的相位移,间接测定时间来求得距离的,精度高。目前短程红

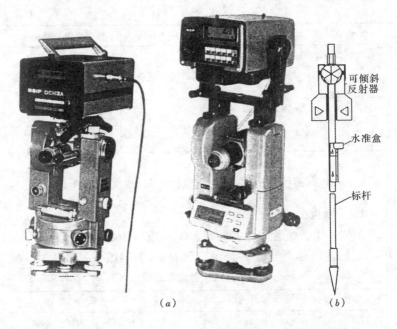

图 7.4.2 DCH 型光电测距仪与反射棱镜

外光电测距仪,都是相位式的。

3. 光电测距仪的标称精度

根据《中、短程光电测距规范》(GB/T 16818—1997)规定:测距仪出厂标称精度表达式为:

$$m_D = \pm(A + B \cdot D) \tag{7.4.2}$$

式中 m_D——测距中误差(mm);
  A——仪器标称精度中的固定误差(mm);
  B——仪器标称精度中的比例误差系数(10^{-6}或 mm/km);
  D——被测距离(km)。

例:DCH 型光电测距仪的标称精度 $m_D = \pm(5\text{mm} + 5 \times 10^{-6} \cdot D)$。若用此仪器与 $m_D = \pm(2\text{mm} + 2 \times 10^{-6} \cdot D)$ 的测距仪分别测 1000m、100m 的标称精度与相对精度如表 7.4.2。

表 7.4.2

精　　度	测程 $D=1000$m	测程 $D=100$m
标称精度 $m_D=\pm$（5mm + 5×$10^{-6}\cdot D$），相对精度 $k=\dfrac{m_D}{D}$	$m_D=\pm 10$mm，$k=\dfrac{1}{10\,万}$	$m_D=5.5$mm，$k=\dfrac{1}{1.8\,万}$
标称精度 $m_D=\pm$（2mm + ×$10^{-6}\cdot D$），相对精度 $k=\dfrac{m_D}{D}$	$m_D=\pm 4$mm，$k=\dfrac{1}{25\,万}$	$m_D=2.2$mm，$k=\dfrac{1}{4.5\,万}$

7.4.3　光电测距仪的分类与检定项目

1. 按精度分

根据《中、短程光电测距规范》（GB/T 16816—1997）规定，按 1km 的测距标准偏差 m_D 计算，精度分为四级。如表 7.4.3-1。

光电测距仪精度等级表　　　表 7.4.3-1

精度等级	测距中误差绝对值 $|m_D|$	精度等级	测距中误差绝对值 $|m_D|$
Ⅰ	$|m_D|\leqslant 2$mm	Ⅲ	5mm $<|m_D|\leqslant 10$mm
Ⅱ	2mm $<|m_D|\leqslant 5$mm	Ⅳ（等外级）	10mm $<|m_D|$

2. 按测程分

见表 7.4.3-2。

光电测距仪测程等级表　　　表 7.4.3-2

测程等级	测量距离 D	测程等级	测量距离 D
短　程	$D<3$km	远　程	15km $<D$
中　程	3km $\leqslant D\leqslant 15$km		

3. 按构造分

全站仪（电子测角与光电测距成为一个整体）与半站仪（光学或电子经纬仪与光电测距仪组合而成）。

4. 光电测距仪的检定

根据《光电测距仪检定规程》（JJG 703—2003）共检定 13 项，如表 7.4.3-3，检定周期为一年。

光电测距仪检定项目表　　　　表 7.4.3-3

序号	检定项目		首次检定	后续检定	使用中检定	
					中、短程	远程
1	外观与功能		+	+	±	+
2	光学对中器		+	+	±	+
3	发射、接收、照准三轴关系的正确性		+	+	−	−
4	反射棱镜常数的一致性		+	±	−	−
5	调制光相位均匀性		+	+	−	−
6	幅相误差		+	±	−	−
7	分辨力		+	+	−	−
8	周期误差		+	±	−	−
9	测尺频率	开机特性	+	+	−	−
		温漂特性	±	±	−	−
10	加常数差与乘常数标准差		+	+	−	−
11	测量的重复性		+	+	−	−
12	测程		+	+	−	−
13	测距综合标准差		±	±	±	±

注：检定类别中"+"为应检项目，"±"为可不检项目，由送检单位的需要确定，"−"为不检项目。

7.4.4　光电测距仪的基本操作方法、使用与保养要点

1. 光电测距仪的基本操作方法

（1）安置仪器　先在测站上安置经纬仪，对中、定平后，以盘左位置通过锁紧机构将光电测距主机置在望远镜上；

（2）安置反射棱镜　在待测边的另一端点上安置三脚架，并装上基座及反射棱镜，对中、定平后，将反射棱镜对向测距仪。当所测的点位精度要求不高时，也可用反射棱镜对中杆。

（3）测距步骤　开机后，先将测得的气压、温度输入测距主机，然后将望远镜照准目标（此时测距主机也照准反射棱镜）后，按测距主机上的 MEAS（量测）键启动测量显示结果，根据

测得的视线斜距离和置入视线的竖直角值,即可分别得到水平距离与高差。

2. 光电测距仪的使用要点

(1) 使用前要仔细阅读仪器说明书 了解仪器的主要技术指标与性能。标称精度、棱镜常数与测距的配套、温度与气压对测距的修正等。

(2) 测距仪要专人使用、专人保养 仪器要按检定规程要求定期送检。每次使用前、后,均要检查主机各操作部件运转是否正常,棱镜、气压计、温度计、充电器等附件是否齐全、完好。

(3) 测站与测线的位置符合要求 测站不应选在强电磁场影响的范围内(如变压站附近),测线应高出地面或障碍物 1m 以上,且测线附近与其延长线上不应有反光物体。

(4) 测距前一定要做好准备工作 要使测距仪与现场温度相适应,并检查电池电压是否符合要求,反射棱镜是否与主机配套。

(5) 测距仪与反射棱镜严禁照向强光源。

(6) 同一条测线上只能放一个反射棱镜。

(7) 仪器安置后,测站、棱镜站均不得离人,强阳光下要打伞。风大时,仪器和反射棱镜均要有保护措施。

3. 光电测距仪的保养要点

(1) 光电测距仪是集光学、机械、电子于一体的精密仪器,防潮、防尘和防震是保护好其内部光路、电路及原件的重要措施。一般不宜在 40℃ 以上高温和 -15℃ 以下低温的环境中作业和存放。

(2) 现场作业一定要十分小心防止摔、砸事故的发生,仪器万一被淋湿,应用干净的软布擦净,并于通风处晾干。

(3) 室内外温差较大时,应在现场开箱和装箱,以防仪器内部受潮。

(4) 较长期存放时、应定期(最长不超过一个月)通电(半小时以上)驱潮,电池应充足电存放,并定期充电检查。仪器应在铁皮保险柜中存放。

(5)如仪器发生故障，要认真分析原因，送专业部门修理，严禁任意拆卸仪器部件，以防损伤仪器。

复习思考题：

见7.6节6、7题。

7.4.5 光电测距三角高程测量

如图7.4.5所示，用光电测距仪测定两点间的斜距 D'_{AB}，再量取仪器高 i，觇标高 v，观测竖直角 θ，从而计算出高差，推算出待求点高程的方法，叫光电测距三角高程测量。随着光电测距仪的普及，这种方法的应用越来越广泛。

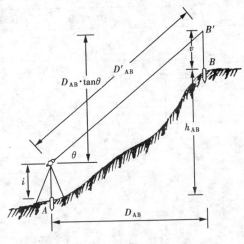

图7.4.5 三角高程

1. 计算公式

由图7.4.5可以看出，B 点对 A 点高差为 h_{AB}，顾及大气折光等因素的影响，按光电测距高程导线代替四等水准测量的要求，其计算公式为：

$$h_{AB} = D'_{AB}\sin\theta + \frac{1}{2R}(D'_{AB}\cos\theta)^2 + i - v \qquad (7.4.5)$$

式中 D'_{AB}——经过仪器固定误差、比例误差改正,气象改正后的斜距;

R——地球平均半径,采用 6369km(见《国家三、四等水准测量规范》GB12898—1991)。

相邻测站间对向观测的高差应取平均值作为两点间的高差。

2. 观测

将光电测距仪安置于测站上,按 7.4.4 方法测定其斜距 D'_{AB}。用小钢尺量取仪器高 i,觇标高 v,为保证量测精度,可用带铅直对中杆的三脚架。竖直角测量时,用十字中线照准觇标,盘左盘右观测,为消除地球曲率和大气折光的影响,需作对向观测。

光电测距高程记录表　　　　表 7.4.5-1

测站:M		照准点:N		日期:2002.06.02		仪器:DCH	
距离测量	测回\读数	1	2		3		4
	1	825.253	825.253		825.252		825.250
	2	.253	.254		.253		.251
	3	.254	.253		.252		.250
	4	825.253	825.253		825.252		825.250
	平均值	825.253	825.253		825.252		825.250
	各测回平均值(m)	825.2520					
竖直角观测		气温	19.5℃	气 压		970hPa	
	测 回	盘 左 (°′″)	(″)	盘 右 (°′″)	(″)	指标差 (″)	竖直角 (°′″)
	1	90 04 01 00	0.5	269 55 26 26	26.0	-16.8	-0 04 17.2
	2	90 03 55 57	56.0	269 55 25 24	24.5	-19.8	-0 04 15.3
	3	90 03 56 55	55.5	269 55 25 25	25.0	-19.8	-0 04 15.2
	4	90 03 57 56	56.5	269 55 26 25	25.5	-19.0	-0 04 15.5
	平均值						-0 04 15.9
仪器高	1	1.547m	2	1.548m	平均值		1.5475m
觇标高	1	1.715m	2	1.715m	平均值		1.715m

3. 适用范围

光电测距三角高程测量的误差主要来源于竖直角观测及距离测量，仪器高、反射镜和觇标高量测的误差及外界特别是大气折光对竖直角观测的影响。当竖直角不大，距离对高差的影响极微，对仪器高、反射镜和觇标高量测细心，对大气折光影响采取对向观测，这样，光电测距三角高程测量可以达到较高的精度。

当视线倾斜角不超过 15°，距离在 1km 内，测距精度达到 $\pm(5mm+5\times10^{-6}\times D)$,量测仪器高、觇标高精度在 2mm 内，四个测回测回互差不超过 5″，采用对向观测，光电测距三角高程测量可以代替四等水准测量。

当视线倾斜角在 15°内，视线长不大于 500m，用一般光电测距仪观测时直接照准反射镜中心，每次照准后，两次读数较差在 30″内，三测回互差不超过 10″时，其高差精度可以满足普通水准测量的要求。表 7.4.5-1 和表 7.4.5-2 为某工程光电测距高程测量记录和高差计算的实例。

光电测距高程测量高差计算表　　　表 7.4.5-2

测站	目标	斜距 D' (m)	竖直角 (°′″)	初算高差 (m)	$\dfrac{(D'\cos\theta)^2}{2R}$ (m)	仪器高 i (m)	觇标高 v (m)	高差 (m)	平均值 (m)
M	N	825.2680	-0 04 15 9	-1.0239	0.0535	1.5475	1.7150	-1.1382	-1.146
N	M	825.2620	+0 03 53 0	+0.9322	0.0535	1.7150	1.5475	+1.1532	

注：D' 为做气象改正、加常数改正及乘常数改正后的斜距。

复习思考题：

对向观测的主要消减什么误差？

7.5 视距测法

7.5.1 视距测法

在光电测距仪问世以前，快速、精确测定距离是测量中一大难题。视距测法是根据几何光学原理,利用望远镜中十字线横线上下的两条视距线,测定仪器至立尺点的水平距离与高差的一种方法,它与钢尺、皮尺量距相比,操作简便速度快、一般只要通视可不受地形起伏限制,其精度约为 1/300 一般用于地形测图。在施工现场中虽不能用于工程放线测量,但可用于测绘现场布置图和精度要求不高的估测中。

复习思考题:

水准仪或经纬仪的物镜是一个焦距为 f 的组合凸透镜,它能将远处的目标在十字线平面上生成倒立的缩小实像。远处目标至物镜的距离叫物距(D),十字线平面上的实像至物镜的距离叫像距(d)。根据几何光学原理,说明目标的大小与物距(D)和实像的大小与像距(d)有什么关系?

7.5.2 水平视线视距原理与测法

水准仪和经纬仪十字线的上下各有一条平行等距的上线和下线叫视距线。如图 7.5.2 所示,当望远镜水平时,上下视距线在

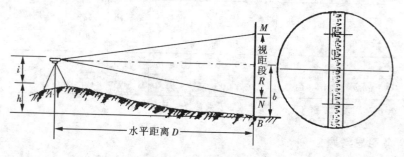

图 7.5.2 水平视线视距原理

远处水准尺上所截取的距离 mn 叫视距段 R,它与仪器至水准尺的水平距离 D 成正比例,即

$$D = KR \qquad (7.5.2\text{-}1)$$

式中 K——视距常数,一般 $K = 100$。

又由图 7.5.2 中可看出,B 点对 A 站的高差:

$$h = i - b \qquad (7.5.2\text{-}2)$$

式中　i——仪器高度；

　　　b——水平视线中线读数，即水准前视读数。

例题：仪器在 A 站照准 B 点，在水准尺上读 $M = 1.674\text{m}$，$N = 1.172\text{m}$，$i = 1.423\text{m}$，$b = 1.603\text{m}$。求 D 与 h 各为多少？

解：视距段 $R = MN = 1.674\text{m} - 1.172\text{m} = 0.502\text{m}$，$B$ 至 A 的水平距离 $D = KR = 100 \times 0.502\text{m} = 50.2\text{m}$。高差 $h = i - b = 1.423\text{m} - 1.603\text{m} = -0.180\text{m}$，即 B 点低于 A 站 0.180m。

复习思考题：

1. 在距离 30m、70m、100m 和 200m 时，由望远镜读取视距段 R 的误差约为 ±1mm、±2mm、±3mm 和 ±7mm，问对实测距离的误差分别是多少？精度分别是多少？

2. 根据公式（7.5.2-1）如何实测仪器的视距常数 K。

7.5.3　倾斜视线视距原理与测法

当地面起伏较大，如图 7.5.3 所示，为用视距法测定 B 点至 A 站的水平距离 D 和高差 h，就得使用倾斜视线视距测法。

由于经纬仪视线倾斜，它与 B 点上的水准尺不垂直，这样水平视线的视距公式（7.5.2-1）不能直接使用，而要进行两项改算：

1. 计算斜距离 D'

要将倾斜视线（仰角为 θ）在水准尺上的视距段 R，改算成垂直于斜视线的视距段 R'，并将 R' 代入公式（7.5.2-1）得：

$$R' = R\cos\theta$$

$$D' = KR' = KR\cos\theta$$

2. 计算水平距离 D 和高差 h'

由斜距离 D' 和仰角 θ 得

$$D = D'\cos\theta = KR\cos^2\theta \qquad (7.5.3\text{-}1)$$

$$h' = D'\sin\theta = KR\cos\theta\sin\theta = \frac{1}{2}KR\sin 2\theta \qquad (7.5.3\text{-}2)$$

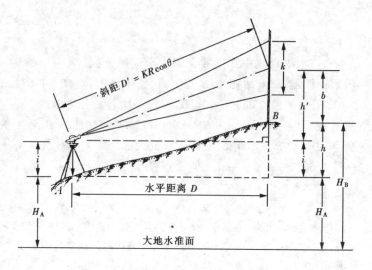

图 7.5.3 倾斜视线视距原理

又由图 7.5.3 中看可出，B 点对 A 站的高差

$$h = h' + i - b \qquad (7.5.3\text{-}3)$$

例题：仪器在 A 站实测得：仪器高度 $i = 1.427$m、前视读数 $b = 2.362$m、视距段 $R = 0.676$m、仰角 $\theta = 18°17'40''$。计算 B 点至 A 站的水平距离 D 和高差 h 各为多少？

解：$D = KR\cos^2\theta = 100 \times 0.676\text{m} \times \cos^2 18°17'40'' = 60.94\text{m}$

$$h' = \frac{1}{2}KR\sin 2\theta = \frac{1}{2} \times 100 \times 0.676\text{m} \times \sin(2 \times 18°17'40'')$$
$$= 20.15\text{m}$$

$$h = h' + i - b = 20.15\text{m} + 1.427\text{m} - 2.362\text{m} = 19.21\text{m}$$

复习思考题：

1. 仪器在 A 站量得 $i = 1.465$m，照准 B 点水准尺，测得 $b = 1.763$m，$R = 0.654$m，$\theta = 15°23'40''$，计算 B 点距 A 站的水平距离 D 和 B 点对 A 站的高差 h。

2. 若上题中 $\theta = 5°44'00''$时，计算 B 点距 A 站的水平距离 D 和 B 点对 A 站的高差 h。并分析当 $\theta = 5°44'00''$时、斜距离与水平距离差多少？

3. 在实测中如何快速测出视距段 R？

7.6 复习思考题

1. 现有甲、乙、丙、丁四盘钢尺，其检定情况如下：

甲尺 50m，2002 年 6 月 1 日检定实长为 50.0047m，有检定证。

乙尺 50m，2002 年 6 月 4 日检定实长为 50.0024m，有检定证，但丢失。

丙尺 30m，2002 年 6 月 4 日检定实长为 30.0046m，有检定证。

丁尺 30m，2002 年 6 月 4 日检定实长为 30.0026m，有检定证。

问根据钢尺检定规程和计量法有关规定，在今天（2003 年 6 月 2 日）进行验线工作中，哪盘钢尺不可以使用，为什么？哪盘钢尺可以使用，为什么？

2. 钢尺往返丈量 $D_{往} = 180.227\mathrm{m}$，$D_{返} = 180.242\mathrm{m}$，求：

较差 $d =$

平均值 $\overline{D} =$

精度 $k = \underline{\qquad} = \underline{\qquad}$

3. 欲在一均匀坡度的场地上，测设一水平距离 $AB = 175.000\mathrm{m}$，今先用往返测法放样出斜距离 $AB' = 175.090\mathrm{m}$，使用名义长度 50m 的钢尺在 20℃、以 49N 拉力与标准尺相比，该尺实长 49.995m，线膨胀系数为 0.000012/1℃，放样 AB' 时温度为 -5℃，拉力为 49N，又测得 $h'_{AB} = -3.500\mathrm{m}$，问 B' 应否改正？改多少？向哪个方向改正才是欲求的 B 点？（由 B' 向 A 点方向改或由 B' 背离 AB' 向外改）

(1) 尺长改正数 =

(2) 温度改正数 =

(3) 高差改正数 =

(4) 三项改正数之和 =

(5) AB'实长 =

(6) B'向_____改_____m。

4．钢尺量距的要点和钢尺保养的要点各是什么？

5．光电测距仪标称精度表达式 $m_D = \pm (A + B \cdot D)$ 中，A 与 B 各表示什么？单位是什么？

6．使用光电测距仪测距时，要特别注意什么？

7．光电测距仪的保养要点是什么？

7.7 操作考核内容

1．钢尺往返量距的基本操作考核

（1）在一段 160~170m 的均匀的坡地上，用往返测法量出 AB 两点间斜距 D'_{AB} 并测出其高差 h_{AB}，一切操作要正确。

（2）算出往返较差 d、平均值 $\overline{D}$ 及精度 k，精度应高于 1/10000。

（3）对 $\overline{D}$ 进行三差改正，测、记、算总时间不超过 50 分钟。

以上为对初级放线工的要求。

2．光电测距仪往返测距与测高差的基本操作考核

（1）在相距大于 200m、高差大于 10m 的 A、B 两点上，用测距仪以往返测法量出 AB 两点间水平距离 D_{AB} 及高差 h_{AB}，一切操作要正确。

（2）算出往返较差与平均值。水平距离的较差应小于标称精度的 $\sqrt{2}$ 倍，高差的较差应小于 10mm。

（3）测、记、算总时间不超过 50 分钟。

以上为对中级放线工的要求。

3．视距测法的操作考核

对中级放线工要求在地形测图中掌握视距测法的操作。

第8章 高新科技仪器在施工测量中的应用

8.1 激光技术的发展和激光特性

8.1.1 激光技术的发展

激光自20世纪60年代出现以来，在20、30年间获得了飞速的发展，成为一门举世瞩目的新兴科学技术。它在测量中的应用主要是激光测距和方向投测，激光测距已在7.4节中简要介绍，这里着重介绍激光方向投测在施工测量中的应用。

激光技术的发展很快，激光器种类很多，有气体、固体、液体及半导体等。氦-氖激光器在工业技术、科研中应用最为广泛，20世纪90年代以前在测量仪器中也多使用。氦-氖激光器的外形为直径 $4\sim5cm$、长 $15\sim20cm$ 的筒状，另附几公斤重的激光电源，在外业使用中很不方便。20世纪90年以后半导体激光发展迅速，测量仪器上的半导体激光器为 $2.5cm\times5.5cm\times10.0cm$ 的长方体、内装激光二极管一支和四节5号电池（见图8.3.3-1），使用起来很是简便，且价格不高。

复习思考题：

对比氦-氖激光经纬仪与半导体激光经纬仪在构造和使用方法的优、异。

8.1.2 激光的特性

1. 亮度极高

激光的发光面积小、且能量集中在极小的主体角内，因此亮度很高。目前测量中使用的激光仪器射出的可视激光光线白天能达到 100m、夜间可达 200m 以上。故不用对讲机指挥，即可在现场直接看到激光扫出的轨迹，对各种测量放线极为方便。

2. 方向性强

由于激光束发散角很小，能保持较高的平行度，因而方向性强。为激光测距、方向准直投测提供了良好条件。

3. 单色性好

激光器发出的光，是一种受控制发射的光，它的谱线宽度很窄、波长单一、颜色单纯。目前测量仪器多发出是红色激光，很鲜明。

4. 相干性强

激光器是可以严格控制的光发射器，波长、相位、方向、发散角、能量等参量都可以按需要设计控制，因而，相干性得到提高。

目前施工测量中，利用激光的特点，制成横向准直或水平方向测设和铅直方向投测两大方面的测量仪器，极大地改变了施工测量的手段。

复习思考题：

1. 见 8.6 节 1 题。
2. 对比氦-氖激光光斑与半导体激光光斑的同异。

8.2　激光横向准直和水平测设

8.2.1　激光横向准直仪的基本构造与功能

激光横向准直仪是由激光器、水准管和坡度控制器三部分组成，如图 8.2.1 所示，为北京光学仪器厂生产的激光横向准直仪。

激光横向准直仪多用于地下管道顶管施工中的中线方向和坡

图 8.2.1 激光横向准直仪

度的导向中,近代地下铁道施工中使用盾构挖掘机技术,激光横向准直仪是引导盾构挖掘方向的基本依据。

复习思考题:

1. 激光准直仪控制中线纵向坡度依据是什么?控制中线方向依据是什么?

2. 见 8.6 节 2 题。

8.2.2 激光扫平仪的基本构造与功能

激光扫平仪是建筑工程施工中平整场地、铺装大面积地面中使用最方便的仪器,它由激光器、定平装置、驱动马达与定平基座四部分组成。定平装置有自动补偿和水准管两种。

1. 自动安平激光扫平仪

如图 8.2.2 (a) 所示,为北京光学仪器厂生产的 SJZ1 型自动

(a) SJZ1 型自动安平激光扫平仪;(b) SJ3 型气泡安平激光扫平仪
图 8.2.2 激光扫平仪

安平激光扫平仪，是由波长为635nm的半导体激光器、自动补偿机构（补偿范围±1.5′）、自动报警和可遥控设备组成，精度为±20″，测量半径150m。使用时定平水准盒，启动开关即自动旋转扫出一激光平面，作为扫平的依据。

2. 气泡安平激光扫平仪

如图8.2.2（b）所示，为北京光学仪器厂生产的SJ3型气泡安平激光扫平仪，是由波长为635nm的半导体激光器、水准盒与水准管等组成，精度为±30″，测量半径100m。

复习思考题：

对比自动安平与气泡安平两种激光扫平仪的优异？

8.3 铅垂准直和竖向投测

8.3.1 经纬仪的铅垂准直与竖向投测

1. 配有90°弯管目镜的经纬仪

图8.3.1-1为北京光学仪器厂生产的配有弯管目镜的经纬

图8.3.1-1 配有90°弯管目镜的经纬仪

仪，将望远镜物镜指向天顶方向，由弯管目镜观测。当仪器水平转动一周时，若视线一直指在一点上，则说明视线方向铅直，用以向上竖向投测。这种经纬仪是投资少、又能满足竖向投测精度要求的最简便的仪器，但在竖向投测中往往后视边短、前视边长，因此要特别注意提高后视的照准精度。

2. 垂准经纬仪

图 8.3.1-2 为上海第三光学仪器厂生产的 DJ6-C6 型 6″级垂准经纬仪，配有 90°弯管目镜。该仪器既能使望远镜仰视向上指向天顶，又能使望远镜俯视向下，使视线通过直径 20mm 的空心竖轴指向天底。施测前应将仪器水平转动一周，若视线向上或向下一直指在一点上，说明视线方向铅直。此仪器一测回（即盘左、盘右各观测一次取平均位置）垂准观测中误差不大于 ±6″，即 100m 高差处误差为 ±3mm（约 1/30000）。此仪器可专门用作投测铅垂方向，也可作一般经纬仪使用。

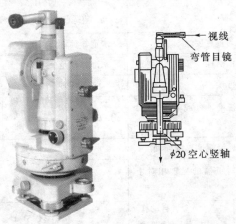

图 8.3.1-2　DJ6-C6 垂准经纬仪

复习思考题：

1. 对比这两种仪器在使用中的优异之处？

2. 见 8.6 节 3 题。

8.3.2 垂准仪的校准光学垂准仪的基本构造与操作

1. 垂准仪的校准

垂准仪也必须按计量法规定定期进行校准，2002 年 7 月 1 日实施的国家计量技术规范《垂准仪校准规范》（JJF 1081—2002）规定了对垂准仪校准的项目与要求，如表 8.3.2。

垂准仪校准项目与要求 表 8.3.2

校准项目		类　　型		
		精密型	普通型	简易型
一测回垂准测量标准偏差 s		$s \leqslant 1/100000$	$1/100000 < s \leqslant 1/40000$	$1/40000 < s \leqslant 1/5000$
望远镜分辨力		在望远镜十字线中心附近，$\leqslant \dfrac{120''}{D}k$ k—系数，选用 1.5； D—望远镜物镜有效孔径，mm		
水准轴与竖轴的垂直度		水准器标称角值的 1/4		
照准部旋转的正确性		水准标称角值的 1/2		
望远镜调焦运行误差		6″	10″	
竖轴与望远镜视准轴（或激光光轴）的同轴度		2″	5″	10″
激光光轴与望远镜视准轴的同轴度		5″		
光学（激光）对点器的光轴相对于竖轴的同轴度		1mm		
自动安平补偿器	补偿误差	自动补偿器式	$\leqslant 0.5''/1'$	
		吊挂悬摆式	$\leqslant 3''/1'$	
	自动安置误差	自动补偿器式	$\leqslant 0.5''$	
	在 +8′ 至 −8′ 工作范围内	吊挂悬摆式	$\leqslant 1''$	

2. 光学垂准仪

可分以下三种。

(1) 自动天顶垂准仪　图 8.3.2 (a) 为瑞士徕卡厂生产的 ZL 型自动天顶垂准仪。安置后只要定平水准盒，仪器就可自动给出天顶方向，精度为 ±1″ (1/200000)，但望远镜为 20 倍。若配上激光目镜，则可给出同样精度的垂准激光束。

(2) 自动天底垂准仪　图 8.3.2 (b) 为瑞士徕卡厂生产的 NL 型自动天底垂准仪，它与 ZL 自动天顶垂准仪外形和精度基本相同。安置仪器安平水准盒后，即可自动给出天底方向。此类 ZL 型与 NL 型仪器精度高，价格昂贵，适用于超高层建筑或钢结构工程施工测量。

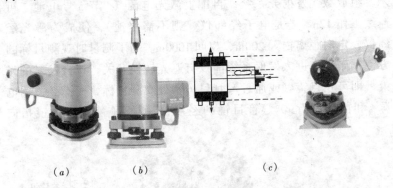

图 8.3.2　光学垂准仪

(3) 自动天顶—天底垂准仪　图 8.3.2 (c) 为瑞士徕卡厂生产的 ZNL 型自动天顶—天底垂准仪。使用时仪器上部可由基座上取出，上下掉转。当物镜向上安置时，目镜就可观测天顶方向；当物镜向下安置时，目镜就可观测天底方向，精度均为 ±6″ (1/30000)。

这三种仪器也和前两种仪器一样，在施测前应水平转动一周，检查视线是否一直指在定点上，否则应校正或取其中点。另外，后三种仪器均可安装激光设备。

复习思考题：

1. 为什么使用这三种仪器向上或向下投测铅垂线时，均应转动4个90°投测出4个点，然后取中？

2. 见8.6节4题。

8.3.3 激光垂准仪的基本构造与操作

1. 激光经纬仪

图8.3.3-1为北京光学仪器厂生产装有半导体激光器的DJJ型激光经纬仪，它是在望远镜筒上装一波长635nm、功率0.8mW的半导体激光器，用一组导光系统把望远镜的光学系统联系起来，组成激光发射光系统，再配上激光电源（4节5号电池，可连续工作12h，若是电子经纬仪、则不需电池），便成为激光经纬仪，定向距离白天200m、夜间1000m。为了测量时观测目标的方便，激光束进入发射系统前设有遮光转换开关，遮去发射的光束，即可在目镜（或通过弯管目镜）处观测目标，而不必关闭电源。和前述配有90°弯管目镜的经纬仪一样，施测前将物镜指向

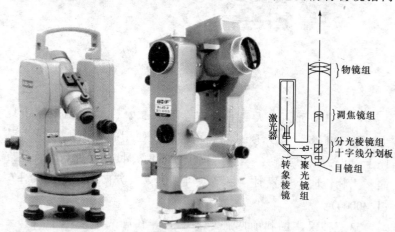

DJD2-GJ激光电子经纬仪　　DJJ2-2激光经纬仪

图8.3.3-1　DJJ型激光经纬仪

天顶方向时，水平转动仪器一周，激光点（或视线）一直指在一定点上，说明激光束（或视线）方向铅直。此仪器平时也可用作一般经纬仪使用，因其为可见光，故在施工现场放线中，清除视线上障碍物很是方便。

2. 激光垂准仪

此种专用仪器有水准管定平和自动定平两种。图 8.3.3-2 为北京市建筑工程研究院研制的自动激光垂准仪。仪器的竖直系统由 147mm 长、1mW 的氦-氖激光管和 25 倍的非调焦望远镜串联而成，用万向支架悬挂以实现自由摆动，静止时激光束正处于铅垂方向。光束可达 200m、铅垂精度 ±20″，利用激光器尾部的副光，可在安置仪器时做对中用。

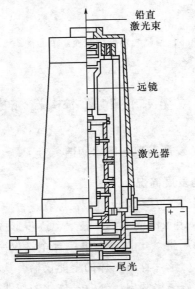

图 8.3.3-2　自动激光垂准仪

检校仪器时，可在仪器的正上方高处，水平设置白纸板作为接收靶，启动激光器后，将仪器水平旋转一周，若光斑在白纸板上的轨迹为一闭合环，则需要调节套筒上固定激光管的校正螺丝，使其轨迹趋于一点为止。

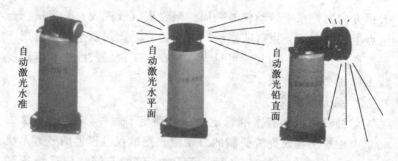

图 8.3.3-3　自动激光多用仪

图 8.3.3-3 为图 8.3.3-2 自动激光垂准仪加上不同配件即可成为：自动激光垂准面仪、自动激光水准仪和自动激光水平面仪。

复习思考题：

1. 对比激光经纬仪与激光垂准仪在使用中的优缺点。
2. 见 8.6 节 5 题。

8.4　全站仪的基本构造和操作

8.4.1　全站仪的发展简况与基本构造

1. 全站仪的发展简况

1963 年德国芬奈厂研制出世界上第一台编码电子经纬仪，加上 1947 年已经出现的光电测距技术，逐步形成了电子半站仪。1968 年德国蔡司厂生产出世界上第一台全站仪——集电子测角、光电测距、电子记录计算于一体的全能仪器，从此测量工作的自动化、电子化、数字化和内、外业一体化的作业方式由理想变成现实。自从全站仪问世以后，大体上走过了三代。大约前一半多的时间是第一代的逐步完善的阶段，主要表现远镜的同轴照准、测距与电子经纬仪测角的一体化，当时的测距精度在 10mm 左右；第二代全站仪主要表现为计算机软件进入全站仪和测距精度的提高到 5mm 左右；第三代全站仪主要表现为自动化程度与测距测角精度的进一步提高。

2. 国产全站仪的发展简况

自 20 世纪 80 年代以后，国内几大仪器厂家从引进技术开始，生产光电测距仪和电子经纬仪。90 年代逐步走上自主开发全站仪的道路，现在已能生产第一代 2″、5″ 全站仪，如北京光学仪器厂生产的 DZQ22-HC 型 [见图 8.4.1（a）]，苏州第一光学仪

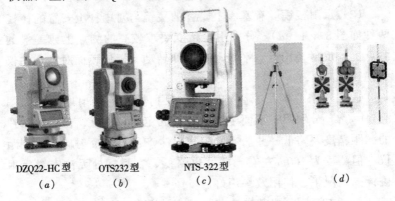

DZQ22-HC 型　　OTS232 型　　NTS-322 型
　　（a）　　　　（b）　　　　　（c）　　　　　　　　（d）

图 8.4.1　国产全站仪
(a) 北京光学仪器厂生产；(b) 苏州第一光学仪器厂生产；
(c) 广州南方测绘仪器公司生产；(d) 各种反射棱镜片

器厂生产的 OTS232 型 [见图 8.4.1（b）]，广州南方测绘仪器公司生产的 NTS-322 型 [见图 8.4.1（c）]。国产全站仪的测距精度已达到 $\pm(5mm + 3\times10^{-6}\cdot D) \sim \pm(3mm + 2\times10^{-6}\cdot D)$，测角精度 $\pm 5″ \sim \pm 2″$。前述三种国产全站仪性能指标如表 8.4.1。

国产全站仪性能指标　　　　　表 8.4.1

生产厂家	仪器型号	望远镜			测角精度	测距精度（棱镜）	测程			内存
		孔径	倍数	成像			免镜贴片	单镜	三镜	
北光厂	DZQ22-HC	45mm	30×	正像	2″	$\pm(3mm+2\times10^{-6}\times D)$		1.8km	2.6km	8000
苏一光厂	OTS232	45mm	30×	正像	2″	$\pm(3mm+3\times10^{-6}\times D)$	60m 700m	5.0km		8000
南方测绘	NTS-322	45mm	30×	正像	2″	$\pm(3mm+2\times10^{-6}\times D)$		1.8km	2.6km	3000

3. 全站仪的基本构造

（1）**主机** 全站仪主机是一种光、机、电、算、贮存一体化的高科技全能测量仪器。测距部分由发射、接收与照准成共轴系统的望远镜完成，测角部分由电子测角系统完成，机中电脑编有各种应用程序，可完成各种计算和数据贮存功能。直接测出水平角、竖直角及斜距离是全站仪的基本功能。

（2）**反射棱镜** 有基座上安置的棱镜与对中杆上安置的棱镜两种如图 8.4.1（d）。分别用于精度要求较高的测点上或一般的测点上，反射镜均可水平转动与俯仰转动，以使镜面对准全站仪的视线方向。

近几年来有的厂家生产出 360°反射棱镜与反射贴片，如图 8.4.1（d）分别用于不便于转动或某固定的目标上，但反射贴片的测距精度要略低一些。有的厂家已生产出不用反射棱镜的测距仪，但测程为 100m 左右、精度也略低、在目标处无法安置反射棱镜的情况下，使用效果很好。

（3）**电源** 分机载电池与外接电池两种。

复习思考题：

1. 见 8.6 节 6 题。
2. 反射棱镜有哪几种？各适用于何种情况？

8.4.2 国产第二代全站仪的构造特点

1. 同轴望远镜

全站仪的望远镜中，瞄准目标的视准轴和光电测距的红外光发射接收光轴是同轴的，其光路示意图如图 8.4.2 所示。在望远镜与调焦透镜中间设置分光棱镜系统，使它一方面可以接收目标发出的光线，在十字线分划板上成像，进行测角时的瞄准；又可使光电测距部分的发光二极管射出的调制红外光经物镜射向目标棱镜，并经同一路径反射回来，由光敏二极管接收（叫外光路），同时还接收在仪器内部通过光导纤维由发光二极管传来的调制红

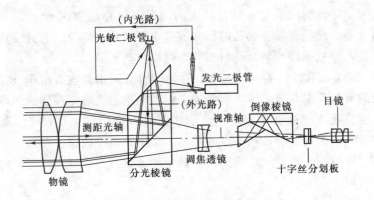

图 8.4.2 全站仪望远镜的光路

外光（叫内光路），由内、外光路调制光的相位差计算所测距离。

因为全站仪望远镜是测角瞄准与测距光路同轴的，因此，一次瞄准目标棱镜（反光棱镜置于觇牌中心），即能同时测定水平角、竖直角和斜距。望远镜也能作360°纵转，通过直角目镜，可以瞄准天顶目标（施工测量中常有此需要），并可测得其铅垂距离（高差）。

2．竖盘指标自动补偿

和电子经纬仪的竖盘指标自动补偿原理相同。

3．键盘

全站仪的键盘为测量时的操作指令和数据输入的部件，键盘上的键分为硬键和软件键（也叫软键）两种。每个硬键有固定的功能，或兼有第二、第三功能；软键与屏幕最下一行显示的菜单相配合，使软键在不同的功能菜单下有多种功能。

4．存储器

把测量数据先在仪器内存储起来，然后传送到外围设备（电子记录手簿和计算），全站仪的存储器有机内存储器和存储卡两种。

（1）机内存储器　机内存储器相当于计算机中的内存（RAM），利用它来暂时存储或读出（存/取）测量数据，其容量的大小随仪器的类型而异，较大的内存可以存储 3000 个点的观测数据。现场测量所必需的已知数据也可以放入内存。经过接口线将内存数据传到到计算机以后，可以将其消除。

（2）存储卡　存储卡的作用相当于计算机的磁盘，用作全站仪的数据存储装置，卡内有集成电路、能进行大容量存储的元件和运算处理的微处理器。一台全站仪可以使用多张存储卡。通常，一张卡能存储数千个点的距离、角度和坐标数据。在与计算机进行数据传送时，通常使用叫做卡片读出打印机（卡读器）的专用设备。

将测量数据存储在卡上后，把卡送往办公室处理测量数据。同样，在室内将坐标数据等存储在卡上后，送到野外测量现场，就能使用卡中的数据。

5．具有程序功能

全站仪除了能测定地面点之间的水平角、竖直角、斜距、平距与高差等直接观测值以及进行有关这些观测值的改正（例如竖直角的指标差改正、距离测量的气象改正）外，一般还设置一些简单的计算程序（软件），能在测量现场实时计算出待定点的三维坐标（平面坐标 y_i、x_i 和高程 H_i）、点与点之间的平距、高差和方位角，或根据已知的设计坐标计算出放样数据。这些软件的内容有：

（1）三维坐标测量　将全站仪安置在已知坐标点上，后视已知点方向并求出仪器的视线高，这样在未知点上立反射棱镜即可求出该测点的三维坐标（y_i、x_i、H_i）。

（2）对边测量　将全站仪安置在能同时看到两欲测点测站上，测出两边长及夹角，通过软件即可算出两欲测点的间距及高差。

（3）后方交会　在一待定点上，通过观测二个已知点后，即可通过二边一夹角的软件算出待定点坐标，叫做后方交会。若观测二个以上的已知点，则有了多余观测的校核，又可通过软件的平差而提高精度。

(4) 悬高测量 观测某些不能安置反射棱镜的目标（如高空桁架、高压电线等）的高度时，可在目标下面或上面安置棱镜来测定叫做悬高测量或遥测高程。

(5) 偏心测量 如欲测出某烟囱的中心坐标，而在其中线两侧安置棱镜，观测后通过软件即可算出不可到达的中心坐标。

(6) 放样测量 通过实测边长或点位与设计边长或设计点位的比较，对实测点进行改正，以达到放样的目的。

8.4.3 全站仪的精度等级与检定项目

1. 全站仪的精度等级

根据 2004 年 3 月 23 日实施的《全站型电子速测仪检定规程》（JJG100—2003）规定，按 1km 的测距标准偏差 m_D 计算，精度分为四级，如表 8.4.3-1。

全站仪精度等级表　　　表 8.4.3-1

精度等级	测角标准偏差	测距标准偏差	精度等级	测角标准偏差	测距标准偏差
Ⅰ	$m_\beta \leq 1''$	$m_D \leq (1+1 \cdot D)$ mm	Ⅲ	$2'' < m_\beta \leq 6''$	$(3+2 \cdot D)$ mm $< m_D \leq (5+5 \cdot D)$ mm
Ⅱ	$1'' < m_\beta \leq 2''$	$(1+1 \cdot D)$ mm $< m_D \leq (3+2 \cdot D)$ mm	Ⅳ	$6'' < m_\beta \leq 10''$	$m_D \leq (5+5 \cdot D)$ mm

2. 全站仪的检定

根据《全站型电子速测仪检定规程》（JJG 100—2003）规定，全站仪的检定周期为最长不超过 1 年，全站仪的检定项目分为三部分：光电测距系统的检定，按照 JJG 703—2003 执行（见 7.4.3 中 4.）；电子测角系统的检定，按表 8.4.3-2 执行；数据采集系统的检定按表 8.4.3-3 执行。

全站仪的数据采集，有存贮卡式记录器、电子记录手簿式记录器，以及便携式微机记录终端三种方式。后两种属于配套的外围设备，存贮卡是许多全站仪的一个附件，对存贮卡应检定的项目列于表 8.4.3-3。

电子测角系统的检定项目表　　　表 8.4.3-2

序号	检 定 项 目	检定类别		
		首次检定	后续检定	使用中检定
1	外观及一般功能检查	+	+	+
2	基础性调整与校准	+	+	+
3	水准管轴与竖轴的垂直度	+	+	+
4	望远镜十字线竖线对横轴的垂直度	+	+	−
5	照准部旋转的正确性	+	±	−
6	望远镜视准轴对横轴的垂直度	+	+	−
7	照准误差 c、横轴误差 i、竖盘指标差	+	+	+
8	倾斜补偿器的零位误差、补偿范围	+	+	−
9	补偿准确度	+	+	+
10	光学对中器视准轴与竖轴重合度	+	+	−
11	望远镜调焦时视准轴的变动误差	+	±	−
12	一测回水平方向标准偏差	+	+	−
13	一测回竖直角测角标准偏差	+	±	−

注：检定类别中"+"号为应检项目；"−"号为不检项目；"±"号可检可不检定项目根据需要确定。

存贮卡检定项目表　　　表 8.4.3-3

序号	检 定 项 目	检定类别	
		首次检定	使用中检定
1	存贮卡的初始化	+	±
2	存贮卡容量检查	+	+
3	文件创建和删除	+	+
4	测量与数据记录	+	+
5	数据查阅	+	+
6	数据传输	+	+
7	设置与保护	±	±
8	解除与保护	±	±

注：检定类别中，"+"号为应检项目；"±"号为按存贮卡的产品类别性能及送检单位的需要，由检定单位确定是否检定的项目。

8.4.4　全站仪的基本操作方法、使用与保养要点

1. 全站仪的基本操作方法

全站仪是光、电、机、算、贮等功能综合，构造精密的自动化仪器。全站仪的使用要参考 6.3.6 电子经纬仪的使用与 7.4.4 光电测距仪的使用有关内容。使用前一定要仔细阅读仪器说明

书，了解仪器的性能与特点。仪器要专人使用，按期检定、定期检查主机与附件是否运转正常、齐全。在现场观测中仪器与反射棱镜均必须有专人看守以防摔、砸。在测站上的操作步骤如下：

（1）安置仪器　对中、定平后，测出仪器的视线高 $H_已$；

（2）开机自检　打开电源，仪器自动进入自检后，纵转望远镜进行初始化即显示水平度盘读数与竖直度盘读数（初始化这一操作，近几年来生产的仪器已经取消）；

（3）输入参数　主要是棱镜常数、温度、气压及湿度等气象参数（后三项有的仪器已可自动完成）；

（4）选定模式　主要是测距单位、小数位数及测距模式，角度单位及测角模式；

（5）后视已知方位　输入测站已知坐标（$y_已$、$x_已$、$H_已$）及后视边已知方位（$\varphi_已$）；

（6）观测前视欲求点位　一般有四种模式：①测角度——同时显示水平角与竖直角；②测距——同时显示斜距离、水平距离与高差；③测点的极坐标——同时显示水平角与水平距离；④测点位——同时显示 y_i、x_i、H_i。

（7）应用程序测量　近代的全站仪均有内存的专用程序可进行多种测量如：①按已知数据进行点位测设；②对边测量——观测两个目标点，即可测得其斜距离、水平距离、高差及方位角；③面积测量——观测几点坐标后，即测算出各点连线所围起的面积；④后方交会——在需要的地方安置仪器，观测 2~5 个已知点的距离与夹角，即可以后方交会的原理测定仪器所在的位置；⑤其他特定的测量，如导线测量等。

2. 全站仪的使用、保养要点

全站仪的使用、保养要点参见 7.4.4。

复习思考题：

1. 全站仪的使用、保养要点有哪些？
2. 见 8.6 节 7 题。

8.4.5 第三代全站仪的构造特点

1. 光学对中改为激光对中 当打开激光对中器后,立即出现1mm的一条鲜红色的激光束,在地上形成一个小红点,用以对中。即方便又准确。

2. 用相互垂直的电子水准器代替长水准管 只需定平水准盒,打开电子显示的电子水准器进行精密定平,精度比水准管高二倍。

3. 打开开关后,直接显示水平盘与竖直盘的读数 取消了纵转远镜进行初始化的操作。

4. 在不便人眼观测的情况下,打开远镜激光束用以照准目标 鲜红色的激光视准轴可左右,上下进行照准、投测,甚至可铅垂的指向天顶方向,进行铅垂方向的竖向投测。

5. 光电测距有三种方式:

(1) 视准轴可直接照准目标反射棱镜,进行测距;

(2) 视准轴可直接照准目标处的反射贴片,进行测距;

(3) 视准轴可直接照准目标处的无反射目标,进行测距——一般视线长60~100m,但测距精度略低一些。这对观测不可到达的目标是非常方便的。

6. 仪器内部装有温度、气压、湿度测定设备 对测距进行自动改正。

7. 仪器内部装有双轴倾斜传感器 当仪器竖轴(VV)未严格铅直,从而会引起角度观测的误差,而且不能从盘左、盘右观测中得以抵消。双轴倾斜传感器则可将竖轴的倾斜,通过微处理器在度盘读数中自动改正。

8. 仪器内部的存储容量、程序软件更加丰富 有的仪器可自编程序以适应不同的需要。

9. 仪器精度进一步提高 一般测角精度为 $\pm 2''$,测距精度为 $\pm (2mm + 2 \times 10^{-6} \times D)$。

10. 有的仪器内部装有驱动马达 可自动追踪目标,使观测自动化。

图 8.4.5 为瑞士徕卡厂 2003 年生产的 TPS402 型、中文显示的第三代全站仪。测距精度 $\pm(2mm+2\times10^{-6}\times D)$、测程 3500m，无棱镜测距精度 $\pm(3mm+2\times10^{-6}\times D)$、测程 170m，测角精度 2″。上面 1~9 项性能均具备。

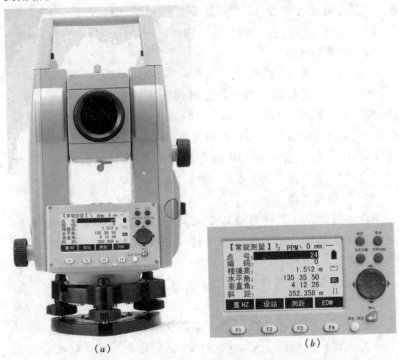

图 8.4.5 瑞士徕卡厂生产的 TPS402 型全站仪
(a) 瑞士徕卡厂生产 TPS402 型全站仪；(b) TPS402 型显示器

复习思考题：

能对无反射目标进行测距，这对工程测图和施工测量意义何在？

8.4.6 全站仪的选购与选用

在硬件快速发展、软件不断改进，使全站仪的功能日新月异的当代,在工作中如何选购?如何选用全站仪呢?

1. 选购、选用全站仪的基本原则

应是以满足工程测量的需要为主考虑,尽量节约投资。当前国产全站仪的精度、性能与稳定性等方面都达到设计要求,但比起由先进国家进口的全站仪在先进性与工艺水平上存在一定差距,但同等精度的仪器,国产仪器要便宜一半,而且在国内便于维修,因此,建议读者在选购中、低档仪器时应以国产仪器为好。

2. 在精度方面

在一般工程中,使用 $\pm(5mm+3\times10^{-6}\times D)$ 或 $\pm(3mm+2\times10^{-6}\times D)$ 的仪器应当说是能够保证工程要求的。对于大型、重点工程可选用 $\pm(2mm+2\times10^{-6}\times D)$ 的全站仪,一般不轻易选购 $\pm(1mm+1\times10^{-6}\times D)$ 的高精度全站仪,因其价格是一般仪器的 2~3 倍,且多不能用反射贴片。监理单位使用 $\pm(2mm+2\times10^{-6}\times D)$ 的仪器一般均能满足工作需要。

3. 在测程方面

在一般建筑工程测量或施工测量中,使用 1.4~2km 测程的中短程仪器即可。在市政工程中使用 2.0~3.5km 测程的中远程仪器即可。

4. 三脚架棱镜与棱镜杆的选用

在控制测量中,一定要使用三脚架棱镜。在碎部测量中,可选用棱镜杆,但要经常校对圆水准盒气泡的正确性。

为保证观测精度,全站仪每年一定要送正规计量检定部门进行检定;使用中,一定进行温度和气压的改正;在阳光下,一定要打伞;使用棱镜杆时,一定保证圆水准盒的正确性。

在现场观测中,观测者绝不能离开仪器与棱镜架,以防摔损,收工后,一定将仪器存放在铁皮保险柜中,以防盗、防潮。

复习思考题:

如何正确选购、选用全站仪。观测中如何保证观测精度。

8.5 GPS全球卫星定位系统在工程测量中的应用

8.5.1 GPS全球卫星定位系统简况与功能

1. GPS：是英文 Navigation Satellite Timing and Ranging/Global Positioning System 的缩写词 NAVSTAR/GPS 的简称。其含义是利用卫星的测时和测距进行导航，以构成全球定位系统，国际上简称为 GPS。它可向全球用户提供连续、实时、全天候、高精度的三维位置、运动物体的三维速度和时间信息。GPS技术除用于精密导航和军事目的外，还广泛应用于大地测量、工程测量、地球资源调查等广泛领域。在施工测量中近年来用于高层建（构）筑物的台风震荡变形观测取得良好的效果。

2. GPS的基本组成：分三大部分，即空间部分、地面控制部分和用户部分，如图8.5.1-1。

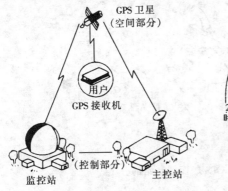
图8.5.1-1 GPS的三部分组成

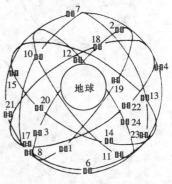
图8.5.1-2 GPS卫星网

（1）空间部分 由24颗位于地球上空平均20200km轨道上的卫星网组成，如图8.5.1-2。卫星轨道成近圆形，运动周期11h58min。卫星分布在6个不同的轨道面上，轨道面与赤道平面的倾角为 55°，轨道相互间隔 120°，相邻轨道面邻星相位差为 40°，每条轨道上有 4 颗卫星。卫星网的这种布置格局，保证了地球上任何地点、任何时间能同时观测到 4 颗卫星，最多能观测到 11 颗，这对测量的精度有重要作用。卫星上发射三种信号——精密的 P 码、非精密的捕获码 C/A 和导航电文。

(2) 地面控制部分　包括一个主控站设在美国的科罗拉多，负责对地面监控站的全面监控。四个监控站分别设在夏威夷、大西洋的阿松森岛、印度洋的迭哥伽西亚和南太平洋的卡瓦加兰，如图 8.5.1-3 所示。监控站内装有用户接收机、原子钟、气象传感器及数据处理计算机。主控站根据各监测站观测到的数据推算和编制的卫星星历、钟差、导航电文和其他控制指令，通过监控站注入到相应卫星的存储系统。各站间用现代化的通信网络联系起来，各项工作实现了高度的自动化和标准化。

图 8.5.1-3　GPS 地面控制站的分布

(3) 用户部分　是各种型号的接收机，一般由六部分组成：即天线、信号识别与处理装置、微机、操作指示器与数据存贮、精密振荡器以及电源。如图 8.5.1-4 为北京光学仪器厂生产的 GJS 型 GPS 接收机，图 8.5.1-5 为该机的显示屏。接收机的主要功能是接收卫星播发的信号并利用本身的伪随机噪声码取得观测量以及内含卫星位置和钟差改正信息的导航电文,然后计算出接收机所在的位置。

3. GPS 定位系统的功能特点:

(1) 各测站间不要求通视 但测站点的上空要开阔能收到卫星信号;

(2) 定位精度高 在小于 50km 的基线上,其相对精度可达 $1×10^{-6}$ ~ $2×10^{-6}$;

(3) 观测时间短 一条基线精密相对定位要 1~3h,短基线的快速定位只需几分钟;

(4) 提供三维坐标;

图 8.5.1-4 GJS 型 GPS 接收机

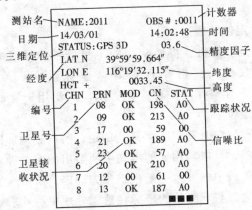

图 8.5.1-5 接收机的显示屏

(5) 操作简捷;

(6) 可全天候自动化作业。

复习思考题:

什么是 GPS? 它由哪几部分组成? 功能特点有哪些?

8.5.2 GPS 全球卫星定位系统的定位原理

由于电磁波在空间的传播速度已被精确地测定了，所以我们可以利用测定电磁波的传播时间的方法，间接求得两点之间的距离，7.4 节所介绍的光电测距仪正是利用这一原理来测量距离的。但用光电测距仪是测定由安置在测线一端的仪器所发射的光，经安置在另一端的反光棱镜反射回来所经历的时间来求算距离的。而 GPS 接收机则是测量电磁波从卫星上传播到地面的单程时间来计算距离，即前者是往返测，后者是单程测。由于卫星钟和接收机钟不可能精确同步，所以用 GPS 测出的传播时间中含有同步误差，由此算出的距离并不是真实的距离，观测中把含有时间同步误差所计算的距离叫做"伪距"。

为了提高 GPS 的定位精度，有绝对定位和相对定位两种，现分述如下。

1. 绝对定位原理

是用一台接收机，将捕获到的卫星信号和导航电文加以解算，求得接收机天线相对于 WGS-84 坐标系原点（地球质心）（见 3.3.5）绝对坐标的一种定位方法。广泛用于导航和大地测量中的单点定位。

由于单程测定时间只能测量到伪距，所以必须加以改正。对于卫星的钟差，可以利用导航电文中所给出的有关钟差参数加以修正，而接收机中的钟差一般很难预先确定，所以通常把它作为一个未知参数，与观测站的坐标在数据处理中一并求解。

求算测站点坐标实质上是空间距离的后方交会。在一个观测站上，原则上须有三个独立的观测距离才可以算出测站的坐标，这时观测站应位于以 3 颗卫星为球心，相应距离为半径的球面与地面交线的交点上。因此，接收机对这 3 颗卫星的点位坐标分量再加上钟差参数，共有 4 个未知数，所以至少需要 4 个同步伪距观测值。也就是说，至少必须同时观测 4 颗卫星，如图 8.5.2-1 所示。

在绝对定位中，根据用户接收机天线所处的状态，又可分为动态绝对定位和静态绝对定位。当接收机安装在运动载体（如车、船、飞机等）上，求出载体的瞬时位置叫动态绝对定位。若接收机固定在某一地点处于静止状态，通过对 GPS 卫星的观测确定其位置叫静止绝对定位。在公路勘测中，主要是使用静止定位方法。

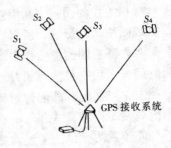

图 8.5.2-1 绝对定位原理

关于用伪距法定位观测方程的解算均已包含在 GPS 接收设备的软件中，这里不再论述。

2. 相对定位原理

使用一台 GPS 接收机进行绝对定位由于受到各种因素的影响，其定位精度很低，一般静态绝对定位只能精确到米，动态定位只精确到 10～30m。这一精度是远远达不到工程测量要求的。所以工程中广泛使用的是相对定位。

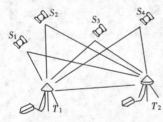

图 8.5.2-2 静态相对定位

相对定位的基本情况是两台 GPS 接收机分别安置在基线的两端同步观测相同的卫星，以确定基线端点在坐标系的相对位置或基线向量，如图 8.5.2-2 所示。当然，也可以使用多台接收机分别安置在若干条基线的端点，通过同步观测以确定各条基线的向量数据。相对定位对于中等长度的基线，其精度可达 10^{-7}～10^{-6}。相对定位也可按用户接收机在测量过程中所处的状态分静态定位和动态定位两种。

（1）静态相对定位 由于接收机固定不动，可以有充分的时间通过重复观测取得多余观测数据，加之多台仪器同时观测，很多具有相关性的误差,利用差分技术都能消去或削弱这些系统误差对观测结果的影响,所以,静态相对定位的精度是很高的,在公路、桥隧控制测量工作中均用此法。在实施过程中,为缩短观测时间,采用一种快速相对定位模式,即用一台接收机固定在参考站上,以确定载波的初始整周待定值,而另一始接收机在其周围的观测站流动,并在每一流动站上静止地与参考站上的接收机进行同步观测,以测量流动站与固定站之间的相对位置。这种观测方式可以将每一站上的观测时间由数小时缩短为几分钟,而精度并不降低。

(2) 动态相对定位 是将一台接收机设在参考点上不动,另一台接收机安置在运动的载体上,两台接收机同步观测 GPS 卫星,从而确定流动点与参考点之间的相对位置,如图 8.5.2-3 所示。

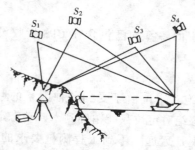

图 8.5.2-3 动态相对定位

动态相对定位的数据处理有两种方式,一种是实时处理,一种是测后处理。前者的观测数据无需存储,但难以发现粗差,精度较低;后者的精度,在基线长度为数公里的情况下,精度约为 1~2cm,较为常用。

复习思考题:

见 8.6 节 8 题。

8.5.3 GPS 全球定位系统的精度等级与 GPS 接收机的检定项目

1. GPS 精度划分

根据《全球定位系统(GPS)测量规范》(GB/T 18314—2001)GPS 精度划分为:AA、A、B、C、D、E 六级。各级 GPS 测量的用途,见表 8.5.3-1。各级 GPS 网相邻点间基线长度精度用下式表示,并按表 8.5.3-1 规定执行。

$$\sigma = \pm \sqrt{A^2 + (B \cdot 10^{-6} \cdot D)^2} \qquad (8.5.3)$$

式中 σ——标准差（mm）；
  A——固定误差（mm）；
  B——比例误差系数；
  D——相邻点间距离（km）。

GPS 精度等级 表 8.5.3-1

等级	固定误差 a mm	比例误差系数 b	各等级 GPS 测量的用途
AA	≤3	≤0.01	AA、A 级可作为建立地心参考框架的基础
A	≤5	≤0.1	AA、A、B 级可作为建立国家空间大地测量控制网的基础
B	≤8	≤1	B 级主要用于局部形变监测和各种精密工程测量
C	≤10	≤5	C 级主要用于大、中城市及工程测量的基本控制网
D	≤10	≤10	D、E 级主要于中、小城市、城镇及测图、地籍、土地信息、房产、物探、勘测、建筑施工等的控制测量
E	≤10	≤20	

2. GPS 接收机的检定

根据《全球定位系统（GPS）测量型接收机检定规程》（CH 8016—1995）（此规程正在修订中）分两类,共检定 10 项,如表 8.5.3-2,检定周期为一年。

(1) 检定分类：

1) 新购置的和修理后的 GPS 接收机的检定；

2) 使用中的 GPS 接收机的定期检定。

(2) 对于不同的类别,检定的项目有所不同,见表 8.5.3-2。对于①类接收机,应检定表 8.5.3-2 中的所有项目。

(3) 表 8.5.3-2 中②类各项目的检定周期一般不超过一年。

GPS 接收机的检定项目表 表 8.5.3-2

序号	检定项目	检定类别 ①	检定类别 ②
1	接收机系统检视	+	+
2	接收机通电检验	+	+
3	内部噪声水平测试	+	+
4	接收机天线相位中心稳定性测试	+	-
5	接收机野外作业性能及不同测程精度指标的测试	+	-
6	接收机频标稳定性检验和数据质量的评价	+	+
7	接收机高低温性能测试	+	-
8	GPS 接收机附件检验	+	+
9	数据后处理软件验收和测试	+	-
10	接收机综合性能的评价	+	-

注：检定类别中"+"代表必检项目；"-"代表可检可不检项目。

8.5.4 我国国家高精度 GPS 网（NGPSN）网的建立

我国从 1991 年开始对 NGPSN 项目进行生产性试验研究，根据试验结果制定了建网的观测方案、技术规程与仪器检定规程。NGPSN 分三个层次：GPS 连续运行站网、GPS A 级网与 GPS B 级网。

1. GPS 连续运行站建设

1992 年至 1996 年期间，通过国际合作我国建立了武汉、拉萨、上海、乌鲁木齐、北京等 GPS 连续运行站。这些站加了 IGS（国际 GPS 地球动力学服务）的连续运行网运行，通过不断更新的大地坐标架框等参数，实现了和全球三维地心动态大地坐标框架的联系，构成了我国的三维地心大地坐标框架，成为 NGPSN A 级网的坐标网架基准。

2. NGPSN A 级网的建设

1992 年国家测绘局组织对 A 级网 28 个点进行观测，1996 年又进行了复测，解出了相应于 ITRF（国际地球参考框架）1993 的 A 级网点的坐标及其相应的运动速率。为 B 级网的数据处理提供了高精度三维地心坐标框架。

3. NGPSN B 级网的建设

从 1991 年至 1996 年，共完成了 818 个 B 级点的观测、平差、数据处理与分析，建立了我国与国际地球参考框架 ITRF 相一致的高精度地心坐标基准框架，这项成果达到了国际先进水平如表 8.5.4，实现了我国大地坐标框架的精度从 10^{-6} 到 10^{-7} 量级的飞跃。

我国 NGPSN 网的施测与精度情况　　　表 8.5.4

技术等级与测站数	A 级网、28 点	B 级网、818 点
GPS 施测时间	1992 年施测、1996 年复测	1992~1996 年
观测措施	连续 GPS 观测 10 天	昼夜对称观测 4 个时段，每次 8 小时
与水准网的联测	以二等以上水准联测	以四等以上水准联测
平均边长	700km	50~200km
ITRF 框架下地心坐标绝对精度	水平分量 < ±0.1m 高程分量 < ±0.2m	水平分量 < ±0.2m 高程分量 < ±0.3m
边长相对精度	$< 2 \times 10^{-8}$	$< 3 \times 10^{-7}$

8.5.5　GPS 全球卫星定位系统在工程测量中的应用

1. 在控制测量中的应用

由于 GPS 测量能精密确定 WGS-84 三维坐标，所以能用来建立平面和高程控制网，在基本控制测量中主要作用是：建立新的地面控制网（点）；检核和改善已有地面网；对已有的地面网进行加密等。在大型工程建立独立控制网中，如在大型公用建筑工程、铁路、公路、地铁、隧道、水利枢纽、精密安装等工程中有着重要的作用。在图根控制方面，若把 GPS 测量与全站仪相结合，则地形碎部测量、地籍测量等将是省力、经济和有效的。

2. 工程变形监测中的应用

工程变形包括建筑物的位移和由于气象等外界因素而造成的建筑物变形或地壳的变形。由于 GPS 具有三维定位能力，可以成为工程变形监测的重要手段，它可以监测大型建筑物变形、大坝变形、城市地面及资源开发区地面的沉降、滑坡、山崩；还能监测地壳变形为地震预报提供具体数据。

3．在海洋测绘中的应用

这种应用包括岛屿间的联测，大陆架控制测量，浅滩测量，浮标测量，港口、码头测量，海洋石油钻井平台定位以及海底电缆测量。

4．在交通运输中的应用

GPS测量应用于空中交通运输中既可保证安全飞行，又可提高效益。在机动指挥塔上设立GPS接收机，并在各飞机上装有GPS接收机，采用GPS动态相对定位技术，则可为领航员提供飞机的三维坐标，以便安全飞行和着陆。对于飞机造林、森林火灾、空投救援、人工降雨等，GPS能很容易满足导航精度，提高了导航的效益。在地面交通运输中，如车辆中设有GPS接收机，则能监测车辆的位置和运动。由GPS接收机和处理机测得的坐标，传输到中心站，显示车辆位置，这对于指挥交通调度铁路车辆及出租汽车等都是很方便的。

5．在建筑施工中的应用

在上海新建的八万人体育场的定位中，在北京国家大剧院定位检测中均使用了GPS定位。

复习思考题：

GPS定位系统在大型工程建设中的主要应用是什么？

8.6 复习思考题

1. 激光的特点是什么？在施工测量中如何发挥其作用？
2. 如何将横向激光准直仪安置成水平方向？
3. 使用90°弯管目镜经纬仪在竖向投测中要特别注意什么？
4. 用垂准仪向上投测中要特别注意什么？

5. 用激光经纬仪如何扫出水平线？
6. 全站仪的问世对施工测量作业的意义何在？
7. 全站仪测量点位一般应如何操作？
8. 第二代与第三代全站仪的构造特点有哪些？
9. GPS全球定位系统的相对定位原理是什么？为什么在工程测量多用相对定位？

8.7 操作考核内容

1. 激光垂准仪或激光经纬仪的基本操作考核

要求初级放线工能正确使用激光垂准仪或激光经纬仪做竖向投测，并对四个90°方向的投点取中。

2. 全站仪的基本操作考核

要求中级放线工能基本正确使用全站仪进行以下工作：

(1) 全站仪的安置、初始化、棱镜常数、气温、气压等参数的植入要正确；

(2) 用测回法与复测法测量水平角、操作、记录与计算均正确；

(3) 测设已知点位，操作正确；

(4) 测绘平面图。

第9章 测量误差的基本理论知识和应用

9.1 测量误差的传播定律

9.1.1 观测值函数的中误差

在测量工作中有些所求量,往往不能直接观测出来,而需由别的直接观测结果计算得出,如导线测量中方位角不能直接测出,而根据各导线点左角的观测值 $\beta_1 \cdots \beta_n$ 推算而得。显然,这些直接观测值是互相独立的,也就是互不影响的,而所要求的方位角则是各独立观测值的函数;在这种情况下,如各个独立观测值的误差已知时,它对各观测值的函数是有影响的,这叫做误差的传播。为了研究观测值函数中误差与独立观测值中误差之间的规律性,这里介绍常用的三种观测值函数的中误差。

1. 和差函数的中误差

和差函数 $z = x \pm y$。式中 x、y 为独立观测值,在观测一次时,各独立观测值及总和的真误差分别为:Δx、Δy、Δz,则前式变为:

$$z + \Delta z = (x + \Delta x) \pm (y + \Delta y)$$

以上两式相减得:

$$\Delta z = \Delta x \pm \Delta y$$

如 x、y 均观测了 n 次,即可得 n 个与上式相同的式子,再将各式平方展开如下:

$$\Delta z_1^2 = \Delta x_1^2 + \Delta y_1^2 \pm 2\Delta x_1 \Delta y_1$$

$$\Delta z_2^2 = \Delta x_2^2 + \Delta y_2^2 \pm 2\Delta x_2 \Delta y_2$$

....

上式相加并除以 n 得:
$$\Delta z_n^2 = \Delta x_n^2 + \Delta y_n^2 \pm 2\Delta x_n \Delta y_n$$
$$\frac{[\Delta z^2]}{n} = \frac{[\Delta x^2]}{n} + \frac{[\Delta y^2]}{n} \pm 2\frac{[\Delta x \Delta y]}{n}$$

由于中误差 $m^2 = \frac{[\Delta\Delta]}{n}$,并设 x、y、z 的中误差分别为 m_x、m_y、m_z;而上式 $[\Delta x \Delta y]$ 为随机误差乘积之和,按随机误差特性,当 n 愈大,$\frac{[\Delta x \Delta y]}{n}$ 愈趋近于零,即上式可写成:

$$m_z^2 = m_x^2 + m_y^2 \qquad (9.1.1\text{-}1)$$

即和差函数中误差的平方,等于各独立观测值中误差的平方和。当 $m_x = m_y = m$ 时,上式可写为:

$$m_z = m\sqrt{2} \qquad (9.1.1\text{-}2)$$

即两个同精度观测值代数和的中误差,等于其中一个独立观测值中误差的 $\sqrt{2}$ 倍。

同理亦可证出,当 $z = x_1 + x_2 + x_3 \cdots\cdots + x_n$ 时,其中误差关系是:

$$m_z^2 = m_1^2 + m_2^2 + m_3^2 + \cdots\cdots + m_n^2 \qquad (9.1.1\text{-}3)$$

当 $m_1 = m_2 = \cdots\cdots = m_n = m$ 时,上式又可写为:

$$m_z = m\sqrt{n} \qquad (9.1.1\text{-}4)$$

例如:一个角度两方向读数的中误差均为 $\pm 6''$,根据 (9.1.1-2) 式,可知该角度的中误差是 $\pm 6''\sqrt{2} = \pm 8.5''$。

例如:测角中误差是 $\pm 8.5''$,则五边形内角和的中误差是 $\pm 8.5''\sqrt{5} = \pm 19.1''$。

2. 倍数函数的中误差

倍数函数 $z = Kx$。式中 x 是直接观测值,K 是常数,其误差

关系是:

$$\Delta z = K\Delta x$$

如 x 观测 n 次,可写出 n 个上类式子,分别平方后得:

$$\Delta z_1^2 = K^2 \Delta x_1^2$$
$$\Delta z_2^2 = K^2 \Delta x_2^2$$
$$\cdots\cdots\cdots\cdots\cdots\cdots$$
$$\Delta z_n^2 = K^2 \Delta x_n^2$$

求总和除以 n 得:

$$\frac{[\Delta z^2]}{n} = K^2 \frac{[\Delta^2]}{n}$$

所以

$$m_z^2 = K^2 m_x^2$$
$$m_z = K m_x \tag{9.1.1-5}$$

即某一观测值与常数 K 乘积的中误差,等于该观测值中误差与常数 K 的乘积。

例如:视距公式 $D = KR$,如 R 的中误差为 m_R,$K = 100$,则 D 的中误差 $m_D = 100 \cdot m_R$。

当视线长度为 100m 时,$m_R = 0.003$m,则视距的中误差 $m_D = 100 \times 0.003$m $= 0.3$m。

3. 线性函数的中误差

线性函数 $z = K_1 X_1 \pm K_2 X_2 \pm \cdots \pm K_n X_n$ 式中 x_1、x_2、$\cdots x_n$ 为直接观测值,K_1、K_2、$\cdots K_n$ 为常数,则可按和差函数(9.1.1-3)式,及倍数函数(9.1.1-5)式关系推导出:

$$m_z^2 = (K_1 m_1)^2 + (K_2 m_2)^2 + \cdots + (K_n m_n)^2 \tag{9.1.1-6}$$
$$m_z = \pm \sqrt{K_1^2 m_1^2 + K_2^2 m_2^2 + \cdots + K_n^2 m_n^2} \tag{9.1.1-7}$$

即直线函数中误差的平方,等于各个常数与相应观测值的中误差相乘积的平方和。若各常数 K 相等,各 m 也相等时,则:

$$m_z = \pm K m \sqrt{n} \tag{9.1.1-8}$$

复习思考题:

计算 J6、J2 经纬仪的一测回测角的中误差 m_{J6}、m_{J2} 各是多少?

9.1.2 算术平均值及其中误差

1. 算术平均值

对于一个量进行了 n 次等精度的观测，得出了不同的结果 l_1、l_2……l_n 怎样来确定它的最后成果？

设真值为 X，Δ_1、Δ_2……Δ_n 为真误差，则：

$$\Delta_1 = X - l_1$$
$$\Delta_2 = X - l_2$$
$$\cdots\cdots\cdots\cdots$$
$$+\quad \Delta_n = X - l_n$$

相加得 $\quad [\Delta] = nX - [l]$

除以 n 得 $\quad \dfrac{[\Delta]}{n} = X - \dfrac{[l]}{n}$

$$X = \dfrac{[\Delta]}{n} + \dfrac{[l]}{n}$$

根据随机误差的特性知道 $\lim\limits_{n\to\infty}\dfrac{[\Delta]}{n}=0$。又算术平均值 $\bar{x} = \dfrac{l_1 + l_2 + \cdots\cdots + l_n}{n} = \dfrac{[l]}{n}$，将此两式分别代入上式得：

$$X = \bar{x} = \dfrac{[l]}{n} \qquad (9.1.2\text{-}1)$$

即当 n 无限增加时，$\bar{x}$ 即为真值 X。实际上观测次数 n 是有限的，观测值的算术平均值 $\bar{x}$ 接近于真值，也叫最或是值。这就是对于观测值取平均数的基本道理。

$$v_1 = \bar{x} - l_1$$
$$v_2 = \bar{x} - l_2$$
$$\cdots\cdots\cdots\cdots$$
$$v_n = \bar{x} - l_n$$

相加: $$[v] = n\bar{x} - [l_1]$$

因为 $$\bar{x} = \frac{[l]}{n}$$

所以 $$[v] = n\frac{[l]}{n} - [l]$$

得 $$[v] = 0 \tag{9.1.2-2}$$

(9.1.2-2) 式是计算算术平均值的校核公式。

2. 算术平均值的中误差（M）

算术平均值 $\bar{x} = \frac{[l]}{n} = \frac{1}{n}l_1 + \frac{1}{n}l_2 + \frac{1}{n}l_3 + \cdots\cdots \frac{1}{n}l_n$

式中：n 是观测次数；

l_1、l_2……l_n 是互相独立的观测值。

设 $\bar{x}$ 的中误差为 M，则按（9.1.1-6）式得：

$$M^2 = \left(\frac{1}{n}m_1\right)^2 + \left(\frac{1}{n}m_2\right)^2 + \cdots\cdots + \left(\frac{1}{n}m_n\right)^2$$

由于 l_1……l_n 为同精度，即 $m_1 = \cdots\cdots = m_2 = m$，则：

$$M^2 = n\left(\frac{1}{n}m\right)^2$$

$$M = \sqrt{n}\left(\frac{1}{n}m\right)$$

$$M = \frac{m}{\sqrt{n}} \tag{9.1.2-3}$$

这就是算术平均值的中误差 M，比各直接观测值的中误差 m 小 $\sqrt{n}$ 倍的道理。

例如：一个角共测四个测回，每个测回的测角中误差 $m = \pm 10''$，则四测回平均值的中误差 $M = \frac{m}{\sqrt{n}} = \frac{\pm 10''}{\sqrt{4}} = \pm 5''$

复习思考题：

J6 经纬仪测几个测回取平均值的精度，能达到 J2 经纬仪一测回的精度。

9.1.3 等精度观测值的中误差

公式（3.4.4-1）中误差 m 是由真误差 Δ 计算出来，实际上真误差 Δ 是不知道的，而只能求得其或是值 $\bar{x}$ 和或是误差 v，怎样用它来计算中误差，这是本节的内容。

因为
$$\left.\begin{aligned}\Delta_1 &= X - l_1\\ \Delta_2 &= X - l_2\\ &\cdots\cdots\\ \Delta_n &= X - l_n\end{aligned}\right\} \quad (1) \qquad \left.\begin{aligned}v_1 &= \bar{x} - l_1\\ v_2 &= \bar{x} - l_2\\ &\cdots\cdots\\ v_n &= \bar{x} - l_n\end{aligned}\right\} \quad (2)$$

用（1）式与（2）式对应的相减，并设 $(X - \bar{x}) = \delta$，代入后得出：

$$\begin{aligned}\Delta_1 &= v_1 + \delta\\ \Delta_2 &= v_2 + \delta\\ &\cdots\cdots\\ \Delta_n &= v_n + \delta\end{aligned}$$

上式分别自乘并求和，即得：

$$[\Delta\Delta] = [vv] + 2[v]\delta + n\delta^2$$

上式除 n
$$\frac{[\Delta\Delta]}{n} = \frac{[vv]}{n} + 2\delta\frac{[v]}{n} + \delta^2$$

由（9.1.2-2）式知 $[v] = 0$，则上式变为：

$$\frac{[\Delta\Delta]}{n} = \frac{[vv]}{n} + \delta^2 \quad (3)$$

由于 δ^2 是算术平均值真误差的平方，因 X 不知道，δ^2 无法求得，且 δ^2 值很小，故可用 m^2 代 δ^2，这样（3）式变为：

$$\frac{[\Delta\Delta]}{n} = \frac{[vv]}{n} + m^2$$

根据中误差公式（3.4.4-1），并将（9.1.2-3）式代入上式，得：

$$m^2 = \frac{[vv]}{n} + \frac{m^2}{n} \qquad (9.1.3\text{-}1)$$

即

$$m = \pm\sqrt{\frac{[vv]}{n-1}} \qquad (9.1.3\text{-}2)$$

这就是用改正数 v，来求观测值中误差的公式。由于 $M = \frac{m}{\sqrt{n}}$，则：

算术平均值的中误差 $\quad M = \pm\sqrt{\dfrac{[vv]}{n(n-1)}} \qquad (9.1.3\text{-}3)$

例题：一边丈量了四次，观测值是 121.336m、121.344m、121.350m 和 121.342m，求量距中误差 m 和平均值 $\bar{x}$ 的中误差 M。

解：$[l]$ = 121.336 + 121.344 + 121.350 + 121.342

$\qquad\quad$ = 485.372

$$\bar{x} = \frac{[l]}{n} = \frac{485.373}{4} = 121.343\text{m}$$

$v_1 = \bar{x} - l_1 = 121.343 - 121.336 = 0.007 \qquad v_1 v_1 = 0.000049$

$v_2 = \bar{x} - l_2 = 121.343 - 121.344 = -0.001 \qquad v_2 v_2 = 0.000001$

$v_3 = \bar{x} - l_3 = 121.343 - 121.350 = -0.007 \qquad v_3 v_3 = 0.000049$

$v_4 = \bar{x} - l_4 = 121.343 - 121.342 = 0.001 \qquad v_4 v_4 = 0.000001$

$[v] = 0.007 - 0.001 - 0.007 + 0.001 = 0.000 \quad [vv] = 0.000100$

$$m = \pm\sqrt{\frac{[vv]}{n-1}} = \pm\sqrt{\frac{0.0001}{4-1}} = \pm 0.0058\text{m} = \pm 5.8\text{mm}$$

$$M = \pm\sqrt{\frac{[vv]}{n(n-1)}} = \pm\sqrt{\frac{0.0001}{4(4-1)}} = \pm\frac{5.8\text{mm}}{\sqrt{4}} = \pm 2.9\text{mm}$$

9.1.4 加权平均值及其中误差

1. 权的概念

实际工作中常遇到不同精度的观测结果,如某一角度 β,以同一个仪器和方法分三组测,共测了九个测回,其每个测回的测角中误差 $m = \pm 10''$,经整理计算如表 9.1.4-1。

表 9.1.4-1

组别	观测次数 n	观测值	各组观测值的平均值 x_i	各组平均值的中误差 m_i
1	2	β_1、β_2	$\bar{x}_1 = \dfrac{\beta_1 + \beta_2}{2}$	$m_1 = \dfrac{m}{\sqrt{2}} = \pm 7.07''$
2	3	β_3、β_4、β_5	$\bar{x}_2 = \dfrac{\beta_3 + \beta_4 + \beta_5}{3}$	$m_2 = \dfrac{m}{\sqrt{3}} = \pm 5.78''$
3	4	β_6、β_7、β_8、β_9	$\bar{x}_3 = \dfrac{\beta_6 + \beta_7 + \beta_8 + \beta_9}{4}$	$m_3 = \dfrac{m}{\sqrt{4}} = \pm 5.00''$

从上表可以明显地看出第三组精度最高,其次是第二组,第一组的精度较低。因此我们可以说:$\bar{x}_3$ 的可靠程度大于 $\bar{x}_2$,$\bar{x}_2$ 又大于 $\bar{x}_1$;关于这个可靠程度可用个比值来表示,于是我们以 m_1 为分子,分别除以 m_1,m_2,m_3,得到:

$$\frac{m_1}{m_1} = 1, \frac{m_1}{m_2} = \sqrt{1.5}, \frac{m_1}{m_3} = \sqrt{2}$$

上面的比值还不理想,为消除 ± 号和充分反映误差大的精度较低,将它们平方:

$$\frac{m_1^2}{m_1^2} = 1, \frac{m_1^2}{m_2^2} = 1.5, \frac{m_1^2}{m_3^2} = 2$$

上面这个中误差平方的比值,既充分体现了 $\bar{x}_1$、$\bar{x}_2$、$\bar{x}_3$ 三组观测结果的可靠程度,叫做观测结果的"权",用 P 来表示。即:

$$P_1 = \frac{m_1^2}{m_1^2} = 1, P_2 = \frac{m_1^2}{m_2^2} = 1.5, P_3 = \frac{m_1^2}{m_3^2} = 2$$

这样 $P_1:P_2:P_3 = 1:1.5:2$

从上表"权"的数值，结合上表来看，说明了 $\bar{x}_3$ 的精度较高，可靠程度较大，故其权（P_3）亦较大（$P_3=2$）；$\bar{x}$ 的精度较低，则可靠程度自然较小，其权（P_1）亦较小（$P_1=1$）；而 $\bar{x}_2$ 则介于二者之间。同时也表明了权与相应观测值中误差的平方成反比关系，可写为：

$$P_1 = \frac{\mu_2}{m_1^2}, P_2 = \frac{\mu_2}{m_2^2}, P_3 = \frac{\mu_2}{m_3^2}$$

即

或写作

$$\left.\begin{array}{r} P_i = \frac{\mu_2}{m_i^2} \\ P_i m_i^2 = \mu^2 \end{array}\right\} \quad (9.1.4\text{-}1)$$

式中：μ 是常数，可依计算的便利而适当选定，但 P_i 与 m_i^2 的比例关系是固定的。所以说权是衡量观测结果相对精度的标准，这就是权的相对性，也就是权与中误差的主要区别。

设 $p_i=1$ 时，即： $1 \cdot m_i^2 = \mu^2$

$$m_i = \mu \quad (P_i = 1\text{ 时}) \quad (9.1.4\text{-}2)$$

因此 μ 叫做单位权的中误差，这是作为衡量不等精度观测值精度的一个主要指标。如水准每公里的中误差，量距每公里的中误差等常以 μ 表示。

例题1：一条边长，两组丈量结果是：第一组 $x_1 = 121.330\text{m} \pm 0.012\text{m}$；第二组 $x_2 = 121.346\text{m} \pm 0.030\text{m}$。求两组成果的权。

解：由 $P_i m_i^2 = \mu^2$ 知 $P_1 m_1^2 = P_2 m_2^2$

$$\frac{P_1}{P_2} = \frac{m_2^2}{m_1^2} = \frac{(0.030)^2}{(0.012)^2} = 6$$

设 $P_2=1$，则 $P_1=6$，即第一组成果的可靠程度为第二组的六倍；权除按观测值中误差来定外，一般常由同精度观测次数来定，即用不同观测次数作为权（P）的比；例如上表中 $\bar{x}_1$、$\bar{x}_2$、$\bar{x}_3$ 的观测次数分别为2、3、4，即 $P_1:P_2:P_3 = 2:3:4 = 1:1.5:2$，对照前面用中误差来定的 P 两者相同。

另外,对于水准或导线,路线愈长其误差愈大,故其权 (P) 与线长成反比,即以路线长 (D) 的倒数 $\left(\frac{1}{D}\right)$ 来定权;导线方位角传递的精度,则应按测站数定权,其理同前。

2. 加权平均值

上表中,三组观测值 $\bar{x}_1$、$\bar{x}_2$、$\bar{x}_3$,精度不同,其权分别为 $P_1 = 1$、$P_2 = 1.5$、$P_3 = 2$,今欲求其最或是值,由于精度不同即不能以 $\bar{x}_1$、$\bar{x}_2$、$\bar{x}_3$ 求算术平均值,只有将观测值化为同精度时,方可用算术平均值的方法,由于 β_1、$\beta_2 \cdots \cdots \beta_9$ 是同精度的,所以最或是值

$$\bar{x}_1 = \frac{\beta_1 + \beta_2 + \cdots + \beta_9}{2 + 3 + 4}$$

上式可化为: $\bar{x} = \dfrac{2\bar{x}_1 + 3\bar{x}_2 + 4\bar{x}_3}{2 + 3 + 4} = \dfrac{1\bar{x}_1 + 1.5\bar{x}_2 + 2\bar{x}_3}{1 + 1.5 + 2}$

因 x_1、x_2、x_3 不同精度,上式可写为:

$$\bar{x}_P = \frac{P_1\bar{x}_1 + P_2\bar{x}_2 + 4P_3\bar{x}_3}{P_1 + P_2 + P_3}$$

$$\bar{x}_P = \frac{[P\bar{x}]}{[P]} \qquad (9.1.4\text{-}3)$$

公式 (9.1.4-3) 是求加权平均值 $\bar{x}_P$ 的公式,其分子 $[P\bar{x}]$ 是不同精度观测值与相应的权乘积的总和,分母 $[P]$ 是权总和。

由上式亦可看到:权 (P) 大的观测值其可靠程度较大,在求权平均值时其影响(比重)亦大;权 (P) 小的则正相反。这个方法比较合理地处理了不同精度的观测值,亦较简便,对于水准、导线的简易直接平差,较为适用。

关于权平均值的校核式和精度计算可用:

$$[Pv] = 0 \qquad (9.1.4\text{-}4)$$

单位权中误差 $\mu = \pm\sqrt{\dfrac{[Pvv]}{n-1}}$ \qquad (9.1.4-5)

其原理证明基本上同 9.1.4-2,此处从略。

例题 2：如图 9.1.4 所示，为了测定 BMO 的高程 H_0，由 BM 甲$_2$（已知高程是 50.100m）测得 H_{01} = 49.051m，D_1 = 1.5km；由 BM 甲$_1$（已知高程是 47.495m）测得 H_{02} = 49.063m，D_2 = 2.3km；由 257 点（已知高程是 49.041m）测得 H_{03} = 49.041m，D_3 = 3.8km。用加权平均法求 H_0 和水准每公里的中误差 μ。

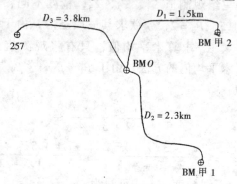

图 9.1.4 结点法水准测量

解：用下表进行计算

表 9.1.4-2

线路	测值 l	$\Delta l =$ $(l - l_0)$	线长 D	$P = \dfrac{1}{D}$	$P \cdot \Delta l$	$v = \bar{x}_P - l$	Pv	vv	Pvv
1	49.051	0.051	1.5	0.667	0.03415	+ 0.002	+ 0.00134	0.000004	0.00000268
2	49.063	0.063	2.3	0.435	0.02735	− 0.010	− 0.00435	0.000100	0.0000435
3	49.041	0.041	3.8	0.263	0.01083	+ 0.012	+ 0.00316	0.000144	0.0000374

$l_0 = 49.000$　　$[P] = 1.365$　　$[P\Delta l] = 0.07233$　　$[Pv] = +\,0.00015$　　$[Pvv] = 0.00008358$

为便于计算，设近似值 $l_0 = 49.000$m，即 $l_0 + \Delta l$，故 $\Delta l = l - l_0$

$$\Delta l_P = \frac{[P \cdot \Delta l]}{[P]} = \frac{0.07233}{1.369} = 0.053 \text{m}$$

$$H_0 = l_0 + \Delta l_P = 49.000 + 0.053 = 49.053 \text{m}$$

即：　　　　　$H_0 = 49.053$m

单位权中误差

$$\mu = \pm\sqrt{\frac{[Pvv]}{n-1}} = \pm\sqrt{\frac{0.00008358}{3-1}} = \pm 0.0064\text{m} = \pm 6.4\text{mm}$$

即水准每公里中误差为 ± 6.4mm。

复习思考题：

见 9.3 节 6 题。

9.2 测量误差理论的应用

9.2.1 水准测量与水平角测量允许误差的公式

1. 水准测量允许误差的公式

（1）水准测量的精度　在两点间进行水准测量，其总高差 h 是 n 个测站高差的总和，即：

$$h = h_1 + h_2 + \cdots\cdots + h_n$$

由 (9.1.1-3) 式得：

$$m_h^2 = m_1^2 + m_2^2 + \cdots\cdots + m_n^2$$

因所测各站高差是同精度，即 $m_1 = m_2 = \cdots\cdots = m_n = m_{站}$，则：

$$m_h^2 = nm_{站}^2$$

$$m_h = m_{站}\sqrt{n} \qquad (9.2.1\text{-}1)$$

上式说明水准测量高差的中误差，与测站数的平方根成正比。设 L 是水准线长，以 km 为单位。l 是每站平均距离，则每公里的测站数 $n = \dfrac{L}{l}$，代入 (9.2.1-1) 式，得：

$$m_h = m_{站}\sqrt{\frac{L}{l}} = \frac{m_{站}}{\sqrt{l}}\sqrt{L}$$

如 $L = 1$km，则：　　$m_h = \dfrac{m_{站}}{\sqrt{l}} = \mu$

式中：μ 是水准测量每公里高差的中误差。

则： $$m_h = \mu \sqrt{L} \qquad (9.2.1\text{-}2)$$

上式说明水准测量总高差的中误差，与水准线长的平方根成正比。

(2) 水准测量每公里高差的中误差 μ 的决定

主要影响是读数误差，水准测量每次读尺的中误差 m_t 包括以下几个方面：

1) 照准误差 m_1　设 V 是望远镜的放大率，若 $V = 25$，根据经验得：

$$m_1 = \pm \frac{60''}{V} = \pm \frac{60''}{25} = \pm 2.4''$$

2) 水准管定平误差 m_2　设 τ'' 是水准管分划值，或 $\tau'' = 30''$，根据经验得：

$$m_2 = \pm 0.15 \tau''$$

$$m_2 = \pm 0.15 \times 30'' = \pm 4.5''$$

设平均视线长度 $l = 50\mathrm{m}$，则：

$$m_1 = \pm \frac{2.4''}{\rho''} \times 50 \times 1000 = \pm 0.6\mathrm{mm}$$

$$m_2 = \pm \frac{4.5''}{\rho''} \times 50 \times 1000 = \pm 1.1\mathrm{mm}$$

3) 读尺凑整误差 m_3　按一般经验 m_3 采用 $\pm 0.5\mathrm{mm}$。

4) 水准尺刻划误差 m_4　由于要求水准尺刻划的最大误差是 $\pm 1\mathrm{mm}$，则：

$$m_4 = \pm 0.5\mathrm{mm}$$

因此，一次读尺的总误差 m_t 是：

$$m_t = \pm \sqrt{m_1^2 + m_2^2 + m_3^2 + m_4^2}$$

$$m_t = \pm \sqrt{(0.6)^2 + (1.1)^2 + (0.5)^2 + (0.5)^2} = \pm 1.4\mathrm{mm}$$

此外还有外界影响,如仪器和转点位置下沉等应加以考虑,所以一般 m_t 采取 ±2mm。

由于每站后视、前视两个读数,即:

$$m_{站} = m_t\sqrt{2} = \pm 2mm$$

若每公里水准站数 $n = 10$,则每公里水准测量的中误差 μ 为:

$$\mu = m_t \cdot \sqrt{2} \cdot \sqrt{10} = \pm 8.9mm \approx \pm 10mm$$

(3) 水准测量的允许误差　设以两倍中误差作为允许误差,则:

$$f_{h允} \leqslant 20mm\sqrt{L} \qquad (9.2.1\text{-}3)$$

式中:L 是水准线长度,以 km 为单位。

(9.2.1-3)式即一般工程水准的允许误差公式(见 DBJ 01—21—1995 中表 5.2.2 四等水准)。

2. 测回法测角的允许误差

(1) 各测回角值互差的允许误差　以 J6 经纬仪为例,其精度是一测回的方向中误差 $m = \pm 6''$,以一个测回角度 β 的中误差 $m_\beta = m_{方} \cdot \sqrt{2} = \pm 6'' \times \sqrt{2} = \pm 8.5''$。这样各测回之间互差的中误差 $m_{\beta互} = m_\beta \cdot \sqrt{2} = \pm 8.5'' \times \sqrt{2} = \pm 12''$。取 2 倍中误差为允许误差,则各测回值互差的允许误差 $\Delta_{允互} = m_{\beta互} \times 2 = \pm 24''$。

(2) 两半测回角值互差的允许误差　仍以 J6 经纬仪为例,两半测回角值互差的中误差 $m_{\Delta半} = m_\beta \cdot \sqrt{2} = \pm 17''$。仍取 2 倍中误差为允许误差,则两半测回角值互差的允许误差 $\Delta_{允半} = m_{\Delta半} \times 2 = \pm 34''$,一般放宽至 $\pm 40''$(见 6.3.2)。

9.2.2　钢尺量距、水准测量与水平角测量中的误差

1. 钢尺量距中的误差:

以断面面积为 $2.5mm^2$、长 50m 尺为例,见表 9.2.2-1。

表 9.2.2-1

序号	产生误差的原因	产生误差的情况	产生误差的性质与大小
1	尺长检定误差	只丈量一个尺段	±0.2mm 随机误差
		连续丈量 n 个尺段	±0.2mm×n 系统误差
2	尺长不准	结果中未加尺长改正	+ 或 - 系统误差
3	拉力不准	在标准拉力 ±20N	∓2mm 随机误差
4	拉力过大	比标准拉力大 20N	-2mm 系统误差
5	拉力偏小	比标准拉力小 20N	+2mm 系统误差
6	测温不准	±3.3℃	∓2mm 随机误差
7	气温过高	比标准温度高 3.3℃未加改正	-2mm 系统误差
8	气温偏低	比标准温度低 3.3℃未加改正	+2mm 系统误差
9	定线不直（偏左或偏右）	一端在测线上，一端偏出 0.45m	+2mm 系统误差
10	尺身倾斜（向上或向下）	两端高差 0.45m	+2mm 系统误差
11	尺身中部下垂	中部下垂 0.21m	+2mm 系统误差
12	尺身中部上凸	中部凸起 0.21m	+2mm 系统误差
13	风吹尺弯	中部偏出测线 0.21m	+2mm 系统误差
14	尺起端对 0m 不准	差 1~3mm	±(1~3)mm 随机误差
15	尺终端投点不准（或估读不准）	差 1~3mm	±(1~3)mm 随机误差
16	前后测手配合不齐	差 1~3mm	±(1~3)mm 随机误差
17	读数错误或记错尺段数	返工重测	

2. 水准测量中的误差见表 9.2.2-2。

表 9.2.2-2

序号	产生误差的原因	对水准读数的影响	对观测高差的影响
1	视线不水平（i 角）	+ 或 - 系统误差	取前、后视线等长可抵消
2	水准尺不铅直	+ 或 - 系统误差	+ 系统误差
3	仪器下沉	使前视读数变小	+ 系统误差
4	转点下沉	使后视读数变小	+ 系统误差
5	弧面差	+ 系统误差	取前视线等长可抵消
6	折光差	- 系统误差	取前视线等长可抵消
7	照准中存在视差	±（1~3）mm 随机误差	±（1~3）mm 随机误差
8	估读小数不准	±（1~2）mm 随机误差	±（1~2）mm 随机误差
9	后视后、仪器被碰动	返工重测	
10	前视后、仪器迁站中，前视转点被碰动	返工重测	
11	使用微倾仪器、读数前未定平长水准管	使读数产生错误	
12	使用塔尺时、观测中上节脱落	使读数产生错误	
13	记录中前后视读数颠倒或读错、记错	返工重测	

3. 水平角测量中的误差见表 9.2.2-3。

表 9.2.2-3

序号	产生误差的原因	对读数的影响	对观测角度的影响
1	照准部偏心差	J2 仪器无影响、J6 仪器有影响	取盘左、盘右观测平均、可抵消
2	视准轴误差（$CC \perp HH$）	有影响	取盘左、盘右观测平均、可抵消
3	横轴误差（$HH \perp VV$）	有影响	取盘左、盘右观测平均、可抵消
4	水准管轴误差（$LL \perp VV$）	有影响	取等偏定平、可消除其影响
5	光学对中器轴与竖轴不重合	有影响	取等偏对中、可消除其影响
6	对中不准	+ 或 - 系统误差	视线越短，其影响越大
7	目标偏心	+ 或 - 系统误差	视线越短，其影响越大
8	照准不准	± 随机误差	视线越短，其影响越大
9	读数不准	± 随机误差	
10	后视或前视照错目标	产生错误	

复习思考题：

1. 在钢尺量距中、水准测量中、测角中哪些误差影响最严重？哪些操作会造成错误？
2. 见 9.3 节 9 与 10 题。

9.3 复习思考题

1. 研究测量误差的主要任务是什么？
2. 用中误差衡量精度的优点是什么？
3. 一个边共量六次，测值是：225.136m、225.144m、225.157m、225.152m、225.140m、225.149m。计算其最或是值及其中误差，并计算其相对误差。
4. 桥梁三角网中已知 $\angle C = 86°31'15''$，$m_c = \pm 3.2''$；$\angle B = 23°35'06''$，$m_B = \pm 6.0''$。计算交会角 $\angle A$ 及其中误差。
5. 证明水准测量中权为何可用测站数来决定。
6. 如图 9.3 所示，求 E 点高程，并计算每公里水准测量的中误差（μ）。已知 $H_M = 47.261m$、$h_1 = -1.165m$、$H_N = 43.153m$、$h_2 = +2.958m$、$H_P = 45.745m$、$h_3 = +0.353m$、$H_q = 46.287m$、$h_4 = -0.196m$。

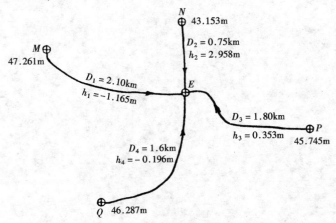

图 9.3 结点法水准测量

7. 已知 J6 经纬仪一个方向的中误差为 $\pm 6''$，求其一测回的测角中误差。如用其检测一矩形，要求角度闭合差 $\pm 30''$，需要测几个测回？

8. 试证明 $\pm 20\text{mm}\sqrt{L}$（L 单位为 km）与 $\pm 6\text{mm}\sqrt{n}$（n 为测站）有何关系？

9. 根据误差的种类，说明在钢尺量距中定线不直、拉力不匀、尺身不平、插钎不准、看错读数等各属于哪种误差？

10. 水准测量中视差未消除、气泡未定平、估读小数不准、仪器下沉、扶尺不铅直、转点碰动、转点下沉、前后视记倒、记错已知高程等各属于哪种误差？

第 10 章 测设工作的基本方法

10.1 测设点位的基本方法

10.1.1 直角坐标法测设点位

1. 测法 如图 10.1.1（a）所示：欲根据平行于建筑物的坐标轴，将 M、N、P、Q 各点测设到地面上，先计算出各点与原点 O 的纵、横坐标差，再据此测设各点点位。

以测设 M、P 点为例：

(1) 计算出 $\Delta y = y_M - y_O$、$\Delta x = x_M - x_O$；

(2) 将经纬仪安置在 O 点，在 OY 方向上量边长 Δy 定出 1 点；

(3) 将经纬仪迁至 1 点，以 Y 方向为后视，用测回法逆时针转 90°，在此方向上量边长 Δx 及 MP 间距，定出 M 点及 P 点；

(4) 按以上步骤可定出其他各点；

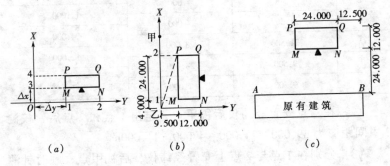

图 10.1.1 直角坐标法测设点位（单位 m）

(5) 在上述测设中选择测设条件时,应注意尽量以长边作后视测设短边,以减小误差。如图 10.1.1 (a) 所示:应在 OY 轴上定 1、2 点,测设 M、P 与 N、Q;而不应在 OX 轴上定 3、4 点,测设 M、N 与 P、Q。

2. 适用条件 矩形布置的场地与建筑物,且与定位依据平行或垂直。

3. 优点 计算简便,施测方便,精度可靠。

4. 缺点 安置一次经纬仪只能测设 90°方向上的点位,迁站次数多,效率低。

例题: 已知红线甲乙长 39.000m,建筑物与红线平行,其对应关系如图 10.1.1 (b) 所示,如何用直角坐标法测定该建筑物的位置?

解: (1) 以乙点为原点、乙甲为 X 方向,建立平面直角坐标系,各点的直角坐标 (y, x) 如表 10.1.1。

直角坐标法测设点位 表 10.1.1

点名	直角坐标 R (m)		间距 D (m)
	横坐标 y	纵坐标 x	
乙	0.000	0.000	39.000
甲	0.000	39.000	
M	9.500	4.000	
N	21.500	4.000	12.000
Q	21.500	28.000	24.000
P	9.500	28.000	12.000
M	9.500	4.000	24.000

(2) 在乙点安置经纬仪后视甲点,定出 1 点和 2 点后,校测 2 甲间距应为 39.000 - 24.000 - 4.000 = 11.000m。

(3) 分别在 1 点与 2 点上安置经纬仪,后视甲点,顺时针测设 90°,用钢尺在该方向上定出 M、N 与 P、Q。

(4) 用钢尺校核 NQ 两点间的距离和对角线(或用经纬仪校

核∠N 或∠Q）是否格方。

复习思考题：

1. 采用直角坐标法测定点位有哪些优点？测设时应注意什么？
2. 已知某新建筑物与原有建筑物平行，其相互关系如图 10.1.1（c）所示，问如何以 AB 为准，用直角坐标的方法测设出 M、N、Q、P 各点位置。

10.1.2 极坐标法测设点位

1. 测法 如图 10.1.2 所示：$A(y_A, x_A)$、$B(y_B, x_B)$ 为已知坐标的控制点，P 为欲测设点位、已知其设计坐标值（y_P, x_P）。

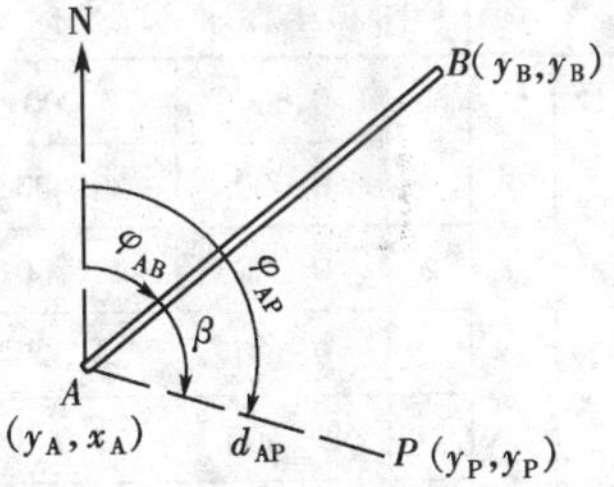

（1）根据各点坐标值计算测设要素 β 角与 d_{AP} 边长。计算公式如下：

1）计算各边方位角

$$\varphi_{AB} = \arctan \frac{y_B - y_A}{x_B - x_A}$$

(10.1.2-1)

图 10.1.2 极坐标法测设点位

$$\varphi_{AP} = \arctan \frac{y_P - y_A}{x_P - x_A}$$

2）计算夹角 $\beta = \varphi_{AP} - \varphi_{AB}$ (10.1.2-2)

3）计算边长 $d_{AP} = \sqrt{(y_P - y_A)^2 + (x_P - x_A)^2}$ (10.1.2-3)

（2）将经纬仪安置在 A 点，以 B 点为后视，测设 β 角，在此方向上量边长 d_{AP}，即得 P 点。

2. 适用条件 各种形状的建筑物定位、放线均可。

3. 优点 只要通视、易量距，安置一次全站仪或经纬仪可测设多个点位，效率高、适用范围广、精度均匀、误差不积累。

4. 缺点 计算工作量较大。

例题：如图 10.1.1（b）如何用极坐标法在乙点测设该建筑物的位置？

解：（1）按公式（10.1.2）计算测设数据 φ 和 d，如表 10.1.2。

（2）在乙点安置经纬仪以 $0°00'00''$ 后视甲点，在视线方向上量 28.000m 定出 2 点，转动望远镜至 $18°44'29''$，在视线方向上量 29.568m 定 P 点，实量 $2P$ 间距应为 9.500m。其他各点依次类推。

（3）校核各点间距及对角线长度。

极坐标法测设点位　　　　　　　　　表 10.1.2

测站	后视	点名	直角坐标 R (xy)(m)		极坐标 P (rθ)		间距 D（m）	备注
			横坐标 y	纵坐标 x	极距 d(m)	极角 φ		
乙	甲		0.000	0.000			39.000	红线桩
		甲	0.000	39.000	39.000	$0°00'00''$	11.000	红线桩
		2	0.000	28.000	28.000	$0°00'00''$	9.500	
		P	9.500	28.000	29.568	$18°44'29''$	12.000	
		Q	21.500	28.000	35.302	$37°31'09''$	24.000	
		N	21.500	4.000	21.869	$79°27'39''$	12.000	
		M	9.500	4.000	10.308	$67°09'59''$	9.500	
		1	0.000	4.000	4.000	$0°00'00''$		

复习思考题：

采用极坐标法测设点位有哪些特点？施测时应注意哪些方面？

10.1.3　极坐标法测设风车楼

如图 10.1.3 为风车形高层住宅楼的平面示意图，现用极坐标法测设，步骤如下：

1. 由于风车楼是以中心点 O 对称的图形，其东西最大尺寸与南北最大尺寸均为 29.700m，故图中 $O1 = O1' = O7 = O7' = 14.850$m，由此可得出 $12 = 8.750$m 及 1、2……7 各点的直角坐标值（y，x），如表 10.1.3。

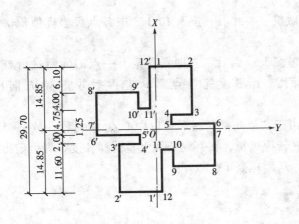

图 10.1.3 风车楼平面图

2. 将各角点的直角坐标 (y, x) 按坐标反算公式换算成极坐标 (d, φ) 填入表 10.1.3。

极坐标法测设点位　　　　表 10.1.3

测站	后视	点名	直角坐标 R (xy) (m)		极坐标 P ($r\theta$)		间距 D (m)	备注
			横坐标 y	纵坐标 x	极距 d(m)	极角 φ		
O			0.000			0°00′00″		OX 已知方向
	X		0.000	0.000	0.000			已知坐标原点
						0°00′00″	14.850	
		1	0.000	14.850	14.850			
						30°30′28″	8.750	
		2	8.750	14.850	17.236			
						69°37′25″	11.600	
		3	8.750	3.250	9.334			
						55°37′11″	4.000	
		4	4.750	3.250	5.755			
						75°15′23″	2.000	
		5	4.750	1.250	4.912			
						85°11′18″	10.100	
		6	14.850	1.250	14.903			
						90°00′00″	1.250	
		7	14.850	0.000	14.850			
							14.850	
		O	0.000	0.000	0.000			

3. 在"风车楼"的对称中心 O 点安置经纬仪，以 0°00′00″ 后视 OX 方向并在视线方向上量 14.850m 定出 1 点，然后经纬仪转 30°30′28″，在视线上量 17.236m 定 2 点，并实量 1～2 间距应为

8.750m 做校核。此后,按表 10.1.3 中各点极坐标值依次测设各点。

4. 每测设一点后,立即实量至上一点的间距进行校核。当在一个测站上测设完各点后,应再后视起始方向应仍为 $0°00'00''$。

5. 由于"风车楼"图形是以中心点 O 对称,故每测设一点后,可纵转望远镜,在其延长线上量同样长度,即可定出其对称的点位,从而提高工作效率。

复习思考题:

计算 10.6 节 1 题、回答 10.6 节 2 题,并说明用极坐标法测设风车楼的优越性。

10.1.4 角度交会法测设点位

1. 测法 如图 10.1.4-1(a)所示:A、B、C 为已知坐标的控制点,N 为欲测设点,坐标值已知。

(1) 计算各夹角的方法与极坐标法相同;

(2) 在 A、B、C 三点各安置一台经纬仪,根据夹角 β_1、β_2、β_4 交会出 N 点位置;

(3) 由于各种误差的存在,一般三条方向线多交出一个小三角形,叫"示误三角形"如图 10.1.4-1(b)。当其各边均在允许范围内时,则取示误三角形重心为所求 N 点。

2. 适用条件 距离较长、地形较复杂、不便量距的情况。

3. 优点 不用量边,测设长距离时,精度比量距高。

4. 缺点 计算量较大,交会角度受限制,一般应在 $30° \sim 120°$ 之间。

例题 1: 如图 10.1.4-1(c),如何用角度交会法测设该建筑物的位置?

解:(1) 据表 10.1.1 中各点的直角坐标,按公式(10.1.2-1、10.1.2-2)和图 10.1.4-1(c)计算角度交会所需数据,如表

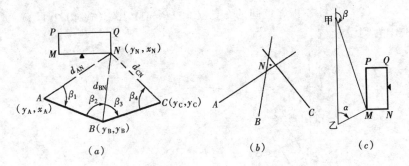

图 10.1.4-1 角度交会法测设点位

10.1.4。

角度交会法测设点位 表 10.1.4

交会角\点名	M	N	Q	P
α	67°09′59″	79°27′39″	37°31′09″	18°44′29″
β	164°48′51″	149°02′10″	117°05′44″	139°11′57″

（2）在甲乙两点同时安置两台经纬仪后视乙甲方向，分别以 β 和 α 测设出两条方向线，其交点即为 M 点的点位，同法交会出其他各点点位。

（3）用钢尺校核 M、N、Q、P 各点间的距离和对角线长度。

例题 2： 图 10.1.4-2 为半圆形曲线，半径为 R，如何以 0 点与 8 点为准，用角度交会法测设该圆曲线上 7 个等分点 1、2、3……7？

解：（1）根据弦切角等于圆周角的原理，用两台经纬仪分别安置在 0 点与 8 点上，分别后视 0 点切线方向与 0 点，同时顺时针测设 $\dfrac{90°00′00″}{8}=11°15′$，则两台经纬仪视线的交点即为圆周上的 1 点。同样顺时针测设 22°30′、33°45′、45°00′、56°15′、67°30′ 及 78°45′，则依次交会出圆周上的各个等分点 2、3……7。

(2) 实量各相邻点间的弦长 $C = 2R\sin 11°15'$ （式 10.2.1-3），作为测设校核。

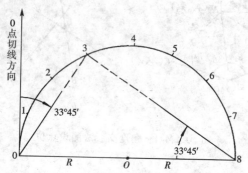

图 10.1.4-2　角度交会法测设圆曲线上的点位

复习思考题：

角度交会法测设点位有何特点，应注意什么？

10.1.5　距离交会法测设点位

1．测法　如图 10.1.4（a）所示：

（1）根据各点坐标值，反算出各控制点 A、B、C 至欲测设点 N 的距离 d_{AN}、d_{BN} 与 d_{CN}；

（2）由两个或两个以上控制点用钢尺划弧，交会出点位；

（3）与角度交会法相同，当由三个控制点用钢尺划弧交会时，一般也会产生"示误三角形"，处理方法同前。

2．适用条件　地场平整、易于量距且距离小于钢尺长度的情况。

3．优点　操作简便、不用经纬仪、测设速度快、精度可靠。

4．缺点　局限性大、适用范围小。

例题 1：如图 10.1.1（c），如何用距离交会法测设该建筑物的位置？

解：　（1）根据表 10.1.1 中各点的直角坐标，按公式

(10.1.2-3) 计算距离交会所需数据，见表 10.1.5。

距离交会法测设点位　　　　表 10.1.5

交会起点＼点名	M	N	Q	P
甲	36.266	41.076	24.150	14.534
乙	10.308	21.869	35.302	29.568

（2）用两盘钢尺分别以甲和乙为起点，以 36.266m 和 10.308m 交会出 M 点的位置，同法交会出其他各点点位。

（3）校核 M、N、Q、P 各点间距和对角线长度。

例题 2： 如图 10.1.4-2 用距离交会法测设该圆曲线（$R = 25.000m$）上 8 个等分点 0、1、2、3…7、8。

解：（1）分别计算 0 点与 8 点距 1、2…7 各点的弦长：

$$01 = 87 = C_1 = 2R\sin 11°15' = 9.755m$$

$$02 = 86 = C_2 = 2R\sin 22°30' = 19.134m$$

$$03 = 85 = C_3 = 2R\sin 33°45' = 27.779m$$

$$04 = 84 = C_4 = 2R\sin 45°00' = 35.355m$$

$$05 = 83 = C_5 = 2R\sin 56°15' = 41.573m$$

$$06 = 82 = C_6 = 2R\sin 67°30' = 46.194m$$

$$07 = 81 = C_7 = 2R\sin 78°45' = 49.039m$$

（2）用两盘钢尺分别由 0 点与 8 点量 $C_1 = 9.755m$ 与 $C_7 = 49.039m$ 相交即可定得 1 点，量 $C_2 = 19.134m$ 与 $C_6 = 46.194m$ 相交定得 2 点，……

（3）实量各相邻点间的弦长 $C_1 = 9.755m$，作为测设校核。

复习思考题：

1. 距离交会法测设点位有哪些特点，施测时应注意哪些方面。

2. 如图 10.1.1（c）所示，如何由 A 点与 B 点用距离交会法测设 P、Q、M、N 各点位置。

10.2 测设圆曲线的基本方法

10.2.1 圆曲线各部位名称与测设要素的计算公式

圆曲线是建筑工程与道路工程中最常用的曲线。如图 10.2.1 所示：

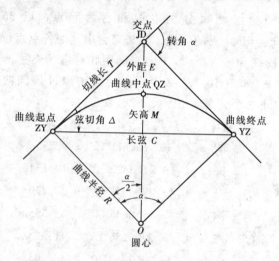

图 10.2.1 圆曲线各部名称

1. 圆曲线各部位名称

（1）交点（JD） 两切线的交点，是根据设计条件测设的，也叫转折点或用 IP 表示；

（2）转角（α） 当两切线方向确定后，则可用经纬仪实测其角值，也叫折角或用 I 表示；

（3）半径（R） 圆曲线半径，是设计给定的数值。

2. 圆曲线主点

（1）曲线起点（ZY） 切线与圆曲线的切点，也叫直圆点或用 BC 表示；

(2) 曲线中点（QZ） 圆曲线的中点，也叫曲中点或用 MC 表示；

(3) 曲线终点（YZ） 切线与圆曲线的切点，也叫圆直点或用 EC 表示。

3. 测设要素 如图 10.2.1 所示：当交点（JD）位置确定后，转角（α）与半径（R）即为确定圆曲线的设计要素。曲线主点的位置是根据 α 与 R，计算出下列测设要素测设的。

(1) 切线长 $\quad T = R \cdot \tan \dfrac{\alpha}{2}$ （10.2.1-1）

(2) 曲线长 $\quad L = R \cdot \alpha \dfrac{\pi}{180}$ （10.2.1-2）

(3) 弦长 $\quad C = 2R \sin \dfrac{\alpha}{2}$ （10.2.1-3）

(4) 外距 $\quad E = R \left(\sec \dfrac{\alpha}{2} - 1 \right)$ （10.2.1-4）

(5) 中央纵距（矢高） $M = R \left(1 - \cos \dfrac{\alpha}{2} \right)$ （10.2.1-5）

(6) 计算校核 $\quad T = \sqrt{(M+E)^2 + \left(\dfrac{C}{2} \right)^2}$ （10.2.1-6）

例题： 图 10.2.2-2 所示为妇联中心圆弧形办公楼，已知外弧 $R_E = 100.000\text{m}$，$\alpha = 60°00'00''$，计算圆曲线的测设要素？

解： 切线长 $\quad T = R_E \cdot \tan \dfrac{\alpha}{2} = 100.000\text{m} \times \tan 30° = 57.735\text{m}$

曲线长 $\quad L = R_E \cdot \alpha° \dfrac{\pi}{180°} = 100.000\text{m} \times 60° \times \dfrac{\pi}{180°} = 104.720\text{m}$

弦 长 $\quad C = 2R_E \sin \dfrac{\alpha}{2} = 2 \times 100.000\text{m} \times \sin 30° = 100.000\text{m}$

外 距 $\quad E = R_E \left(\dfrac{1}{\cos \dfrac{\alpha}{2}} - 1 \right) = 100.000\text{m} \left(\dfrac{1}{\cos 30°} - 1 \right) = 15.470\text{m}$

矢 高 $\quad M = R_E \left(1 - \cos \dfrac{\alpha}{2} \right) = 100.000\text{m} (1 - \cos 30°) = 13.397\text{m}$

计算校核 $\quad T = \sqrt{(M+E)^2 + \left(\dfrac{C}{2} \right)^2}$

$$= \sqrt{(13.397\text{m} + 15.470\text{m})^2 + \left(\frac{100\text{m}}{2}\right)^2}$$
$$= 57.735\text{m}$$

复习思考题：

1. 绘图证明：转角 α = 圆心角 α = 2 倍弦切角 Δ
2. 已知国际饭店（图 10.2.3-2）圆弧的半径 R = 38.722m、圆心角 α = 67°30′00″，计算该圆曲线的各测设要素值。

10.2.2 圆曲线主点的测设

根据建筑场地和设计定位条件的不同，常用以下三种测设方法：

1. 根据交点测设

当设计给出的定位条件是两切线方向及其交点时，见图 10.2.1。测设时将经纬仪安置在交点（JD）上，先沿两切线方向量切线长（T），分别定出曲线起点（ZY）和终点（YZ）后，用实量弦长 C 作校核。用经纬仪测设出两切线间的分角线方向，并由交点（JD）量外距（E），定出曲线中点（QZ），用实量中央纵距（M）作校核。此种测设方法多用在道路工程中。

2. 根据圆心测设

如图 10.2.2-1 所示，设计给的是由圆心 K 点和 K①轴方向定位。故由 K 点上、沿 K①轴方向直接定出圆弧起点 A，然后测设圆心角 α = 86°49′30″定出 K⑮轴方向和圆弧终点 B，最后实量 AB 间距（即弦长 C），应等于 $2R \cdot \sin\frac{\alpha}{2}$ = 2 × 80.500m × sin（86°49′30″/2）= 110.647m。

3. 根据长弦和过交点的半径测设

圆弧形建筑定位，当先测定其长弦和过交点的半径时，则使用此法。如妇联中心圆弧形办公楼半径 R = 100.000 ~ 86.800m，圆心角 α = 60°，如图 10.2.2-2 所示。该圆弧形建筑定位时，先根据场地建筑红线桩测定外弧 R_E = 100.000m 的长弦 1-O_c-14（即

Y 轴方向) 和东西对称的中线 O-O_c-中′-中 (即过交点半径的 X 轴方向), 当 O_cY 和 O_cX 定位后, 由 O_c 点沿 X 轴方向向东、向西分别量取长弦的一半 (即 $C/2 = 100.000\text{m} \cdot \sin 30° = 50.000\text{m}$), 定出圆曲线起点 1 与终点 14, 然后由 O_c 点沿 Y 轴方向向北量中央纵距 M ($= 100.000\text{m} - 100.000\text{m} \cdot \cos 30° = 13.397\text{m}$), 定出圆曲线中点中。至于建筑物内弧 ($R = 86.800\text{m}$) 三个主点 (1′、14′和中′) 的测定方法同上。

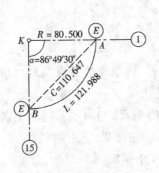

图 10.2.2-1 根据圆心测设主点

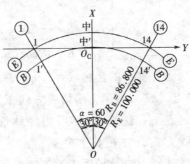

图 10.2.2-2 妇联中心圆弧形办公楼圆弧定位放线

复习思考题:

在三种测设方法中, 应如何做测设校核?

10.2.3 直角坐标法测设圆曲线辅点

一般圆曲线上只测设三个主点不能满足施工要求, 应加测曲线辅点。

直角坐标法测设圆曲线也叫支距法。最常用的是切线直角坐标法, 也叫切线支距法。见图 10.2.3-1 所示, 是以圆曲线起点 ZY (或终点 YZ) 为坐标原点, 以切线方向为 Y 坐标轴, 以过原点的半径方向为 X

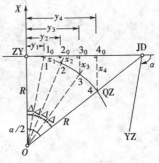

图 10.2.3-1 切线直角坐标法测设辅点

341

坐标轴,根据曲线上 1、2…各辅点坐标 (y_i, x_i) 来测设其点位。当各辅点间弧长或弦长均为 l 时,各弧(或弦)所对圆心为 Δ,从而得到:

$$\begin{cases} y_1 = R \cdot \sin\Delta \\ x_1 = R - R\cos\Delta = 2R \cdot \sin^2\Delta/2 \end{cases}$$
$$\begin{cases} \cdots\cdots \\ \cdots\cdots \end{cases} \quad (10.2.3)$$
$$\begin{cases} y_i = R \cdot \sin i\Delta \\ x_i = R - R\cos i\Delta = 2R \cdot \sin^2 i\Delta/2 \end{cases}$$

当各辅点的坐标 (y_i, x_i) 算出后,将钢尺的零点刻划对准 ZY 点(或 YZ 点),沿切线方向依次量出 y_1、$y_2\cdots$,准确定出各垂足点 1_0、2_0、…;然后用经纬仪或用钢尺 "3-4-5" 法测出各垂线方向,并在其上分别量出 x_1、x_2、…,即定出曲线 1、2、…各辅点点位;最后实量各辅点间距以作校核。

切线支距法适用于曲线外侧开阔平坦的场地,施测时要特别

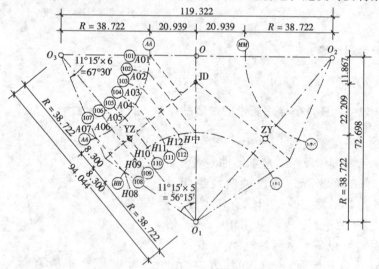

图 10.2.3-2 国际饭店主楼平面图

注意各垂线方向的准确性，以保证点位精度。

图 10.2.3-2 国际饭店主楼平面图，现用切线支距法，同时测设 Ⓐ 轴上等距离的 $A01 \sim A07$ 和 Ⓗ 轴上等距离的 $H_{中} \sim H08$ 点的位置。表 10.2.3-1 是以 ZY 为原点、ZY-JD 方向为 Y 轴的切线直角坐标。表 10.2.3-2 是以 JD 为原点、JD-ZY 方向为 Y 轴的直角坐标值。

点 位 测 设 表　　　　表 10.2.3-1

工程名称：国际饭店　日期：1995.2.2　单位：一建公司　计算：智×　校核：王×

测站	后视	点名	直角坐标 R（xy）(m)		极坐标 P（r, θ）		间距 D (m)	备注
			横坐标 y	纵坐标 x	极距 d(m)	极角 φ		
ZY			38.590	0.000	0.000	0°00′00″	38.590	
	JD		0.000	0.000	0.000			
		A01	29.933	－22.457	37.421	－36°52′44″	7.591	Ⓐ轴弧北端
						－34°49′30″		
						34°49′30″		Ⓗ轴弧中点
		A02 H中	24.565	－17.089 17.089	29.924	－35°11′29″	7.591	
						35°11′29″		
		A03 H12	18.253	－12.872 12.872	22.335	－41°33′53″	7.591	
						41°33′53″		
		A04 H11	11.240	－9.967 9.967	15.023	－65°54′20″	7.591	
						65°54′20″		
		A05 H10	3.795	－8.486 8.486	9.296	－114°05′40″	7.591	
						114°05′40″		
		A06 H09	－3.795	－8.486 8.486	9.296	－138°26′07″	7.591	Ⓐ轴弧西端
						138°26′07″		Ⓗ轴弧西端
		A07 H08	－11.240	－9.967 9.967	15.023			

点 位 测 设 表　　　　　　　表 10.2.3-2

工程名称：国际饭店　日期：1995.2.2　单位：一建公司　计算：智×　校核：王×

测站	后视	点名	直角坐标 R (xy)（m）		极坐标 P (r, θ)		间距 D（m）	备 注
			横坐标 y	纵坐标 x	极距 d(m)	极角 φ		
JD			38.590	0.000	38.590	0°00′00″	38.590	
	ZY		0.000	0.000	0.000			
		A01	8.657	22.457	24.068	68°55′07″		(AA)轴弧北端
		A02 H 中	14.025	17.089 −17.089	22.107	50°37′27″ −50°37′27″	7.591	(HH)轴弧中点
		A03 H12	20.337	12.872 −12.872	24.068	32°19′52″ −32°19′52″	7.591	
		A04 H11	27.350	9.967 −9.967	29.110	20°01′23″ −20°01′23″	7.591	
		A05 H10	34.795	8.486 −8.486	35.815	13°42′22″ −13°42′22″	7.591	
		A06 H09	42.385	8.486 −8.486	43.226	11°19′18″ −11°19′18″	7.591	
		A07 H08	49.830	9.967 −9.967	50.817	11°18′40″ −11°18′40″		(AA)轴弧西端 (HH)轴弧西端

复习思考题：

1. 校算表 10.2.3-1 与 10.2.3-2 中所示图 10.2.3-2 中 $A01 \sim A07$ 与 $H08 \sim H$ 中各点的直角坐标值。

2. 在直角坐标法测设中，应特别注意什么？

10.2.4　极坐标法测设圆曲线辅点

最常用的是切线极坐标法。是以圆曲线切线方向为极轴方向，以曲线起点 ZY 或终点 YZ 为原点的极坐标系。

图 10.2.4-1 所示是此法最常用的情况，即以曲线起点 ZY 为原点，切线为极轴方向，以弦切角 Δ_1、$\Delta_2 \cdots$、Δ_i 为极角，以弦

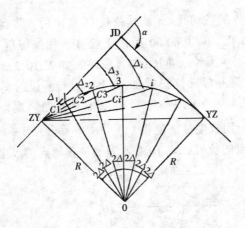

图 10.2.4-1 切线极坐标法测设辅点

线长 C_1、C_2、$\cdots C_i$ 为极距,测设 1、2$\cdots$、i 各辅点点位。

弦切角(Δ)的计算——根据圆曲线长 L、转角 α 和欲测设辅点之间的曲线长 l,可计算出其所对应的弦切角 $\Delta = \dfrac{l}{2L} \cdot \dfrac{180°}{\pi}$ 若各辅点之间的曲线长均为 l,则各段 l 所对弦切角均为 Δ。则各辅点的弦切角 Δ_i 分别为:

$$\left.\begin{array}{l} \Delta_1 = \Delta \\ \Delta_2 = 2\Delta \\ \vdots \qquad \vdots \\ \Delta_i = i\Delta \end{array}\right\} \quad (10.2.4\text{-}1)$$

弦长(C)的计算,由公式(10.2.1-3)可知,测设各辅点的弦长 C_i 分别为:

$$\left.\begin{array}{l} C_1 = 2R\sin\dfrac{1}{2}2\Delta = 2R\sin\Delta_1 \\ C_2 = 2R\sin 2\Delta = 2R\sin\Delta_2 \\ \vdots \qquad \vdots \\ C_i = 2R\sin\dfrac{i}{2}2\Delta = 2R\sin\Delta_i \end{array}\right\} \quad (10.2.4\text{-}2)$$

当各辅点的弦切角 Δ_i 及其弦长 C_i 算出后，将经纬仪安置在曲线起点 ZY 上，以 0°00′00″ 后视交点 JD，用弦切角 Δ_i 和弦长 C_i 测定点位，并实量各点间距作为校核，如表 10.2.3-1 所示。而表 10.2.3-2 则是经纬仪安置在 JD 上，进行测设的。

图 10.2.4-2 为上海华亭宾馆主楼平面图。现以经纬仪在 5 号（6 号）上用极坐标法测设 ⓕ 轴上的等分点 1~8 点与 ⓔ 轴上的 1′~8′ 点的位置，表 10.2.4 为测设各辅点的极坐标数值。

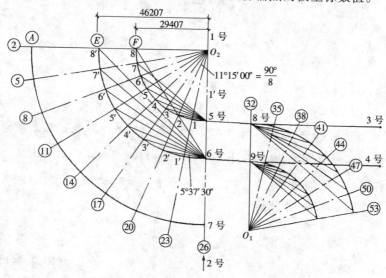

图 10.2.4-2　上海华亭宾馆主楼圆弧测设

测设时，安置经纬仪于 5 号（6 号）点上，以 270°00′00″ 后视 2 号，当照准部顺时针转 90° 后，望远镜视线方向正为圆曲线的切线方向，此时水平度盘读数正为 0°00′00″；然后顺时针转照准部测设 1（1′）点弦切角 $\Delta_1 = 5°37′30″$，同时在视线方向上测设弦长 $d_1 = 5.765\text{m}$（9.058m），定出 1（1′）点；继续顺时针转照准部测设 2（2′）点弦切角 $\Delta_2 = 11°15′00″$，同时在视线方向上测设弦长 $d_2 = 11.482\text{m}$（18.042m），定出 2（2′）点，此时实量 1~2（1′~2′）间距应为 5.765m（9.058m）作为测设校核；

3（3'）点至 8（8'）点的测设方法同上。

点 位 测 设 表　　　　　表 10.2.4

工程名称：华亭宾馆　日期：1993.4.4　单位：五建公司　计算：洪×　校核：黄××

测站	后视	点名	极坐标 P (r, θ)		间距 D (m)	备 注
			极距 d(m)	极角 φ		
5号（6号）	2号			270°00′00″	5.765(9.058)	
			0.000 (0.000)			
		1 (1')	5.765 (9.058)	5°37′30″	5.765 (9.058)	此处极角 φ 即为弦切角 Δ
		2 (2')	11.482 (18.042)	11°15′00″	5.765 (9.058)	
		3 (3')	17.073 (26.826)	16°52′30″	5.765 (9.058)	
		4 (4')	22.507 (35.365)	20°30′00″	5.765 (9.058)	
		5 (5')	27.725 (43.564)	28°07′30″	5.765 (9.058)	
		6 (6')	32.675 (51.342)	33°45′00″	5.765 (9.058)	
		7 (7')	37.311 (58.627)	39°22′30″	5.765 (9.058)	
		8 (8')	41.588 (65.347)	45°00′00″		

表 10.2.3-1 和表 10.2.3-2 中所列极坐标，是分别以曲线起点 ZY 为极点和以交点 JD 为极点的国际饭店主楼的切线极坐标值（图 10.2.3-2），它是根据相应点的切线直角坐标值，用公式（3.2.9-2）和（3.2.9-3）坐标反算方法算得的，其适用性远比表 10.2.4 广泛得多。

复习思考题：

在极坐标法测设中，应特别注意什么？

10.2.5 角度交会法测设圆曲线辅点

用角度交会法测设圆曲线辅点点位，最常用的方法是将两台经纬仪安置在圆曲线上，测设相对应的弦切角和圆周角以交会定出辅点位置。此法适用于不便量距的场地。

图 10.2.5 为某文化交流中心的圆形剧场顶面，它分别为 25°和 29°两个不同倾角、外高内低的斜平面。现在 C、D 两点上各安置 1 台经纬仪，按表 10.2.5 所列角度，用角度交会法测设 CD 弧（其圆心角 $\alpha = 140°40'00''$）上五个等分点①、②、…⑤。等分 6 份的圆心角 $=(140°40'00'')/6 = 23°26'40''$。

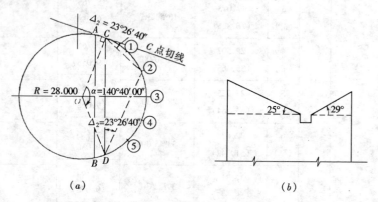

图 10.2.5 角度交会法测设辅点
(a) 平面图；(b) 断面图

测设时，C 点上的经纬仪以 $70°20'00''$ 后视 D 点后，逆时针转照准部至 $0°00'00''$ 时，视线正为 C 点的切线方向，当照准部转至 $\Delta_1 = 11°43'20''$ 时，视线则正对准①点方向。D 点上的经纬仪以 $0°00'00''$ 后视 C 点，当顺时针转照准部至 $\Delta_1 = 11°43'20''$ 时，视线则正对准①点方向，这样两台经纬仪视线的交点即为①点，此

时实量 C 点至①点间的水平距离应为 11.377m，用以作为测设校核。其他各点均依此法施测和校核。

角度交会法测设点位表　　　　　表 10.2.5

工程名称：某文化交流中心　日期：1999.2.7
单位：三建公司　计算：徐×　校核：谷×

测站	后视	点名	交会角度 Δ	测站	后视	点名	交会角度 Δ	间距 D (m)	备注
C	C 点切线	C	0°00′00″	D	D 点切线	C	0°00′00″	11.377	$R = 28.000$
		①	11°43′20″			①	11°43′20″	11.377	$\Delta_1 = \dfrac{\alpha}{2} \times \dfrac{1}{6}$
		②	23°26′40″			②	23°26′40″	11.377	$\Delta_2 = \dfrac{\alpha}{2} \times \dfrac{2}{6}$
		③	35°10′00″			③	35°10′00″	11.377	$\Delta_3 = \dfrac{\alpha}{2} \times \dfrac{3}{6}$
		④	46°53′20″			④	46°53′20″	11.377	$\Delta_4 = \dfrac{\alpha}{2} \times \dfrac{4}{6}$
		⑤	58°36′40″			⑤	58°36′40″	11.377	$\Delta_5 = \dfrac{\alpha}{2} \times \dfrac{5}{6}$
		D	70°20′00″				70°20′00″		$\Delta_6 = \dfrac{\alpha}{2} \times \dfrac{6}{6}$

复习思考题：

角度交会法测设圆曲线辅点中应特别注意什么？

10.2.6　距离交会法测设圆曲线辅点

用距离交会法测设圆曲线辅点点位，最常用的方法是由圆曲线上的两个已知点，用钢尺量取相对应的两个弦长以交会定出辅点位置。此法适用于不便安置仪器，但便于量距的场地。

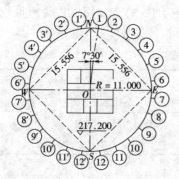

图 10.2.6 距离交会法测设辅点

图 10.2.6 为中央电视塔身在 +217.200m 标高处挑出的圆形平台平面图。O 为塔中心点,方形为封闭的电梯井,E 与 W 为 22.000m 直径的两端点。现以 E 与 W 两点为依据,准确测定该圆周上均匀布置的 24 根钢柱地脚螺栓 ①、② … ⑫ 和 ①′、②′ … ⑫′ 的位置。由于混凝土还没浇筑,模板及其上的钢筋网均有晃动,不能稳定地安置仪器,故用距离交会法按表 10.2.6 所列数据测设。

距离交会法测设点位表　　　　　表 10.2.6

工程名称:中央电视塔　日期:1988.12.3
单位:六建公司　计算:刘××　校核:韩×

尺端	点名	交会距离 d（m）	尺端	点名	交会距离 d'（m）	间距 D（m）	备注
零点（0m）在 N	N	0.000		N	15.556	1.439	北端点
	①	1.439		①	14.506		$R=11.000$m
	②	4.292		②	12.223	2.872	
	③	7.072		③	9.730	2.872	
	④	9.730		④	7.072	2.872	
	⑤	12.223		⑤	4.292	2.872	
	⑥	14.506	零点（0m）在 E	⑥	1.439	2.872	
	E	15.556		E	0.000	1.439	东端点

注:① $d_1 = 2R\sin7.5°/2 = 1.439$m, $d_2 = 2R\sin22.5°/2 = 4.292$m, $d_3 = 2R\sin37.5°/2 = 7.072$m,…

② $d'_1 = 2R\sin82.5°/2 = 14.506$m, $d'_2 = 2R\sin67.5°/2 = 12.223$m, $d'_3 = 2R\sin52.5°/2 = 9.730$m,…

测设时先由 E 与 W 两点起,同时向北(N)、向南(S)各量出 $11.000\text{m}\sqrt{2} = 15.556\text{m}$,相交定出 N 与 S 两基点。然后再分别以 N 与 E、S 与 E、S 与 W、N 与 W 为依据,量距交会测定各象限内的 6 根钢柱的中心点位。如由 N 点量 $d_1 = 1.439\text{m}$ 和由 E 点量 $d'_1 = 14.506\text{m}$ 相交得①点;由 N 点量 $d_2 = 4.292\text{m}$ 和由 E 点量 $d'_2 = 12.223\text{m}$ 相交得②点;这时量①②间距应为 2.872m,作测设校核。其他各点和其他三个象限的测设工作用同法进行。

复习思考题:

距离交会法测设圆曲线辅点中应特别注意什么?

10.2.7 中央纵距法测设圆曲线辅点

如图 10.2.7 所示:圆曲线上弦线的中点至圆曲线的垂距叫该弦线的中央纵距,也叫矢高。利用曲线起点至曲线终点的中央纵距 M 可测出曲线中点;利用曲线起点至曲线中点的中央纵距 M_1 可测出曲线 1/4 点;利用曲线起点至曲线 1/4 点的中央纵距 M_2 可测出曲线 1/8 点,依此原理直至测设出满足施工需要的圆曲线辅点。

由图 10.2.7 可看出:

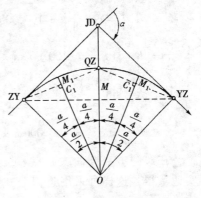

图 10.2.7 中央纵距法测设辅点

$$\left. \begin{array}{l} M = R\left(1 - \cos\dfrac{\alpha}{2}\right) \\[4pt] M_1 = R\left(1 - \cos\dfrac{\alpha}{4}\right) \\[4pt] M_2 = R\left(1 - \cos\dfrac{\alpha}{8}\right) \end{array} \right\} \quad (10.2.7\text{-}1)$$

$$\left.\begin{array}{l}\dfrac{C}{2} = R \cdot \sin\dfrac{\alpha}{2} \\[2mm] \dfrac{C_1}{2} = R \cdot \sin\dfrac{\alpha}{4} \\[2mm] \dfrac{C_2}{2} = R \cdot \sin\dfrac{\alpha}{8}\end{array}\right\} \quad (10.2.7\text{-}2)$$

例题： 已知 $R = 100.000\text{m}$、$\alpha = 60°$，计算中央纵距法测设圆曲线所需数据。

解：

$$M = R\left(1 - \cos\dfrac{\alpha}{2}\right) = 100.000\text{m} \times (1 - \cos 30°) = 13.397\text{m}$$

$$M_1 = R\left(1 - \cos\dfrac{\alpha}{4}\right) = 100.000\text{m} \times (1 - \cos 15°) = 3.407\text{m}$$

$$M_2 = R\left(1 - \cos\dfrac{\alpha}{8}\right) = 100.000\text{m} \times (1 - \cos 7°30') = 0.856\text{m}$$

$$\dfrac{C}{2} = R \cdot \sin\dfrac{\alpha}{2} = 100.000\text{m} \times \sin 30° = 50.000\text{m}$$

$$\dfrac{C_1}{2} = R \cdot \sin\dfrac{\alpha}{4} = 100.000\text{m} \times \sin 15°' = 25.882\text{m}$$

$$\dfrac{C_2}{2} = R \cdot \sin\dfrac{\alpha}{8} = 100.000\text{m} \times \sin 7°30' = 13.053\text{m}$$

在实测中当圆曲线起点和终点已定出时，则长弦 C 值可在实地量得，这样可采用近似公式 $M = C^2/8R$ 计算：由此近似公式：

$$M = 100^2/8 \times 100 = 12.500\text{m}$$

$$M_1 = 51.539^2/8 \times 100 = 3.320\text{m}$$

$$M_2 = 25.982^2/8 \times 100 = 0.844\text{m}$$

由上述数字可看出除 M 值相差较大外，其余数字相差有限。又由公式 $M = C^2/8R$ 中可看出：C 值每减少一半，则 M 值减少 $1/4$。故在实测中，当 $M = 13.397\text{m}$，则可得：$M_1 = M/4 =$

$3.349 \mathrm{m}$, $M_2 = M_1/4 = 0.837 \mathrm{m}$。与上例相比,可知相差不多。所以此法也叫四分法。

复习思考题:

1. 中央纵距法测设圆曲线有哪些特点?施测时应注意什么?

10.3 道路工程中圆曲线和缓和曲线的测设方法

10.3.1 道路工程中圆曲线的测设

建筑工程中的圆曲线辅点多是均匀分布在圆周上,可按 10.2.3~10.2.7 所介绍的方法测设。而道路工程中的圆曲线上的辅点点位是按其"里程桩号"分布的,故有其特点。现分别介绍如下:

1. 里程桩、里程桩号及"断链"

在公路、河道、城市道路、各种地下、地上管线的线路工程中,线路位置是以线路中线为主测定的。为了把线路位置在实地确定下来,均是从线路的起点开始,在线路的中线上每隔 20m (或 30m、50m…)钉一中线桩叫里程桩,各桩距路线起点(0+000)的中线长度为其里程桩号,如:0+020、0+040、…0+500、…1+000(距路线起点 1km 叫公里桩)这些中线桩也叫"整桩"。在线路中线与地物(如管道、铁路、高压走廊等)相交处应加钉地物加桩,在中线地面坡度或高程变化处应加钉地形加桩。这些加桩的桩号多不为整数。

中线里程应是连续的,但由于测量分段、局部改线或测量中的错误等原因而造成不连续叫做桩号"断链"。如有断链,应在测量成果和有关设计文件中注明,并在实地钉"断链桩",但断链桩不应设在曲线内或构筑物上。断链桩上应注明线路来去的里程和应增(长链)、减(短链)的长度。断链桩在等号前注来向里程,等号后注去向里程。如图 10.3.1 中,3 + 152.85 = 3 + 150

断链应增 2.85m；改线 4+937.25 = 5+000 断链应减 62.75m。

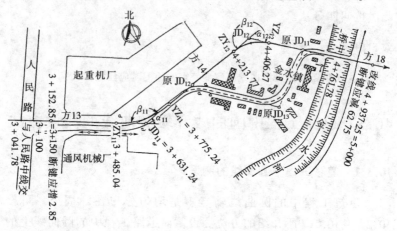

图 10.3.1　里程桩号的断链处理

2. 圆曲线主点桩号的计算

交点（JD）的里程桩号是实测得到的。主点桩号按以下公式计算：

$$\left.\begin{array}{l}\text{起点(ZY)桩号} = \text{交点(JD)桩号} - \text{切线长}(T)\\ \text{终点(YZ)桩号} = \text{起点(ZY)桩号} + \text{曲线长}(L)\\ \text{中点(QZ)桩号} = \text{终点(YZ)桩号} - \dfrac{1}{2}\text{曲线长}(L)\end{array}\right\}$$

(10.3.1-1)

$$\text{交点(JD)桩号} = \text{中点(QZ)桩号} + \dfrac{1}{2}\text{校正值}(J)$$

(10.3.1-2)

公式（10.3.1-2）是桩号计算校核公式，校正值 J 也叫切曲差。

例题：图 10.3.1 中 JD_{12} 处的圆曲线，JD_{12} 的桩号 4+318.21，$\alpha = 55°08'50''$、$R = 200.00\text{m}$ 计算主点测设要素与桩号。

解：(1) 测设要素的计算

切线长 $T = R \cdot \tan\alpha/2 = 200.00\text{m} \times \tan(55°08'50''/2)$

$= 104.44\text{m}$

曲线长 $L = R \cdot \alpha \dfrac{\pi}{180°} = 200.00\text{m} \times 55°08'50'' \times \dfrac{\pi}{180°}$

$= 192.50\text{m}$

弦长 $C = 2R \cdot \sin\dfrac{\alpha}{2} = 2 \times 200.00\text{m} \times \sin(55°08'50''/2)$

$= 185.16\text{m}$

外距 $E = R[\sec(\alpha/2) - 1] = 200.00\text{m} \times [\sec(55°08'50''/2) - 1]$

$= 25.63\text{m}$

中央纵距 $M = R[1 - \cos(\alpha/2)] = 200.00\text{m}[1 - \cos(55°08'50''/2)]$

$= 22.72\text{m}$

校正值 $J = 2T - L = 2 \times 104.44\text{m} - 192.50\text{m} = 16.38\text{m}$

（校正值也叫切曲差）

计算校核 $T = \sqrt{(22.72\text{m} + 25.63\text{m})^2 + (185.16\text{m}/2)^2}$

$= 104.44\text{m}$

（2）主点桩号的计算　主要是根据 JD_{12} 桩号，用下面方式计算与校核。

JD_{12}桩号		4 + 318.21	计算校核：		
−	T	104.44	QZ_{12}桩号		4 + 310.02
ZY_{12}桩号		4 + 213.77	+	$J/2$	8.19
+	L	192.50	JD_{12}桩号		4 + 318.21
YZ_{12}桩号		4 + 406.27	计算无误		
−	$L/2$	96.25			
QZ_{12}桩号		4 + 310.02			

3. 曲线辅点桩号与弦切角（偏角）的计算

（1）圆曲线辅点桩号的计算　由于 ZY_{12} 点桩号为 4 + 213.77，而整桩间隔为 20m，故曲线上第一个整桩号①为 4 + 220。ZY_{12} ~ ①的曲线长 $l_1 = 6.23\text{m}$ 叫第一分弦（弧），整弦（弧）$l = 20.00\text{m}$ 共9个，曲

线上最后一个整桩号⑩为 4+400、⑩~YZ_{12}的曲线长 $l_2 = 6.27$m 叫第二分弦（弧）。整个曲线上各辅点桩号详见表 10.3.1-1。

圆曲线测设表   表 10.3.1-1

测站	目标	左角 β			备注
		单角值	倍角值	平均值	
JD_{12}	JD_{11}				
		235°08′48″	110°17′40″	235°08′50″	
	JD_{13}				

$JD_{12} = 4+318.21$		$α_右 = 55°08′50″$（右折）	$R = 200.00$m
$T = 104.44$m		ZY_{12}桩号 = JD_{12}桩号 $- T = 4+213.77$	
$L = 192.50$m		YZ_{12}桩号 = ZY_{12}桩号 $+ L = 4+406.27$	
$E = 25.63$m		QZ_{12}桩号 = YZ_{12}桩号 $- L/2 = 4+310.02$	
$J = 16.38$m		JD_{12}桩号 = QZ_{12}桩号 $+ J/2 = 4+318.21$	
$L/2 = 96.25$m		$β/2 = 117°34′25″$	

点名	桩号	曲线长 l (m)	弦切角（偏角）△		备注
			单角值	累计值	
ZY_{12}	4+213.77			0°00′00″	
		6.23	0°53′32.6″		
①	220			0°53′33″	
		20.00	2°51′53.2″		
②	240			3°45′26″	
		20.00	2°51′53.2″		
③	260			6°37′19″	
		20.00	2°51′53.2″		
④	280			9°29′12″	
		20.00	2°51′53.2″		
⑤	4+300			12°21′05″	
		10.02	1°26′07.1″		
QZ_{12}	4+310.02			13°47′12.5″ = $α/4$	
		9.98	1°25′46.1″		
⑥	320			15°12′59″	
		20.00	2°51′53.2″		
⑦	340			18°04′52″	
		20.00	2°51′53.2″		
⑧	360			20°56′45″	
		20.00	2°51′53.2″		
⑨	380			23°48′38″	
		20.00	2°51′53.2″		
⑩	4+400			26°40′31″	
		6.27	0°53′53.2″		
YZ_{12}	4+406.27			27°34′25″ = $α/2$	

(2) 圆曲线各辅点弦切角（偏角）的计算　曲线长 l 所对的弦切角 Δ 在圆曲线测设中也叫偏角，其值用下式计算：

$$\Delta = \frac{1}{2}\frac{l}{R} - \frac{180°}{\pi} = 1718.87' \frac{l}{R} \qquad (10.3.1\text{-}3)$$

由于 $l = 20.00\mathrm{m}$、$l_1 = 6.23\mathrm{m}$、$l_2 = 6.27\mathrm{m}$，故代入上式得到相应的弦切角值：

$\Delta = 2°51'53.2''$、$\Delta_1 = 0°51'32.6''$、$\Delta_2 = 0°53'53.1''$，一般圆曲线各辅点的测设都是将经纬仪安置在 ZY_{12} 点，以 $0°00'00''$ 后视 JD_{12} 点，则各辅点①、②…⑩的弦切角（偏角）值计算如表 10.3.1-1 中的下半部中，这里应指出 QZ_{12} 的弦切角应为 $\alpha/4$、YZ_{12} 的弦切角应为 $\alpha/2$，用以作为累计弦切角的计算校核。

4. 道路工程中圆曲线的基本测设方法

(1) 在 JD 点上测左角 β、计算转折角 α　一般用测回法或复测法测出左角 β，用下式计算转折角 α：

$$\left.\begin{aligned}&\text{当左角 } \beta > 180° \text{ 时为右转折角，即 } \alpha_\text{右} = \beta - 180°\\&\text{当左角 } \beta < 180° \text{ 时为左转折角，即 } \alpha_\text{左} = 180° - \beta\end{aligned}\right\}$$

$$(10.3.1\text{-}4)$$

表 10.3.1-1 中是在 JD_{12} 上用倍角复测法测出 $\beta = 235°08'50''$，则 $\alpha_\text{右} = 55°08'50''$。

(2) 在 JD 点上测设圆曲线主点　经纬仪安在 JD_{12} 点上，以 $0°00'00''$ 后视 ZY_{12} 点方向、在视线上量切线长 T 定 ZY_{12} 点；经纬仪顺时针转至 $\beta/2$（若为右折、则倒镜），在两切线的分角线方向上，量外距 E 定 QZ_{12} 点；经纬仪再顺时针转至 β 在 YZ_{12} 点方向上，量切线长 T 定 YZ_{12} 点。由于道路工程中圆曲线的切线长 T 均较长，无法直接量取 $ZY_{12} \sim YZ_{12}$ 间的长弦 C 作校核，故测设 ZY_{12} 与 YZ_{12} 点中均应小心操作防止错误。

(3) 在 ZY 点上测设圆曲线辅点　可用经纬仪与钢尺，以传统的偏角法测设，若有全站仪，则可用极坐标法测设。现分述如下：

1) 偏角法测设圆曲线辅点　　将经纬仪安置在 ZY_{12} 点上，以 $0°00'00''$ 后视 JD_{12} 点，测设出辅点①的方向（即偏角 $0°53'33''$），在视线上用钢尺量第一个分弦（弧）$l_1 = 6.23m$，定出①点，这实为极坐标法；转动经纬仪测设出辅点②的方向（即偏角 $3°45'26''$），用钢尺由①点起量第一整弦（弧）$l = 20.00m$ 与经纬仪视线相交，定出②点——这实为方向与距离的交会法；再转动经纬仪测设出辅点③的方向（即偏角 $6°37'19''$），用钢尺由②点起量第二整弦（弧）$l = 20.00m$ 与经纬仪视线相交，定出③点；如此……至 QZ_{12} 校核其方向是否为 $\alpha/4$，量⑤～QZ_{12} 间距是否为 $10.02m$；再如此由 QZ_{12} 起，依次交会定出⑥、⑦、…⑩点，最后校核 YZ_{12} 其方向应为 $\alpha/2$，量⑩～YZ_{12} 间距应为 $6.27m$。

上述偏角法测设圆曲线辅点的最大方便之处，在于用钢尺依次量取各辅点间弦（弧）长即可与经纬仪视线方向交会出各辅点。但缺点是因量距的累积误差而影响各点点位。在没有全站仪之前，此法是道路工程中，测设圆曲线最常用的方法。

由于测设中不能量得弧长，这样就产生弧与弦之间的"弧弦差 δ"，见表 10.3.1-2。

2) 极坐标法测设圆曲线辅点　　当全站仪问世并逐步普及使用以来，偏角法逐步为极坐标法所代替，但要计算出各辅点的极坐标值，主要是根据半径 R 与弦切角 Δ 计算各辅点至极点的弦长 $C = 2R\sin\Delta$，现以表 10.3.1-1 为例计算仪器在 ZY_{12} 点上的各辅点极坐标值，如表 10.3.1-3。

用全站仪以极坐标法测设圆曲线辅点最大的优点是精度高、各点点位误差不累积。当计算出以 JD 点为极的极坐标值，则在 JD 点测设主点的同时，即可将各辅点测设出，这更是极坐标测法的优点。

圆曲线弦弧差 (δ) 表

表 10.3.1-2

δ (cm) l(m) \ R(m)	15	20	25	30	40	50	60	70	80	90	100	125	150	200	250	300
5	2	1	1	1	1											
6	4	2	1	1	1											
7	6	4	2	2	1	1										
8	9	5	3	2	1	1	1									
9	13	8	5	3	2	1	1									
10	18	10	7	5	3	2	1	1	1	1						
11	24	14	9	6	3	2	2	1	1	1	1					
12	32	18	11	8	4	3	2	1	1	1	1					
13	40	23	15	10	6	4	3	2	1	1	1	1				
14	50	28	18	13	7	5	3	2	2	1	1	1				
15	62	35	22	16	9	6	4	3	2	2	1	1				
16	75	42	27	19	11	7	5	3	3	2	2	1	1			
17	90	51	33	23	13	8	6	4	3	3	2	1	1			
18	106	60	39	27	15	10	7	5	4	3	2	2	1	1		
19	124	71	45	32	19	11	8	6	5	4	3	2	1	1		
20	145	82	53	37	21	13	9	7	5	4	2	2	1	1	1	
25	279	160	103	72	40	26	18	13	10	8	7	4	3	2	1	1
30	475	273	177	123	70	45	31	23	18	14	11	7	5	3	2	1
35	742	430	279	195	111	71	49	36	28	22	18	11	8	4	3	2
40	1084	634	413	290	165	106	74	54	42	33	27	17	12	7	4	3
45	1508	891	583	410	234	150	105	77	59	47	38	24	17	9	6	4
50	2014	1204	792	559	319	206	143	106	81	64	52	33	23	13	8	6

弦弧差 $\delta = l - c$

式中：l——弧长
c——弦长

$$c = 2R\sin\frac{\alpha}{2}$$

$$\alpha = \frac{180°}{\pi R} \cdot l$$

注：作业时，弦弧差在 1cm 以内，一般可忽略不计，故当半径 R 小于或等于 50m 时，以取弦长等于 5m 为宜；R 大于 50m 且小于 150m 则取弦长为 10m；R 大于 150m 时，可取弦长为 20m，即以弦长代替弧长，可不进行弦弧差改正。

极坐标法测设圆曲线辅点表　　　表 10.3.1-3

测站	后视	测站桩号	曲线长 l(m)	极距(弦长) C(m)	极角(偏角) Δ	备　注
	JD_{12}			$T=104.44$	0°00′00″	
ZY_{12}		4+213.77		0.000		
		①+220	6.23	6.231	0°53′33″	
		②+240	20.00	26.212	3°45′26″	
		③+260	20.00	46.127	6°37′19″	
		④+280	20.00	65.939	9°29′12″	
		⑤+300	20.00	85.565	12°21′05″	
		QZ_{12} 4-310.02	10.02	95.32	13°47′12.5″ $=\alpha/4$	
		⑥+320	9.98	104.986	15°12′59″	
		⑦+340	20.00	124.145	18°04′52″	
		⑧+360	20.00	142.994	20°56′45″	
		⑨+380	20.00	161.487	23°48′38″	
		⑩+400	20.00	179.575	26°40′31″	
		YZ_{12} 4+406.27	6.27	185.155	27°34′25″ $=\alpha/2$	

复习思考题:

见 10.6 节 9~11 题。

10.3.2 缓和曲线的测设

1. 缓和曲线的性质

为了行车的舒适和安全,在铁路与公路的平面线型中,直线($R=\infty$)与圆曲线($R=R$)之间或复曲线中两不同半径(R_1 与 R_2)的圆曲线之间,要插入曲线半径逐渐改变的过渡性曲线,叫缓和曲线。在直线与圆曲线之间,设 $R=\infty \to R$ 的缓和曲线;

在复曲线中两不同半径（R_1 与 R_2）的圆曲线之间，设 $R = R_1 \to R_2$ 的缓和曲线。亚运会昌平自行车赛场的直线与圆曲线之间就设有缓和曲线，这是缓和曲线在建筑工程中应用的一个实例。

我国采用回旋线（也叫辐射螺旋线）的一部分作为缓和曲线。回旋线的几何特性是：曲线上任何一点的曲率半径 ρ 都与该点到曲线起点的长度 l 成反比，即：

$$\rho = \frac{c}{l} \qquad (10.3.2\text{-}1)$$

式中 c 为比例参数，我国公路设计规范规定取 $c = 0.035 V^3$，V 是设计行车速度，以公里/小时为计算单位。因为缓和曲线起点（$l = 0$）时，$\rho = \infty$；在缓和曲线终点（与圆曲线相接的点 $l = l_h$）时，$\rho = R$，故上式也可以写成：

$$\rho l = R l_h = c = 0.035 V^3 \qquad (10.3.2\text{-}2)$$

$$l_h = 0.035 \frac{V^3}{R} \qquad (10.3.2\text{-}3)$$

由 (10.3.2-3) 式知：设计行车速度愈快，缓和曲线就要长一些；而所设置的圆曲线半径愈大，缓和曲线则可相应的短一些，当 R 达到一定数值后，就不必设置缓和曲线了。(10.3.2-3) 式为计算缓和曲线长度 l_h 公式。实际应用时，还应考虑车辆在缓和曲线上行驶时间不应小于 3 秒。《公路工程技术标准》（JTJ 001—1997）中第 3.0.13 规定；缓和曲线的长度应根据计算行车速度求算，并尽量采用大于表 10.3.2-1（原表 3.0.13）所列数值。

各级公路缓和曲线最小长度

表 10.3.2-1（原表 3.0.13）

公路等级	高速公路				一		二		三		四	
计算行车速度（km/h）	120	100	80	60	100	60	80	40	60	30	40	20
缓和曲线最小长度（m）	100	85	70	50	85	50	70	35	50	25	35	20

2. 缓和曲线的主点测设

(1) 缓和曲线主点测设要素和桩号的计算 如图 10.3.2-1，加入缓和曲线后，整个曲线分为三大部分，即：第一缓和曲线段、圆曲线段和第二缓和曲线段。其中包含五个主点：

直缓点（ZH）　　由直线进入第一缓和曲线的点，即整个曲线的起点，或用 TS 表示；

缓圆点（HY）　　第一缓和曲线的终点，开始进入圆曲线的起点，或用 SC 表示；

曲中点（QZ）　　整个曲线的中点，或用 CC 表示；

圆缓点（YH）　　圆曲线的终点，进入第二缓和曲线的起点，或用 CS 表示；

缓直点（ZH）　　第二缓和曲线的终点，进入直线段的点，也就是整个曲线的终点，或用 ST 表示。

为测设五个主点，需要计算以下要素数值：

为了确定曲中点（QZ）的位置，应计算交点（JD）到曲中（QZ）的外距 E_h。

为了推算各主点的里程桩号，应计算整个曲线全长 l_h 和圆曲线部分的长度 L'，以及计算校核用的校正值 J_h。

为了计算上述各要素的数值，还应计算设置缓和曲线后，若圆心不动，圆曲线半径的减小值 p（内移值）和切线长变化值 q。如图 10.3.2-1，即设圆心不动、加缓和曲线前圆曲线半径为 $(R+p)$，加缓和曲线后圆曲线应内移 p 值，使圆曲线半径变为 R。过圆心作两切线的垂线，垂足到直缓点（ZH）或缓直点（HZ）的距离即为 q 值。

为了确定曲线的缓圆点（HY）和圆缓点（YH）的位置，应计算缓和曲线 l_h 的总偏角 Δ_h 和弦长 C_h，或计算缓和曲线端点坐标 x_h 和 y_h。为了测设圆曲线部分的辅点，有时还应计算出圆曲线两端点的切线与路线直线的交点 Q 到直缓点（ZH）和缓直点（HZ）的距离 T_d。

上述 p、q、x_h、y_h、T_d、C_h、Δ_h 都叫缓和曲线要素，它

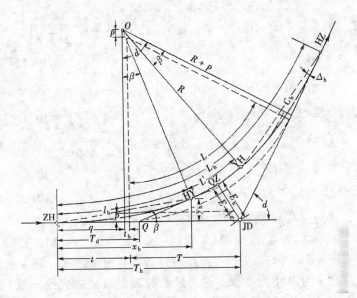

图 10.3.2-1 缓和曲线

们的计算公式如下:

$$\beta = \frac{1}{2} \cdot \frac{l_h}{R} \cdot \frac{180°}{\pi} = 1718.87' \frac{l_h}{R} \quad (10.3.2\text{-}4)$$

$$\Delta_h = \frac{1}{3}\beta \quad (10.3.2\text{-}5)$$

$$\left. \begin{array}{l} x_h = l_h - \dfrac{l_h^3}{40R^2} \\ y_h = \dfrac{l_h^2}{6R} \end{array} \right\} \quad (10.3.2\text{-}6)$$

$$C_h = \sqrt{x_h^2 + y_h^2} \quad (10.3.2\text{-}7)$$

$$T_d = x_h - y_h \cot\beta \quad (10.3.2\text{-}8)$$

$$p = y_h - R(1 - \cos\beta) \quad (10.3.2\text{-}9)$$

$$q = x_h - R\sin\beta \quad (10.3.2\text{-}10)$$

当缓和曲线各要素求出后,即可按下式计算缓和曲线各主元素。

$$T_{\mathrm{h}} = (R+p)\tan\frac{\alpha}{2} + q = R\tan\frac{\alpha}{2} + \left(p\tan\frac{\alpha}{2} + q\right)$$
$$= T + t \qquad (10.3.2\text{-}11)$$

$$E_{\mathrm{h}} = (R+p)\sec\frac{\alpha}{2} - R = R\left(\sec\frac{\alpha}{2} - 1\right) + p\cdot\sec\frac{\alpha}{2}$$
$$= E + e \qquad (10.3.2\text{-}12)$$

$$L_{\mathrm{h}} = R(\alpha° - 2\beta°)\frac{\pi}{180°} + 2l_{\mathrm{h}} = R\cdot\alpha°\cdot\frac{\pi}{180°} + l_{\mathrm{h}}$$
$$= L + l_{\mathrm{h}} \qquad (10.3.2\text{-}13)$$

$$L' = L_{\mathrm{h}} - 2l_{\mathrm{n}} = L - l_{\mathrm{h}} \qquad (10.3.2\text{-}14)$$

$$J_{\mathrm{h}} = 2T_{\mathrm{h}} - L_{\mathrm{h}} = 2(T+t) - (L+l_{\mathrm{h}})$$
$$= (2T-L) + (2t-l_{\mathrm{b}}) = J + d \qquad (10.3.2\text{-}15)$$

上述各式中 T_{h}、E_{h}、J_{h} 都可以看成是两项之和。第一项 T、E、L、J 与以 R 为半径、α 为转角的圆曲线公式完全一致。第二项 t、e、l_{n}、d 都是由于加入缓和曲线后各相应要素应增加的尾数值，这些值同样可以利用公式直接计算。各主点的里程桩号，可按下列顺序计算：

$$\left.\begin{aligned}
&\text{直缓点(ZH)桩号} = \text{交点(JD)桩号} - \text{切线长 } T_{\mathrm{h}} \\
&\text{缓圆点(HY)桩号} = \text{直缓点(ZH)桩号} + \text{缓和曲线长 } l_{\mathrm{h}} \\
&\text{圆缓点(YH)桩号} = \text{缓圆点(HY)桩号} + \text{圆曲线长 } L' \\
&\text{缓直点(HZ)桩号} = \text{圆缓点(YH)桩号} + \text{缓和曲线长 } l_{\mathrm{h}} \\
&\text{曲中点(QZ)桩号} = \text{缓直点(HZ)桩号} - \frac{\text{全曲线长 } L_{\mathrm{h}}}{2}
\end{aligned}\right\}$$

$$(10.3.2\text{-}16)$$

综合以上各式得计算校核公式为：

$$\text{交点(JD)桩号} = \text{曲中点(QZ)桩号} + \frac{\text{校正值 } J_{\mathrm{h}}}{2}$$

$$(10.3.2\text{-}17)$$

附有缓和曲线的圆曲线测设表，见表 10.3.2-2。

有缓和曲线的圆曲线测设表　　　　表 10.3.2-2

工程名称：延北路　　　　　日期：2002.06.02　　　观测：胡××
仪器型号：J6——942214　　天气：间阴　　　　　　记录：刘××

测站	目标	左 角 β			备注
		单角值	倍角值	平均值	
JD$_{22}$	JD$_{21}$				
		190°17′30″	20°35′10″	190°17′35″	
	JD$_{23}$				

JD$_{22}$ = 9 + 124.37　　　　$\alpha = 10°17′35″$（右转）　　　　$R = 500m$

测设要素计算	$T_h = T + t = 9.006 \times 5 + 30.023 = 75.05m$	$l_h = 60m$
	$E_h = E + e = 0.405 \times 5 + 0.301 = 2.33m$	$\beta = 3°26′16″$
	$L_h = L + l_h = 17.963 \times 5 + 60 = 149.82m$	$G_h = 59.99m$
	$L' = L - l_h = 17.963 \times 5 - 60 = 29.82m$	$x_h = 59.98m$
	$L_h/2 = 149.82/2 = 74.91m$	$y_h = 1.20m$
	$J_h = J + d = 0.049 \times 5 + 0.045 = 0.29m$	$T_d = 40.00m$
	$\beta/2 = 190°17′35″/2 = 95°08′48″$	$\Delta_h = 1°08′45″$
桩号计算	ZH 桩号 = JD 桩号 − T_h = （9 + 124.37）− 75.05 = 9 + 049.32	
	HY 桩号 = ZH 桩号 + l_h = （9 + 049.32）+ 60.00 = 9 + 109.32	
	YH 桩号 = HY 桩号 + L' = （9 + 109.32）+ 29.82 = 9 + 139.14	
	HZ 桩号 = YH 桩号 + l_h = （9 + 139.14）+ 60.00 = 9 + 199.14	
	QZ 桩号 = HZ 桩号 − $L_h/2$ = （9 + 199.14）− 74.91 = 9 + 124.23	
	JD 桩号 = QZ 桩号 + $J_h/2$ = （9 + 124.23）+ 0.14 = 9 + 124.37 计算无误	

（2）缓和曲线主点的测设方法　测设主点各要素计算出来，经校核计算无误后，则可在现场按几何关系在地面上钉出各主点位置。直缓点（ZH）、曲中点（QZ）与缓直点（HZ）三点的测设方法与圆曲线三主点的测设方法相同，而缓圆点（HY）和圆缓点（YH）是分别从直缓点（ZH）和缓直点（HZ）测设的。

3. 缓和曲线辅点的测设

和圆曲线一样，附有缓和曲线的圆曲线也要在曲线上每隔一定距离测设一个辅点。常用的方法有切线支距法和偏角法。

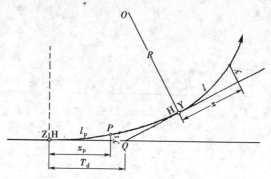

图 10.3.2-2

(1) 切线支距法　如图 10.3.2-2，以直缓点（ZH）和缓直点（HZ）为坐标原点，以切线为 X 轴，以过原点的半径为 Y 轴，根据缓和曲线长 l_p 来计算曲线上各辅点 P 的坐标（x_p，y_p）。以（x_p，y_p）测设两侧的缓和曲线部分：

$$\left.\begin{array}{l} x_p = l_p - \dfrac{l_p^5}{40R^2 l_h^2} \\ y_p = \dfrac{l_p^3}{6Rl_h} \end{array}\right\} \quad (10.3.2\text{-}18)$$

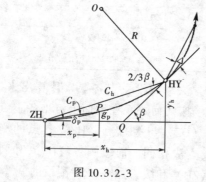

图 10.3.2-3

圆曲线部分可以先自直缓点（ZH）沿切线向交点（JD）方向量取 T_d 长定出 Q 点，则与 Q 点缓圆点（HY）的连线方向即为缓、圆曲线的公切线方向。再以公切线方向为 X 轴，以缓圆点（HY）为坐标原点，按圆曲线的切线支距法继续测设曲线辅点。

(2) 偏角法　如图 10.3.2-3，以直缓点（ZH）或缓直点（HZ）为原点，以切线方向为极轴，以偏角 δ_p 和弦长 C_p 确定曲线上 P 点位置。

由于缓和曲线曲率很小，故实际工作都以缓和曲线长 l_p 代替弦长 C_p，偏角 δ_p 计算公式为：

$$\sin\delta_p = \frac{y_p}{l_p}$$

考虑到公式（10.3.2-18）及 δ_p 角度值很小，故可改写为

$$\delta_p = \frac{l_p^2}{6Rl_h} \cdot \frac{180°}{\pi} = 572.96' \frac{l_p^2}{Rl_h} \qquad (10.3.2\text{-}19)$$

当圆曲线半径 R 和缓和曲线长 l_h 确定后，缓和曲线上任一点的偏角即可按（10.3.2-19）式算出。

复习思考题：

见 10.6 节 13 题。

10.4　复杂图形建（构）筑物的测设方法

10.4.1　在长弦上测设圆曲线

关于测设圆曲线的基本方法已在 10.2 节中做了介绍，这里再介绍在长弦上测设圆曲线的方法。

1. 长弦直角坐标法，也叫长弦支距法

如图 10.4.1-1 是以圆曲线（ZY-YZ）的长弦为 Y 坐标轴，以长弦中点 O_c 为坐标轴原点，以过原点垂直弦线的方向为 X 坐标轴的直角坐标。此法是根据曲线上 1、2…各辅点的长弦直角坐标 (y_i, x_i) 来测设其点位的。当各辅点间弧长（或弦长）均为 l 时，各弧（或弦）所对圆心角为 Δ 时，从而得到：

$$\begin{cases} y_1 = R \cdot \sin\Delta \\ x_1 = R \cdot \cos\Delta - R\cos\alpha/2 \end{cases}$$
$$\cdots\cdots$$
$$\cdots\cdots$$
$$\begin{cases} y_i = R \cdot \sin i\Delta \\ x_i = R \cdot \cos i\Delta - R\cos\alpha/2 \end{cases} \quad (10.4.1\text{-}1)$$

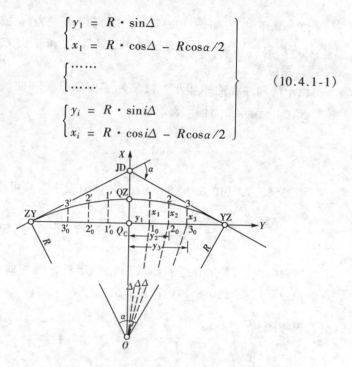

图 10.4.1-1 长弦直角坐标法测设辅点

当各辅点 i 的坐标 (y_i, x_i) 算出后，将钢尺的零点刻划对准 O_c 点，沿长弦方向依次量出 y_1、y_2…，准确定出各垂足点 1_0、2_0、…，然后过垂足测出各垂线方向，并在其上分别量出 x_1、x_2…，即定出曲线上 1、2、…各辅点点位；最后实量各辅点间距以作校核。

长弦支距法，适用于曲线内侧平坦的场地，施测时要特别注意各垂线方向的准确性，以保证点位精度。

图 10.4.1-2 为图 10.2.2-2 所示妇联中心圆弧形办公楼平面图，现用长弦支距法，测设 Ⓔ 轴上等距离的 1～14 点和 Ⓑ 轴上等距离的 1′～14′ 点的位置。由于施工是分三段进行，表 10.4.1 中所列直角坐标值分别为：以 O_c 和 O_{c12} 为原点，O_c～

14方向为 Y 轴，建筑物东半侧各点的长弦直角坐标。

点位测设计算表　　　　　　　　　　　表 10.4.1

工程名称：妇联中心　日期：1991.4.4　单位：5-5-4　计算：张××　校核：周××

测站	后视	点名	直角坐标 R(x、y)(m)		极坐标 P(r、θ)		间距 D (m)	备注
			横坐标 y	纵坐标 x	极距 d(m)	极角 φ		
O_c	Y			0.000		90°00′00″		
	X		0.000			0°00′00″		
			0.000	0.000	0.000	不		长弦中点
		0	0.000	13.397	13.397	0°00′00″		
		8	4.027	13.316	13.912	16°49′35″	4.027	
		9	12.054	12.668	17.486	43°34′38″	8.053	
		10	20.003	11.377	23.012	60°22′13″	8.053	
		10′	17.362	−1.557	17.432	95°07′28″	13.200	
		9′	10.463	−0.436	10.472	92°23′10″	6.990	
		8′	3.495	0.127	3.497	87°55′08″	6.990	
		0′	0.000	0.197	0.197	0°00′00″	3.496	
Q_{c12}			0.000	0.000	0.000	0°00′00″	6.899	
		12	0.000	6.899	6.899	63°11′50″	8.053	
		13	7.409	3.743	8.301	90°00′00″	8.053	
		14	14.540	0.000	14.540	145°13′06″	13.200	
		14′	7.940	−11.432	13.919	167°55′19″	6.990	
		13′	1.751	−8.183	8.368	220°41′04″	6.990	
		12′	−4.680	−5.444	7.179	254°03′45″	6.990	
		11′	−11.311	−3.230	11.763	265°04′58″	6.990	
		10′	−18.098	−1.557	18.165	306°21′10″	13.200	
		10	−15.458	11.377	19.193	321°03′00″	8.053	
		11	−7.638	9.449	12.150			

2. 长弦极坐标法

长弦极坐标是以圆曲线长弦的垂线方向为极轴方向，以长弦

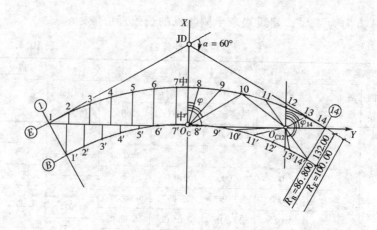

图 10.4.1-2 妇联中心圆弧形办公楼平面图

中点 O_c 或弦线上、弦线外的任意点为原点的极坐标系。图 10.4.1-3 所示为此法最常用的情况。即以长弦中点 O_c 为原点，以垂直长弦的方向为极轴方向，以 φ 角为极角，以 O_c 至各辅点（1、2、3…）的距离 d 为极距，进行测设各辅点点位的。

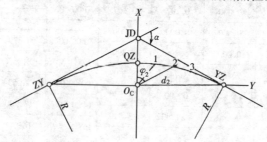

图 10.4.1-3 长弦极坐标法测设辅点

表 10.4.1 上半部和下半部所列极坐标，即分别为图 10.4.1-2 所示以长弦中点 O_c 和长弦上 O_{c12} 点为极的各点的长弦极坐标值，它是根据相应点的切线直角坐标值，用公式（3.2.9-2）和（3.2.9-3）坐标反算方法算得的。

复习思考题：

1. 两种极坐标法测设圆曲线辅点各有哪些优点？
2. 用极坐标法测设中，应特别注意什么？
3. 见10.6节12题。

10.4.2 根据方程式测设圆曲线上的点位与圆心

如图10.4.2为某圆形沉井，其方程式为 $y^2 + x^2 - 8y - 4x - 11 = 0$

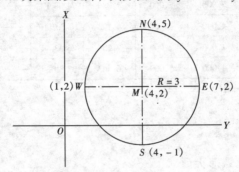

图 10.4.2 测设圆形沉井

1. 计算圆曲线的主要参数

$y^2 + x^2 - 8y - 4x - 11 = 0$ 对此方程进行配方得下式

$$(y-4)^2 + (x-2)^2 = 3^2$$

由此方程可直接看出圆心坐标：$y_0 = 4$、$x_0 = 2$，圆半径 $R = 3$。

2. 圆曲线上的主要点位

最北点 N 的坐标（$y_N = 4$，$x_N = 5$），最南点 S 的坐标（$y_S = 4$，$x_S = -1$）。最西点 W 的坐标（$y_W = 1$，$x_W = 2$），最东点 E 的坐标（$y_E = 7$，$x_E = 2$）。

3. 计算圆上点位测设数据

将全站仪安在坐标系原点 O，以 $90°00'00''$ 后视 Y 轴，按表10.4.2中的极坐标测设圆曲线上的 M、N、E、S、W 各点，并用直角坐标与间距校测。

点位测设计算表 表 10.4.2

测站	后视	点名	直角坐标 R (xy) (m)		极坐标 P (rθ)		间距 D (m)	备注
			横坐标 y	纵坐标 x	极距 d(m)	极角 φ		
O	Y			0.000		90°00′00″		
			0.000	0.000	0.000	不		
		M	4.000	2.000	4.472	63°26′06″	4.472	圆心点
		N	4.000	5.000	6.403	38°39′35″	3.000	圆上最北点
		E	7.000	2.000	7.280	74°03′17″	4.243	圆上最东点
		S	4.000	-1.000	4.123	104°02′10″	4.243	圆上最南点
		W	1.000	2.000	2.236	26°33′54″	4.243	圆上最西点
		N	4.000	5.000	6.403	38°39′35″	4.243	

复习思考题：

见 10.6 节 14 题。

10.4.3 测设蝶形大厦

如图 10.4.3-1 所示是湖南长沙市高 22 层蝶形大厦，平面是对中心点对称的蝴蝶形。

图 10.4.3-2 为蝶形大厦东北象限，各点的平面直角坐标值为设计所给。现将经纬仪安置在 O 点上，以 90°00′00″ 后视 Y 轴

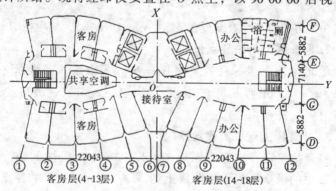

图 10.4.3-1　蝶形大厦平面图

方向,根据各点的直角坐标,按公式(3.2.9-1)及(3.2.9-3)算出各点极坐标值,见表10.4.3。

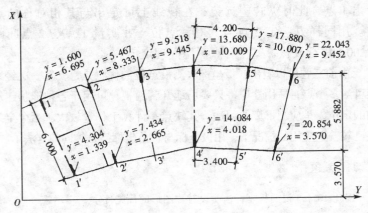

图 10.4.3-2 蝶形大厦东北象限平面直角坐标图

蝶形大厦测设表　　　　　　　　　　　　　　表 10.4.3

工程大名称:蝶形大厦	日期:1995.6.25	单位:湘六建
计算:王×	校核:李×	观测:王×

测站	后视	点名	直角坐标 R (xy)(m)		极坐标 P (rθ)		间距 D (m)	备注
			横坐标 y	纵坐标 x	极距 d(m)	极角 φ		
O	Y			0.000		90°00′00″		
	X		0.000			0°00′00″		
		0	0.000	0.000	0.000	13°26′26″	6.884	
		1	1.600	6.695	6.884	33°16′03″	4.200	
		2	5.467	8.333	9.966	45°13′14″	4.200	
		3	9.518	9.445	13.409	53°48′32″	4.200	
		4	13.680	10.009	16.951	60°45′55″	4.200	
		5	17.880	10.007	20.490	66°47′26″	4.200	
		6	22.043	9.452	23.984	80°17′08″	6.001	
		6′	20.854	3.570	21.157		3.385	6′5′4′为直线
		5′				74°04′38″	3.400	
		4′	14.084	4.018	14.646		3.394	4′3′2′为直线
		3′				70°16′40″	3.394	
		2′	7.434	2.665	7.897	72°43′08″	3.399	
		1′	4.304	1.339	4.507		3.399	
		1′	1.600	6.695	6.884	13°26′26″	6.000	

施测时,安置仪器在 O 点,以 $90°00'00''$ 后视 Y 轴方向后,转动照准部至 $13°26'26''$,用钢尺由 O 点沿视线方向量 $6.884m$ 测设出 1 点,此时纵转望远镜,在视线上可定出与其相对称的点位。用同样方法定 2 点与其对称点位,并实量 1 点与 2 点间距 $4.200m$ 进行校核。其他各点可用同理定出。

由前三题可以看出:极坐标法测设点位的优点是,安置一次经纬仪可测多个点,适用性广,只要场地开阔通视,可用于各种形状建筑物的定位,是应当推广的测法,其缺点是计算工作较大。当今全站仪已较普遍应用的情况下,用极坐标与直角坐标已是等同的方法了。

复习思考题:

对比 10.1.3 说明极坐标法测设对称图形的优越性。

10.4.4　测设椭圆形建筑物

如图 10.4.4 为某综合大楼,平面为椭圆形,长半径 $a=$

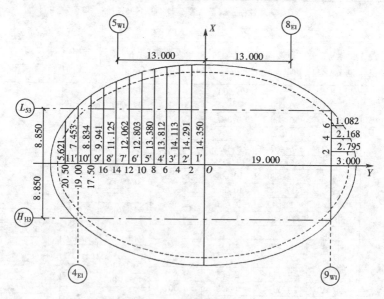

图 10.4.4　椭圆形综合大楼

22.500m、短半径 $b = 14.850$m。方程式为：$y^2/a^2 + x^2/b^2 = 1$。

将全站仪安置在坐标原点 O，以 90°00′00″ 后视 y 轴方向，用直角坐标或极坐标均可测设出该椭圆形。

复习思考题：

从图 10.4.4 中可看出 0～8 横向间距为 2m，而 8～10 横向间距为 1.5m，再向两侧测设为纵向分点，为什么？

10.4.5 测设综合圆形、扇形与椭圆形建筑

如图 10.4.5 为北京植物园展览温室工程，Ⅰ区为椭圆、Ⅱ区为半径 59.000m 的半圆、Ⅲ区为扇形。整体工程为钢结构。

1. Ⅰ区椭圆测设数据的计算

将沿椭圆分布的埋件与坐标系的相对尺寸，转化为直角坐标 (y, x)，再换算成极坐标 (d、φ)，如表 10.4.5-1。

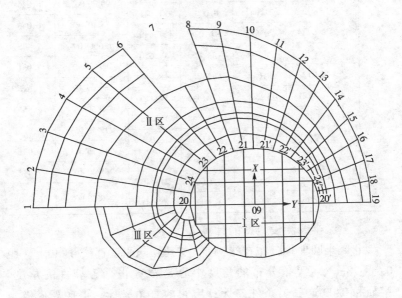

图 10.4.5 北京植物园钢结构

I区椭圆测设数据计算表　　　　表 10.4.5-1

测站	后视	点名	设计直角坐标 R (x, y) (m)		极坐标值 P (rθ)		间距 D (m)
			横坐标 y	纵坐标 x	极距 d(m)	极角 φ	
09	GJ20		0.000	0.000	0.000		
			-21.041	0.000	21.041	270°00′00″	
		GJ24	-20.575	6.028	21.440	286°19′50″	6.046
		GJ23	-15.748	11.753	19.651	306°44′09″	7.488
		GJ22	-9.649	15.252	18.048	327°40′55″	7.031
		GJ21	-3.228	16.848	17.155	349°09′15″	6.616
		GJ21′	3.228	16.848	17.155	10°50′45″	6.456
		GJ22′	9.649	15.252	18.048	32°19′05″	6.616
		GJ23′	15.748	11.753	19.651	53°15′51″	7.031
		GJ24′	20.575	6.028	21.440	73°40′10″	7.488
		GJ20′	21.041	0.000	21.041	90°00′00″	6.046
		GJ24$_s$	20.575	-6.028	21.440	73°40′10″	6.046
		GJ23$_s$	15.748	-11.753	19.650	126°44′09″	7.488
		GJ22$_s$	9.649	-15.252	18.048	147°40′55″	7.031
		GJ21$_s$	3.228	-16.848	17.155	169°09′15″	6.616
		GJ21′$_s$	-3.228	-16.848	17.155	190°50′05″	6.456
		GJ22′$_s$	-9.649	-15.252	18.048	212°19′05″	6.616
		GJ23′$_s$	15.748	-11.753	19.651	233°15′51″	7.031
		GJ24′$_s$	-20.575	-6.028	21.440	253°40′10″	7.488
		GJ20	-21.041	0.000	21.041	270°00′00″	6.046

2. Ⅱ区半圆测设数据的计算

Ⅱ区半圆埋件分布在半圆上，其圆心 04 在直线 0309 上，距 09 点 18m，而等角分布的角度中心是 09，根据各埋件的角度、半径和 0409 这三个条件，计算出它的直角坐标，再换算成极坐标，见表 10.4.5-2。

Ⅱ区半圆测设数据计算表　　表10.4.5-2

测站	后视	点名	设计直角坐标 R (x, y)(m)		极坐标 P (rθ)		间距 D (m)
			横坐标 y	纵坐标 x	极距 d(m)	极角 φ	
09			0.000	0.000	0.000	270°00′00″	
	GJZ1		-77.000	0.000	77.000	280°00′00″	13.396
		CJZ2	-75.479	13.309	76.644	290°00′00″	13.309
		CJZ3	-71.034	25.854	75.592	300°00′00″	13.138
		CJZ4	-63.998	36.949	73.898	310°00′00″	12.882
		CJZ5	-54.882	46.051	71.643	320°00′00″	12.546
		CJZ6	-44.311	52.808	69.936	330°00′00″	19.967
		CJZ7	-25.954	44.953	51.907	340°00′00″	18.525
		CJZ8	-23.019	63.244	67.303	350°00′00″	13.562
		CJZ9	-10.315	58.497	59.400	0°00′00″	10.570
		CJZ10	0.000	56.187	56.187	10°00′00″	9.998
		CJZ11	9.229	52.341	53.148	20°00′00″	9.437
		CJZ12	17.226	47.330	50.367	30°00′00″	8.910
		CJZ13	23.952	41.486	47.903	40°00′00″	8.432
		CJZ14	29.437	35.082	45.796	50°00′00″	8.019
		CJZ15	33.756	28.325	44.066	60°00′00″	7.682
		CJZ16	36.998	21.360	42.721	70°00′00″	7.424
		CJZ17	39.245	14.284	41.763	80°00′00″	7.252
		CJZ18	40.565	7.153	41.191	90°00′00″	7.166
		CJZ19	41.000	0.000	41.000		

3.Ⅲ区扇形测设数据的计算

与Ⅱ区测设数据同理，从略。

4.测设与校核

使用精度为 $\pm 2''$，$\pm(2mm + 2 \times 10^{-6} \cdot D)$ 的全站仪测设，用经检定的Ⅰ级50m钢尺校测各点间距，全部合格。

复习思考题：

见10.6节15题。

10.4.6 测设双曲线与抛物线形建筑

如图10.4.6-1为某会议大厅，左右为双曲线与上下为抛物线形平面图。图10.4.6-2为大厅东北象限图，整个图形对中心点O对称，对y，x轴也对称。故只要计算出东北象限各点坐标，即进行全部测设工作。

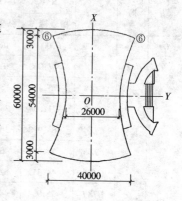

图10.4.6-1 双曲线-抛物线大厅

1. 求出方程式 计算大厅北端

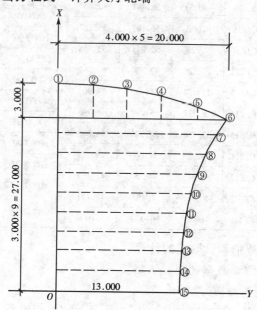

图10.4.6-2 大厅东北象限

轴①~⑥各点在 O' 坐标系（见表 10.4.6-1）中的坐标（y', x），再换算成 O 坐标系中的坐标（y, x）。

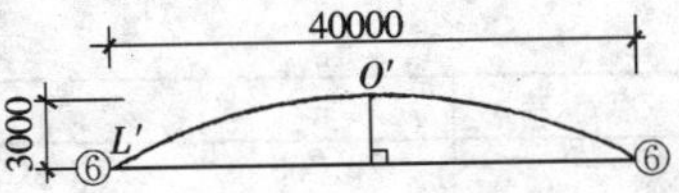

（1）求⑥′~⑥抛物线方程 $y'^2 = 2px'$，见图 10.4.6-3。

图 10.4.6-3 抛物线

因⑥和⑥′点均在抛物线上，故

$$(20)^2 = 2p\ (3)$$
$$p = 200/3$$

抛物线方程为：$y'^2 = -\dfrac{400}{3}x'$

（2）求①~⑥各点在 O' 坐标系中的坐标（y'_i, x'_i）并将 x'_i 换成 x_i，如表 10.4.6-1。

表 10.4.6-1

点 名	$y' = y$	x'	$x = x' + 30$
①	0.000	0.000	30.000
②	4.000	-0.120	29.880
③	8.000	-0.480	29.520
④	12.000	-1.080	28.920
⑤	16.000	-1.920	28.080
⑥	20.000	-3.000	27.000

2. 计算双曲线上各点坐标 计算大厅东侧双曲线⑥~⑮各点在 O 坐标系中的坐标（y, x）。

（1）求⑥~㉔双曲线方程：$\dfrac{y^2}{a^2} - \dfrac{x^2}{b^2} = 1$

因 $a = 13$，⑥点在双曲线线上，故 $\dfrac{20^2}{13^2} - \dfrac{27^2}{b^2} = 1$，$b = 23.0941$。

故双曲线方程为：$\dfrac{y^2}{13^2} - \dfrac{x^2}{23.0941^2} = 1$

（2）求⑥~⑮各点的 O 坐标系中的坐标（y, x），如表 10.4.6-2。

表 10.4.6-2

点 号	y	x	点 号	y	x
⑥	20.000	27.000	⑪	14.650	12.000
⑦	18.749	24.000	⑫	13.952	9.000
⑧	17.571	21.000	⑬	13.432	6.000
⑨	16.482	18.000	⑭	13.109	3.000
⑩	15.501	15.000	⑮	13.000	0.000

（3）计算并填写以 O 点为原点，x 轴为起始方向的各点直角坐标和极坐标见表 10.4.6-3。

3. 测设与校核 因为是全对称图形，故测设与校核方法同 10.4.3 测设蝶形大厦。

表 10.4.6-3

测站	后视	点名	直角坐标 R (x, y) (m)		极坐标 P (r, θ)		间距 D (m)
			横坐标 y	纵坐标 x	极距 d (m)	极角 φ	
O	X		0.000			0°00′00″	
			0.000	0.000	0.000		
		①	0.000	30.000	30.000	0°00′00″	30.000
		②	4.000	29.880	30.147	7°37′29″	4.002
		③	8.000	29.520	30.585	15°09′47″	4.016
		④	12.000	28.920	31.311	22°32′07″	4.045
		⑤	16.000	28.080	32.319	29°40′28″	4.087
		⑥	20.000	27.000	33.601	36°31′44″	4.143
		⑦	18.749	24.000	30.455	37°59′50″	3.250
		⑧	17.571	21.000	27.381	39°55′11″	3.223
		⑨	16.482	18.000	24.406	42°28′45″	3.192
		⑩	15.501	15.000	21.570	45°56′28″	3.156
		⑪	14.650	12.000	18.937	50°40′43″	3.118
		⑫	13.952	9.000	16.603	57°10′31″	3.080
		⑬	13.432	6.000	14.711	65°55′48″	3.045
		⑭	13.109	3.000	13.448	77°06′35″	3.017
		⑮	13.000	0.000	13.000	90°00′00″	3.002

10.4.7 测设复杂图形的一般规律

1. 设计图形已给出各点坐标 如 10.4.3 蝶形大厦则可将全站仪直接安置到对称中心点、后视 X 轴（或 Y 轴）方向，用各点坐标值直接测设各点位并用间距进行校测。

2. 设计图形给出图形方程式或可根据已知设计数据求出其方程式

（1）根据图形方程式 $y = f(x)$ 或 $x = \varphi(y)$ 计算欲测设的点位。

若 $y = f(x)$，则设 x_1、x_2……x_n，则可求出 y_1、y_2……y_n；

若 $x = \varphi(y)$，则设 y_1、y_2……y_n，则可求出 x_1、x_2……x_n。

（2）若使用全站仪测设，则可将仪器安置到已知坐标的测站上，后视已知点方向后，先检测另一已知点位无误后，即可用求得的曲线上各点 i 的坐标 (y_i, x_i) 进行测设，用间距校测。

若使用半站仪或经纬仪及钢尺测设，则只要将已求得的各点 i 的坐标 (y_i, x_i) 换算成极坐标 (d_i, φ_i)，即可用极坐标法进行测设，用间距进行校测。

3. 无论是哪种测设方法，都需测量放线人员有较好的数学知识与计算能力。当前熟练的会使函数型计算器是必要的，而学会计算机，现在看来也是必要的了。

复习思考题：

见 10.6 节 16 题。

10.5 建（构）筑物定位的基本方法

10.5.1 建（构）筑物定位的重要性与基本方法

1. 建（构）筑物定位的重要性

建（构）筑物定位的正确是施工测量中第一位的重要工作，

是工程施工成败的关键所在。若建（构）筑物定位一旦有错而造成施工事实，轻则造成建（构）筑物使用功能上的永久性缺欠，重则返工重建。如某桥梁施工由于测量控制点有误未能发现，致使桥梁竣工后与后开工的主路衔接不上，而造成道路与其下的各种管线在桥头前强行改线。某小区幼儿园±0设计绝对高程写错、当工程竣工后，幼儿园室外地面比栏杆外路面低1m，造成儿童家长们的极大不满。某政府大楼±0设计高程为53.54m，而施工中错用成54.53m，竣工后施工单位不得不免费在大楼四周砌筑高0.8m、宽5.0m的花坛，以解决楼内外不应有的高差之误。更有严重的某小区13#楼西南角的坐标被设计者误写到西北角，当施工至+1.6m时，才被发现该楼与其南面的8#楼间距窄了一个楼宽，而不得不炸掉，损失数拾万元。

2. 建（构）筑物定位的基本内容、方法与要点

建（构）筑物定位的基本内容是根据设计要求，在地面上预定的地方定出建（构）筑物的主轴线或中线位置，作为该建（构）筑物细部定位的依据。

建（构）筑物定位的基本测设方法有两大类：一类是根据工程现场的测量控制点与拟建的建（构）筑物的设计坐标定位；另一类是根据工程现场的原有建（构）筑物与拟建的建（构）筑物的设计关系相对位置定位。

在建（构）筑物定位前，一定要严格校核或确认定位起始依据点位，审校设计图纸上的定位关系与尺寸，以及检定和检校所用仪器与钢尺。在施测中无论采用什么方法，一条主轴线或中线上至少要定出三个点、一个矩形建（构）物上至少也要定出三个点，以便于测设校核，防止差错。

复习思考题：

1. 为什么在施工测量中，首先要求定位依据与定位尺寸的正确性，而对建（构）筑物自身的尺寸的正确性，却放在第二位。

2. 在建（构）筑物主轴线或中线定位中，除应严格校核起始依据外，为什么不能只定两点即可成为直线呢?

10.5.2 坐标法定位

1."一"字形主轴线的坐标法定位

根据设计总图上建(构)筑物主轴线或中线的设计坐标,以工程现场附近现有的测量控制点进行实地测设。如图 10.5.2-1(a)中Ⅰ、Ⅱ、…Ⅴ是现有测量控制点,W、O、E 是欲测设的"一"字形建(构)筑物主轴线,测设工作先将 W、O、E 三点的施工坐标换算成测量坐标,再根据它们的坐标和附近现有测量控制点的关系,用极坐标法、交会法或其他方法分别测设出 W'、O'、E' 三点初测点位。

为了检查所测设出轴线上的三点 W'、O'、E' 是否在一直线上,如图 10.5.2-1(a)。在 O' 点安置经纬仪,精确测出 $\angle W'O'E'$ 的角值,若与 180°相差在允许范围内应进行调整。调整时是将 W'、O'、E' 三点沿垂直方向均移动一个相等的改正数 δ,但 O' 点与 W'、E' 两点移动的方向相反,如图 10.5.2-1(b)。

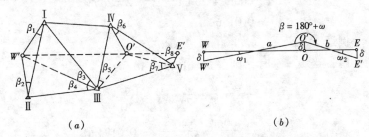

图 10.5.2-1 "一"字形主轴线的坐标定位

δ 值的计算公式推导如下:

$$\omega = \omega_1 + \omega_2 \tag{1}$$

$$\delta = \frac{a}{2}\omega_1 \frac{1}{\rho} = \frac{b}{2}\omega_2 \frac{1}{\rho} \tag{2}$$

化简(2)得: $\omega_1 = \frac{b}{a}\omega_2$ 或 $\omega_2 = \frac{a}{b}\omega_1$ \tag{3}

代(3)入(1): $\omega_1 = \dfrac{\omega}{1+\dfrac{a}{b}}$ 或 $\omega_2 = \dfrac{\omega}{1+\dfrac{b}{a}}$ (4)

代(4)入(2): $\delta = \dfrac{a}{2} \cdot \dfrac{\omega}{1+\dfrac{a}{b}} \cdot \dfrac{1}{\rho} = \dfrac{b}{2} \cdot \dfrac{\omega}{1+\dfrac{b}{a}} \cdot \dfrac{1}{\rho}$

所以: $\delta = \dfrac{a \cdot b}{a+b} \cdot \dfrac{\omega}{2} \cdot \dfrac{1}{\rho}$ (10.5.2-1)

式中 δ——各点改正值,单位与 a、b 相同;

a、b——O 点至 W、E 点的距离;

ω——$\angle W'O'E'$ 与 $180°$ 的差值,以秒为单位;

$\rho'' = 206265''$。

例题 1: 若 $a = 600\text{m}$、$b = 200\text{m}$、$\omega = 40''$,求 δ。

解: 根据公式(10.5.2-1)得:

$$\delta = \dfrac{a \cdot b}{a+b} \cdot \dfrac{\omega}{2} \cdot \dfrac{1}{\rho}$$

$$= \dfrac{600\text{m} \times 200\text{m}}{600\text{m} + 200\text{m}} \cdot \dfrac{40''}{2} \cdot \dfrac{1}{206265''}$$

$$= 0.015\text{m}$$

例题 2: 若 $a = b = 400\text{m}$、$\omega = 40''$,求 δ。

解: 当 $a = b$ 时,则公式(10.5.2-1)为:

$$\delta = \dfrac{a \cdot b}{a+b} \cdot \dfrac{\omega}{2} \cdot \dfrac{1}{\rho} = \dfrac{a}{4} \cdot \dfrac{\omega}{\rho}$$

$$\therefore \delta = \dfrac{400\text{m}}{4} \cdot \dfrac{40''}{206265''} = 0.0194\text{m}$$

当 W'、O'、E' 三点在轴线的垂直方向上,各自调整了 δ 值后(注意 δ 的调整方向),应用经纬仪进行检验,其结果与 $180°$ 的差值,应小于 $±5''$,否则应再进行改正。

2. "L"字形主轴线的坐标法定位

如图 10.5.2-2 当主轴线 NO 垂直 OE 成 L 字时,则先按前述方法在实地测设出 N'、O'、E' 三点,为检查 $N'O'$ 是否垂直 $O'E'$,在 O' 点安置经纬仪,当测得 $\angle N'O'E'$ 与 $90°$ 的差值为 ω,则

N'、O'、E' 各点均应改正 δ 值。此 δ 值的计算公式推导如下。

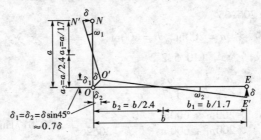

图 10.5.2-2 "L"字形主轴线的坐标定位

根据相似三角形原理,得:

$$\frac{a_1}{\delta} = \frac{a_2}{\delta} \approx \frac{a - a_1}{0.7\delta}$$

$$a_1 \approx \frac{a}{1.7}, \quad a_2 \approx \frac{a}{2.4}$$

同理,得:
$$b_1 \approx \frac{b}{1.7}, \quad b_2 \approx \frac{b}{2.4}$$

从图 10.5.2-3 知:

$$\omega = \omega_1 + \omega_2 \quad (1)$$

$$\delta = \frac{a}{1.7}\omega_1 \frac{1}{\rho} = \frac{b}{1.7}\omega_2 \frac{1}{\rho} \quad (2)$$

化简(2),得: $\quad \omega_1 = \frac{b}{a}\omega_2 \quad \omega_2 = \frac{a}{b}\omega_1 \quad (3)$

代(3)入(1),得:$\omega_1 = \dfrac{\omega_1}{1 + \dfrac{a}{b}}$ 或 $\omega_2 = \dfrac{\omega}{1 + \dfrac{b}{a}} \quad (4)$

代(4)入(2),得: $\delta = \dfrac{a}{1.7} \cdot \dfrac{\omega}{1 + \dfrac{a}{b}} \cdot \dfrac{1}{\rho} = \dfrac{b}{1.7} \cdot \dfrac{\omega}{1 + \dfrac{b}{a}} \cdot \dfrac{1}{\rho}$

$$\delta = \frac{a \cdot b}{a + b} \cdot \frac{\omega}{1.7} \cdot \frac{1}{\rho} \quad (10.5.2-2)$$

式中:δ——各点改正值,单位与 a、b 相同;

a、b——O 点至 N、E 点的距离;

ω——$\angle N'O'E'$与90°的差值,以秒为单位;

$\rho'' = 206265''$。

例题3：若$a = 200m$、$b = 600m$、$\omega = 40''$，求δ。

解：根据公式（10.5.2-2）

$$\delta = \frac{a \cdot b}{a+b} \cdot \frac{\omega}{1.7} \cdot \frac{1}{\rho}$$

$$= \frac{200m \times 600m}{200m + 600m} \cdot \frac{40''}{1.7} \cdot \frac{1}{206265''} = 0.0171m$$

例题4：若$a = b = 400m$、$\omega = 40''$，求δ。

解：当$a = b$时，则公式（10.5.2-2）为：

$$\delta = \frac{a \cdot b}{a+b} \cdot \frac{\omega}{1.7} \cdot \frac{1}{\rho} = \frac{a}{3.4} \cdot \frac{\omega}{\rho}$$

$$\therefore \delta = \frac{400m}{3.4} \cdot \frac{40''}{206265''} = 0.0228m$$

复习思考题：

1. 本题两种情况的定位中，为何均要在O'点上安置仪器进行检测？当检测结果在允许误差范围时，为何对所定出的三点均进行δ值的改正。

2. 当$a = 250m$、$b = 500m$、$\omega = 48''$分别计算两种情况下的改正值$\delta = ?$

10.5.3 关系位置法定位

1. 根据已知直线与线内已知点位向线外定位

（1）**直角坐标法** 图10.5.3（a）为南京金陵饭店定位的情况。它是由城市规划部门给定的广场中心E点起，沿道路中心线向西量$y = 123.300m$定S点，然后由S点逆时针转90°定出建筑群的纵向主轴线——X轴，由S点起向北沿X轴量$x = 84.200m$，定出建筑群的纵轴（X）与横轴（Y）的交点O。

图10.5.3（b）为五洲大酒店1号楼定位情况。$A_3 \sim A_4$为南侧建筑红线，间距270.000m。K为2号楼的圆心点，它在A_3A_4边上的垂足为K_H（地上无此点），垂距$K \sim K_H = 179.000m$。A_3、A_4和K点由城市规划部门已在现场测定。1号楼①轴至⑱轴东

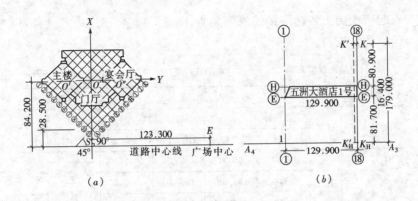

图 10.5.3 建（构）物定位图（一）
（a）南京金陵饭店直角坐标法定位；（b）五洲大酒店直角坐标法定位

西间距长 129.900m，Ⓔ轴至Ⓗ轴南北宽 16.400m，定位条件是⑱轴与 K、K_H 重合，Ⓔ轴平行 $A_3 \sim A_4$ 边，垂距为 81.700m。根据红线外一点 K 进行定位的测设中，首要的问题是准确地在红线上定出 K 点的垂足 K_H 点。由于现场暂设工程的影响，除 A_3 至 A_4 通视外，A_3 至 K 和 A_4 至 K 均不能通视，且只有在 K、K_H 线的左右，留有 3~4m 的一条通道可用来定位使用。为此，先将经纬仪以正倒镜挑直法，准确安置在 A_3A_4 线的 K'_H 点上；以 A_4 为后视顺时针转 $90°00'00''$ 定出垂线，并在此方向上由 K'_H 起，量 179.000m 定出 K' 点；移仪器于 K' 点上，以 K'_H 为后视，逆时针转 $90°00'00''$，检查 K 点在视线南侧仅 6mm，说明 K 点至 A_3A_4 红线的间距正确；经实量 $K'K$ 间距为 2.182m，这样由 K'_H 向 A_3 方向量 2.182m，准确定出 K_H 点（即⑱轴线延长点），由 K'_H 向 A_4 方向量 129.900 − 2.182 = 127.718m，准确定出①轴延长点 1；最后由 K_H 点和 1 点作 A_3A_4 方向的垂直方向线，并在其上定出Ⓔ轴和Ⓗ轴。

(2) 极坐标法 图 10.5.3（c）为五幢五层运动员公寓，1号~4号楼的西南角正布置在半径 $R = 186.000$m 的圆弧形地下车库的外缘。定位时可将经纬仪安置在圆心 O 点上，用 $0°00'00''$ 后视 A 点后，按表 10.5.3 中 1 号~5 号点的设计极坐标数据，由 A

点起依次定出各幢塔楼的西南角点1、2、3、4、5,并实量各点间距作为校核。

点 位 测 设 表　　　　　　表 10.5.3

测站	后视	点名	直角坐标 R(x,y)(m)		极坐标 P(r,θ)		间距 D(m)	备注
			横坐标 y	纵坐标 x	极距 d(m)	极角 φ		
O			0.000	0.000	0.000	0°00′00″		
	A		0.000	186.000	186.000	5°18′00″		
		1	17.181	185.205	186.000	23°06′00″	17.199	
		2	72.975	171.087	186.000	40°54′00″	57.552	
		3	121.782	140.589	186.000	60°24′00″	57.552	
		4	161.726	91.873	186.000	79°24′00″	62.998	
		5	192.655	36.054	196.000		63.815	

(3) 交会法　图 10.5.3 (d) 为某重要路口北侧折线形高层建筑 MNQP,其两侧均平行道路中心线,间距为 d。定位时,先在规划部门给出的道路中心线上定出1、2、3、4点,并根据 d 值定出各垂线上的1′、2′、3′、4′点,然后由1′2′与4′3′两方向线交会定出 S′点,最后由 S′点和建筑物四廓尺寸定出矩形控制网 M′S′N′Q′R′P′。

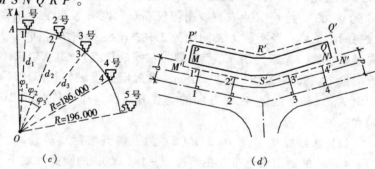

图 10.5.3　建(构)筑物定位图(二)
(c)建筑物极坐标法定位图;(d)建筑物交会法定位图

2. 根据已知直线与线外已知点位向线外定位

(1) 用全站仪定位 图 10.5.3（e）$JD_1 \sim JD_2$ 为要定位的路中线，定位条件是：$JD_1 \sim JD_2$ 平行路北侧 MN 且方向指向铁塔尖 P 点，JD_2 在桥中线方$_1 \sim$ 方$_2$ 的延长方向上。

将全站仪安置在通视较好的 O 点，测出 OM、ON 与 OP 距离，测出 $\angle MON$、$\angle NOP$。在 $\triangle OMN$ 中可算出 $\angle ONM$。由于 $MN // OP' // O'P$，故 $\angle P'OP = \angle NOP - \angle NOP'$ 在 $Rt\triangle OPP \cong Rt\triangle PO'O$ 中：$\angle P'OP = \angle O'PO$，$OO' = PP' = OP_2\tan\angle P'OP$。这样全站仪在 O 点上即可测设出 O'，将全站仪安置在 O' 照准铁塔尖 P，与方$_1 \sim$ 方$_2$ 的连线即可交出 JD_2 点点位。

(2) 用钢尺、小线及线坠定位 图 10.5.3（f）中 1、2…6 为要定位的建筑物，定位条件是：

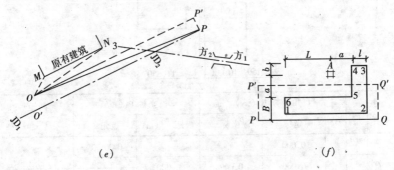

(e) (f)

图 10.5.3 建（构）筑物定位图（三）
（根据已知直线与线外已知点向外线外定位）
（e）用全站仪定位；（f）用钢尺、小线及线坠定位

12 $// PQ$，古井中心 A 距建筑物 56 边与 45 边的距离均为 a。如何定位，请读者根据 7.3.1 与 7.3.2 内容自己考虑（提示：由于 A 点距 PQ 线较远，可先在地上测设出矩形 $PQQ'P'$）。

复习思考题：

1. 由已知直线与线外已知点位向线外定位的要点是什么？
2. 回答用钢尺、小线及线坠如何定位图 10.5.3-（5）中的建筑物。

10.6 复习思考题

1. 按下图计算经纬仪在 O 点上、以 OX 为后视方向（0°00′00″），用极坐标法测设"风车楼"的数据。

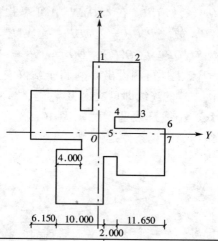

测站	后视	测点	直角坐标 R (xy) (m)		极坐标 P (rθ)		间距 D (m)
			横坐标 y	纵坐标 x	极距 d (m)	极角 φ	
	X		0.000			0°00′00″	
O			0.000	0.000	0.000		
		1					
		2					
		3					
		4					
		5					
		6					
		7					
		0					

2. 以上题为例，说明如何用极坐标法测设"风车楼"？

3．按下图计算用极坐标法、角度交会法和距离交会法测设圆曲线辅点 1、2、3 所需数据。

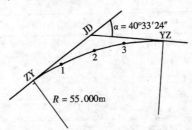

极坐标法定点　　　　　　　　　　表 10.6（3）-1

测站	点	极距 d (m)	极角 φ	间距 D (m)
ZY	JD	后视	0°00′00″	
	1			
	2			
	3			
	YZ			

角度交会法定点　　　　　　　　　　表 10.6（3）-2

不	点	φ	不	点	φ'	间距 D (m)
ZY	JD	0°00′00″	YZ	ZY	0°00′00″	
	1			1		
	2			2		
	3			3		
	YZ			JD		

距离交会法定点　　　　　　　　　　表 10.6（3）-3

尺	点	d (m)	尺	点	d' (m)	间距 D (m)
零点在 ZY	ZY	0.000	零点在 YZ	ZY		
	1			1		
	2			2		
	3			3		
	YZ			YZ	0.000	

4. 填表回答四种测设点位方法各适用的场合、测设要点、优点及缺点。

测设方法		适用场合	测设要点	优　点	缺　点
直角坐标法					
极坐标法					
交会法	距离交会				
	角度交会				
正倒镜挑直侧方交会法					

5. 国际饭店主楼南侧的圆弧，已知圆心角 $\alpha = 112°30'$，半径 $R = 25.702\text{m}$，计算其切线长（T）、曲线长（L）、弦长（C）、外距（E）和中央纵距（M），并用切线长（T）做计算校核。

6. 以 10.6.5 题为例，说明测设圆曲线主点（ZY、QZ 和 YZ）的步骤：

7. 以 10.6.5 题为例，说明如何用中央纵距法测设圆曲线辅点？

8. 填 10.6.4 题用表回答几种测设圆曲线辅点方法的适用场合、测设要点、优点及缺点。

9. 什么叫里程桩号？为什么会出现"断链"？什么叫"长链"、"短链"？

10. 已知 JD_8 的桩号 $4 + 376.28$、$\alpha = 46°49'32''$、$R = 300.00\text{m}$，计算主点测设要素及桩号。

11. 以整弦 $C = 20.00\text{m}$，按表 10.3.1-1 计算上题中用偏角法测设辅点所需数据。

12. 将经纬仪安置在 JD 上，如何用极坐标法测设圆曲线辅点？

13. 缓和曲线的性质是什么？如何计算其主点桩号？缓和曲线的测设基本步骤是什么？

14. 如何在原点上，测设 $y^2 + x^2 + 4y^2 - 8x - 16 = 0$ 圆周上最南、最北、最东、最西及圆心点的位置。

15. 为什么在测设复杂图形建（构）筑物中，选择好仪器位置与后视方向对简化计算与测设工作是非常重要的？

16. 测设复杂图形的一般规律是什么？

10.7 操作考核内容

1. 根据已知直线与线内已知点位向线外定位的操作考核

对初级放线工要求会用钢尺、小线及线坠以图 10.5.3-6 所示定出建筑物位置。

2. 用坐标法定出"一"字形主轴线的操作考核

对中级放线工的要求能根据设计坐标值，以图 10.5.2 所示定出"一"字形主轴线，并对所定出的 W'、O'、E' 进行校测并调直。

3. 复杂图形的测设操作考核

（1）对中级放线工要求能进行圆曲线主点与辅点的要素计算与测设均正确；

（2）对高级放线工要求能进行带缓和曲线的圆曲线的主点与辅点的要素计算与测设均正确；椭圆、抛物线、双曲线图形的要素计算与测设均正确。

第 11 章 建筑工程施工测量前的准备工作

11.1 施工测量前准备工作的主要内容

11.1.1 准备工作的主要目的

施工测量准备工作是保证施工测量全过程顺利进行的基础环节。准备工作的主要目的有以下四项：

1. 了解工程总体情况 包括工程规模、设计意图、现场情况及施工安排等。

2. 取得正确的测量起始依据 包括设计图纸的校核，测量依据点位的校测，仪器、钢尺的检定与检校。这项是准备工作的核心，取得正确的测量起始依据是做好施工测量的基础。

3. 制定切实可行又能预控质量的施测方案 根据实际情况与"施工测量规程"要求制定，并向上级报批。

4. 施工场地布置的测设 按施工场地总平面布置图的要求进行场地平整、施工暂设工程的测设等。

复习思考题：

1. 见 11.6 节 1 题。
2. 为什么说做好施测前的准备工作，是保证施工测量全过程顺利进行的基础？

11.1.2 准备工作的主要内容

1. 检定与检校仪器、钢尺

（1）经纬仪 对光学经纬仪与电子经纬仪应按《光学经纬仪

检定规程》(JJG 414—2003)与《全站型电子速测仪检定规程》(JJG100—2003)(见 6.6.1 与 8.4.3)要求按期送检,此外每季度应进行以下项目的检校:

1)水准管轴(LL)垂直于竖轴(VV),误差小于 $\tau/4$(τ 是水准管分划值);

2)视准轴(CC)垂直于横轴(HH),J6、J2 仪器 $2c$($CC \perp HH$ 误差的二倍)应在 ±20″、±16″之内;

3)横轴(HH)垂直于竖轴(VV),J6、J2 仪器 i($HH \perp VV$ 的误差)应在 ±20″、±15″之内;

4)光学对中器。

(2)水准仪　应按《水准仪检定规程》(JJG425—2003)(见 5.7.1)要求按期送检,此外每季度应进行以下项目的检校:

1)水准盒轴($L'L'$)平行于竖轴(VV);

2)视准线不水平的检校,S3 仪器 i 角误差应在 ±12″之内。

(3)测距仪与全站仪　应按《光电测距仪检定规程》(JJG703—2003》(见 7.4.3)与《全站型电子速测仪检定规程》(JJG100—2003)(见 8.4.3)要求定期送检。

(4)钢尺　应按《钢卷尺检定规程》(JJG4—1999)(见 7.1.2)要求按期送检。以上仪器与量具必须送授权计量检测单位检定。

2.了解设计意图、学习与校核设计图纸

(1)总平面图的校核

1)建设用地红线桩点(界址点)坐标与角度、距离是否对应;

2)建筑物定位依据及定位条件是否明确、合理;

3)建(构)筑物群的几何关系是否交圈、合理;

4)各幢建筑物首层室内地面设计高程、室外设计高程及有关坡度是否对应、合理。

(2)建筑施工图的校核

1)建筑物各轴线的间距、夹角及几何关系是否交圈;

2)建筑物的平、立、剖面及节点大样图的相关尺寸是否对应；

3) 各层相对高程与总平面图中有关部分是否对应。

(3) 结构施工图的校核

1) 以轴线图为准，核对基础、非标准层及标准层之间的轴线关系是否一致；

2) 核对轴线尺寸、层高、结构尺寸（如墙厚、柱断面、梁断面及跨度、楼板厚等）是否合理；

3) 对照建筑图，核对两者相关部位的轴线、尺寸、高程是否对应。

(4) 设备（暖通空调、给水排水、电气）施工图的校核

1) 对照建筑、结构施工图，核对有关设备的轴线尺寸及高程是否对应；

2) 核对设备基础、预留孔洞、预埋件位置、尺寸、高程是否与土建图一致。

3. 校核红线桩（定位桩）与水准点

(1) 核算总平面图上红线桩的坐标与其边长、夹角是否对应（即红线桩坐标反算）

1) 根据红线桩的坐标值，计算各红线边的坐标增量；

2) 计算红线边长 D 及其方位角 φ；

3) 根据各边方位角按公式 (11.1.2) 计算各红线间的左夹角 β_i：

左夹角 (β)——前进方向红线边左侧的夹角

左夹角 $\beta_i = $ 下一边的方位角 φ_{ij} − 上一边的方位角 φ_{i-1i} ± 180° \hfill (11.1.2)

(2) 校测红线桩边长及左夹角

1) 红线桩点数量应不少于三个；

2) 校测红线桩的允许误差：角度 ±60″、边长 1/2500、点位相对于邻近控制点的误差 5cm［见《城市测量规范》(JJ8—1999)］。

(3) 校测水准点

1）水准点数量应不少于两个；

2）用附合测法校测，允许闭合差为 $\pm 6mm \sqrt{n}$（n 为测站数）。

4．制定测量放线方案

根据设计要求与施工方案，并遵照《施工测量规程》与《质量管理和质量保证标准》（GB/T19000—2000idt ISO 9000—2000 系列标准）制定切实可行又能预控质量的施工测量方案。

复习思考题：

见 11.6 节 2 题。

11.1.3 制定测量放线方案前的准备工作

制定测量放线方案前应做好以下三项主要的准备工作：

1．了解工程设计

在学习与审核设计图纸的基础上，参加设计交底、图纸会审。以了解工程性质、规模与特点；了解甲方、设计与监理各方对测量放线的要求。

2．了解施工安排

包括施工准备、场地总体布置，施工方案、施工段的划分、开工顺序与进度安排等。了解各道工序对测量放线的要求，了解施工技术与测量放线、验线工作的管理体系。

3．了解现场情况

包括原有建（构）筑物，尤其是各种地下管线与建（构）筑物情况，施工对附近建（构）筑物的影响，是否需要监测等。

总之，在制定测量放线方案之前，应做到以上的"三了解"达到情况清楚、对测量放线的方法与精度要求明确，以便能有的放矢的制定好测量放线方案。

复习思考题：

制定测量放线方案前不了解现场是否可以？将会产生什么问题？

11.1.4 施工测量方案应包括的主要内容

施工测量工作是引导工程自始至终顺利进行的控制性工作，施工测量方案是预控质量、全面指导测量放线工作的依据。因此，在工程开工之前编制切实可行预控质量的施工测量方案是非常必要的。根据《施工测量规程》要求，施工测量方案应包括以下几方面的主要内容：

1. 工程概况　场地位置、面积与地形情况，工程总体布局、建筑面积、层数与高度，结构类型与室内外装饰，施工工期与施工方案要点，本工程的特点与对施工测量的基本要求。

2. 施工测量基本要求　场地、建筑物与建筑红线的关系，定位条件，工程设计及施工对测量精度与进度的要求。

3. 场地准备测量　根据设计总平面图与施工现场总平面布置图，确定拆迁次序与范围，测定需要保留的原有地下管线、地下建（构）筑物与名贵树木的树冠范围，场地平整与暂设工程定位放线工作。

4. 测量起始依据校测　对起始依据点（包括测量控制点、建筑红线桩点、水准点）或原有地上、地下建（构）筑物，均应进行校测。

5. 场区控制网测设　根据场区情况、设计与施工的要求，按照便于施工、控制全面、又能长期保留的原则，测设场区平面控制网与高程控制网。

6. 建筑物定位与基础施工测量　建筑物定位与主要轴线控制桩，护坡桩、基础桩的定位与监测，基础开挖与±0.000以下各层施工测量。

7. ±0.000 以上施工测量　首层、非标准层与标准层的结构测量放线、竖向控制与高程传递。

8. 特殊工程施工测量　高层钢结构、高耸建（构）筑物（如电视发射塔、水塔、烟囱等）与体育场馆、演出厅等的施工测量。

9. 室内、外装饰与安装测量 会议室、大厅、外饰面、玻璃幕墙等室内外装饰测量。各种管线、电梯、旋转餐厅的安装测量。

10. 竣工测量与变形观测 竣工现状总图的编绘与各单项工程竣工测量，根据设计与施工要求的变形观测的内容、方法及要求。

11. 验线工作 明确各分项工程测量放线后，应由哪一级验线及验线的内容。

12. 施工测量工作的组织与管理 根据施工安排制定施工测量工作进度计划，使用仪器型号、数量，附属工具、记录表格等用量计划，测量人员与组织等。

施工测量方案由施工方制定在经审批后，应填写施工组织设计（方案）报审表（见附录3-8）报建设监理单位审查、审批。

复习思考题：

1. 见 11.6 节 3 题。

2. 在施工测量中、有三种大错不能犯，即：工程定位（挖槽灰线的测放即俗称撒开槽灰线与垫层上结构轴线的测设即俗称"摺底"）、工程标高与竖向投测三方面不能出现错误。这在方案中应怎样体现出来？

3. 验线工作如何在审查施工测量方案中，做到预控质量、防患于未然？

11.2 校 核 施 工 图

11.2.1 校核施工图上的定位依据与定位条件

1. 定位依据

建筑物的定位依据必须明确，一般有以下三种情况。

（1）城市规划部门给定的城市测量平面控制点 多用于大型新建工程（或小区建设工程）。根据《城市测量规范》（JJG8—

1999）规定：四等三角网与一级小三角最弱边长中误差分别为1/4.5万与1/2万，四等与一级光电导线全长闭合差分别为1/4万与1/1.4万。其精度均较高，但使用前要校测，以防用错点位、数据或点位变动。

（2）城市规划部门给定的建筑红线　多用于一般新建工程。《城市测量规范》规定：红线桩点位中误差与红线边长中误差均为5cm，故在使用红线桩定位时，应按12.3.2所讲原则，选择好定位依据的红线桩。

（3）原有永久性建（构）筑物或道路中心线　多用于现有建筑群体内的扩、改建工程。这些作为定位依据的建（构）筑物必须是四廓（或中心线）规整的永久性建（构）筑物，如砖石或混凝土结构的房屋、桥梁、围墙等，而不应是外廓不规整的临时性建（构）筑物，如车棚、篱笆、铁丝网等。在诸多现有建（构）筑物中，应选择主要的、大型的建（构）筑物为依据，在由于定位依据不十分明确的情况下，应请设计单位会同建设单位现场确认，以防后患。

2. 定位条件

建筑物定位条件要合理，应是能惟一确定建筑物位置的几何条件。最常用的定位条件是：确定建筑物上的一个主要点的点位和一个主要轴线（或主要边）的方向。这两个条件少一个则不能定位，多一个则会产生矛盾。由于建（构）筑物总平面图要送规划部门审批，图上的定位条件多要满足各方面的要求，如建（构）筑物间距要满足不挡阳光、要满足消防车的通过等，这样就需要请设计单位明确哪些是必须满足的主要定位条件和定位尺寸。

3. 定位依据与定位条件有矛盾或有错误的情况处理

（1）一般应以主要定位依据、主要定位条件为准，进行图纸审定，以达到定位合理，做到既满足整体规划的要求，又满足工程使用的要求。

（2）在建筑群体中，各建筑之间的相对关系位置往往是直接影响建筑物使用功能的,如南北建筑物不能相互挡阳,一般建筑物之间应能满足各种地下管线的铺设,地上道路的顺直、通行与防火间距等。这些条件在审图中均应注意。

(3) 当定位依据与定位条件有矛盾时,应及时向设计单位提出,求得合理解决,施工方无权自行处理。

例题:如图 11.2.1 所示,该图为某研究院内新建宿舍楼的定位图,其中①为不规整的临时车棚,②为原有砖混结构办公楼,③为新建宿舍楼,四面为砖砌永久性围墙。图纸要求③楼与②楼的西山墙在一条直线上,③楼的南墙距南围墙内侧最小距离为 8.750m。

解:这个定位图的定位依据是永久性建筑物,是正确的。定位条件是一个边的方向和一个点的点位,没有矛盾的多余要求,所以是可行的。

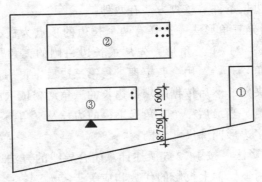

图 11.2.1 建筑物定位

复习思考题:

1. 图 11.2.1 中,如果增加②楼与③楼间距保持 10m 的要求是否可行?

2. 图 11.2.1 中,定位条件改为③楼距①棚 30m,距南围墙最小距离为 5m,是否可行?

3. 见 11.6 节 4、5 题。

11.2.2 校核建筑物外廓尺寸交圈

校核建筑物四廓边界尺寸是否交圈,可分以下四种情况:

1. 矩形图形 主要核算纵向、横向两对边尺寸是否相等,有关轴线关系是否对应,尤其是纵向或横向两端不贯通的轴线关系,更应注意。

2. 梯形图形 主要核算梯形斜边与高的比值是否与底角(或顶角)相对应关系。

3. 多边形图形 要分别核算内角和条件与边长条件是否满足。

(1) 内角和条件 多边形的内角和 $\Sigma\beta = (n-2)180°$(n 为多边形的边数);

(2) 边长条件 核算方法有两种:

1) 划分三角形法 选择有两个长边的顶点为极,将多边形划分为 $(n-2)$ 个三角形,先从最长边一侧的三角形(已知两边、一夹角)开始,用余弦定理求得第三边后,再用正弦定理求得另外两夹角,然后依据刚求得边长的三角形,依次解算各三角形至另一侧。当最后一个三角形求得的边长及夹角与已知值相等时,则此多边形四廓尺寸交圈;

2) 投影法 按 14.2.5 所述计算闭合导线的方法,计算多边形各边在两坐标轴上投影的代数和应等于零($\Sigma\Delta y = 0.000, \Sigma\Delta x = 0.000$),以核算其尺寸是否交圈。

4. 圆弧形图形 按 10.2.1 介绍的方法核算圆弧形尺寸是否交圈。

例题:如图 11.2.2 所示,该图是个五边形,边长及各内角值如图所示。

解:用划分三角形的方法来核算四廓边界尺寸是否交圈的过程如下:

(1) 先核算五边形内角和 $\Sigma\beta = (5-2)180° = 540°00'00''$

$\Sigma\beta = 71°16'47'' + 135°00'00'' \times 2 + 170°00'00'' + 28°43'13'' = 540°00'00''$

（2）再核算该五边形各边长度是否交圈，选 1 点为极，将五边形划分为 △145、△134 和 △123 三个三角形，按以下次序核算：

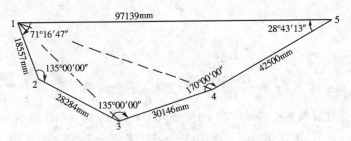

图 11.2.2　五边形图形

1) 解 △145，已知 $\overline{15}$ = 97139mm、$\overline{45}$ = 42500mm，∠451 = 28°43'13''

$\overline{14} = \sqrt{(97139)^2 + (42500)^2 - 2 \times 97139 \times 42500 \times \cos 28°43'13''}$

$= 63255$mm

$\angle 145 = \arcsin \dfrac{\sin 28°43'13''}{63255} \times 97139 = 132°26'37''$

$\angle 514 = \arcsin \dfrac{\sin 28°43'13''}{63255} \times 42500 = 18°50'10''$

计算校核：$28°43'13'' + 132°26'37'' + 18°50'10'' = 180°00'00''$

2) 解 △134，已知 $\overline{14}$ = 63255、$\overline{34}$ = 30146、∠341 = 170°00'00'' − 132°26'37'' = 37°33'23''

$\overline{13} = \sqrt{(63255)^2 + (30146)^2 - 2 \times 63255 \times 30146 \times \cos 37°33'23''}$

$= 43435$mm

$\angle 134 = \arcsin \dfrac{\sin 37°33'23''}{43435} \times 63255 = 117°24'58''$

$\angle 413 = \arcsin \dfrac{\sin 37°33'23''}{43435} \times 30146 = 25°01'39''$

计算校核：$37°33'23'' + 117°24'58'' + 25°01'39'' = 180°00'00''$

3）解 $\triangle 123$，已知 $\overline{13} = 43435$、$\overline{23} = 28284$、$\angle 231 = 135°00'00'' - 117°24'58'' = 17°35'02''$

$$\overline{12} = \sqrt{(43435)^2 + (28284)^2 - 2 \times 43435 \times 28284 \times \cos 17°35'02''}$$

$$= 18557 \text{mm}$$

$$\angle 123 = \arcsin \frac{\sin 17°35'02''}{18557} \times 43435 = 135°00'00''$$

$$\angle 312 = \arcsin \frac{\sin 17°35'02''}{18557} \times 28284 = 27°24'58''$$

计算校核：$17°35'02'' + 135°00'00'' + 27°24'58'' = 180°00'00''$

$\angle 512 = 18°50'10'' + 25°01'39'' + 27°24'58'' = 71°16'47''$

由于从 15 边长经过三个三角形推算出的 12 边长与已知值一致，且三个三角形在 1 点处的各项角之和正等于已知值 $71°16'47''$，故说明该五边形四廓边长尺寸交圈。

复习思考题：

1. 校核多边形图形四廓边界尺寸是否交圈时，为什么要先校核多边形内角之和 $\Sigma\beta = (n - 2)180°$？

2. 当多边形图形内角之和 $\Sigma\beta = (n - 2)180°$ 时，是否能肯定图形四廓边界尺寸一定交圈。

3. 见 11.6 节 6~8 题。

11.2.3 审核建筑物 ±0.000 设计高程

主要从以下几方面考虑：

1. 建筑物室内地面 ±0.000 的绝对高程，与附近现有建筑物或道路的绝对高程是否对应。

2. 在新建区内的建筑物室内地面 ±0.000 的绝对高程，与建筑物所在的原地面高程（可由原地面等高线判断），尤其是场地平整后的设计地面高程（可由设计地面等高线判断）相比较，判断其是否合理。

如图11.2.3为某建筑小区的托儿所平面图，曲线为原地面等高线，平行直线为设计场地地面等高线，两者相比可看出整个场地需要填方0.3~1.7m，若建筑物室内地面±0.000的绝对高程为49.6m以上则较合理，若±0.000的绝对高程为48.2m（室内高程低于室外0.6~1.0m）则明显不合理。

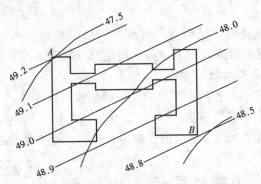

图11.2.3 托儿所场地高程

3. 建筑物自身对高程有特殊要求，或与地下管线、地上道路相连接有特殊要求的，应特殊考虑。

例如某商场在原有场区内新建两栋仓库，图纸要求新建仓库室内地面比附近路面高100mm，由于是仓库功能要求不能比路面太高，但又不能低于路面。因此该图纸的设计标高是正确的。

又如新建的北京图书馆的±0.000与其场地平整后的设计地面标高，高出近3m。通过高大的台阶，从室外到达首层地面，显出宏伟庄重的气魄。

复习思考题：

1. 一般情况下传达室、车棚、仓库等建筑的±0.000有什么规律？
2. 建筑物处于设计地面等高线43.3m和43.1m之间，而±0.000确定为43.0是否合理？
3. 见11.6节9与10题。

11.3 校核建筑红线桩和水准点

11.3.1 建筑红线在施工中的作用与使用红线时应注意的事项

1．建筑红线 城市规划行政主管部门批准并实地测定的建设用地位置的边界线，也是建筑用地与市政用地的分界线，红线（桩）点也叫界址（桩）点。

2．施工中的作用 建筑物定位的依据与边界线。

3．使用中注意事项

(1) 使用红线（桩）前，应进行校测，检查桩位是否有误或碰动；

(2) 施工过程中，应保护好桩位；

(3) 沿红线兴建的建（构）筑物放线后，应由市规划部门验线合格后，方可破土；

(4) 新建建筑物不得压红线、超红线。

复习思考题：

见 11.6 节 14 题。

11.3.2 根据红线桩坐标反算其边长（D）、左夹角（β）

红线桩多组成四边形、五边形等多边闭合图形。红线桩坐标反算的计算表格如表 11.3.2，计算次序如下：

1．将红线桩各点坐标按图形逆时针顺序填入表中；

2．用各边终点坐标值减起点坐标值，求得其坐标增量，并校核增量之和 $\Sigma\Delta y$、$\Sigma\Delta x$ 应为零；

3．用坐标增量，按反算公式求得各边的边长与方位角；

4．用各边方位角按公式 11.1.2 计算各左角，并校核左角之和 $\Sigma\beta$ 应为 $(n-2) \times 180°$。

红线桩坐标反算表　　　　　　表 11.3.2

点名	横坐标 y	Δy	纵坐标 x	Δx	边长 D	方位角 φ	左夹角 β
A	50 6215.931	-5.434	30 4615.726	216.768	216.836	358°33′50″	
B	6210.497		4832.494				89°59′23″
		-220.930		-5.578	221.000	268°33′13″	
C	5989.567		4826.916				88°59′02″
		9.316		-216.631	216.831	177°32′15″	
D	5998.883		4610.285				91°01′35″
		217.048		5.441	217.116	88°33′50″	
A	6215.931		4615.726				90°00′00″
B						358°33′50″	
和校核		+226.364 -226.364 $\overline{\Sigma\Delta y = 0.000}$		+222.209 -222.209 $\overline{\Sigma\Delta x = 0.000}$			$\Sigma\beta = 360°00′00″$

复习思考题：

见 11.6 节 11～13 题。

11.3.3 在红线桩坐标反算中各项计算校核的意义

1. 在闭合图形中，$\Sigma\Delta y = 0.000$ 与 $\Sigma\Delta x = 0.000$，只能说明按表中各点坐标值计算无误；不能说明坐标值有无问题。即使其中任意点的 y 值或 x 值抄错，只要计算本身无误，在计算结果中是不能发现原始数据 y 或 z 是否有误或抄错。

2. 由 Δy、Δx 反算 D、φ 时必须用两种不同方法进行核算，否则不能发现计算中的错误。

3. 在闭合图形中，$\Sigma\beta = (n-2) \cdot 180°$，与 "1" 一样，即只能说明按表中 φ 值计算无误，而 φ 值本身是否有误不能发现。

总之，计算校核无误，只能说明按表中所列数据（y, x, φ）计算无误，不能说明各点坐标（y, x）的原始数据和所算出的

φ 值有无差错。

复习思考题：

由 Δy、Δx 反算 D、φ 时，用哪两种不同方法进行计算校核？

11.3.4 校测红线桩的目的与方法

1. 目的

红线桩是施工中建筑物定位的依据，若用错了桩位或被碰动，将直接影响建筑物定位的正确性，从而影响城市的规划建设。

2. 校测方法

（1）当相邻红线桩通视、且能量距时，实测各边边长及各点的左角，用实测值与设计值比较，以作校核；

（2）当相邻红线桩不通视时，则根据附近的城市导线点，用附合导线或闭合导线的形式测定红线桩的坐标值，以作校核；

（3）当相邻红线桩互不通视，且附近又没有城市导线点时，则根据现场情况，选择一个与两红线桩均通视、可量的点位，组成三角形，测量该夹角与两邻边，然后用余弦定理计算对边（红线）边长，与设计值比较以作校核。

复习思考题：

1. 见 11.6 节 15～17 题。
2. 对比 3 种校测方法的优缺点？

11.3.5 根据红线桩坐标计算红线范围内的面积

准确核算红线范围内的面积，是当前土地开发单位非常关心的内容，尤其是在寸土寸金的城市繁华地区更是重要。因此，测量人员必须掌握这项计算工作。

1. 红线桩按逆时针编号计算其面积的公式

如图 11.3.5 所示 1-2-3-4 为场地红线范围，其面积为 A。由

图中可看出:

$$2A = (y_2 + y_1)(x_2 - x_1) + (y_3 + y_2)(x_3 - x_2) + (y_4 + y_3)(x_4 - x_3) + (y_1 + y_4)(x_1 - x_4)$$

$$= x_1(y_4 - y_2) + x_2(y_1 - y_3) + x_3(y_2 - y_4) + x_4(y_3 - y_1)$$

$$2A = \Sigma x_i(y_{i-1} - y_{i+1}) \tag{11.3.5-1}$$

同理可以看到:

$$2A = \Sigma y_i(x_{i+1} - x_{i-1}) \tag{11.3.5-2}$$

由上述两式中,可看出:$\Sigma(y_{i-1} - y_{i+1}) = 0$ 与 $\Sigma(x_{i+1} - x_{i-1}) = 0$,用以计算校核之用。

2. 红线桩按顺时针编号计算其面积的公式

将图 11.3.5 中 1 点与 3 点不动,2 点与 4 点互换,形成顺时针编号,则可得到:

$$2A = \Sigma x_i(y_{i+1} - y_{i-1}) \tag{11.3.5-3}$$

$$2A = \Sigma y_i(x_{i-1} - x_{i+1}) \tag{11.3.5-4}$$

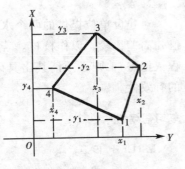

图 11.3.5　面积计算

例题: 计算表 11.3.2 中四边形红线所围起的面积 A。

解: 由于表 11.3.2 中红线是逆时针编号,故使用公式 (11.3.5-1) 与 (11.3.5-2) 以互做校核,具体计算见表 11.3.5,最后得 $ABCD$ 四边形红线所围起的面积 $A = 47495.44\text{m}^2$。

红线范围内面积计算表　　　　表 11.3.5

点名	横坐标 y	纵坐标 x	$y_{i-1} - y_{i+1}$	$x_{i+1} - x_{i-1}$	$x_i(y_{i-1} - y_{i+1})$	$y_i(x_{i+1} - x_{i-1})$
A	6215.931	615.726	-211.614	222.209	-130296.242	1381235.812
B	6210.497	832.494	226.364	211.190	188446.672	1311594.861
C	5989.567	826.916	211.614	-222.209	174987.002	-1330935.694
D	5998.883	610.285	-226.364	-211.190	-138146.554	-1266904.100
Σ			0.000	0.000	94990.878	94990.879

$A = 47495.439$

复习思考题：

计算 11.6 节 12 题中红线所围起的面积 A。

11.3.6 校测水准点的目的与方法

1. 目的

水准点是建筑物高程定位的依据，若点位或数据有误，均可直接影响建筑物高程的正确性，从而影响建筑物的使用功能。校测水准点，即为了取得正确的高程起始依据。

2. 测法

对建设单位提供的两个水准点进行附合校测，用实测高差与已知高差比较，以作校核。若建设单位只提供一个水准点（或高程依据点），则必须请其出具确认证明，以保证点位与高程数据的有效性。

复习思考题：

见 11.6 节 19 题。

11.4 测量坐标（y, x）和建筑坐标（B, A）的换算

11.4.1 两种坐标系的换算

无论是建筑工程还是市政工程的总图设计或局部设计，都是在原地形图上进行规划布置的。地形图在测绘时都是使用测量坐标系的，即 y, x 坐标系。但在工程总图上规划布置主要建（构）筑物主轴线时，多是根据规划道路中线或建筑红线等为依据，先进行总体布置、再进行局部安排。为了设计自身的方便，多根据主要建（构）筑物布置的需要而另设一套建筑坐标系，即 A, B 坐标系，如图 11.4.1 所示。在施工测量中，一般是先根据

场地附近的测量控制点或建筑红线桩对整个施工场地内的主要建（构）筑物轴线进行定位，然后再进行各局部工程的定位。这样就出现了两套坐标系之间的相互换算问题。

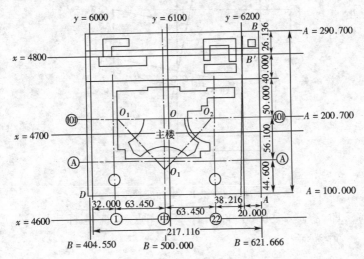

图 11.4.1 测量坐标系与建筑坐标系

11.4.2 传统的解析几何坐标变换方法

如图 11.4.2-1 YOX 为测量坐标系，P 点的测量坐标（y_P，x_P）。$AO'B$ 为建筑坐标系，O' 的测量坐标（y_0, x_0），P 点的建筑坐标（B_P, A_P），建筑坐标系的 A 轴与测量坐标的 X 轴的夹角为 α。

1. 已知 P 点测量坐标（y_P，x_P），计算 P 点建筑坐标（B_P，A_P）的公式

$$\left.\begin{aligned} B_P &= -(x_P - x_{o'})\sin\alpha + (y_P - y_{o'})\cos\alpha \\ A_P &= (x_P - x_{o'})\cos\alpha + (y_P - y_{o'})\sin\alpha \end{aligned}\right\} \quad (11.4.2\text{-}1)$$

例题 1： 如图 11.4.2-2 为某建筑物四廊轴线，Ⓢ$_W$ 为建筑坐标原点 O'（$B_{o'} = 0.000$，$A_{o'} = 0.000$），其测量坐标（$y_W = 503957.454$，$x_W = 304115.430$）。Ⓢ$_E$ 的测量坐标（$y_E = 504183.972$，$x_E = 304124.251$），Ⓢ$_W$-Ⓢ$_E$ 为建筑坐标系的 B 轴

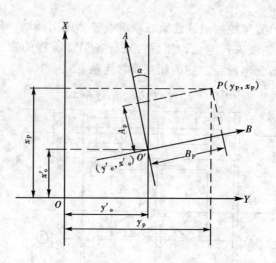

图 11.4.2-1 坐标变换

(y')，即 $\varphi'_{WE} = 90°00'00''$。计算 ⑤$_E$ 点建筑坐标 $[B_E(y'_E), A_E(x'_E)]$ 为何？

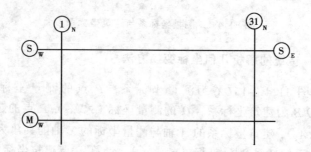

图 11.4.2-2 建筑物轴线

解：（1）计算 α

1）计算 ⑤$_W$ – ⑤$_E$ 轴的测量坐标系的方位 φ_{WE}

$$\varphi_{WE} = \arctan \frac{y_E - y_W}{x_E - x_W} = \arctan \frac{504163.972 - 503957.454}{304124.251 - 304115.430}$$
$$= 87°46'12''$$

2）$\alpha = \varphi_{WE} - \varphi'_{WE} = 87°46'12'' - 90°00'00'' = -2°13'48''$

(2) 计算建筑坐标

$$B_E(y'_E) = -(x_E - x_W)\sin\alpha + (y_E - y_W)\cos\alpha$$
$$= -(304124.251 - 304115.430)\sin(-2°13'48'')$$
$$+ (504183.972 - 503957.454)\cos(-2°13'48'')$$
$$= 226.690$$

$$A_E(x'_E) = (x_E - x_W)\cos\alpha + (y_E - y_W)\sin\alpha$$
$$= (304124.251 - 304115.430)\cos(-2°13'48'')$$
$$+ (504183.972 - 503957.454)\sin(-2°13'48'')$$
$$= 0.000$$

2. 已知 P 点建筑坐标 (B_P, A_P)，计算 P 点测量坐标 (y_P, x_P) 的公式

$$\left. \begin{array}{l} y_P = y_{o'} + A_P\sin\alpha + B_P\sin\alpha \\ x_P = x_{o'} + A_P\cos\alpha - B_P\cos\alpha \end{array} \right\} \quad (11.4.2\text{-}2)$$

例题 2：如上例若已知 ⑤$_E$ 的建筑坐标（$B_E = 226.690$，$A_E = 0.000$），⑤$_W$ 点与 ⑤$_W$-⑤$_E$ 为建筑坐标系的原点 O' 与 B 轴（y'）。计算 ⑤$_E$ 点的测量坐标 (y_E, x_E) 为何？

解：

$$y_E = y_W + A_E\sin\alpha + B_E\cos\alpha$$
$$= 503957.454 + 0.000\sin(-2°13'48'')$$
$$+ 226.690\cos(-2°13'48'')$$
$$= 504183.972$$

$$x_E = x_W + A_E\cos\alpha - B_E\sin\alpha$$
$$= 304115.430 + 0.000\cdot\cos(-2°13'48'')$$
$$- 226.690\sin(-2°13'48'')$$
$$= 304124.251$$

复习思考题：

1. 图 11.4.2-1 中的 α 角值，如何确定其正、负号？

2. 图 11.4.1 中的主楼 O 点的建筑坐标为 $B = 500.000$，$A = 200.700$。红线桩 A 点与 D 点的坐标见表 11.3.2，DA 边为建筑坐标 B 轴，计算 O 点的

测量坐标（y_0, x_0）是多少？

11.4.3 用函数型计算器的坐标正反算方法进行坐标变换

使用上题的方法进行坐标变换,公式不容易记忆,计算效率低,且在大量的换算中又不易校核。近些年来在几个大工地中都遇到了坐标变换的计算问题,本教材作者,总结出用函数型计算器的坐标正反算程序键在"坐标变换计算表"进行换算工作,效果很好,现介绍如下,供大家参考。仍如图 11.4.2-2 所示,若现已知 Ⓢ$_W$、Ⓢ$_E$、Ⓜ$_W$、①$_N$ 及 ㉛$_N$ 各点的测量坐标如表 11.4.3 中②列所示。

坐标变换计算表   表 11.4.3

点号 ①	测 量 坐 标					
	横坐标 y ②	纵坐标 x ②	Δy ③	Δx ③	极角 d ④	方位角 φ ⑤
Ⓢ$_W$	50 3957.454	30 4115.430				($-2°13'48''$)
Ⓢ$_E$	4183.972	4124.251	226.518	8.821	226.690	87°46'12''
Ⓜ$_W$	3958.701	4083.405	1.247	-32.025	32.049	177°46'12''
①$_N$	3961.256	4120.582	3.802	5.152	6.403	36°25'34''
㉛$_N$	4178.781	4129.052	221.327	13.622	221.746	86°28'41''
点号 ①	建 筑 坐 标					
	φ' ⑥	$\Delta B(\Delta y')$ ⑦	$\Delta a(\Delta x')$ ⑦	$B(y')$ ⑧	$A(x')$ ⑧	
Ⓢ$_W$	($-2°13'48''$)			100.000	50.000	
Ⓢ$_E$	90°00'00''	226.690	0.000	326.690	50.000	
Ⓜ$_W$	180°00'00''	0.000	-32.049	100.000	17.951	
①$_N$	38°39'22''	4.000	5.000	104.000	55.000	
㉛$_N$	88°42'29''	221.690	5.000	321.690	55.000	

计算的基本思路和方法是:

1. 先选定坐标变换的建筑坐标原点,并确定其坐标值,如表 11.4.3 中的 Ⓢ$_W$ 点（即 Ⓢ 轴的西端点）及其建筑坐标,$B(y') = 100.000$、$A(x') = 50.000$ 填入表中的⑧列,以及新坐标轴的方位,如定 $B(y')$ 轴的方位角 $\varphi' = 90°00'00''$ 填入表中的⑥列;

2. 以新原点$Ⓢ_W$为起点,分别计算$Ⓢ_E$、$Ⓜ_W$、$①_N$、$㉛_N$各对$Ⓢ_W$的坐标增量 Δy、Δx 填入表中的③列;

3. 根据各点的 Δy、Δx,用函数型计算器中的坐标反算专用程序键(R→P 键或→$\gamma\theta$ 键)算出 d、φ 值,填入表的④、⑤列中;

4. 由表⑤列中的$Ⓢ_W$-$Ⓢ_E$的 $\varphi = 87°46'12''$和表⑥列中 $\varphi' = 90°00'00''$,算出建筑坐标轴与测量坐标轴旋转的角度 $\alpha = 2°13'48''$,并用此值将$Ⓢ_W$-$Ⓜ_W$、$Ⓢ_W$-$①_N$、$Ⓢ_W$-$㉛_N$各边的 φ 值转换成 φ' 值,如:$180°00'00''$、$38°39'22''$、$88°42'29''$,并分别填入表⑥列中,此时已完成坐标轴的旋转;

5. 根据表④列中的 d 值与⑥列中的 φ',用计算器中的坐标正算专用程序键(P→R 键或→xy 键)算出各边在建筑坐标系中的 $\Delta B(\Delta y')$ 与 $\Delta A(\Delta x')$ 值,填入表⑦列中,如:226.690,0.000、……;

6. 用新原点的坐标值($B = 100.000$,$A = 50.000$ 分别加上各边的 $\Delta B(\Delta y')$ 与 $\Delta A(\Delta x')$,即得到各点在建筑坐标系中的坐标值 $B(y')$ 与 $A(x')$,填入表⑧列中即可。

由于用函数型计算器进行坐标正反算的方法大家均已掌握,故用此法进行坐标变换很是方便。

复习思考题:

1. 对比 11.4.2 与 11.4.3 两种算法的优缺点?
2. 见 11.6 节 18 题。

11.5 场地平整测量

11.5.1 场地平整的原则

在符合当地总体竖向规划的条件下,应符合以下原则:

1. 满足地面自然排水;

2. 填、挖方量平衡；
3. 工程量最小。

11.5.2 方格法平整场地

1. 测设方格网

一般场地多用 20m×20m 方格，地面起伏较大时可用 10m×10m 方格，地面平坦的大场地也可用 50m×50m 方格。方格网的测设用一般经纬仪与钢尺即可。各方格点钉木桩并按所在的横、纵行列编号，如图 11.5.2-1 中各方格点左下角所注的 0－0、0－1……。

2. 测定各方格点处的地面高程

以场地内的水准点为依据，测出各方格点的高程。施测时水准尺要立在各方格点近旁有代表性的地面处，高程测至厘米并直接记录在场地方格图上，如图 11.5.2-1 中各方格点右下角所注的 48.53、48.69。

3. 计算各方格点的平均高程

各方格点的平均高程 $H_平$，就是填挖方量平衡时的水平面高程。若将方格网重心点的设计高程定为平均高程 $H_平$，则无论把场地平整成向哪个方向倾斜的平面，它的总填、挖方量仍平衡。

在计算各方格点的平均高程 $H_平$ 时，通常取"加权平均"。由于各方格点所控制的面积不相同，如以一个方格的四分之一作为单位面积，定其权为 1，则角点的权为 1，边点的权为 2，拐点的权为 3，心点的权为 4。加权平均值（$H_平$）就是把各方格点的高程（H_i）分别乘以各点的权（P_i），求得总和后，再除以各点权的总和，即：

$$加权平均值\ H_平 = \frac{\Sigma H_i P_i\ (各方格点的高程分别乘以各点的权数后的总和)}{\Sigma P_i\ (各方格点权数的总和)}$$

(11.5.2-1)

将图 11.5.2-1 中各方格点的高程值代入上式，则：

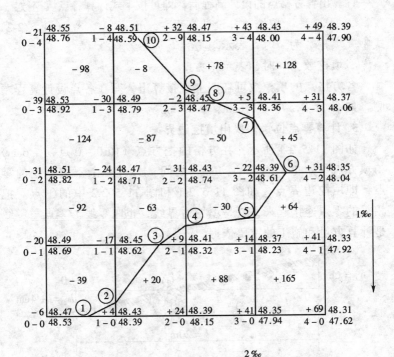

图 11.5.2-1 方格法平整场地

加权平均值 $H_{\text{平}} = \dfrac{1}{1\times 4 + 2\times 12 + 4\times 9}$ [（48.53＋48.76 ＋47.90＋47.62）×1＋（48.69＋48.82＋48.92＋48.59＋48.15 ＋48.00＋48.06＋48.04＋47.92＋47.94＋48.15＋48.39）×2 ＋（48.62＋48.71＋48.79＋48.47＋48.36＋48.61＋48.23＋48.32 ＋48.74）×4０] ＝48.431m≈48.43m

4．计算各方格点的设计高程与填挖数

为了排水需要，一般场地均要平整成一定坡度的斜平面，现根据原地面西北高、东南低的总体趋势，确定南北向1‰、东西向2‰坡度的斜平面。为了土方平衡，将图形的重心2-2点的设计高程定为48.43m，然后按设计坡度堆算出各点的设计高程，如图 11.5.2-1 中各方格点右上角所注的 48.47、48.49。

计算出各方格点的设计高程后,即可按下式计算各点填挖数:

$$填挖数 = 设计高程 - 地面高程 \qquad (11.5.2\text{-}2)$$

式中　填挖数为 + 时,表示填方;

　　　填挖数为 - 时,表示挖方。

各方格点的填挖数可在图上直接算出,写在各点设计高程左侧,如图 11.5.2 中的 - 6cm、- 20cm。

5. 计算零点位置,找出填挖边界

如图 11.5.2-1 所示:在方格的挖方点(如 0 - 0 点, - 6cm)与填方点(如 1 - 0 点, + 4cm)之间,必有一个不填不挖的零点,即填挖边界点,如图 11.5.2-1 和图 11.5.2-2 中的①点。把相关的零点连接起来,就是填挖边界线,也叫零线。零点与零线是计算方量和施工的重要依据。

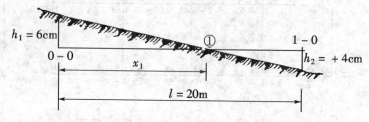

图 11.5.2-2　计算零点位置

计算零点位置的方法,如图 11.5.2-2 所示。以 0 - 0 与 1 - 0 点间的断面情况为例,根据相似三角形的比例关系,求出 0 - 0 点至零点①的距离 x_1,即:

$$\frac{x_1}{h_1} = \frac{l}{h_1 + h_2}$$

$$x_1 = \frac{l}{h_1 + h_2} \cdot h_1 \qquad (11.5.2\text{-}3)$$

式中　h_1、h_2——方格两端点的填挖数,均用绝对值;

　　　l——方格边长;

　　　x_1——零点①距填挖数为 h_1 的方格距离。

将 0-0 点和 1-0 点的填挖数代入上式得：

$$x_1 = \frac{20.0\text{m}}{6\text{cm}+4\text{cm}} \times 6\text{cm} = 12.0\text{m}$$

同上所述，求出图 11.5.2-1 中各零点②、③……⑩的位置，然后在图上连出填挖边界线，并在现场根据方格点找出地上的零点位置，用白灰撒出填挖边界线，作为施工的依据。

6. 计算填挖方量

根据零点位置与各方格点处的填挖数，按体积计算公式即可分别算出各方格中填方量或挖方量。由于计算体积的公式中多有近似之处，故计算出的总填方量(588m^3)与总挖方量(591m^3)，两者在理论上应相等，由于计算体积是近似公式，故实际上略有出入。

复习思考题：

见 11.6 节 20 题。

11.5.3 等高线法平整场地

当现场地面高低起伏较大且坡度变化较多时，用方格网点计算地面平均标高不但困难，而且精度低，则需改用等高线法。尤其当场地有大比例尺地形图且等高线精度较高时，更为合适。其基本步骤和方格法大体相同。首先是在现场测设方格网，并在现场校对原有地形图的等高线情况，然后根据校对后的等高线图，计算场地平均地面高程，计算的方法是：先在地形图上求出各条等高线所围起的面积，乘以其间隔高差，算出各等高线间的土方量，并求出总量，即为场地内最低等高线 H_0 以上的总土方量 V_0 则场地的平均地面高程（$H_平$）:

$$H_平 = H_0 + \frac{V}{A} \qquad (11.5.3)$$

式中　H_0——场地内最低等高线的标高；

V——场地内最低等高线以上的总土方量；

A——场地总面积。

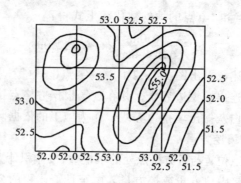

图 11.5.3 等高线法平整场地

如图 11.5.3 所示，场地内最低点高程 $H_0 = 51.10$m，场地总面积 $A = 400$m $\times 300$m $= 120000$m^2，根据图上的等高线先求场地平均地面高程，用求积仪或其他方法，求出图上各等高线所围起的面积，列入表 11.5.3。

土方量计算表 表 11.5.3

高程（m）	面积（m²）	平均面积（m²）	高差（m）	土方量（m³）
51.1	120000	119200	0.4	47680
51.5	118400	116200	0.5	58100
52.0	114000	109700	0.5	54850
52.5	105400	91200	0.5	45600
53.0	77000	55500	0.5	27750
53.5	13000 21000	21600	0.5	10800
54.0	2700 6500	6300	0.5	3150
54.5	300 3100	2000	0.5	1000
55.0	0 700			
总 计				248930

由表 11.5.3 中可知，最低点 $H_0 = 51.10\text{m}$ 以上的总土方量 $V = 248930\text{m}^3$，则场地平均地面高程 $H_平$ 为：

$$H_平 = H_0 + \frac{V}{A} = 51.10 + \frac{248930}{120000} = 51.10 + 2.07 = 53.13\text{m}$$

当场地平均地面高程求出后，有关设计和计算场地的设计坡度与设计高程以及其他工作，则与方格法相同，不再赘述。

复习思考题：

对比方格法与等高线法的优缺点？

11.6 复习思考题

1. 准备工作的主要目的是什么？
2. 施工测量前应当做好哪 4 项主要的准备工作？哪一项是核心内容？
3. 为什么要制定施工测量方案？施工测量方案应包括哪些内容？
4. 如何确定建筑物定位依据？
5. 如何校核设计图上的定位条件？
6. 如何校核（矩形、多边形、圆弧形）建筑物四廓边界尺寸是否交圈（闭合）？
7. 下图为××饭店平面图，根据图上所注尺寸与角度、用划分三角形法计算

(1) 解△EAB

(2) 解△EBC

(3) 解△ECD

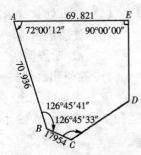

8. 如上题用投影法（$\Sigma\Delta y = 0$，$\Sigma\Delta x = 0$）校核四廊尺寸是否闭合？

9. 如何校核建筑物 ±0.000 的设计绝对高程是否有误？

10. 下图为某托儿所楼施工平面图，图中曲线为原地面等高线，平行斜线为场地平整后的地面设计等高线，按图回答以下问题：

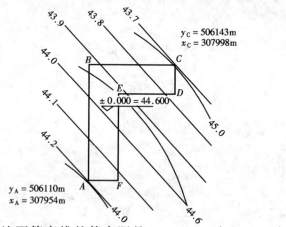

（1）原地面等高线的等高距是_____m，向_____方向排水；

设计地面等高线的等高距是_____m，向_____方向排水。

（2）AB 距离是_____m。

（3）AC 距离是_____m。

（4）A 点处是（填、挖、不填不挖）_____m。

（5）C 点处是（填、挖、不填不挖）_____m。

（6）首层室内地坪设计高程（合理、不合理）。

（7）AC 两点间竣工后的坡度 i = _____。

11. 在使用红线桩前，对红线桩应进行校核。

下表为某施工现场红线桩坐标情况。在表中计算红线桩间各边长 D 及左角 β，做计算校核，并绘简图。

422

点名	横坐标 y	Δy	纵坐标 x	Δx	边长 D	方位角 φ	左角 β
A	6198.883	217.048	4610.285	5.441	217.116	88°33′50″	
B	6415.931	−5.434	4615.726	216.768	216.836	358°33′50″	
C	6410.497		4832.494				
D	6189.567		4826.916				
A	6198.883		4610.285				
B							
和校核	ΣΔy =		ΣΔx =			Σβ =	

12. 表中为某小区的红线桩坐标，填表计算红线边长及左角，做计算校核，并根据计算结果说明该图形有什么特点？

点名	横坐标 y	Δy	纵坐标 x	Δx	边长 D	方位角 φ	左角 β
A	2284.329		2492.000				
B	2285.737		2749.524				
C	2129.487		2749.404				
D	2128.079		2492.000				
A	2284.329		2492.000				
Σ	ΣΔy =		ΣΔx =			Σβ =	

13. 根据上题坐标反算其边长及左角中，各项计算校核无误时，只能说明什么？不能说明什么？

14. 建筑红线是建设用地的_____线，是建筑物定位的_____。因此，在整个施工过程中，对红线（桩）要特别注意哪四点？

15. 校测建筑红线桩的目的是什么？如何进行校测？

16. 如图所示：ABC 为建筑红线桩，其间有一建筑物影响通视。为校测 BC 间距并定出 BC 方向，现测得 $\angle CAB = 44°59′57″$、$CA = 141.427$m、$AB = 99.999$m，计算 BC 及 $\angle BCA$、$\angle ABC$。

　　BC =

　　$\angle BCA$ =

∠ABC =

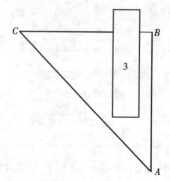

17. 下图为中国科技会堂中心施工现场情况，在放线前对红线桩进行了校核。图中三［100］12 和三［100］11 为北京市一级导线点，丁、乙、为红线桩，因丁、乙间不通视，故丈量了边长 D_1、D_2、D_3，测量了左夹角 β_1、β_2、β_3，推算出了各边方位角，有关数据列于表中，要求计算出丁、乙两点坐标，以便校核。

点	方位角 φ	边长 D	Δy	y	Δx	x
11				7980.344		4421.164
	23°54′10″	60.293				
丁						
	303°17′44″	91.737				
P						
	241°11′49″	100.946				
乙						

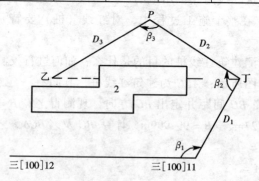

18. 按下表中所给数据，进行以 N 点为建筑场地坐标原点、N-S 为场地坐标 A 轴方向的坐标转换计算。计算步骤如何？

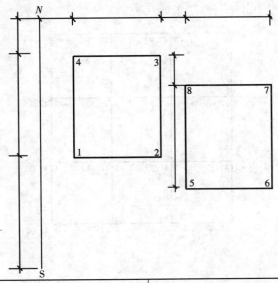

点号	测量坐标系					建筑坐标系				
	y	x	Δy	Δx	D	φ	φ'	ΔB	ΔA	B	A
N	094.083	661.502					180°00′00″			100.000	200.000
S	094.421	581.703									
1	106.297	611.103									
2	139.597	611.244									
3	139.430	650.544									
4	106.130	650.403									
5	175.721	603.599									
6	209.621	603.743									
7	209.461	641.543									
8	175.561	641.399									

19. 校测水准点的目的是什么？如何进行校测？

20. 按下图所示，计算场地加权平均高程、在土方平衡的条件下各点的设计高程及填挖数。各方格边长为20m、场地设计坡度北高南低0.4%、西高东低0.3%。

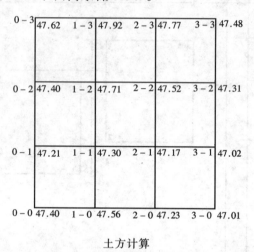

土方计算

11.7 操作考核内容

1. 根据红线桩坐标反算出各边长及各左夹角，并用经纬仪及钢尺在现场对红线进行检测

对初级放线工应能在现场通视的情况下，能完成红线桩的核算与检测工作。

对中级放线工应能在现场较复杂的情况下，能完成红线桩的核算与检测工作。

2. 根据已知的测量控制点用导线的形式校测红线桩位

对中级放线工应能用经纬仪、钢尺或全站仪完成导线的布设、外业观测与内业计算。

3. 用水准仪对设计给出的两个以上的水准点间的高差进行检测

对初级放线工应能较好的完成水准点高程的检测工作。

4. 用函数型计算器按表 11.4.3 进行坐标系变换的计算

对初级放线工应了解两种坐标系的各自用途。

对中级放线工应掌握两种坐标系的变换计算工作。

5. 根据工程设计要求,工地现场情况制定切实可行的施工测量方案

对中级放线工应能制定一般工程的测量方案。

6. 根据 11.6 节 20 题图方格网点高程进行 11.6 节 20 题所要求的实地测算

对中级放线应能完成这项计算工作。

第 12 章　建筑工程施工测量

12.1　一般场地控制测量

12.1.1　一般场地控制网的作用

一般场地是指中小型民用建筑场地，根据先整体后局部、高精度控制低精度的工作程序，准确地测定并保护好场地平面控制网和高程控制网的桩位，是整个场地内各栋建筑物、构筑物定位和确定高程的依据；是保证整个施工测量精度与分区、分期施工相互衔接顺利进行工作的基础。因此，控制网的选择、测定及桩位的保护等项工作，应与施工方案、场地布置统一考虑确定。

复习思考题：

1. 见 12.8 节 1 题。
2. 若施工场地内不测设控制网、各栋建（构）筑物的平面位置与高程单独测设，对整个施测精度有何影响？

12.1.2　一般场地平面控制网的布网原则、精度、网形及基本测法

1. 布网原则

场地平面控制网应根据设计定位依据、定位条件、建筑物形状与轴线尺寸以及施工方案、现场情况等全面考虑后确定，一般布网原则为：

（1）控制网应匀布全区，控制线的间距以 30~50m 为宜，网中应包括作为场地定位依据的起始点与起始边、建筑物主点、主

轴线；弧形建筑物的圆心点（或其他几何中心点）和直径方向（或切线方向）；

（2）为便于使用（平面定位及高层竖向控制），要尽量组成与建筑物外廓平行的闭合图形，以便于控制网自身闭合校核；

（3）控制桩之间应通视、易量，其顶面应略低于场地设计高程，桩底低于冰冻层，以便长期保留。

2．精度

根据《工程测量规范》、《高层建筑混凝土结构技术规范》及《施工测量规程》规定，一般场地控制网主要技术指标应符合表12.1.2所示。

场地控制网主要技术指标　　　　表 12.1.2

规 范	等 级	边长（m）	测角中误差（″）	边长相对中误差
《工程测量规范》（GB50026—1993）	二级	100~300	±8	1/20000
《高层建筑混凝土结构技术规程》（JGJ3—2002）	重要高层建筑	100~300	±15	1/15000
	一般高层建筑	50~200	±20	1/10000
《建筑工程施工测量规程》（DBJ01—21—1995）	二级	100~300	±10	1/20000
	三级	50~100	±20	1/10000

将一般场地平面控制网分为两级（1/20000，1/10000）是合适的，一般住宅小区和一般学校、办公楼等民用建筑工程，采用边长1/10000、测角±20″是能满足工程需要的，也与《砌体工程施工质量验收规范》（见12.3.6-3）相适应。对于钢结构与一般大型公共建筑工程，采用边长1/20000、测角±10″也是能满足工程需要的，实践说明《施工测量规程》的规定是适用的。

3．网形

场地平面控制网的网形，主要应以适合和满足整个场地建筑物测设的需要。常用的网形有以下三种：

（1）矩形网　这是建筑场地中最常用的网形，叫做建筑方格网。它适用于按方形或矩形布置的建筑群或大型、高层建筑。如图 12.1.2-1 为北京国际饭店的场地平面控制网，ABCD 为建筑红线、$\angle A = 90°00'00''$，建筑物定位条件是以 A 点点位与 AB、AD 方向为准，按图示尺寸定位；图 12.1.2-2 为某交流中心的场地平面控制网。ABCD 为建筑红线。建筑物定位条件是以 B 点点位和 BA 方向为准，按图示尺寸定位。

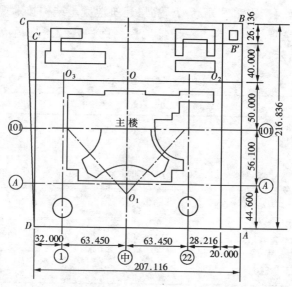

图 12.1.2-1　国际饭店场地平面控制网

（2）多边形网　对于三角形、梯形或六边形等非矩形布置的建筑场地，可按其主轴线的情况，测设多边形平面控制网。如图 12.1.2-3 为北京昆仑饭店的平面控制网，它是根据 60° 的柱网轴线与近于矩形的场地情况综合考虑确定的。

（3）主轴线网　对于不便于组成闭合网形的场地，可只测定十字（或井字）主轴线或平行于建筑物的折线形的主轴线，但在测设中要有严格的测设校核。如图 12.1.2-4 为某文化交流中心

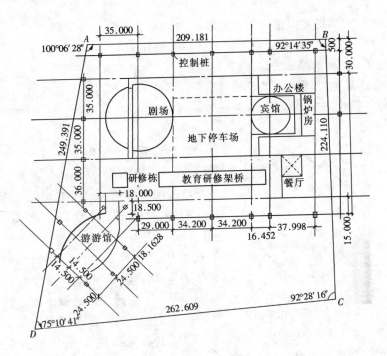

图 12.1.2-2 某交流中心场地平面控制网

的十字主轴线控制网，AA 轴为对称轴，BB 轴垂直 AA 轴。定位条件是已知 O 点坐标及 AA 轴方位。图 12.1.2-5 为上海华亭宾馆的场地平面控制轴线图。由于场地窄小，基础开挖面积大，在现

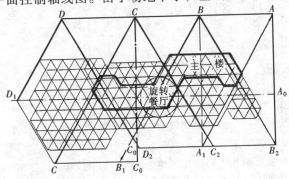

图 12.1.2-3 北京昆仑饭店"S"形轴线图与场地平面控制网

场只能测定和保留一条建筑物㉖轴的基准主轴线 $A-2-7-6-5-O_2-1$，作为整个施工定位的控制轴线。

4. 基本测设方法

平面控制网应以设计指定的一个定位依据点与一条定位边的方向为准进行测设。根据场地、网形的不同，一般采用以下三种测法：

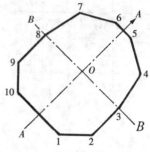

图 12.1.2-4 某文化交流中心十字主轴控制网

（1）先测定控制网的中心十字主轴线，经校核后，再向四周扩展成整个场地的闭合网形。如图 12.1.2-1 所示控制网，即先以 A 点点位和 AB、AD 方向为准，测设出 ⑩ 轴与 ⊕ 轴，在 O 点闭合校核后，再向外扩展成 $AB'C'D$ 矩形网。这种一步一校核的测法，保证了主体建筑物轴线的定位精度，也使整个施测工作简便易行。

（2）当场地四廓红线桩精度较高，场地较大时，可根据红线桩（或城市精密导线点）先测定场地控制网的四廓边界，闭合校核后，再向内加密成网形。

（3）当如图 12.1.2-4 所示，只测定十字主轴线时，先根据 O 点与周围三个红线桩的坐标，反算边长及夹角，然后在三个红线桩上，按 10.1.4 所讲的用角度交会法，定出 O 点位置。

对于工期较长的工程，场地平面控制网每年应至少在雨季前后各校测 1 次。

复习思考题：

1. 见 12.8 节 2~4 题。
2. 平面控制网中为什么要包括定位依据的起始点、起始边、建筑主点和主轴线；
3. 为什么要根据不同的建筑场地、建（构）筑物，选用不同网形？
4. 为什么在各种测设方法中，均强调闭合校测？

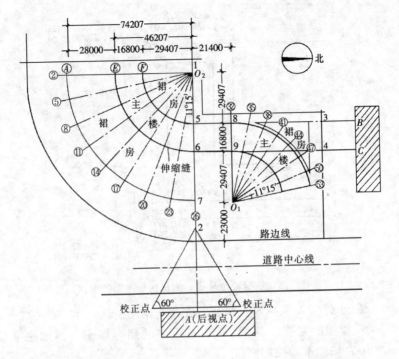

图 12.1.2-5 上海华亭宾馆"一"字主轴控制线

12.1.3 根据城市导线点测设一般场地平面控制网

如图 12.1.3 所示：ABCDEF 为距建筑物各边均为 10m 的场地平面控制网，2、3 为城市导线点，经校测其点位与坐标均可靠。

1. 根据建筑物的设计坐标推算出 A、B 点坐标。
2. 使 23BA 组成闭合图形，用坐标反算表格按 11.3.2 介绍的步骤计算各边长与左夹角，见表 12.1.3。
3. 将经纬仪安置在 2 点以 3 点为后视，逆时针测设 11°55′09″（实际上是顺时针测设 348°04′51″），并在视线上量 27.845m 定 A 点。
4. 在 3 点上以 2 点为后视，顺时针测设 49°50′44″，并在视线上量 13.327m 定 B 点。

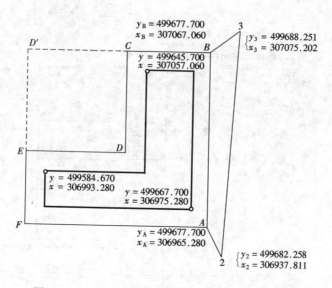

图 12.1.3 根据城市导线点测设场地平面控制网

5. 分别在 A 点与 B 点校核其左角与间距。

6. 以 AB 为基线测设 D' 与 F 组成的闭合图形,再加密成 $ABCDEF$ 场地平面控制网。

坐 标 反 算 表　　　　　表 12.1.3

点名	横坐标 y	Δy	纵坐标 x	Δx	边长 D	方位角 φ	左夹角 β	备注
2	9682.258	+5.993	6937.811	+137.391	137.522	2°29′52″		城市导线点
3	9688.251		7075.202				49°50′44″	城市导线点
		-10.551		-8.142	13.327	232°20′36″		
B	9677.700		7067.060				127°39′24″	
		0.000		-101.780	101.780	180°00′00″		
A	9677.700		6965.280				170°34′43″	
		+4.558		-27.469	27.845	170°34′43″		
2	9682.258		6937.811				11°55′09″	
3						2°29′52″		
和校核	+10.551 -10.551 $\Sigma\Delta y = 0.000$		+137.391 -137.391 $\Sigma\Delta x = 0.000$			$\Sigma\beta = 360°00′00″$		

复习思考题：

根据城市导线点测设平面控制网有何优点？测设时应注意哪些问题？

12.1.4 一般场地高程控制网的布网原则、精度与基本测法

1．布网原则

（1）在整个场地内各主要幢号附近设置 2~3 个高程控制点，或 ±0.000 水平线；

（2）相邻点间距 100m 左右；

（3）构成闭合的控制网。

2．精度

闭合差在 $\pm 6mm \sqrt{n}$ 或 $\pm 20mm \sqrt{L}$ 之内（n—测站数，L—测线长度、以 km 计）。

3．测法

根据设计指定的水准点，用符合测法将已知高程引测至场地内，联测各幢号高程控制点或 ±0.000 水平线后，附合到另一指定水准点。当精度合格后，应按测站数成正比分配误差。

若建设单位只提供一个水准点（应尽量避免这种情况），则应用往返测法或闭合测法做校核，且施测前应请建设单位对水准点点位和高程数据做严格审核并出示书面资料。

工期较长的工程，场地高程控制网每年应复测两次，一次在春季解冻之后、一次在雨季之后。

复习思考题：

1．见 12.8 节 8 题。

2．为什么两相邻高程点间距要在 100m 左右？

3．当场地附近只有一个水准点时，如何保证其点位及高程的正确性？

12.2 大型场地控制测量

12.2.1 大型场地平面控制网的布设原则与基本测法

大型场地是指大中型建筑场地。

1. 大型场地平面控制网的作用

场地平面控制网是建（构）筑物场区内地上、地下建（构）筑工程与市政工程施工定位的基本依据，是对场区的整体控制。场区平面控制网可作为首级控制，或只控制建（构）筑物控制网的起始点与起始方向。

2. 坐标系统

场地平面控制网的坐标系统应与工程设计所采用的坐标系统一致。不一致的应用 11.4 节所讲坐标换算法统一到工程设计总图所采用的坐标系。

3. 测量起始依据

城市规划部门给定的各等级城市测量控制网（点）、建筑红线点或指定的原有永久性建（构）物，均可作为场地平面控制网的测量起始依据。当上述起始依据不能满足场地控制网的要求时，经设计单位同意，可采用只控制平面控制网的起始点和起始方向的方式。

4. 网形与控制点位

场地平面控制网应根据设计总平面图与施工现场总平面布置图综合考虑网形与控制点位的布设。网形一般采取方格网、导线网和三角网形为主。控制点应选在通视良好、土质坚固、便于施测又能长期（至少是施工期间）保留的地方。

5. 测设的基本方法

一般多采取归化法测设：第一、按设计布置，在现场进行初步定位；第二、按正式精度要求测出各点精确位置；第三、埋设永久桩位，并精确定出正式点位；第四、对正式点位进行检测做必要改正。

复习思考题：

归化法放样的步骤与优点是什么？

12.2.2 大型场地方格控制网的测设

1. 适用场地与精度要求

方格控制网适用于地势平坦、建（构）筑物为矩形布置的场地，根据《工程测量规范》与《施工测量规范》规定，大型场地控制网主要技术指标应符合表 12.2.2 所示。

场地方格控制网的主要技术指标　　　　表 12.2.2

规　　范	等级	边长（m）	测角中误差（″）	边长相对中误差
《工程测量规范》（GB50026—1993）	一级	100~300	±5	1/30000
《建筑工程施工测量规范》（DBJ01—21—1995）	一级	100~300	±5	1/40000
	二级	100~300	±10	1/20000

2. 测设步骤

（1）初步定位　按场地设计要求，在现场以一般精度（±5cm）测设出与正式方格控制网相平行2m的初步点位。一般有"一"字形、"十"字形和"L"字形，如图12.2.2的(a)、(b)、(c)。

（2）精测初步点位　按正式要求的精度对初步所定点位进行精测和平差算出各点点位的实际坐标。

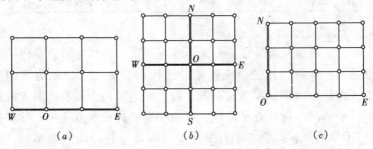

图 12.2.2　大型场地方格控制网
(a)"一"字形网；(b)"十"字形网；(c)"L"字形网

（3）埋设永久桩位并定出正式点位　按设计要求埋设方格网的正式点位（一般是基础埋深在1m以下的混凝土桩，桩顶埋设200mm×200mm×6mm的钢板）当点位下沉稳定后，根据初测点位与其实测的精确坐标值，在永久点位的钢板上定出正式点位，划出十字线，并在中心点锒入铜丝以防锈蚀。

（4）对永久点位进行检测　首先对主轴线 WOE 是否为直线在 O 点上检测 $\angle WOE$ 是否为 $180°00'00''$，若误差超过规程规定，应按下题进行必要的调整。

复习思考题：

见12.8节5题。

12.2.3　大型场地导线控制网的测设

1. 适用场地与精度要求

导线控制网适用于通视条件较差，现场建（构）筑物设计位置不规划或现场尚未拆迁完的场地。其精度按《施工测量规程》4.2.4条要求见表12.2.3-1。

大型场地导线控制网的主要技术指标　　表12.2.3-1

等级	导线长度（km）	平均边长（m）	测角中误差（″）	边长相对中误差	导线全相对闭合差	方位角闭合差（″）
一级	2.0	200	±5	1/40000	1/20000	$\pm 10\sqrt{n}$
二级	1.0	100	±10	1/20000	1/10000	$\pm 20\sqrt{n}$

2. 测设步骤

（1）布设控制导线　分两种情况。第一种情况是直接用于测设建（构）筑物用的场地控制导线网，如图12.2.3-1为某别墅小区，呈曲线型或零散式布置，每栋住宅楼均为坐标控制，故根据现场情况和设计总平面图，在现场直接进行选点埋桩，然后按《施工测量规程》要求进行测量、计算得到各导线点的坐标，即可用导线直接对各栋楼进行定位放线。

第二种情况是由于场地条件限制，只能先布设导线，然后根

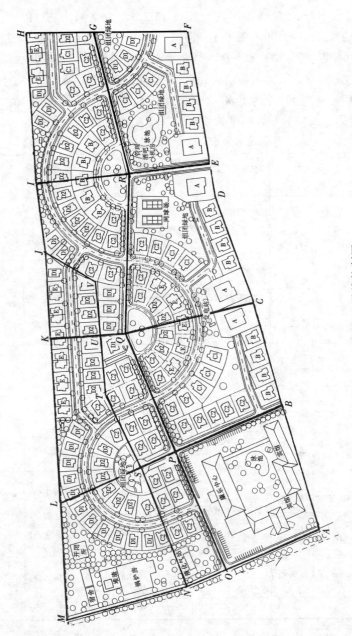

图 12.2.3-1 场地导线控制网

据导线测设场地方格控制网。如图 12.2.3-2 为某闹市占 110m×270m 的商贸××中心,在拆迁未完、工程没有正式定位就破土控槽 5~6m 深。A、B、C、D 红线桩全部落在基坑内没有钉桩,给建筑物定位造成很大困难。为此根据现场附近的城市导线($B[33]_1 - B[45]_2 - B[45]_3$)为起始依据,在场地四周布设了闭合导线(1.2⋯9),按一级导线精度进行观测并计算如表 12.2.3-2。

商贸××中心场地导线计算表　　　表 12.2.3-2

测站	左角 β		方位角 φ	边长 D	横坐标增量 Δy	横坐标 y	纵坐标增量 Δx	纵坐标 x	备注
	观测值	调整值							
1#			178°12′31″						
B[45]₃ 2#	-1 94°15′35″	94°15′34″	92°28′05″	86.054	-1 -85.974	5992.111	+1 -3.706	4186.504	已知坐标
3#	-1 176°00′53″	176°00′52″	88°28′57″	97.781	-1 97.747	6078.684	+1 2.589	4182.799	
4#	-1 88°57′12″	88°57′11″	357°26′08″	104.976	-1 -4.697	6176.430	+2 104.871	4185.389	
5#	-1 93°51′01″	93°51′00″	271°17′08″	13.436	-13.433	6171.732	0.301	4290.262	
6#	-1 264°26′50″	264°26′49″	355°43′57″	129.848	-1 -9.662	6158.299	+2 129.488	4290.563	
7#	-1 182°25′45″	182°25′44″	358°09′41″	72.901	-1 -2.339	6148.636	+1 72.863	4420.053	
8#	-1 101°19′08″	101°19′07″	279°28′48″	64.930	-1 -64.043	6146.296	+1 10.694	4492.917	
9#	-1 159°03′50″	159°03′49″	258°32′37″	100.840	-1 -98.831	6082.252	+2 -20.029	4503.612	
1#	-1 99°39′54″	99°39′54″	178°12′31″	297.229	-1 9.292	5983.420	+3 -297.084	4483.585	
2#						5992.111		4186.504	

440

续表

测站	左角 β		方位角 φ	边长 D	横坐标增量 Δy	横坐标 y	纵坐标增量 Δx	纵坐标 x	备注
	观测值	调整值							
$\Sigma_{\beta测}$ =1260°00′08″	$\Sigma_{\beta理}$ =1260°00′00″		$\Sigma D = 967.995$		$f_y = 0.008$		$f_x = -0.013$		
闭合差和精度	$f_{\beta测} = 0°00'08''$ $f_{\beta允} = \pm 24''\sqrt{n} = \pm 1'12''$				$f = \sqrt{f_y^2 + f_x^2} = \sqrt{0.008^2 + (-0.013)^2} = 0.015\text{m}$ $k = \dfrac{f}{\Sigma D} = \dfrac{0.015}{967.995} = \dfrac{1}{69000}$				

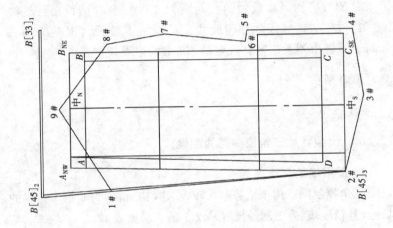

图 12.2.3-2　商贸××中心场地导线方格网

（2）测设场地矩形控制网　由于红线 A、B、C、D 四边形中只有∠B = 90°00′00″，而且建筑物的布置是平行 AB 和 BC 两边，故此两边是建筑物定位的基本依据。但是红线 A、B、C、D 四点均在基础坑边无法保留。为了对建筑物整体进行控制，根据现场情况，选定平行于 AB 往北 12.000m 和平行 BC 往东 8.500m 两条为基准线，又为了提高定位精度，将城市导线点 B［45］$_3$（即导线 2 # 点）纳入场地控制网。通过数学直线方程的计算，建立 B［45］$_3$（2 #）- C_{SE} - B_{NE} - A_{NW} 场地矩形控制网，并根据 B［45］$_3$ 点已知坐标和 AB 边、BC 边的已知方位角

计算出 C_{SE}、B_{NE} 及 A_{NW} 三点设计坐标值。

1) 根据导线点 3# 与 4# 点位，用坐标反算的方法（见 10.1.2）测设出 C_{SE}，用同样的方法根据导线点 8# - 9# - 1# 测设出 B_{NE} 与 A_{NW}，这样就测设了场地四周矩形控制网。

2) 在 $B[45]_3$、C_{SE}、B_{NE} 与 A_{AW} 各点上，对矩形网各边各角进行检测，角度误差均小于 5″，边长误差均小于 5mm（即 1/26000 ~ 1/60000）。

（3）加密矩形网、测设红线桩 在矩形网各边上加密间距小于 40m 的方格网（建筑物轴线间距为 8.000m）并测设出红线桩 A、B、C、D，经规划部门验线，红线桩点位最大误差为 7mm 远高于《城市测量规范》规定的 50mm 的限差规定。

复习思考题：

见 12.8 节 6 题。

12.2.4 大型场地三角控制网的测设

1. 适用场地与精度要求

三角控制网适用于地势起伏较大、建(构)筑物为非矩形布置的场地，其精度按《施工测量规程》4.2.5 条要求见表 12.2.4。

场地三角控制网的主要技术指标　　　表 12.2.4

等级	边长 (m)	测角中误差 (″)	三角形闭合差 (″)	起始边相对中误差	最弱边相对中误差
一级	100 ~ 300	± 5	± 15	1/40000	1/20000
二级	100 ~ 300	± 10	± 30	1/20000	1/10000

2. 测设步骤

如图 12.2.4 所示为由北京东四环路上跨机场路和京顺路的两座主桥、10 座定向匝道桥、6 座通道桥和 8 座跨河桥，共计大、小 26 座桥梁组成，其中桥梁面积 4.4 万 m^2、沥青路面积 21 万 m^2，立交范围内新建、改建各种管线6种总长 21km，工程占地面积 50 万 m^2。桥

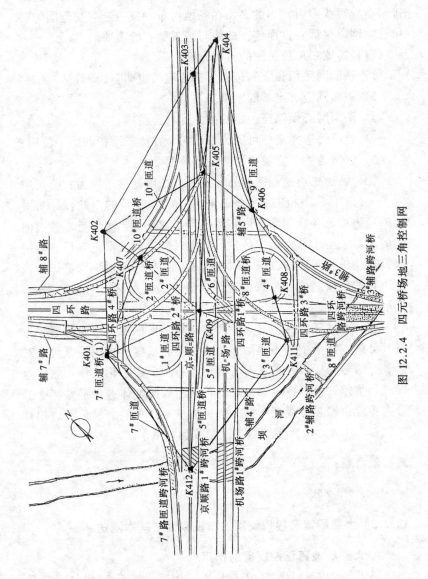

图 12.2.4 四元桥场地三角控制网

梁结构跨路、跨河多至四层上下高差大，施工弃土、堆料、施工排架造成视线障碍，为此必须在场地内布一覆盖全立交范围的三角控制网以保证各方面施工放线与竣工验收的需要。

(1) 场地三角控制网的布网原则：
1) 平面网采用独立测边网方法施测（也叫自由网）；
2) 平面网应有足够的精度储备；
3) 平面网必须保证一定的内、外符合精度；
4) 点位的选择应尽可能分布均匀，并便于维护和施工使用；
5) 应满足地下管线竣工测量的精度要求。

(2) 场地三角控制网的外业观测　选用标称精度为：测角中误差 $\pm 1.5''$、测距精度 $\pm(2mm + 2 \times 10^{-6} \times D)$ 的全站仪。对网上的各边边长各观测两测回，每一测回均进行4次测量，各次测量的结果取至小数点后四位数，并据观测时的气温、气压参数由仪器自动进行相应的改正，取8次观测结果的算术平均值作为该边边长的最或然值。为减少观测中偶然误差对网上的各边影响，选取不同时段，重复进行了观测。

(3) 场地三角控制的内业平差计算　根据控制网的网形，先将其分解成三个中点多边形Ⅰ、Ⅱ、Ⅲ，根据所采用平差程序对边、点编号的要求，依次对各图形进行图形数字化工作，然后顺序进行平差计算，待其通过后，再对控制网整体进行平差。这部分内容应由测量专业工程师完成，故从略。平差结果最弱边相对中误差为 1/43000 合于《施工测量规程》要求。

复习思考题：

见 12.8 节 7 题。

12.2.5　大型场地高程控制网的布设原则与基本测法

1. 大型场地高程控制网的作用

场地高程控制网是建(构)筑物场区内地上、地下建(构)筑物工程与市政工程高程测设的基本依据，是对场区高程的整体控制。

2. 高程系统

场地高程控制网的高程系统必须与工程设计所指定的高程系统一致。

3. 测量起始依据

城市规划部门给定的各等级的水准点或已知高程的导线点2～3个。若只给一个起始高程点，则应请设计单位或建设单位对其点位及高程数据给以文字说明，以保证其正确性。若借用附近原有建（构）筑物上的高程点时，除应有文字说明外，还应留有照片存查。

4. 网形与控制点位

场地高程控制网应根据设计总平面图与施工现场总平面布置图综合考虑网形与高程控制点位的布设。场地内每一工程幢号附近设2个，主要建（构）筑物附近不少于3个高程控制点。当场地较大时，控制点间距不应大于100m并组成网形。控制点应选在土质坚固、便于施测又能长期(至少是施工期间)保留的地方埋点或借用附近原有建（构）筑物的基石上。一般距新建建（构）筑物不小于25m，距基坑或回填土边线不小于2倍基坑深或15m以上。

水准测量成果调整表　　　　　表12.2.5

测 点	距 离(测站数)	实测高差（m）	高差改正数(m)	调整后高差（m）	高 程（m）	备 注
BM6-1	1	-0.00318	0.00001	-0.00317	40.69293	已知高程
BM6-2	1	0.02452	0.00001	0.02453	40.68976	
BM6-3	2	0.00508	0.00003	0.00511	40.71429	
BM6-4	1	-0.21950	0.00001	-0.21949	40.71940	
BM5-1	1	-0.38889	0.00001	-0.38888	40.49991	
BM5-2	1	0.51028	0.00001	0.51029	40.11103	
BM5-3	1	-0.47530	0.00001	-0.47529	40.62132	
BM2-1	1	0.54738	0.00001	0.54739	40.14603	
BM2-2	1	-0.00050	0.00001	-0.00049	40.69342	
BM6-1					40.69293	
		+1.08726 -1.08737				
	10	-0.00011	+0.00011	0.00000		

5. 测设的基本方法

高程控制测量应采用附合测法或结点测法，一般均采用水准测法也可用光电三角高程测法。控制测量的等级依次为：国家水准三等或四等水准测量作为场区的首级高程控制。

12.2.3中所介绍的商贸××中心场地，采用了精密水准在场地四周设置了9个施工水准点的闭合测法，表12.2.5为其水准成果调整表，从表中可以看出由于使用精密水准仪施测，在近1000m的闭合水准路线中，闭合差仅为0.11mm，使30000m² 首层地面的平整度效果甚好。

复习思考题：

见12.8节8题。

12.2.6 大型场地控制网的复测

大型场地平面控制网与高程控制网的控制点的基础，均应埋在当地冰冻线以下、土质较好的地方。但由于场地施工挖土、打桩、施工荷载的不断增加，尤其是施工期间地下降水的影响与护坡桩锚杆施工应力的增加与释放，雨季与冬季天气的变化等影响，均会造成场地控制点点位的变动。为此，施工中一方面要做好控制桩点的保护工作，并在施工期间每年春秋各定期复测一次。

复习思考题：

场地控制点点位何种情况下，受施工影响大，何时受天气影响大？

12.3 建筑物定位放线和基础放线

12.3.1 建筑物定位的基本测法

1. 根据原有建（构）筑物定位

在建筑群内进行新建或扩建时，设计图上往往给出拟建建筑物与原有建筑物或道路中心线的位置关系。此时，其轴线可以根据给定的关系测设。

如图 12.3.1-1 所示，ABCD 为原有建筑物，MNQP 为新建高层建筑，$M'N'Q'P'$ 为该建筑的矩形控制网。根据原有建（构）筑物定位，常用的方法有三种。而由于定位条件的不同，各种方法又可分成两类情况：一类情况是如图 12.3.1-1（a）类，它是仅以一栋原有建筑物的位置和方向为准，用各（a）图所示的 y、

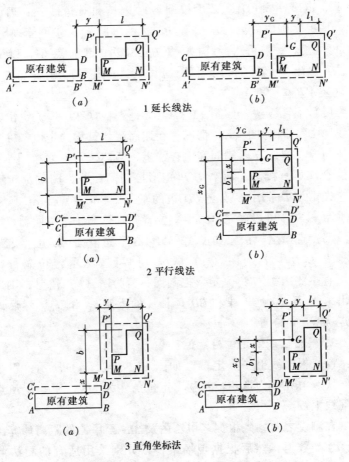

图 12.3.1-1 根据原有建筑物定位

x 值确定新建建筑物位置的；另一类情况则是以一栋原有建筑物的位置和方向为主，再加另外的定位条件，如各（b）图中 G 为现场中的一个固定点，G 至新建建筑物的距离 y、x 是定位的另一个条件。

（1）延长线法　如图 12.3.1-1-1 是先根据 AB 边，定出其平行线 $A'B'$；安置经纬仪在 B'，后视 A'，用正倒镜法延长 $A'B'$ 直线至 M'，若为图（a）情况，则再延长至 N'，移经纬仪在 M' 和 N' 上，定出 P' 和 Q'，最后校测各对边长和对角线长；若为图（b）情况，则应先测出 G 点至 BD 边的垂距 y_G，才可能确定 M' 和 N' 位置。一般可将经纬仪安置在 BD 边的延长点 B'，以 A' 为后视，测出 $\angle A'B'G$，用钢尺量出 $B'G$ 的距离，则 $y_G = B'G \times \sin(\angle A'B'G - 90°)$。

（2）平行线法　如图 12.3.1-1-2 是先根据 CD 边，定出其平行线 $C'D'$。若为图（a）情况，新建高层建筑物的定位条件是其西侧与原有建筑物西侧同在一直线上，两建筑物南北净间距为 x 则由 $C'D'$ 可直接测出 $M'N'Q'P'$ 矩形控制网；若为图（b）情况，则应先由 $C'D'$ 测出 G 点至 CD 边的垂距 x_G 和 G 点至 AC 延长线的垂距 y_G，才可以确定 M' 和 N' 位置，具体测法基本同前。

（3）直角坐标法　如图 12.3.1-1-3 是先根据 CD 边，定出其平行线 $C'D'$。若为图（a）情况，则可按图示定位条件，由 $C'D'$ 直接测出 $M'N'P'Q'$ 矩形控制网；若为图（b）情况，则应先测出 G 点至 BD 延长线和 CD 延长线的垂距 y_G 和 x_G，然后即可确定 M' 和 N' 位置。

2. 根据红线或定位桩定位

（1）根据线上一点定位　如图 12.3.1-2（a）所示：甲乙丙为红线，$MNPQ$ 为拟建建筑物，定位条件为 MN∥甲乙、N 点正在红线上。

在测设之前，先根据∠甲乙丙及 MN 至甲乙的距离计算出乙N、乙$'N$ 数据，然后根据现场条件，分别采用适宜的测法测设出 $MNPQ$ 点位；

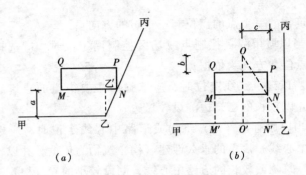

图 12.3.1-2 根据红线定位

（2）根据线外一点定位　如图 12.3.1-2（b）所示：甲乙丙为红线，$MNPQ$ 为拟建建筑物，O 为线外一点，定位条件为 MN∥甲乙、PQ 距 O 点的垂距为 b、NP 距 O 的垂距为 c 均已知。

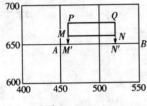

图 12.3.1-3

首先实测∠甲乙 O 与乙 O 距离，计算出 MN 与甲乙的距离，然后根据现场条件，分别采用适宜的测法测设出 $MNPQ$ 点位。

以上无论采用哪种测法，点位测设后均应校测定位条件及自身几何条件应符合设计要求。

3. 根据场地平面控制网定位　如图 12.3.1-3 所示：在施工场地内设有平面控制网时，可根据建筑物各角点的坐标用直角坐标法测设。

复习思考题：

1. 见 12.8 节 9 题。
2. 在做原有建（构）筑物平行线时，应如何选择点位？

12.3.2 选择建筑物定位条件的基本原则

根据《施工测量规程》6.1.3 条规定：建筑物定位的条件，应当是能惟一确定建筑物位置的几何条件。最常用的定位条件是确定建筑物的一个点的点位与一个边的方向。

1. 当以城市测量控制点或场区控制网定位时，应选择精度较高的点位和方向为依据；

2. 当以建筑红线定位时，应选择沿主要街道的建筑红线为依据，并以较长的已知边测设较短边；

3. 当以原有建（构）筑物或道路中心线定位时，应选择外廓（或中心线）规整的永久性建（构）筑物为依据，并以较大的建（构）筑物或较长的道路中心线，测设较小的建（构）筑物。

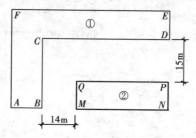

图 12.3.2 建筑物定位

总之，选择定位条件的基本原则可以概括为：以精定粗、以长定短、以大定小。

复习思考题：

1. 见 12.8 节 10 题。

2. 图 12.3.2 中，①为原有建筑，②为拟建建筑（32.000m × 10.800m）。设计定位条件如下：$CD /\!/ QP$、$BC /\!/ MQ$、$ABMN$、$DENP$ 分别取齐，且满足相互间距 14m、15m，试分析此定位条件是否合理？为什么？

12.3.3 建筑物定位放线的基本步骤

根据场地平面控制网，或设计给定的作为建筑物定位依据的建（构）筑物，进行建筑物的定位放线，是确定建筑物平面位置和开挖基础的关键环节，施测中必须保证精度、杜绝错误，否则后果难以处理。在场地条件允许的情况下，对一栋建筑物进行定

位放线时,应按如下步骤进行:

1. 校核定位依据桩是否有误或碰动;

2. 根据定位依据桩测设建筑物四廓各大角外(距基槽边 1～5m)的控制桩,如图 12.3.3 中的 $M'N'Q'P'$;

3. 在建筑物矩形控制网的四边上,测设建筑物各大角的轴线与各细部轴线的控制桩(也叫引桩或保险桩);

4. 以各轴线的控制桩测设建筑物四大角,如图 12.3.3 中的 M、N、Q、P 和各轴线交点;

5. 按基础图及施工方案测设基础开挖线;

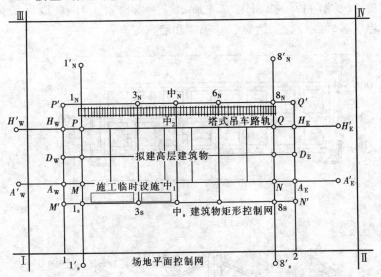

图 12.3.3 建筑物定位

6. 经自检互检合格后,根据《建筑工程资料管理规程》(DBJ01—51—2003)规定填写"工程定位测量记录"(见附录 3-1),提请有关部门及单位验线。沿红线兴建的建筑物定位后,还要由城市规划部门验线合格后,方可破土开工,以防新建建筑物压、超红线。

复习思考题：

1. 见 12.8 节 11～15 题。

2. 建筑物定位为什么不先测定四大角桩，然后再根据角桩测定控制桩？

12.3.4 龙门板的作用与钉设步骤

1. 龙门板的作用

在小型民用建筑中，为了方便施工，有时在基槽外一定距离处钉设龙门板，如图 12.3.4 所示，用以控制 ±0.000 以下的高程、各轴线位置、槽宽、基础宽和墙宽等。

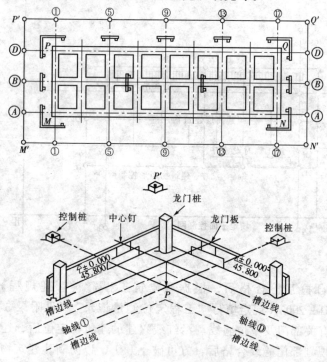

图 12.3.4 龙门板

2. 钉设步骤

(1) 在建筑物四角与隔墙两端基槽外 1.0~1.5m 处钉设龙门桩，桩要钉得竖直、牢固，桩面与基槽平行；

(2) 根据水准点的高程，在每根龙门桩上测设出 ±0.000 高程线；

(3) 沿龙门桩上的 ±0.000 线钉设龙门板；

(4) 用经纬仪将墙、柱中心线投测到龙门板顶面上，并钉中心钉；

(5) 用钢尺沿龙门板顶面检查中心钉的间距是否正确，以作校核；

(6) 以中心钉为准，在龙门板上划出墙宽、槽宽线。

复习思考题：

在龙门板的钉设中，如何保证高程及平面位置准确？

12.3.5 建筑物定位验线的要点

定位验线时，应特别注意验定位依据与定位条件，而不能只验建筑物自身几何尺寸。

1. 验定位依据桩位置是否正确，有无碰动；
2. 验定位条件的几何尺寸；
3. 验建筑物矩形控制网与控制桩的点位准不准、桩位牢不牢；
4. 验建筑物外廓轴线间距及主要轴线间距；
5. 在经施工方自检定位验线合格后，根据《建设工程监理规范》(GB50319—2000) 或《建设工程监理规程》(DBJ01—41—2002) 规定，填写"施工测量放线报验单"(见附录 3-2) 提请监理单位验线。

复习思考题：

1. 见 12.8 节 16~18 题。

2. 在定位验线时,采取哪些措施才能保证建筑物定位的正确性?

12.3.6 建筑物基础放线的基本步骤、验线的要点与允许误差

当基础垫层浇筑后,在垫层上测定建筑物各轴线、边界线、墙宽线和柱线等叫做基础放线也叫撂底,这是具体确定建筑物位置的关键环节。

1. 基础放线的基本步骤

(1) 校核轴线控制桩有无碰动、位置是否正确;

(2) 在控制桩上用经纬仪向垫层上投测建筑物外廓井字主轴线;

(3) 在垫层上闭合校测合格后,测设细部轴线;

(4) 根据基础图以各轴线为准,用墨线弹出基础施工所需的边界线、墙宽线、柱位线、集水坑线等;

(5) 经自检互检合格后,根据 DBJ01—51—2003 规程规定填写"基槽验线记录"(见附录3-3),其他层面验线,填写"楼层平面放线记录"(见附录3-4),提请有关部门验线。

2. 建筑物基础验线的要点

(1) 验基槽外的轴线控制桩有无碰动、位置是否正确;

(2) 验外廓主轴线的投测位置,误差应符合表12.3.6要求;

(3) 验各细部轴线的相对位置;

(4) 验垫层顶面与电梯井、集水坑的高程。

3. 建筑物基础放线的允许误差

根据国家标准《砌体工程施工质量验收规范》(GB50203—2002) 3.0.2 条规定与《高层建筑混凝土结构技术规程》(JGJ3—2002)、《施工测量规范》(DBJ01—21—1995) 规定相同)。

基础放线尺寸的允许误差　　　表 12.3.6

长度 L、宽度 B 的尺寸 (m)	允许误差 (mm)
$L(B) \leqslant 30$	±5
$30 < L(B) \leqslant 60$	±10
$60 < L(B) \leqslant 90$	±15
$90 < L(B)$	±20

轴线的对角线尺寸，允许误差为边长误差的$\sqrt{2}$倍；外廓轴线夹角的允许误差为±1′。

若为钢结构建筑，则应根据国家标准《钢结构工程施工质量验收规范》(GB50205—2001)11.2.1条规定：建筑物定位轴线四廓边长精度应为1/20000，且不应大于3.0mm，基础上柱的定位轴线允许偏差为1.0mm，地脚螺栓位移允许偏差为2.0mm。这方面的规定一般土建施工单位必须采取严格措施才能达到。

复习思考题：

1. 见12.8节19题。

2. 为什么先要校核轴线控制桩？为什么尽量向垫层上投测"井"字线？而不只投测"十"线？

3. 为什么先要检验基槽外的轴线控制桩位？而不能只检验各轴线间的相对位置？

4. 当验线结果满足规范时，其误差如何处理？

12.3.7 基础施工中标高的测设

基槽开挖后，应及时测设水平标志，作为控制挖槽深度的依据。根据施工方法的不同，水平标志的测设方法也应有所区别。

1. 人工挖槽

在即将挖至槽底设计标高时，用水准仪在槽壁上测设水平桩，使水平桩上表面距槽底设计标高为一固定值（一般为0.5m）。

水平桩可用木桩或竹桩。钉桩时桩身应水平，不得倾斜，否则将影响精度。施工人员在挖槽过程中，即以此桩为准，用尺向下量至槽底，控制开挖深度。水平桩的测法见5.5.1、5.5.2与5.8节(13)题。

为了施工人员使用方便，水平桩钉位置应选在基槽两端、拐角处，以及横纵槽交叉处，桩间距离以3~4m为宜。

此水平桩在基础垫层或地梁施工中仍可使用，只需在水平桩距槽底的固定值中减去垫层或地梁厚度，即为水平桩下量高度。

2. 机械挖槽

由于机械施工的挖深控制较为困难。为了避免超挖扰动地基老土，一般均采取予留20cm土层的措施，即由机械挖至槽底设计标高以上20cm处，再由人工清槽。

为了能随时提示机械操作人员控制挖深，可采用如下方法提供水平标志：

在机械开挖中，用水准仪直接测量槽底标高。当深度符合要求时，即用白灰在该点上撒一圆圈，以示机械操作人员。随着开挖面积逐渐扩大，每隔3m左右测设一标志点，并呈梅花形布置，直至基槽全部挖完。

复习思考题：

如何用木杆代替水准尺测设基础标高？其优点何在？

12.3.8 钢筋混凝土基桩的放线

桩基础一般有现浇、预制两种形式。现浇桩是先在地面钻孔，放入钢筋笼，然后浇筑混凝土。预制桩则采用打桩的方法，用机械将桩身打入地基持力层。其桩位的测设方法基本相同。

1. 在建筑物定位后，根据四廓主轴线测设各细部轴线，两端用50mm×50mm木桩打入土中，桩上钉小钉，作为测设与控制基桩位置的依据。

2. 在两桩之间拴上小线，据此量出各基桩位置，打入20mm宽竹桩或20mm×20mm木桩，作为钻孔或立桩的标志，桩位上可用白灰撒一圆圈，以便施工人员查找。

3. 基桩贯入持力层后，在每根露出地面的桩头上测设承台梁水平线，作为施工人员截桩以及承台梁支模时底标高的依据。

4. 校测各轴线桩，确认无碰动后，将各轴线投测到桩顶平面或立面上，作为承台梁支模的依据。

5. 当承台梁支模及钢筋绑扎完毕后，在模板上测设承台梁上皮标高线，作为浇筑混凝土的标志。两相邻标高点的间距以3m左右为宜并弹出墨线。

有时，设计与施工要求，先将基坑挖至一定深度，然后再由坑底向下打桩。此时，测设桩位的步骤应按12.3.6所述方法，将建筑物四廓主轴线引测至坑底，然后再按上述步骤进行。

复习思考题：

打桩期间，在使用轴线控制桩和水准点时，应采取什么措施，保证其点的正确性？

12.3.9 皮数杆的作用、绘制与测设

粘土小砖现多明令禁用，因此建筑内外围护结构现多改用陶粒块、加气块或空心砖等，故皮数杆要适应当今施工的需要。

1. 作用

皮数杆是砌筑施工中控制各部位标高的依据。皮数杆上除绘出砖的行数外，还要绘出门窗口、过梁、各种预留孔洞、木砖等位置的尺寸，如图12.3.9所示。

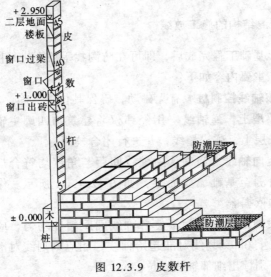

图 12.3.9 皮数杆

2. 绘制方法

绘制皮数杆的主要依据是建筑剖面图、外墙大样图、详图等，绘制方法有两种：

（1）当门窗口、预留孔洞、预制构件的标高允许稍有变动时，把砖行绘成整层，上下移动门窗口、预制构件的位置；

（2）当门窗口、预留孔洞、预制构件的标高不允许变动时，则用调整灰缝厚度的办法凑成整层。

3. 测设方法

（1）用水准仪在需要立杆处测设相对高程点；

（2）将皮数杆上相应标高线与之对齐钉牢。

复习思考题：

1. 皮数杆在砌筑工程中起什么作用？
2. 在皮数杆的绘制中，采取什么措施保证绘制精度？

12.4 结构施工和安装测量

12.4.1 砖混结构的施工放线

在条形基础工程完成后，即可在防潮找平层上进行围护结构施工放线，主要内容如下：

1. 校核轴线控制桩 有无碰动，确保其位置准确。

2. 找平层上，弹轴线 用经纬仪将建筑物四廓主轴线投测到防潮找平层上，弹出墨线，并进行闭合校测。

3. 弹竖向轴线 当确认主轴线间距与角度均符合规范要求时，将其引测至基础墙立面上，如图 12.4.1-1 所示。作为轴线竖向投测的依据。

4. 测设细部轴线 为了使各轴线间距精度均匀，应将钢尺拉平，使尺上 0m 刻划线对准起始轴线，相应刻划线对准末端轴线，然后分别标出细部轴线点位。

5．根据细部轴线弹出墙边线及门洞口位置线 横纵墙线应相互交接，门洞口线应延长出墙外 15～20cm 的线头，作为今后检查的依据。如图 12.4.1-2 所示，并将门口位置线弹在墙体外立面上。

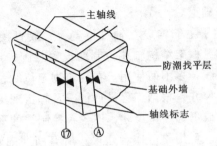

图 12.4.1-1 基础弹线

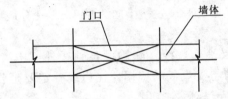

图 12.4.1-2 门口弹线

6．测设皮数杆 测法详见 12.3.9。

7．抄测"50"平线 墙体砌筑一步架后，用水准仪测设距地面 0.5m 或 1m 水平线。测设使用微倾水准仪时要使用一次精密定平法，操作方法详见 5.2.5。

二层以上放线时，先将主轴线及标高线投测至施工层，然后重复以上步骤。

复习思考题：

1．在主体结构分段流水施工时，采取什么措施，才能既保证放线精度，又满足施工需要？

2．抄 0.5m 或 1m 水平线时，采取什么措施以保证测设精度？

3．如何保证各层楼梯间两侧墙面铅直、不出错台？

12.4.2 现浇钢筋混凝土框架结构的施工放线

1. 钢筋混凝土框架结构的基础一般有两种形式。第一种：条形基础，首层柱线弹在基础梁上；第二种：筏式基础，首层柱线弹在棱台基础上。

2. 由于柱子主筋均设在轴线位置上，故直接测设轴线多不易通视。为此，框架结构轴线控制的设置与围护结构有所不同。若直接控制轴线，多不便使用。在建筑物定位时，需考虑平行借线控制。借线尺寸，根据工程设计情况及施工现场条件而定，可控制柱边线，或平移一整尺寸，但各条控制线的平移尺寸与方向应尽量一致，以免用错。作者建议，所有南北向轴线（①、②、……）一律向东借1m，只有最东一条轴线向西借1m。所有东西向轴线（Ⓐ、Ⓑ、……）一律向北借1m，只有最北一条轴线向南借1m。

3. 施工层平面放线，除测设各轴线外，还需弹出柱边线，作为绑扎钢筋与支模板的依据，柱边线一定要延长出 15~20cm 的线头，以便支模后检查用。

4. 柱筋绑扎完毕后，在主筋上测设柱顶标高线，作为浇筑混凝土的依据，标高线测设在两根对角钢筋上，并用白油漆做出明显标记。

5. 柱模拆除后，在柱身上测设距地面1m水平线，矩形柱、四角各测设一点，圆形柱、在圆周上测设三点，然后用墨线连接。

6. 用经纬仪将地面各轴线投测到柱身上，弹出墨线，作为框架梁支模以及维护结构墙体施工的依据。

二层以上结构施工放线，仍需以首层传递的控制线与标高作为依据。

复习思考题：

1. 采用平行借线测设轴线时，如何保证精度？防止错误？

2. 测设柱顶水平线的方法与抄 1m 水平线有何不同？

12.4.3 装配式钢筋混凝土框架结构的施工放线

1. 首层平面放线，方法与现浇框架结构基本相同。先测设建筑物四廓主轴线，经闭合校测后，弹出各细部轴线，使每根柱位上形成十字线，作为预制柱就位的依据，如图 12.4.3-1 所示。

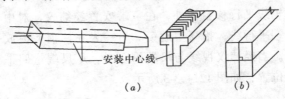

图 12.4.3-1 预制柱、梁上的弹线

2. 对基础柱顶预埋铁板的标高进行复测、记录，以便施工人员在柱子安装之前，进行加焊或剔凿调整，以保证柱顶标高正确。

3. 构件进场后，用钢尺校测其几何尺寸，若发现与设计不符，事先采取措施，以免安装后再返工。

4. 在柱身三面及梁两端分别弹出安装中心线。如图 12.4.3-1 (a) 所示。由于柱子制作的几何尺寸存在误差，柱截面不一定是矩形，故第三面中线不能直接分中标定，而应根据已标好的两面中线作垂线，延长至第三面，以此确定中线，如图 12.4.3-1 (b) 所示。

5. 预制柱安装时，以安装中心线为准，用甲、乙两台经纬仪在两个相互垂直的方向上，同时校测柱子的铅直度。为能够安置一次仪器校测多根柱子，在柱身上下为一平面时，甲经纬仪可不安置在轴线上，但应尽量靠近轴线，仪器与柱列轴线的夹角 β 不大于 15°。如图 12.4.3-2 所示，为提高校测精度，应注意以下操作要点：

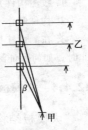

图 12.4.3-2 经纬仪校测柱身

(1) 所用经纬仪应严格进行检校；

(2) 安置仪器时,应严格定平长水准管;

(3) 观测柱中心线时,其上下标志点应位于同一平面上。

6. 柱子安装就位后,在柱身上测设距地面1m水平线,柱顶主次梁标高均可依此线向上量取。

7. 预制梁安装位置线的测设,仍应以楼(地)面轴线向上投测,而不直接使用柱身中线,以避免柱子安装误差的影响。测设时,将轴线平行移至柱外,在一端安置经纬仪,对中、定平,后视另一端平行线,抬高望远镜。另一人在柱顶上横放一直尺,左右移动。当经纬仪视线与尺端重合时,从尺端量回平移尺寸,即为轴线位置,如图12.4.3-3所示。

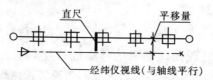

图 12.4.3-3 平移轴线校测

8. 顶板迭合梁浇筑前,在柱主筋上测设结构板面标高,作为预埋柱头连接铁板的依据,标记划在两根对角钢筋上,因埋铁标高直接影响上一层的柱顶标高、梁顶标高,以至结构层高,故应特别注意测设精度。

复习思考题:

1. 校测构件几何尺寸时,应重点校测哪些部位?

2. 构件制作不方正时,如何确定安装中心线?

3. 在测设柱身距地面1m水平线时,由于视线障碍,需多次安置仪器,此时,如何保证测设精度?

12.4.4 大模板结构的施工放线

大模板结构包括内浇外挂、全现浇工艺等,也叫钢筋混凝土剪力墙结构。

1. 施工层平面放线的方法与结构基本相同。在对主轴线控制桩进行校测后，将建筑物各轴线、内外墙边线、门窗洞口位置线、隔墙线、大模板就位线等一并弹出。

2. 当内墙大模板拆除后，再以外墙上的水平标志点引测各房间的内墙水平线，全现浇工艺施工时，墙身水平线要在内外墙全部浇完成后，再逐一房间测设。

3. 预制隔墙板安装前，将楼（地）面上的墙边线投测到两端大墙立面上，作为立板的依据。

4. 各施工层标高及主轴线的竖向传递，均与结构放线方法相同。

复习思考题：

1. 测设大模板结构距地面 1m 的水平线时，受到内墙的限制，需多次安置仪器，此时，如何保证测设精度？

2. 为什么强调楼层内外墙及隔墙位置线一次弹出？

12.4.5 单层厂房结构的施工放线

单层厂房一般采用现浇钢筋混凝土杯形基础，预制柱、吊车梁、钢屋架或大型屋面板结构形式，其放线精度要高于民用建筑。

1. 杯口弹线

根据经过校测的厂房平面控制网，将横纵轴线投测到杯形基础上口平面上，如图 12.4.5-1 所示。当设计轴线不为柱子正中时（如边柱），还要在杯口平面上加弹一道柱子中心位置线，作为柱子安装就位的依据。

2. 杯口抄平

根据标高控制网或 ±0.000 水准点，在杯口内壁四周，测设一条水平线。其标高为一整分米数、一般比杯口表面设计标高低 10~20cm，作为检查杯底浇筑标高及后抹找平层的依据。如图 12.4.5-1 所示。

3. 检查构件几何尺寸

在厂房构件中，柱长尺寸准确是关键。尤其是牛腿面标高，直接影响吊车梁、轨道的安装精度。所以,在柱子安装之前,应用钢尺校测柱底到牛腿面的长度,若发现构件制作误差过大,则应在抹杯底找平层时予以调整。保证安装后,牛腿面标高附合设计要求,在量柱长时,应注意由牛腿埋件四角分别量至柱底,并以其中最大值为准,确定杯底找平层厚度。

例题:如图12.4.5-2所示,预制柱牛腿面设计标高 H_2 = 7.50m,柱底设计标高 H_1 = -1.100m,杯口水平线标高 H_3 = -0.600m。牛腿面至柱底长度 $l = H_2 - H_1 = 7.500 - (-1.100) = 8.600$m。

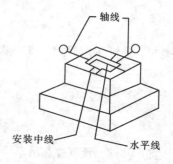

图 12.4.5-1 杯口弹线

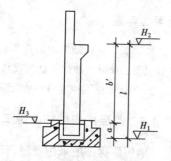

图 12.4.5-2

解:由牛腿面向下量 $b = H_2 - H_3 = 7.500 - (-0.600) = 8.100$m。在柱身上弹线(此线与杯口水平线同高)。

水平线至杯底长度 $a = l - b = 8.600 - 8.100 = 0.500$m。

实量柱身上水平线至柱底四角长度 $a_1 = 0.494$m,$a_2 = 0.503$m,$a_3 = 0.497$m,$a_4 = 0.509$m,则找平层表面至杯口水平线距离 $a' = a_4 = 0.509$m。

4. 绘制与测设围护墙皮数杆

在框架结构安装完毕后,即可按杯口轴线砌筑围护墙。此时,需按12.3.9所述方法绘制皮数杆,但测设方法与混合结构有所不同。由于厂房外墙是在两柱之间分档砌筑,每根柱子均在轴线处,故可采取以下方法测设皮数杆:先根据外墙设计内容画好一根样杆,在杆上标出+1.000m水平线,另在每根柱身上测设相应水平线。将样杆贴在柱子一侧,两+1.000m 水平线对齐后,用红铅笔按样杆内容划在柱身两侧,即可作为砌筑围护墙的竖向依据。

复习思考题:

1. 杯口放线时,如何校测四廓主轴线闭合?
2. 为什么强调预制柱安装前,必须检查构件几何尺寸?

12.4.6 单层厂房预制混凝土柱子的安装测量

混凝土柱是厂房结构的主要构件,其安装精度直接影响到整个结构的安装质量,故应特别重视这一环节的施工,确保柱位准确、柱身铅直、牛腿面标高正确。

1. 柱身弹线

先按 12.4.3 所述方法,在柱身三面弹出中心线。对于牛腿以上截面变小的一面,由于中线不能从柱底通到柱顶,安装时不便校测,故应在带有上柱的一边,弹一道与中线平行的安装线,作为铅直校测的标志。如图 12.4.6-1(a)所示。

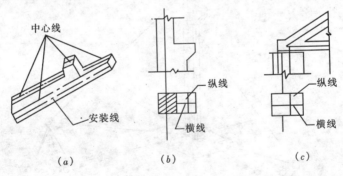

图 12.4.6-1 预制混凝土柱安装

厂房柱子一般均较高,故在弹线时,需在柱底柱顶之间加设辅点,分段弹线。此时,应先定出两端中点,然后拉通小线,再标出中间点,而不能根据柱边量出各点。因为构件生产时,不可能保证柱边绝对铅直，这样就会使直线变为折线，影响铅直校测精度。

2. 牛腿面弹线

牛腿表面应弹两道相互垂直的十字线，横线与牛腿上下柱小面中线一致；纵线与纵向轴线平行，其位置需根据吊车梁轨距与柱轴线的关系计算，然后由中线（或安装线）量取。如图12.4.6-1（b）所示，作为吊车梁安装就位的依据。

3. 柱顶弹线

上柱柱顶也应弹两道相互垂直的十字线，横线与柱小面中线一致；纵线与纵向轴线平行，其位置需根据屋架跨度轴线至柱轴线距离计算，然后由中线（或安装线）量取，如图12.4.6-1（c）所示，作为屋架安装就位的依据。

4. 安装校测

如图12.4.6-2所示，用两台经纬仪安置在相互垂直的两个方向上，同时进行校测。为保证校测精度，应注意以下几点：

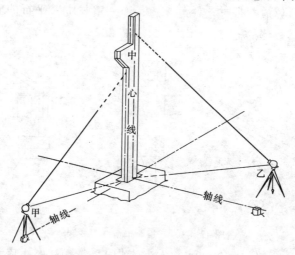

图12.4.6-2 柱身安装校测

（1）校测前，对所用仪器进行严格的检校，尤其是 $HH \perp VV$

的检校，因为此项误差对高柱的校测影响更大。

（2）正对变截面柱，经纬仪应严格安置在轴线（或中线）上，且尽量后视杯口平面上的轴线（或中线）标记，这样不但能校测柱身的铅直，而且能够同时校测位移，从而提高安装精度。

（3）尽可能将经纬仪安置在距柱较远处，以减小校测时的仪器倾角，削弱 $HH \perp VV$ 误差的影响。

（4）对于柱长大于 10m 的细长柱子，校测时还要考虑温差影响，即：在阳光照射下，柱子阴阳两侧伸长不均，致使柱身向阴面弯曲，柱顶产生水平位移。因此，校测时，要考虑这一因素，采取必要的措施。如：事先预留偏移量，使误差消失后，柱身保持铅直；或尽可能选择在早、晚、阴天时校测。

（5）在柱子就位固定后，还应及时进行复测。当发现偏差过大时，应及时校正。另外，在柱顶梁、屋架、屋面板安装后，荷载增加，柱身有外倾趋势，此因素也应在校测及复测时加以考虑。

复习思考题：

1. 如何弹好柱身线？
2. 牛腿面及柱顶面的纵线位置如何确定？
3. 如何提高柱子铅直的校测精度？

12.4.7 用经纬仪做柱身（或高层建筑）铅直校正时，仪器位置对校正的影响

在用经纬仪做铅直校测时，若柱身（或结构）立面不为一铅直面时，必须将仪器安置在轴线上并对中。否则，当经纬仪视线与不同立面上的中线重合时，柱身并不铅直。

图 12.4.7 为经纬仪校测牛腿柱铅直的示意图，AB 方向为轴线；$BCDE$ 为柱中线。当仪器安置在 A 点，后视 B 点校测柱身铅直时，$ABCDE$ 正为一直线；当仪器安置在轴线外 A' 点，后视 B 点再延长视线时，与 B 点不在一竖直面上的 D、E 点则不与

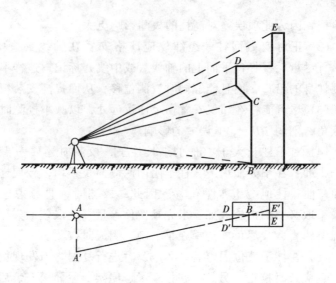

图 12.4.7　柱身校测

视线重合。其差值 DD'、EE' 可根据相似三角形定理求出。

例题：将经纬仪安置在 A' 点，后视 B 点，其延长线上的 D'、E' 与柱中线 D、E 点的距离 Δ_1、Δ_2。

解：在 $\triangle AA'B \sim \triangle DD'B$ 中：

$$\frac{AB}{DB} = \frac{AA'}{DD'}$$

$$\Delta_1 = DD' = AA'\frac{DB}{AB} \quad (12.4.7\text{-}1)$$

在 $\triangle AA'B \sim \triangle EE'B$ 中：

$$\frac{AB}{BE} = \frac{AA'}{EE'}$$

$$\Delta_2 = EE' = AA'\frac{BE}{AB} \quad (12.4.7\text{-}2)$$

以上计算证明：当经纬仪所照准的柱面不为一铅直面时，必须将仪器安置在轴线上并对中。否则，偏差值 Δ 将严重影响校测精度，而使柱身可能产生以下几种后果：

(1) 倾斜；(2) 扭转；(3) 既倾斜又扭转。

而且，经纬仪偏离轴线距离越远、柱面凹凸越大，误差的影响就越明显。因此，在施测中应特别注意这一点。

复习思考题：

1．见 12.8 节 23 题。

2．当施工条件限制，无法将经纬仪安置在轴线上，如何进行牛腿柱的铅直校测？

3．在对矩形柱进行铅直校测时，若仪器与柱列轴线夹角为 15°、仪器与柱子水平距离为 5m，且柱面上下有 1cm 误差时，其 Δ 值是多少？

12.4.8 吊车梁的安装测量

吊车梁安装测量的主要任务，是保证梁的标高、平面位置和铅直均附合设计要求。吊车梁的几何形状多为"T"型，其他还有"工"型、鱼腹式、桁架式等。如图 12.4.8-1 所示，现以 T 型梁为例，说明安装测量方法，其他几种梁基本相同。

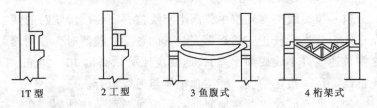

1T 型　　2 工型　　3 鱼腹式　　4 桁架式

图 12.4.8-1　吊车梁的形状

1．构件弹线

在吊车梁的两端及顶面弹出中线。应注意：两端中线应相互平行，具体方法如图 12.4.8-2 所示，先在梁的一端量出上下两个中点，立一直尺。另一端先量出一个中点并依此点竖一直尺，调整直尺一端，视两尺边平行时，在尺边划线，得到第二个中点，然后连接四点，即可弹出两端立面及顶面中线。

2．校测牛腿面标高

虽然在柱子安装时，已对牛腿面标高进行了控制，但由于施工中不可避免地存在误差，故吊车梁安装前，应进行校测。其方

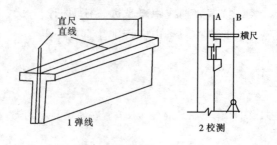

图 12.4.8-2　吊车梁安装

法是：由柱身 +0.500m（或 +1.000m）水平线起，用钢尺铅直量至牛腿面设计标高以下 0.100m 或 0.200m 划线。以此检查牛腿面标高是否附合设计要求，若超出规范允许偏差值时，需采取加垫板等措施，予以调整。

3. 校测吊车梁平面位置

通常采用以下两种校测方法：

（1）拉通线法　先按牛腿面十字线位置安装厂房端跨的两根吊车梁，并进行校正。然后再安装其间各梁，校测时，在两端梁之间拉通线（小线或细钢丝），通线应比梁顶高出 10~20cm，以免抗线。逐一拨正梁位，使梁顶中线与通线重合。

（2）平行借线法　在地面上将梁中线平移至柱外侧，在一端安置经纬仪，后视平行线另一端，平放一横尺，尺上标出平移尺寸 AB，放在欲校测的梁顶横向移动，经纬仪抬高远镜，当视线与尺上 B 点重合时，尺上 A 点即为吊车梁的中线位置，如图 12.4.8-2 所示。

4. 校测吊车梁铅直

在校正平面位置的同时，用线坠及靠尺校测梁两端的铅直度，鱼腹式及桁架式梁，在跨中校测。

复习思考题：

1. 校测吊车梁的两种方法各有什么优点？分别适用于什么条件？

2. 如何保证吊车轨道安装的标高、位置正确？

12.4.9 屋架的安装测量

屋架按形式分，有三角形、梯形、拱形、折线形等，按材料分，有钢筋混凝土、预应力钢筋混凝土、钢屋架等。其安装测量方法基本相同，现以钢筋混凝土三角形屋架为例，说明其安装测量方法。

1. 屋架弹线

（1）弹跨度轴线　按设计图纸计算出跨度轴线位置。如图 12.4.9（a）所示。l_1 为屋架下弦长，l_2 为屋架轴线长（跨度），轴线至屋架端头的距离 $b = \frac{1}{2}(l_1 - l_2)$。自两端头分别向中间量 b 弹立线，即为跨度轴线，作为屋架安装就位的依据。

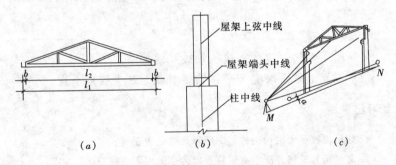

图 12.4.9　屋架安装测量

（2）弹屋架中线　在屋架两端的立面上，及上弦顶面，弹出通长中线。其位置按设计几何尺寸，在上弦两端及顶端分中后弹通线，不可分段量取，避免因屋架局部扭曲而影响中线位置正确。

（3）弹屋面构件安装线　按屋面结构平面图弹出屋面板、天沟板、天窗架等构件安装位置线，量尺时，应从屋架中央向两端划分。

2. 安装校测

屋架安装时，先将跨度轴线、端头屋架中线分别与柱顶纵横中线对齐，然后进行屋架铅直校测，一般采取以下两种方法：

(1) 铅垂线法 在屋架两端，用线坠校测上弦中线、端头立面中线，与柱中线均在一铅垂面上。如图12.4.9(b)所示，校测时应注意，视线应与柱立面垂直；线坠应稳定不晃，否则，将影响校测精度。

(2) 经纬仪借线法 如图12.4.9(c)所示，在地面上将屋架所对的横向轴线平移一固定尺寸 a，平移量不宜过大，只要两端点通视即可。屋架上两端及中央各设置一横尺，自尺端量距离 a 划线并对准屋架上弦中线，在地面平移轴线一端 M 点安置经纬仪，后视另一端 N 点后，抬起远镜前视屋架横尺，并指挥安装人员调整屋架上弦，当经纬仪视线与横尺端点重合时，则说明屋架铅直。

校测时应注意以下两点：

1) 所用经纬仪应严格检校轴线几何关系。
2) 屋架上弦横尺应与平移轴线（或上弦中线）垂直。

复习思考题：

1. 如何校核屋面结构图构件的图示尺寸是否正确？
2. 两种铅直校测方法各有何特点？分别适用于何种场合？

12.5 建筑物的高程传递和轴线的竖向投测

12.5.1 建筑物的高程传递

1. 传递位置

选择高程竖向传递的位置，应满足上下贯通铅直量尺的条件。主要为结构外墙、边柱或楼梯间等处。一般高层结构至少要由三处向上传递，以便于施工层校核、使用。

2. 传递步骤

(1) 用水准仪根据统一的±0.000水平线，在各传递点处准确地测出相同的起始高程线；

(2) 用钢尺沿铅直方向，向上量至施工层，并划出整数水平线，各层的高程线均应由起始高程线向上直接量取；

(3) 将水准仪安置在施工层，校测由下面传递上来的各水平线，较差应在±3mm之内。在各层抄平时，应后视两条水平线以作校核。

3. 操作要点

(1) 由±0.000水平线量高差时，所用钢尺应经过检定，尺身铅直、拉力标准，并应进行尺长及温度改正（钢结构不加温度改正）；

(2) 在预制装配高层结构施工中，不仅要注意每层高度误差不超限，更要注意控制各层的高程，防止误差累计而使建筑物总高度的误差超限。为此，在各施工层高程测出后，应根据误差情况，通知施工人员对层高进行控制，必要时还应通知构件厂调整下一阶段的柱高，钢结构工程尤为重要。

复习思考题：

1. 见12.8节20题。
2. 当结构施工分流水段进行时，如何选择标高传递点？
3. 当建筑物高度超过钢尺尺长时，如何传递标高，才能保证精度？

12.5.2 建筑物高程传递的允许误差

根据2002年9月1日实施的建筑工程行业标准《高层建筑混凝土结构技术规程》（JGJ3—2002）中规定：标高的竖向传递，应从首层起始标高线竖直量取，且每栋建筑应由三处分别向上传递。当三个点的标高差值小于3mm时，应取其平均值；否则应重新引测。标高的允许偏差应符合表12.5.2的规定。

标高竖向传递允许偏差　　　　　表 12.5.2

项目		允许偏差（mm）
每 层		±3
总高 H（m）	$H \leqslant 30$	±5
	$30 < H \leqslant 60$	±10
	$60 < H \leqslant 90$	±15
	$90 < H \leqslant 120$	±20
	$120 < H \leqslant 150$	±25
	$H > 150$	±30

当楼层标高抄测并经专业质检检测合格后，应填写楼层标高抄测记录（见附录 3-5）报建设监理单位备查。

复习思考题：

施测中如何保证高程竖向传递的精度？

12.5.3　建筑物轴线竖向投测的外控法

即在建筑物之外，用经纬仪控制竖向投测的方法。

基础工程完工后，随着结构的不断升高，要逐层向上投测轴线，尤其是高层结构四廓轴线和控制电梯井轴线的投测，直接影响结构和电梯的竖向偏差。随着建筑物设计高度的增加，施工中对竖向偏差的控制显得越来越重要。

多层或高层建筑轴线投测前，先根据建筑场地平面控制网，校测建筑物轴线控制桩，将建筑物各轴线测设到首层平面上，再精确地延长到建筑物以外适当的地方，妥善保护起来，作为向上投测轴线的依据。

用外控法作竖向投测，是控制竖向偏差的常用方法。根据不同的场地条件，有以下三种测法：

1. 延长轴线法

当场地四周宽阔，可将建筑物外廓主轴线延长到大于建筑物的总高度，或附近的多层建筑顶面上时，则可在轴线的延长线上安置经纬仪，以首层轴线为准，向上逐层投测。如图 12.5.3 中甲仪器的投测情况。

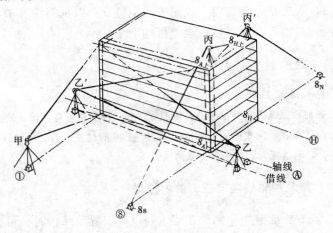

图 12.5.3 竖向投测

2. 侧向借线法

当场地四周窄小，建筑物外廓主轴线无法延长时，可将轴线向建筑物外侧平移（也叫借线），移出的尺寸视外脚手架的情况而定，在满足通视的原则下，尽可能短。将经纬仪安置在借线点上，以首层的借线点为准向上投测，并指挥施工层上的测量人员，垂直仪器视线横向移动尺杆，以视线为准向内测出借线尺寸，则可在楼板上定出轴线位置，如图 12.5.3 中乙仪器工作的情况。

3. 正倒镜挑直法

当场地内地面上无法安置经纬仪向上投测时，可将经纬仪安置在施工层上，用正倒镜挑直线的方法，直接在施工层上投测出轴线位置。如图 12.5.3 中丙仪器工作的情况，其基本原理同 6.4.7。

4. 经纬仪竖向投测的要点

为保证竖向投测精度，应注意以下三点：

（1）严格校正仪器（特别注意 $CC \perp HH$ 与 $HH \perp VV$ 的检校），投测时严格定平度盘水准管，以保证竖轴铅直。

(2) 尽量以首层轴线做为后视向上投测，减少误差积累。

(3) 取盘左、盘右向上投测的居中位置，以抵消视准轴不垂直横轴，横轴不垂直竖轴的误差影响。

复习思考题：

1. 见 12.8 节 21 题。

2. 如何根据施工现场情况选择投测方法？三种测法各有何优、缺点？

3. 为什么在竖向投测中，特别强调 $HH \perp VV$ 的检校？当首层轴线位置有障碍，影响通视时，应采取什么措施？

12.5.4 建筑物轴线竖向投测的内控法

当施工场地窄小，无法在建筑物以外安置经纬仪时，可在建筑物内用铅直线原理将轴线铅直投测到施工层上，作为各层放线的依据。根据使用仪器设备不同，内控法有以下四种测法：

1. 吊线坠法

用特制线坠以首层地面处结构立面上的轴线标志为准，逐层向上悬吊引测轴线。

为保证线坠悬吊稳定，坠体应有相当的重量，且与引测高度有关，见表 12.5.4。

表 12.5.4

高　差（m）	悬挂线坠重量（kg）	钢丝直径（mm）
<10	>1	
10～30	>5	
30～60	>10	
60～90	>15	0.5
>90	>20	0.7

为保证投测精度，操作时还应注意以下要点：

(1) 线坠体形正、重量适中，用编织线或钢丝悬吊；

(2) 线坠上端固定牢，线间无障碍（不抗线）；

(3) 线坠下端左右摇动 <3mm 时取中，两次取中之差 <2mm

时再取中定点，投点时，视线要垂直结构立面；

(4) 防震动、防侧风；

(5) 每隔 3~4 层放一次通线，以作校核。

2. 激光垂准仪法

在高烟囱、高塔架以及滑模施工中，激光垂准仪操作简便，是保证精度、并能构成自动控制铅直偏差的理想仪器，如图 8.3.3-2 所示。

竖向投测时，将激光垂准仪安置在烟囱、塔架中心或建筑物竖向控制点位上，向上发射激光束，在施工层上的相应处设置接收靶，用以传递轴线和控制竖向偏差。

3. 经纬仪天顶法

在经纬仪目镜处加装 90°弯管目镜后，将望远镜物镜指向天顶（铅直向上）方向，通过弯管目镜观测，如图 8.3.1-1 所示。若仪器水平旋转一周视线均为同一点（度盘水准管要严格定平），则说明视线方向铅直，用以向上传递轴线和控制竖向偏差。

采用此法只需在原有经纬仪上配备 90°弯管目镜，投资少、精度满足工程要求。此法适用于现浇混凝土工程与钢结构安装工程，但实测时要注意仪器安全，防止落物击伤仪器。

4. 经纬仪天底法

此法与天顶法相反，是将特制的经纬仪（竖轴为空心，望远镜可铅直向下照准，如图 8.3.1-2 所示）直接安置在施工层上，通过各层楼板的预留孔洞，铅直照准首层地面上的轴线控制点，向施工层上投测轴线位置。此法适用于现浇混凝土结构工程，且仪器与操作都均较安全。

复习思考题：

1. 见 12.8 节 22 题。

2. 吊线坠时，如何使线坠稳定而不旋转？投测时，为什么要固定吊线上端？

3. 几种测法各有何特点？施测中如何保证精度？

4. 控制线投测到施工层后,如何进行校测?

12.5.5 建筑物轴线竖向投测的允许误差

根据《高层建筑混凝土结构技术规程》(JGJ3—2002)中规定:轴线的竖向投测,应以建筑物轴线控制桩为测站。竖向投测的允许偏差应符合表12.5.5的规定。

轴线竖向投测允许偏差　　　　表 12.5.5

项　目		允许偏差(mm)
每　层		3
总高 H (m)	$H \leqslant 30$	5
	$30 < H \leqslant 60$	10
	$60 < H \leqslant 90$	15
	$90 < H \leqslant 120$	20
	$120 < H \leqslant 150$	25
	$150 < H$	30

当楼层轴线竖向投测并经专业质检检测合格后,应填写建筑物垂直度、标高观测记录(见附录3-6)报建设监理单位备查。

12.6　建筑工程施工中的沉降观测

12.6.1 建筑工程施工中沉降观测的主要作用与基本内容

1. 沉降观测的主要作用

(1) 监测施工对邻近建筑物安全的影响;
(2) 监测施工期间施工塔吊与基坑护坡的安全情况;
(3) 监测工程设计、施工是否符合预期要求;为有关地基基础及结构设计是否安全、合理、经济等反馈信息;
(4) 监测高低跨之间的沉降差异,以决定后浇带何时浇筑。

2. 沉降观测的基本内容

(1) 施工对邻近建(构)筑物影响的观测

打桩（包括护坡桩）和采用井点降低水位等，均会使邻近建（构）筑物产生不均匀的沉降、裂缝和位移等变形。为此，在打桩前，除在打桩、井点降水影响范围以外设基准点，还要根据设计要求，对距基坑一定范围的建（构）筑物上设置沉降观测点，并精确地测出其原始标高。以后根据施工进展，及时进行复测，以便针对沉降情况，采取安全防护措施。

(2) 施工塔吊基座的沉降观测

高层建筑施工使用的塔吊，吨位和臂长均较大。塔吊基座虽经处理，但随着施工的进展，塔身逐步增高，尤其在雨季时，可能会因塔基下沉、倾斜而发生事故。因此，要根据情况及时对塔基四角进行沉降观测，检查塔基下沉和倾斜状况，以确保塔吊运转安全，工作正常。

(3) 基坑护坡的安全监测

随着建筑物高度的增加，基坑的深度在不断加深，10～20m深基坑已较普遍。由于施工中措施不力或监测不到位，基坑坍塌事故时有发生。为此，国家标准《建筑地基基础工程施工质量验收规范》（GB50202—2002）中规定："在施工中应对支护结构。周围环境进行观察和监测，……"监测的内容主要是基坑围护结构的位移与沉降。位移观测主要是使用经纬仪视准线法或测角法观测支护结构的顶部与腰部的水平位移，如出现异常情况应及时处理。1998年编者单位曾负责220m×480m深20m的东方广场基坑护坡桩的监测，由于基坑外市政施工不了解情况，误断了广场西北侧5根护坡桩长27m的锚杆，造成护坡桩较大的变形，由于监测及时发现，及时处理防止了事故；相反2003年某600m长20m深的大型基坑由于没有监测未及时发现变形造成50m基坑的坍塌事故，损失严重。

(4) 建筑物自身的沉降观测

1) 根据《高层建筑混凝土结构技术规程》（JGJ3—2002）13.2.9条规定：对于20层以上或造型复杂的14层以上的建筑，应进行沉降观测。

2) 以高层建筑为例,其沉降观测的主要内容为:当浇筑基础底板时,就按设计指定的位置埋设好临时观测点。一般浮筏基础或箱形基础的高层建筑,应沿纵、横轴线和基础周边设置观测点。观测的次数与时间,应按设计要求。一般第一次观测应在观测点安设稳固后及时进行。以后结构每升高一层,将临时观测点移上一层并进行观测,直到±0.000时,再按规定埋设永久性观测点。然后每施工1~3层、复测一次,直至封顶。工程封顶后一般每三个月观测一次至基本稳定(1mm/100d)。

沉降观测的等级、精度要求、适用范围及观测方法,应根据工程需要,按表12.6.3-1与12.6.4中相应等级的规定选用。

复习思考题:

1. 何种情况下,要对施工邻近建(构)筑物进行沉降观测?
2. 见12.8节25题。

12.6.2 沉降观测的特点与操作要点

1. 沉降观测的特点

(1) 精度要求高 为了能真实地反映出建筑物沉降的状况,一般规定测量的误差应小于变形量的1/20~1/10。因此,应使用精密水准测量方法。

(2) 观测时间性强 各项沉降观测的首次观测时间必须按时进行,否则得不到原始数据,其他各阶段的复测,也必须根据工程进展按时进行,才能得到准确的沉降变化情况。

(3) 观测成果可靠、资料完整 这是进行沉降分析的需要,否则得不到符合实际的结果。

2. 沉降观测的操作要点是"二稳定、三固定",二稳定是指沉降观测依据的基准点和被观测体上的沉降观点位要稳定。三固定是指:

(1) 仪器固定 包括三脚架、水准尺;
(2) 人员固定 尤其是主要观测人员;

(3) 观测的线路固定　包括镜位、观测次序。

复习思考题：

1. 沉降观测与一般施工测量方法有何不同？为什么？
2. 为做好沉降观测，应采取哪些具体措施？

12.6.3　沉降观测控制网的布设原则与主要技术要求

1. 沉降观测控制网布设

附合或闭合路线，其主要技术要求和测法应符合《工程测量规范》(GB50026—1993) 表 9.3.4 规定，见表 12.6.3。

沉降观测网主要技术要求和测法　　　表 12.6.3

等级	相邻基准点高差中误差（mm）	每站高差中误差（mm）	往返较差、附合或环线闭合差（mm）	检测已测高差较差（mm）	使用仪器、观测方法及要求
一等	0.3	0.07	$0.15\sqrt{n}$	$0.2\sqrt{n}$	S 05型仪器，视线长度 ≤15m，前后视距差 ≤0.3m，视距累积差≤1.5m。宜按国家一等水准测量的技术要求施测
二等	0.5	0.13	$0.30\sqrt{n}$	$0.5\sqrt{n}$	S 05型仪器，宜按国家一等水准测量的技术要求施测
三等	1.0	0.30	$0.60\sqrt{n}$	$0.8\sqrt{n}$	S 05或S1型仪器，宜按本规范二等水准测量的技术要求施测
四等	2.0	0.70	$1.40\sqrt{n}$	$2.0\sqrt{n}$	S1或S3型仪器，宜按本规范三等水准测量的技术要求施测

注：n 为测段的测站数。

2. 高程系统

应采用施工高程系统，也可采用假定高程系统。当监测工程范围较大时，应与该地区水准点联测。

3. 基准点埋设

应符合下列要求：

(1) 坚实稳固，便于观测；

(2) 埋设在变形区以外，标石底部应在冻土层以下，基准点的标石型式可参考《施工测量规程》附录 F "测量控制桩点的构造和埋设"选用；

(3) 可利用永久性建（构）筑物设立墙上基准点，也可利用基岩凿埋标志；

(4) 因条件限制，必须在变形区内设置基准点时，应埋设深埋式基准点，埋深至降水面以下 4m。

复习思考题：

沉降基准点的作用何在？其稳定性的意义何在？如何保证其稳定？

12.6.4 沉降观测点的布设原则与主要技术要求

1. 沉降观测点的布设位置

主要由设计单位确定，施工单位埋设，应符合下列要求：

(1) 布置在变形明显而又有代表性的部位；

(2) 稳固可靠、便于保存、不影响施工及建筑物的使用和美观；

(3) 避开暖气管、落水管、窗台、配电盘及临时构筑物；

(4) 承重墙可沿墙的长度每隔 8~12m 设置一个观测点，在转角处、纵横墙连接处、沉降缝两侧均应设置观测点；

(5) 框架式结构的建筑物应在柱基上设置观测点；

(6) 观测点的埋设应符合《施工测量规程》附录 W "沉降观测点的埋设"的要求；

(7) 高耸构筑物如：电视塔、烟囱、水塔、大型贮藏罐等的沉降观测点应布置在基础轴线对称部位，每个构筑物应不少于四个观测点。

2．观测方法与精度等级

沉降观测应采用几何水准测量或液体静力水准测量方法进行。沉降观测点的精度等级和观测方法，应根据工程需要的观测等级确定并符合《工程测量规范》(GB50026—1993) 表 2.5.3 规定见表 12.6.4。

沉降观测点的精度等级和观测方法　　　　表 12.6.4

等级	变形点的高程中误差 (mm)	相邻变形点高程中误差 (mm)	往返较差、附合或环线闭合差 (mm)	观 测 方 法
一等	±0.3	±0.15	$\leqslant 0.15\sqrt{n}$	除宜按国家一等精密水准测量外，尚需设双转点，视线≤15m，前后视视距差≤0.3m，视距累积差≤1.5m，精密液体静力水准测量，微水准测量等
二等	±0.5	±0.30	$\leqslant 0.30\sqrt{n}$	按国家一等精密水准测量；精密液体静力水准测量
三等	±1.0	±0.50	$\leqslant 0.60\sqrt{n}$	按本规范二等水准测量；液体静力水准测量
四等	±2.0	±1.00	$\leqslant 1.4\sqrt{n}$	按本规范三等水准测量；短视线三角高程测量

注：n 为测站数。

3．观测周期

荷载变化期间，沉降观测周期应符合下列要求：

(1) 高层建筑施工期间每增加 1~2 层，电视塔、烟囱等每增高 10~15m 观测一次；每次应记录观测时建（构）筑物的荷载变化、气象情况与施工条件的变化。

(2) 基础混凝土浇筑、回填土及结构安装等增加较大荷载前后应进行观测；

(3) 基础周围大量积水、挖方、降水及暴雨后应观测；

(4) 出现不均匀沉降时，根据情况增加观测次数；

(5) 施工期间因故暂停施工超过三个月，应在停工时及复工

前进行观测;

(6) 结构封顶至工程竣工,沉降周期宜符合下列要求:

1) 均匀沉降且连续三个月内平均沉降量不超过 1mm 时,每三个月观测一次;

2) 连续二次每三个月平均沉降量不超过 2mm 时,每六个月观测一次;

3) 外界发生剧烈变化时应及时观测;

4) 交工前观测一次;

5) 交工后建设单位应每六个月观测一次,直至基本稳定(1mm/100d)为止。

复习思考题:

沉降观测点的作用何在?其稳定性的意义何在?如何保证其稳定?

12.6.5 施工场地邻近建(构)筑物的沉降观测

1. 工程概况

如图 12.6.5-1 所示为某高层建筑物基坑北侧,有一占地东西宽 49m、南北长 43m 的古建筑,是重点保护文物。该古建筑物西侧与南侧挖深 22m 多、东侧稍浅,形成半岛墩台,三面均有护坡桩。为保护古建筑物要求施工期间进行沉降观测,主要目的有:

(1) 场地降水对建筑物沉降的影响;

(2) 护坡桩锚杆应力对建筑物高程的变化;

(3) 气候因素的影响,如冬天结冰、春天融化及降雨等因素;

(4) 施工动、静荷载对古建筑沉降的影响;

(5) 附近变电设备安装及塔吊拆卸对建筑物的影响;

(6) 护坡桩外回填后建筑物标高是否稳定。

2. 沉降观测方案

(1) 设置观测点与基准点 在古建筑四周及围墙上设沉降观测点、布设测标,基准点为街道北侧大门西侧墙上钩钉基 3′。

(2) 仪器的选用 蔡司 Ni005A 精密水准仪与其相配套的因

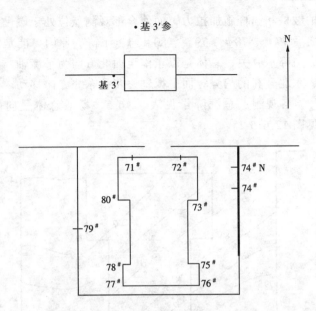

图 12.6.5-1 古建筑沉降观点布设平面图

瓦精密水准尺;

(3) 精度要求 全测区闭合差精度按 $\pm 0.4mm\sqrt{n}$ 为限,基 3′测定后高程作为常数,计算 71# ~ 80# 高程。采用墙上贴标、测定各点高程,基本相当于《工程测量规范》2~3 级水准观测。

(4) 人员相对固定、配合得当 保证了质量和工作效率,保证成果的精度和连续性。

3. 各观测点变化情况与资料分析

(1) 本工程由 1996 年 12 月 24 日始至 1999 年 7 月 31 日止,共施测 140 次。基 3′至基 3′参检测 44 次,1998 年 3 月 5 日发现基 3′由 1998 年 1 月 24 日因市政地下顶管施工而下沉,至 1998 年 10 月 26 日稳定,共下降 18mm。因此,一经发现后基 3′高程就不用作起始点,改由基 3′参(在基 3′北约 30m 处)作为依据,相对比较可靠。

(2) 1996 年底到 1997 年 9 月中由于古建筑西、南、东三侧灌筑护坡桩和锚杆施加拉力，而使全部观测点位处于缓慢上升阶段，之后 77#、78#、79#、80# 急剧下降，原因可能是由锚杆作用力与降水有关，总体是以东南至西北方向为平衡轴，呈西南下降、东北升高的趋势，而平衡轴逐步往东北方向移动。

（3）各观测点总沉降量见表 12.6.5，场地总体呈向西南倾斜，见图 12.6.5-2。

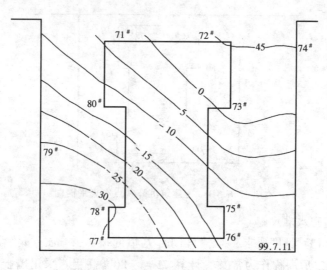

图 12.6.5-2　测区总体等沉线

观测点总沉降量　　　　　　　　　　表 12.6.5

点　号	1996.12.24 高程	1999.7.31 高程	沉降量（mm）
71 号	48.1723	48.1704	-1.9
72 号	1721	1769	+4.8
73 号	5330	5346	+1.6
74 号	5339	5377	-3.8
75 号	5326	5193	-13.3
76 号	5332	5205	-12.7
77 号	6089	5792	-29.7
78 号	6075	5764	-31.1
79 号	6069	5839	-23.0
80 号	6075	5934	-14.1

复习思考题：

1. 从本题的沉降量可看出对施工场地邻近建筑物观测的重要意义是什么？
2. 等沉降的性质与等高线的性质有什么不同？

12.6.6 高层建筑工程的沉降观测

对高层建筑工程进行沉降观测应按 12.6.1～12.6.4 所述进行，其基本测法与 12.6.5 基本相同，沉降观测应提供的成果是：

1. 建筑物平面图

如图 12.6.6-1 所示，图上应标有观测点位置及编号，必要时应另绘竣工图时及沉降稳定时的等沉线图（参见图 12.6.5-2）；

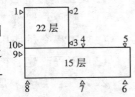

图 12.6.6-1 某建筑平面图

2. 下沉量统计表

这是根据沉降观测记录（见附录 3-7）整理而成的各个观测点的每次下沉量和累积下沉量的统计值；

3. 观测点的下沉量曲线

如图 12.6.6-2 所示，图中横坐标所示时间。图形分上下两部分，上部分为建筑荷载曲线，下部分为各观测点的下沉曲线。

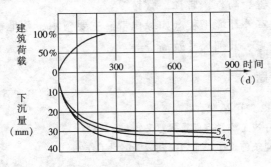

图 12.6.6-2 某建筑物沉降图

复习思考题：

高层建筑沉降观测的特点是什么？

12.7 建筑工程竣工测量

12.7.1 竣工测量的目的与竣工测量资料的基本内容

1. 竣工测量的目的

(1) 验收与评价工程是否按图施工的依据；
(2) 工程交付使用后，进行管理、维修的依据；
(3) 工程改建、扩建的依据。

2. 竣工测量资料应包括如下内容

(1) 测量控制点的点位和数据资料（如场地红线桩、平面控制网点、主轴线点及场地永久性高程控制点等）；

(2) 地上、地下建筑物的位置（坐标）、几何尺寸、高程、层数、建筑面积及开工、竣工日期；

(3) 室外地上、地下各种管线（如给水、排水、热力、电力、电讯等）与构筑物（如化粪池、污水处理池、各种检查井等）的位置、高程、管径、管材等；

(4) 室外环境工程（如绿化带、主要树木、草地、园林、设备）的位置、几何尺寸及高程等。

复习思考题：

1. 见 12.8 节 26 题。
2. 做好竣工测量有何重要意义？
3. 在建筑施工中，应做哪些竣工测量工作？

12.7.2 竣工测量的工作要点

做好竣工测量的关键是：从工程定位开始就要有次序地、一项不漏地积累各项技术资料。尤其是对隐蔽工程，一定要在还土前或下一步工序前及时测出竣工位置，否则就会造成漏项。在收集竣工资料的同时，要做好设计图纸的保管，各种设计变更通知、洽商记录均要保存完整。

竣工资料（包括测量原始记录）及竣工总平面图等编绘完毕，应由编绘人员与工程负责人签名后，交使用单位与国家有关档案部门保管。

复习思考题：

1. 竣工测量有何特点？与施工测量有何不同？
2. 采取什么措施，才能做好竣工测量工作？

12.7.3 建筑竣工图的作用与基本要求

1．竣工图的作用

竣工图是建筑安装工程竣工档案中最重要部分，是工程建设完成后主要凭证性材料，是建筑物真实的写照，是工程竣工验收的必备条件，是工程维修、管理、改建、扩建的依据。

2．竣工图的基本要求

（1）竣工图均按单项工程进行整理。

（2）"竣工图"标志应具有明显的"竣工图"字样，并包含有编制单位名称、制图人、审核人和编制日期等基本内容。编制单位、制图人、审核人、技术负责人要对竣工图负责。

（3）凡工程现状与施工图不相符的内容，全部要按工程竣工现状清楚、准确地在图纸上予以修正，如工程图纸会审中提出的修改意见、工程洽商或设计变更的修改内容、施工过程中建设单位和施工单位双方协商的修改（见工程洽商）等都应如实绘制在竣工图上。

（4）专业竣工图应包括各部门、各专业深化（二次）设计的相关内容，不得漏项、重复。

（5）凡结构形式改变、工艺改变、平面布置改变、项目改变以及其他重大改变，或者在一张图纸上改动部分大于 1/3 以及修改后图面混乱，分辨不清的图纸均需重新绘制。

（6）编制竣工图，必须采用不褪色的绘图墨水。

复习思考题：

1. 为什么说竣工图是建筑安装工程竣工档案中最主要部分？
2. 对竣工图的基本要求是什么？

12.7.4　建筑竣工图的内容、类型与绘制要求

1. 竣工图的内容

竣工图应按专业、系统进行整理，包括以下内容：

（1）建筑总平面布置图与总图（室外）工程竣工图；

（2）建筑竣工图与结构竣工图；

（3）装修、装饰竣工图（机电专业）与幕墙竣工图；

（4）消防竣工图与燃气竣工图；

（5）电气竣工图与弱电竣工图（包括各弱电系统，如楼宇自控、保安监控、综合布线、共用电视天线、停车场管理等系统）；

（6）采暖竣工图与通风空调竣工图；

（7）电梯竣工图与工艺竣工图等。

2. 竣工图的类型与绘制要求

竣工图的类型包括：利用施工蓝图改绘的竣工图；在二底图上修改的竣工图；重新绘制的竣工图。

（1）利用施工蓝图改绘的竣工图　绘制竣工图所使用的施工蓝图必须是新图，不得使用刀刮、补贴等方法进行绘制。

（2）在二底图上修改的竣工图　在二底图上依据洽商内容用刮改法绘制，并在修改备考表上注明洽商编号和修改内容。

（3）重新绘制的竣工图　重新绘制竣工图必须完整、准确、真实地反映工程竣工现状。

复习思考题：

1. 建筑竣工图的内容包括哪些？

2．建筑竣工图的类型有哪三种？绘制的基本要求是什么？

12.8 复习思考题

1．施工场地平面控制网与高程控制网的作用是什么？

2．场地平面控制网的布网原则、精度各是什么？

3．场地平面控制网的一般测设方法是什么？如何根据城市导线点测设场地平面控制网？

4．下图为某工程现场红线情况，为了根据红线桩 A 点与 AB、AD 方向测设方格网 $AB'C'D$，计算所需测设数据。（$\angle A = 90°00'00''$、$\angle B = 89°59'23''$、$\angle C = 88°59'02''$、$\angle D = 91°01'35''$）

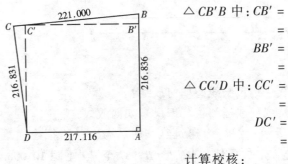

$\triangle CB'B$ 中：$CB' =$

$\qquad =$

$BB' =$

$\qquad =$

$\triangle CC'D$ 中：$CC' =$

$\qquad =$

$DC' =$

$\qquad =$

计算校核：

5．归化法测设方格网的基本步骤是什么？

6．导线控制网适用何种场地？

7．三角控制网适用何种场地？

8．场地高程控制网的布网原则、精度及基本测法各是什么？

9．建筑物定位的基本方法有哪两大类？

10．《建筑工程施工测量规程》（DBJ01—21—95）中 6.1.3 条中规定：建筑物定位的条件，应当是_____条件。最常用的定位条件是_____。当以_____
_____定位时，应_____；当以_____
_____定位时，应_____；当以_____
_____定位时，应_____，并以_____

_____。测定点位的常用方法有_____法、_____法、_____法和_____法等。

11. 建筑物定位放线的基本步骤是什么？

12. 如图所示：A、B、C 为红线桩，A 与 B、B 与 C 均互相通视且可丈量，$\angle ABC = 120°$。$MNPQ$ 为拟建建筑物，定位条件为 $MN \parallel AB$，N 点正在 BC 线上，叙述定位步骤。

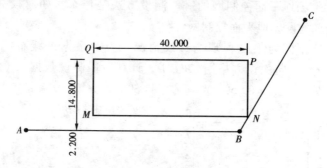

1）用小线、钢尺与线坠如何放线？

2）用全站仪（或经纬仪与钢尺）如何放线？

13. 如图所示：ABC 为建筑红线桩，$MNPQ$ 为拟建建筑物，G 为古树中心，定位条件：$MN \parallel AB$，G 至 PQ 垂距 10.00m，N 点在 BC 线上。施工现场通视、可量，叙述建筑物定位步骤。

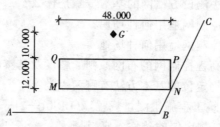

（1）用小线、钢尺与线坠如何放线？

（2）用全站仪（或经纬仪、钢尺）如何放线？

14. 下图为朝阳体育馆平面图，红线桩丙和 F 经校核无误。根据丙、F 用极坐标法或交会法测设体育馆中心点 B，计算所需数据填入下表。

点名	横坐标 y	Δy	纵坐标 x	Δx	距离 D	方位角 φ	左角 β
丙	9777.093		6961.095				
F	9801.223		6896.456				
B	9845.200		6960.000				
丙	9777.093		6961.095				
和校核	ΣΔy =		ΣΔx =				Σβ =

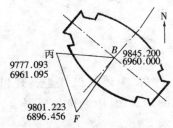

15. 如图所示：甲、乙为建筑红线桩，A、B、C为拟建建筑物三个控制点，计算测设 A、B、C 所需数据填入下两表。

点名	横坐标 y	Δy	纵坐标 x	Δx	边长 D	方位角 φ	左角 β	备注
甲	48 9769.303		29 6905.847					
乙	9836.584		7050.097					
C	9878.562		7001.063					
B	9846.106		7030.250					
A	9851.340		6995.917					
甲	9769.303		6905.847					
	ΣΔy =		ΣΔx =		Σβ =			

测站	后视	测点	直角坐标 R		极坐标 P		间距 D
			横坐标 y	纵坐标 x	极距 d	极角 φ	
甲			0.000	0.000	0.000	不	303.722
	乙		303.722	0.000	303.722	0°00′00″	
		C					
		B					
		A					
		甲					

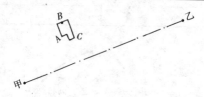

16. 如图所示：ABC 为建筑红线桩，现以 A、B 两点为依据，用极坐标法检测建筑物 M 点位，根据 A、B、M 点坐标计算检测所需数据填入下表。

点	横坐标 y	Δy	纵坐标 x	Δx	距离 D	方位角 φ	左角 β
A	6574.581		4419.719				
B	6698.599		4430.621				
M	6620.000		4460.500				
A	6574.581		4419.719				
和校核	ΣΔy =		ΣΔx =			Σβ =	

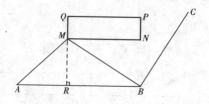

494

17. 若上题中 AM、BM 均不通视，只能由 A、B 两点用直角坐标法检测 M 点，计算检测所需数据。

1）在 Rt△ARM 中：

$AR =$　　　　　$=$　　　　　$=$

$RM =$　　　　　$=$　　　　　$=$

2）在 Rt△MRB 中：

$BR =$　　　　　$=$　　　　　$=$

$RM =$　　　　　$=$　　　　　$=$

18. 建筑物定位放线后，验线时的工作要点是什么？

19. 建筑物基础放线的基本步骤、验线的要点各是什么？

20. 为控制各施工层高程，应如何由 ±0.000 高程线向上引测高程？操作要点是什么？

21. 用经纬仪外控法做竖向投测有哪三种方法？测法要点是什么？

22. 用铅直线内控法做竖向投测有哪四种方法？各适用于何种场合？

23. 如图 12.4.6-2 所示，用甲、乙两台经纬仪作柱身（或高层建筑）竖向校正时，何时可不需要将仪器安置在轴线上？何时必须将仪器安置在轴线上？若没有安置在轴线上、将可能产生什么后果？

24. 放线、验线人员必须掌握《高层建筑混凝土结构技术规程》（JGJ3—2002）中规定的以下五项测量限差：

（1）测设一般场地平面控制网的精度要求是：量距_____、测角或延长直线_____；

（2）测定一般场地标高控制网的精度要求是：_____或_____。

（3）垫层上基础放线允许偏差是：$L(B) \leqslant 30m$ 时、为_____，$30m < L(B) \leqslant 60m$ 时，为_____，$60m < L(B) \leqslant 90m$ 时，为_____，$L(B) > 90m$ 时，为_____。

（4）轴线竖向投测层间允许偏差是_____，建筑总高度 $H \leqslant$

30m 时、为_____，30m < H ≤ 60m 时、为_____，60m < H ≤ 90m 时、为_____，90m < H < 120m 时、为_____，120m < H ≤ 150mm 时为_____，150m < H 时、为_____。

（5）标高竖向传递层间允许偏差是_____，建筑总高度 H ≤ 30m 时、为_____，30m < H ≤ 60m 时、为_____，60m < H ≤ 90m 时、为_____，90m < H < 120m 时、为_____，120m < H ≤ 150mm 时、为_____，H > 150m 时、为_____。

25. 建筑物沉降观测的作用，基本内容、特点及要点各是什么？

26. 竣工测量的目的、竣工图和竣工资料的基本内容与做好竣工测量的要点是什么？

12.9 操作考核内容

1. 根据场地情况与建筑设计总平面图，布设场地平面与高程控制网。

中级放线工应能完成一般中小型工程的场地控制网。

高级放线工应能完成一般大中型工程的场地控制网。

2. 根据场地控制网，进行建（构）筑物的定位放线与基础放线

初级放线工应能完成一般小型建（构）筑工程的定位放线与基础放线。

中级放线工应能完成一般中型建（构）筑工程的定位放线与基础放线，并能完成一般验线工作。

高级放线工应能完成一般大型建（构）筑工程的定位放线与基础放线，并能完成验线工作。

3. 根据建筑物矩形网进行各种结构施工放线与安装测量

初级放线工应能完成一般小型建筑结构施工放线与安装测量。

中级放线工应能完成一般中型建筑结构施工放线与安装测

量,并能完成一般验线工作。

高级放线工应能完成一般大型建筑结构施工放线与安装测量,并能完成一般验线工作。

4．根据建筑物矩形网进行竖向投测

初级放线工应能完成用经纬仪做竖向投测。

中级放线工应能完成用经纬仪与铅直线做竖向投测。

5．根据场地高程控制点向施工层上传递高程

初级放线工应能完成用水准仪与钢尺向施工层上传递高程。

6．根据设计要求在场地与建筑物上布设沉降观测基准点与沉降观测点,并进行沉降观测中级放线工应能用普通水准仪,完成一般建筑工程进行沉降观测。

高级放线工应能用精密水准仪完成大中型建筑工程进行沉降观测。

第13章 市政工程施工测量

13.1 市政工程施工测量前的准备工作

13.1.1 市政工程

市政就是城市管理工作。市政工程也叫市政基础设施工程，其主要内容包含：

1. 地下管线工程　包括给水、排水、燃气、供热、供电、电信等。
2. 道路、公路和桥梁工程　包括城市道路、城市交立桥、广场、地下过街通道与地上人行过街桥等。
3. 铁路、地下铁道等轨道交通工程　包括线路、编组站、车站、车辆段等。
4. 水利、输电、人防工程　包括河湖整治（水坝、堤、闸）输电杆、塔、线路及人防工程等。
5. 场、厂、站工程　包括停车场、广场、机场、给水厂、污水处理厂、加油站等。

复习思考题：

见13.7节1题。

13.1.2 市政工程施工测量的基本任务与主要内容

市政工程施工测量的基本任务是依据施工设计图纸，遵循测量工作程序和方法，为施工提供可靠的施工标志。其主要工作是确定路、桥、管线以及构筑物等的"三维"空间位置，即平面位置（y，x）和高程（H），作为施工的依据。

以道路工程与管线工程为例，施工测量的主要工作内容：

1．校测和加密施工控制桩，如校核导线点或测设控制桩，校测水准点向现场引测施工水准点，并做好桩点的保护工作；

2．根据控制桩恢复或测设道路与管线的中线；

3．按照"精度符合要求，方便施工"的原则为施工提供控制中线、边线与高程的各种标志，作为施工的依据；

4．记录施工测量成果，为竣工图积累资料。

复习思考题：

见 13.7 节 2 题。

13.1.3　市政工程施工测量前的准备工作

1．建立满足施工需要的测量管理体系，做到人员落实且分工明确，并建立科学、可行的放线和验线制度；

2．配备与工程规模相适应的测量仪器，并按规定进行检定、检校；

3．了解设计意图、学习和校核设计图纸，核对有关的测设数据及相互关系；

4．察看施工现场，了解地下构筑物情况；

5．编制施工测量方案，明确测量精度，测量顺序以及配合施工、服务施工的具体测量工作要求；

6．以满足施工测量为前提，建立平面与高程控制体系，对于已建立导线系统的道路工程与管线工程，要在接桩后进行复测并提交复测结果；

7．对于开工前现场现状地面高程要进行实测，与设计给定的高程有出入者要经业主代表和监理工程师认可。

复习思考题：

见 13.7 节 3、4 题。

13.1.4 学习与校核设计图纸时重点注意的问题

除可参考 11.2 节与"施工测量规程"附录 G "设计图纸的审核"的要求外,结合市政工程测量的特点尚应做好以下工作:

1. 校核总图与工程细部图纸的尺寸、位置的对应关系是否相符,有无矛盾的地方。如:路线图与桥梁图纸之间的位置关系,平面图与纵、横断面图的关系,厂站总平面图与具体构筑物的关系等。

2. 校核同一类设计图纸中给定的条件是否充分,数据是否准确,文字和图面表述是否清楚等。如:线路的桩号是否连续,定线的条件是否已无矛盾,各相关工程的相互位置关系是否正确,总尺寸与分尺寸是否相符,各层次的尺寸与高程的标识是否一致等。

3. 校核地下勘探资料与图纸上的表述,与施工现场是否相符,特别是原有地下管线与设计管线之间的关系是否明确。

复习思考题:

在学习校核设计图纸中,为什么要特别注意地面上、下各种构筑物的关系位置?

13.1.5 施工前对施工部位现状地面高程的复测及土方量的复算

施工前对现状地面高程进行复测是获得合同外工程签证(即索赔)的依据,也是市政工程计量支付中甲乙双方十分关注的热点之一。对此,施工单位、监理单位要以足够的人力和精力认真施测,且做到施工方、监理和业主三方共同签认测量结果。

测量土方量多采用横断面法和方格网平整场地方法。横断面法是计算平均横断面面积乘以间距得到。对于面积大的场地,采用方格网法,具体测算步骤与 11.5 节大体相同,此处不赘述。

复习思考题:

实测现状地面高程的意义是什么?实测中应注意什么?

13.1.6 市政工程施工测量方案应包括的主要内容

市政工程施工测量方案是指导施工测量的指导性文件，在正式施测前要进行施工测量方案的编制，且做到针对性强、预控性强、措施具体可行。建筑工程施工测量方案编制要点在 11.1.4 中已有详细表述，其基本原则完全适用于市政工程。工程测量技术方案一般应包括下列内容：

1. 工程的概况；
2. 质量目标，测量误差分析和控制精度设计；
3. 工程的平面控制网与高程控制网设计；
4. 测量作业的程序和细部放线的工作方法；
5. 为配合特殊工程的施工测量工作所采取的相应措施；
6. 工程进行所需与工程测量有关的各种表格的表样及填写的相应要求；
7. 符合控制精度要求的仪器、设备的配置。

现将××桥梁施工测量方案目录例示于下，可供编制市政工程测量方案时参考。

1. 工程概况；
2. 平面控制网的布置；
3. 高程控制网的布置；
4. 墩台定位
 (1) 测设的方法；
 (2) 使用角度交会法复核；
 (3) 成果的确定。
5. 工程细部的测设方法；
6. 人员、仪器的配备；
7. 测量桩点的接交与保护措施，放线工作与验收工作管理制度等；
8. 注意事项和急需解决的问题。

复习思考题：

见 13.7 节 5 题。

13.2 道路工程施工测量

13.2.1 恢复中线测量

道路设计阶段所测设中线里程桩、JD 桩到开工前，一般均有不同程度的碰动或丢失。施工单位要根据定线条件，对丢失桩予以补测，对曾碰动的桩予以校正。这种对道路中线里程桩、JD 桩补测、校正的作业叫恢复中线测量。

复习思考题：

路中线位置的正确性意义何在？如何保证恢复中线的正确位置？

13.2.2 恢复中线测量的方法

1. 中线测设 城市道路工程恢复中线的测量方法一般采用两种：

（1）图解法 在设计图上量取中线与邻近地物相对关系的图解数据，在实地直接依据这些图解数据来校测和补测中线桩，此法精度较低。

（2）解析法 以设计给定的坐标数据或设计给定的某些定线条件作为依据，通过计算测设所需数据并测设，将中线桩校测和补测完毕，此法精度较高，目前多使用此法。

2. 中线调直 根据上述测法，一般一条中线上至少要定出三个中线点，由于不可避免的误差，三个中线点不可能正在一条直线上，而是一个折线。这样就要按 10.5.2 所讲测法将所定出的三个中线点调整成一条直线。

3. 精度要求 根据 2000 年 6 月 1 日实施的《北京市城市道路

工程施工技术规程》(DBJ 01—45—2000)中"3.4 施工测量"一节中规定：测设时应以附近控制点为准，并用相邻控制点进行校核，控制点与测设点间距不宜大于100m，用光电测距仪时、可放大至200m。道路中线位置的偏差应控制在每100m，不应大于5mm。道路工程施工中线桩的间距，直线宜为10~20m，曲线为10m，遇有特殊要求时，应适当加密，包括中线的起（终）点、折点、交点、平（纵）曲线的起终点及中点、整百米桩、施工分界点等。

4. 圆曲线和缓和曲线的测设，详见10.3节（道路工程中圆曲线和缓和曲线的测设方法）

复习思考题：

见13.7节6、7题。

13.2.3 纵断面测量

纵断面测量也叫路线水准测量，其主要任务是根据沿线设置的水准点测定路中线上各里程桩和加桩处的地面高程。然后根据测得的高程和相应的里程桩号绘制成纵断面图。作为施工单位纵断面图是计算填挖土石方量的重要依据。

纵断面测量是依据沿线设置的水准点用附合测法，测出中线上各里程桩和加桩处的地面高程。施测中，为减少仪器下沉的影响，在各测站上应先测完转点前视，再测各中间点的前视，转点上的读数要小数三位，而中间点读数一般只读二位即可。图13.2.3-1是一段纵断实测示意图，表13.2.3表示了它的记录及

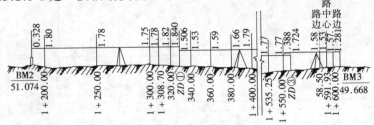

图13.2.3-1 纵断面测量

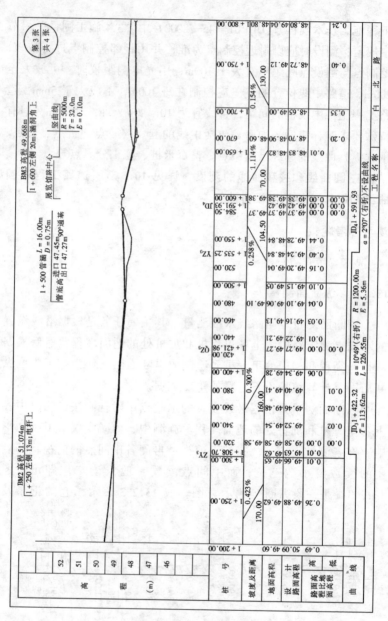

图 13.2.3-2 纵断面图

计算，图 13.2.3-2 是其纵断面图。

纵断面测量记录　　　　　　　　　　　　　　　　表 13.2.3

后视读数 a	视线高 H_i	前视读数 b 转点	前视读数 b 中间点	测　点（桩号）	高　程 H	备　注
0.328	51.402			BM2	51.074	已知高程
			1.80	1+200.00	49.60	
			1.78	1+250.00	49.62	
			1.75	1+300.00	49.65	
			1.78	1+308.70	49.62	ZY3（BC3）
			1.82	1+320.00	49.58	
1.506	51.068	1.840		ZD1	49.562	
			1.53	1+340.00	49.54	
			1.59	1+360.00	49.48	
			1.66	1+380.00	49.41	
			1.79	1+400.00	49.28	
			1.80	1+421.98	49.27	QZ3（MC3）
			1.86	1+440.00	49.21	
1.421	50.611	1.878		ZD2	49.190	
			1.48	1+460.00	49.13	
			1.55	1+480.00	49.06	
			1.56	1+500.00	49.05	
			1.57	1+520.00	49.04	
			1.77	1+535.25	48.84	YZ3（EC3）
			1.77	1+550.00	48.84	
1.724	50.947	1.388		ZD3	49.223	
			1.58	1+584.50	49.37	路边
			1.53	1+591.93	49.42	JD4（IP4）路
			1.57	1+600.00	49.38	中心路边
			1.281	BM3	49.666	已知高程 49.668m
$\Sigma a = 4.979$ $\Sigma b = 6.387$ $\Sigma h = -1.408$		$\Sigma b = 6.387$		$H_终 =$ $H_始 =$ $\Sigma h =$	49.666 51.074 -1.408	计算校核无误
实测闭合差 = 49.666m - 49.668m = -0.002m = -2mm 允许闭合差 = $\pm 20\text{mm}\sqrt{L} = \pm 20\text{mm}\sqrt{0.4} = 13\text{mm}$　合格						成果校核合格

复习思考题：

1. 转点的后视读数 a 与前视读数 b 为什么必须读到小数三位？而中间点的前视读数 b 一般只读到小数二位？

2. 计算校核无误能说明什么？不能说明什么？中间点如何校核？

3. 为什么在绘制纵断面图中，纵向（高程）与横向（里程）采用两种不同的比例尺？

13.2.4 横断面测量

横断面测量的主要任务，是测定各里程桩和加桩处中线两侧地面特征点至中心线的距离和高差，然后绘制横断面图。横断面图表示了垂直中线方向上的地面起伏情况，是计算土（石）方和施工时确定填挖边界的依据。

在横断面测量中，一般要求距离精确至 0.1m，高程精确至 0.05m。因此，横断面测量多采用简易方法以提高工效。横断面测量施测的宽度，是根据工程类型、用地宽度及地形情况确定。一般要求在中路两侧各测出用地宽度外至少 5m。

1. 测定横断面的方向

直线段上的横断方向是指与线路垂直的方向，如图 13.2.4-1 (a) 中的横断面，$a-a'$、$z-z'$、$y-y'$。

曲线段上的横断方向是指垂直于该点圆弧切线的方向，即指向圆心的方向，如横断面 $1\text{-}1'$、$2\text{-}2'$、$q\text{-}q'$。在地势平坦地段，横断面方向的偏差影响不大，但在地势复杂的山坡地段，横段面方向的偏差会引起断面形状的显著变化，这时应特别注意断面方向的测定。

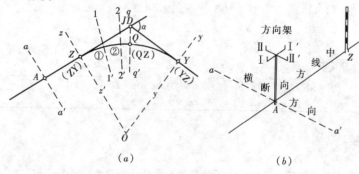

图 13.2.4-1　横断方向测定

一般测定直线段上的横断方向时,将方向架立于中线桩上,如图 13.2.4-1 (b) 以 I-I′轴线对准中线方向,II-II′轴线方向即为该桩的横断面方向。

2. 测定横断面上的点位(距离和高程)

横断面上路线中心点的地面高程已在纵断面测量时测出,其余各特征点对中心点的高低变化情况,可用水准仪测出。

如图 13.2.4-2 水准仪安置后,以中线地面高为后视,以中线两侧地面特征点为前视,并量出各特征点至中线的水平距离。水准读数读到 0.01m,水平距离读至 0.05m 即可。观测时视线可长至 100m,故安置一次仪器可测几个断面。

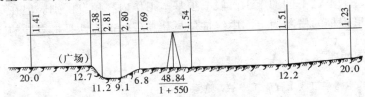

图 13.2.4-2 水准仪测横断面

所测数据应按表 13.2.4 记录格式记录(注意,记录次序是由下面向上面次序记录,以防左右方向颠倒)。根据记录数据,可在毫米坐标纸上,按比例展绘横断面形状,以供计算土方之用。

横断面测量记录　　　　　　　　表 13.2.4

前视读数 至中线距离	后视读数 桩　号	前视读数 至中线距离
(房) $\frac{1.60}{14.3}$ $\frac{1.25}{8.2}$	$\frac{1.50}{1+650}$	$\frac{1.45}{3.2}$ $\frac{0.70}{4.3}$ $\frac{0.65}{20.0}$
(广场) $\frac{1.41}{20.0}$ $\frac{1.38}{12.7}$ $\frac{2.81}{11.2}$ $\frac{2.80}{9.1}$ $\frac{1.69}{6.8}$	$\frac{1.54}{1+550}$	$\frac{1.51}{12.2}$ $\frac{1.23}{20.0}$

复习思考题：

1. 横断面测量中，应主要注意什么？
2. 为什么在绘制横断面图中，纵向（高程）与横向（距离）采用相同的比例尺？

13.2.5 贯穿道路工程施工始终的三项测量放线基本工作

1. 中线放线测量；
2. 边线放线测量；
3. 高程放线测量。

只不过不同的施工阶段三项基本工作内容稍有区别。但在每个里程桩的横断面上，中线桩位与其高程的正确性是根本性的。

复习思考题：

本题在市政工程施工中的普遍意义何在？

13.2.6 边桩放线

路基施工前，要把地面上路基轮廓线表示出来，即把路基与原地面相交的坡脚线找出来，钉上边桩，这就是边桩放线。在实际施工中边桩会被覆盖，往往是测设与边桩连线相平行的边桩控制桩。

边桩放线常用方法有两种：

1. 利用路基横断面图放边桩线（也叫图解法）

根据已"戴好帽子"的横断面设计图或路基设计表，计算出或查出坡脚点离中线桩的距离，用钢尺沿横断面方向实地确定边桩的位置。

2. 根据路基中心填挖高度放边桩线（也叫解析法）

在施工现场时常发生道路横断面设计图或路基设计表与实际现状发生较大出入，此情况下可根据实际的路基中心填挖高度放边坡线。如图 13.2.6。

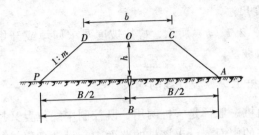

图 13.2.6 边桩放线

图中 h ——中桩填方高度（或挖方深度）；

b ——路基宽度；

$1:m$ ——边坡率。

平地路堤坡脚至中桩距离 $B/2$ 计算公式如下：

$$B/2 = h \cdot m + b/2$$

复习思考题：

如何在路堑形式、半填半挖形式中进行边桩放线？

13.2.7 路堤边坡的放线

有了边桩（或边桩控制桩）尚不能准确指导施工，还要将边坡坡度在实地表示出来，这种实地标定边坡坡度的测量叫做边坡放线。

边坡放线的方法有多种，比较科学且简便易行的方法有如下两种：

1. 竹竿小线法

如图 13.2.7（a）所示，根据设计边坡度计算好竹竿埋置位置，使斜小线满足设计边坡坡度。此法常用边坡护砌中。

图 13.2.7 边坡放线

2. 坡度尺法

如图 13.2.7 (b) 所示，应按坡度要求回填或开挖，并用坡度尺检查边坡。

13.2.8 边桩上纵坡设计线的测设

施工边桩一般都是一桩两用，既控制中线位置又控制路面高程，即在桩的侧面测设出该桩的路面中心设计高程线（一般注明改正数）。

图 13.2.8 表示的是中线北侧的高程桩测设情况。表 13.2.8 是常用的记录表格。具体测法如下：

1. 后视水准点求出视线高。

2. 计算各桩的"应读前视" 即立尺于各桩的设计高程上时，应该读的前视读数。

应读前视 = 视线高 − 路面设计高程

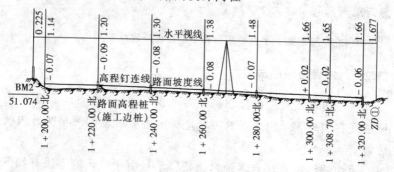

图 13.2.8 高程桩测设

路面设计高程可由纵断面图中查得，也可在某一点的设计高程和坡度推算得到（表 13.2.8 设计坡度为 8.5‰）。

当第一桩的"应读前视"算出后，也可根据设计坡度和各桩间距算出各桩间的设计高差，然后由第一个桩的"应读前视"直接推算其他各桩的"应读前视"。

3. 在各桩顶上立尺，读出桩顶前视读数，算出改正数

改正数 = 桩顶前视 − 应读前视

改正数为"-"表示自桩顶向下量改正数,再钉高程钉或画高程线;改正数为"+"表示自桩顶向上量改正数(必要时需另钉一长木桩),然后在桩上钉高程钉或画高程线。

4. 钉好高程钉 应在各钉上立尺检查读数是否等于应读前视。误差在 5mm 以内时,认为精度合格,否则应改正高程钉。经过上述工作后,将中线两侧相邻各桩上的高程钉用小线连起,就得到两条与路面设计高程一致的坡度线。

5. 为防止观测或计算中的错误,每测一段后,就应利用另一水准点闭合 受两侧地形限制,有时只能在桩的一侧注明桩顶距路中心设计高的改正数,施工时由施工人员依据改正数量出设计高程位置,或为施工方便量出高于设计高程 20cm 的高程线。

高程桩测设记录表　　　　　　　表 13.2.8

桩 号	后视读数	视线高	前视读数	高程	路面设计高程	应读前视	改正数	备 注
BM2	0.225	51.299		51.074				已知高程
1+200.00 北/南			1.14 1.17		50.09	1.21	-0.07 -0.04	
1+220.00 北/南			1.20 1.22		50.01	1.29	-0.09 -0.07	
1+240.00 北/南			1.30 1.27		49.92	1.38	-0.08 -0.11	
1+260.00 北/南			1.38 1.41		49.84	1.46	-0.08 -0.05	
1+280.00 北/南			1.48 1.46		49.75	1.55	-0.07 -0.09	
1+300.00 北/南			1.66 1.62		49.66	1.64	+0.02 -0.02	桩顶低
1+308.70 北/南			1.65 1.60		49.63	1.67	-0.02 -0.07	
1+320.00 北/南			1.66 1.64		49.58	1.72	-0.06 -0.08	
ZD①			1.77	49.529				

注:上表中桩号后面的"北"和"南",是指中线北侧和南侧的高程桩。

复习思考题：

在高程桩测设中，如何进行校核工作？

13.2.9 竖曲线、竖曲线形式与测设要素

为了保证行车安全，在路线坡度变化时，按规范规定用圆曲线连接起来，这种曲线就叫做竖曲线。竖曲线分为两种形式：即凹形和凸形。

其测设要素有：曲线长 L、切线长 T 和外距 E，由于竖曲线半径很大，而转折角较小，故可以近似的计算 T、L、E：

切线长　　$T = R \times \dfrac{|(i_2 - i_1)|}{2}$

曲线长　　$L = R \times |(i_2 - i_1)|$

外　距　　$E = T^2 / 2R = L^2 / 8R$

13.2.10 竖曲线的测设

1. 计算竖曲线上各点设计高程

（1）先按直线坡度计算各点坡道设计高 H'_i；

（2）计算相应各点竖曲线高程改正数 y_i

$$y = \frac{x^2}{2R}$$

式中　x——竖曲线起（终）点到欲求点的距离；

　　　R——竖曲线半径。

（3）计算竖曲线上各点设计高程 H_i

$$H_i = H'_i \pm y_i$$

式中　凹形竖曲线用"$+$"号；

　　　凸形竖曲线用"$-$"号。

2. 根据计算结果测设已知高程点

例题：如图 13.2.10 为一竖曲线，计算其测设要素值？

解：测设要素值为：

$$T = 4000 \times \frac{|-3\% - (-1.26\%)|}{2} = 34.80\text{m}$$

$$L = 4000 \times |-3\% - (-1.26\%)| = 69.60\text{m}$$

$$E = (34.80)^2 / 2 \cdot \times 4000 = 0.151\text{m}$$

其他计算如表 13.2.10 所示。

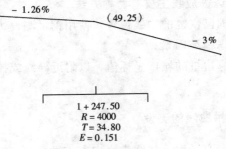

图 13.2.10 竖曲线

竖曲线测设要素值 表 13.2.10

桩 号	x	坡线高程	竖曲线改正数	路面高程	备 注
1 + 212.70	0.00	49.688	0.000	49.69	
1 + 220.00	7.30	49.596	− 0.007	49.59	
1 + 230.00	17.30	49.470	− 0.037	49.43	
1 + 240.00	27.30	49.344	− 0.093	49.25	
1 + 247.50	34.80	49.25	− 0.151	49.10	变坡点
1 + 250.00	32.30	49.175	− 0.130	49.04	
1 + 260.00	22.30	48.875	− 0.062	48.81	
1 + 270.00	12.30	48.575	− 0.019	48.56	
1 + 282.30	0.00	48.206	0.000	48.21	

复习思考题：

对比平曲线两者有何不同？

13.2.11 路面施工阶段测量工作的主要内容

1. 路面施工阶段的测量工作主要包括三项内容

（1）恢复中线 中位位置的观测误差应控制在 5mm 之内；

(2) 高程测量　高程标志线在铺设面层时，应控制在 5mm 之内；

(3) 测量边线　使用钢尺丈量时测量误差应控制在 5mm 之内。

2. 路面边桩放线主要有两种方法

(1) 根据已恢复的中线位置，使用钢尺测设边桩，量距时注意方向并考虑横坡因素；

(2) 计算边桩的城市坐标值，以附近导线或控制桩，测设边桩位置。

13.2.12　路拱曲线的测设

找出路中心线后，从路中心向左右两侧每 50cm 标出一个点位。

在路两侧边桩旁插上竹竿（钢筋），从边桩上所画高程线或依据所注改正数。画出高于设计高 10cm 的标志，按标志用小线将两桩连起，得到一条水平线，如图 13.2.12。

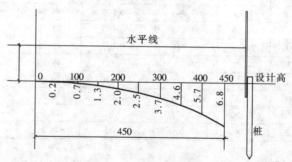

图 13.2.12　路拱曲线的测设

检测的依据是设计提供的路拱大样图上所列数据，用盒钢尺从中线起向两侧每 50cm 检测一点。盒钢尺零端放在路面，向上量至小线看是否符合设计数据。

如图 13.2.12，在 0 点（路中心线）位置，所量距离应是

10cm，在 2m 处应是 12cm，在 4.5m 处应是 16.8cm。

规程规定，沥青面层横断面高程允许偏差为 ±1cm，且横坡误差不大于 0.3%。如在 2m 处高程低了 0.5cm，在 2.5m 处高程又高了 0.5cm，虽然两处高程误差均在允许范围内，但两点之间坡度误差是 1/50=2%，已大于 0.3%，因而是不合格。

在路面宽度小于 15m 时，一般每幅检测 5 点即可，即中心线一点，路缘石内侧各一点，抛物线与直线相接处或两侧 1/4 处各一点。路面大于 15m 或有特殊要求时应按有关规定检测或使用水准仪实测。

13.3 管道工程施工测量

13.3.1 管道工程施工测量的主要内容

管道工程施工测量的主要内容有：

1. 熟悉设计图纸，勘察现场情况，掌握施工进度计划、制定施工测量方案；
2. 按设计要求校核或测设中线桩及水准点；
3. 测设施工中线位置及构筑物位置控制桩，加密施工水准点；
4. 槽口放线（开槽边界线放线）；
5. 埋设坡度板，在坡度板上投测中线位置、钉中心钉；
6. 测设高程钉；
7. 施工过程中校测、检查、补充标志及验收；
8. 竣工测量及资料整理。

上述埋设坡度板的方法，适用于沟槽宽度稍窄的情况，对于沟槽较宽或合槽施工时，一般用坡度边桩的方法控制高程及坡度，测设方法与 13.2.8 一致。

13.3.2 坡度板的测设

坡度板的测设（见图 13.3.2-1）有以下两种测法。

1. 应读前视法 此法较简捷,适用于测设及经常校测。

(1) 后视水准点,求出视线高。

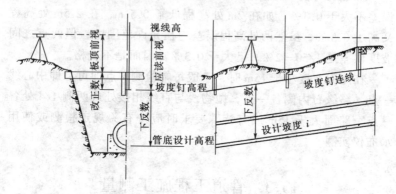

图 13.3.2-1 测设坡度板

(2) 选定下反数,计算坡度钉的"应读前视"(立尺于坡度钉上时,应读的前视读数)。

应读前视 = 视线高 -(管底设计高程 + 下反数)

式中下反数应根据现场实际情况选定,一般要求使坡度钉钉在不妨碍工作和使用方便的高度上(常选 1.500 ~ 2.000m)。表 13.3.2 中选用 1.900m。

管底设计高程可从纵断面图中查出,或用已知点设计高和坡度经过推算得到。

(3) 立尺于坡度板顶,读出板顶前视读数,算出钉坡度钉需要的改正数。

改正数 = 板顶前视 - 应读前视

式中　改正数为"+"时,表示沿高程板自板顶向上量数钉钉;

　　　改正数为"-"时,表示沿高程板自板顶向下量数钉钉。

(4) 钉好坡度钉后,立尺于所钉坡度钉上,检查实读前视与应读前视是否一致,误差在 ±2mm 以内,即认为坡度钉位置准确。

(5) 第一块坡度钉钉好后,即可根据管道设计坡度和坡度板间

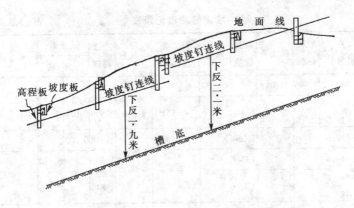

图 13.3.2-2 不同反数的坡度板

距,推算出第二块、第三块……坡度板上的应读前视,按上述作法测设各板上的坡度钉。

(6) 为了防止观测或计算中的错误,每测一段后应附合到另一个水准点上校核。

2.测绝对高程法 此法适用施工前准备工作。与应读前视法原理相同,计算次序不同。

(1) 测坡度板中线钉处的板顶绝对高程,每块板顶都要进行往返两次观测,所得两个高程相差不得超过5mm,合格后取两次观测平均值,确定为各板顶高程。

(2) 按管道设计坡度,计算各坡度板桩号所对应的管底设计高。

(3) 计算板顶至坡度钉的改正数:

改正数 = (设计管底高程 + 下反数) - 板顶高

其值为"+"值时,坡度钉在板顶上方,其值为"-"值时,坡度钉在板顶下方。

以表 13.3.2 为例,在 0 + 469.6 处,板顶测出的高程为 49.527m,管底设计高为 47.401m,下反数为 1.900m。

改正数 = (47.401 + 1.900) - 49.527 = - 0.226m,

从板顶往下量 0.226m 钉坡度钉,即为正确位置。

坡度钉测设记录表　　　　　　　表 13.3.2

测点（桩号）	后视读数	视线高	前视读数	高程	管底设计高程	下反数	应读前视	改正数 +	改正数 −	备注
BM0	1.996	51.049		49.053						
#5 0+419.6			2.012		47.151	1.900	1.998	0.014		
0+429.6			2.050		($i=5‰$)		1.948	0.102		
0+439.6			1.748				1.898		0.150	
#4 0+449.6			1.693				1.848		0.155	
0+459.6			1.579				1.798		0.219	
0+469.6			1.522	49.527	47.401		1.748		0.226	
#3 0+476.6			1.407		47.436	1.900	1.713		0.306	
BM1			1.492	49.357						

计算校核　51.049 − (47.436 + 1.900) = 1.713m

已知 BM1 高程为 49.355m　闭合差 2mm 合格

3. 测设坡度钉时应注意以下几点

1) 坡度钉是施工中掌握高程的基本标志，必须准确可靠，为防止误差超限或发生错误，要经常校测，在重要工序（例如混凝土基础、稳管等施工）之前和雨、雪天之后，都要仔细做好校对工作。

2) 在测设坡度钉时，除本工段校测之外，还要联测已建成管道或已测好的坡度钉。以防止由于测量上的错误造成各段接不上茬的现象。

3) 在地面起伏较大的地方，常需分段选取合适的下反数。这样，在变换下反数处需要钉两个高程板和坡度钉，以防止施工中用错坡度钉，如图 13.3.2-2。

4. 为了便于施工中掌握高程，在每块坡度板上都应写好高程牌或写明下反数。下面是一种高程牌的形式：

```
             0+619.6 高程牌
管底设计高：              46.955
坡度钉高程：              48.855
坡度钉至管底设计高：        1.900
坡度钉至基础面：           1.930
坡度钉至槽底：             2.030
```

复习思考题：

1. 对比表 13.3.2 与表 13.2.11 有何不同？
2. 见 13.7 节 8 题。

13.4 桥涵工程施工测量

13.4.1 桥涵工程施工测量的主要内容

1. 桥涵中心线和控制桩的测设，施工水准点的设置及观测；
2. 基础工程的桩基定位，承台基坑开挖边线的确定、轴线及高程控制桩的测设；
3. 墩、台中线控制桩测设；
4. 上部结构施工及安装工程的中线及高程测量；
5. 附属工程（挡墙、锥坡）施工放线；
6. 施工过程中检测及竣工验收测量。

13.4.2 桥（涵）位的放线

对于桥墩、台平面位置的测设，要视桥梁形状和环境而定，如跨河桥梁和城市立交桥的施测方法就不可能一样。桥位放线的方法主要有直接丈量法、角度交会法和极坐标法。

1. 直接丈量法

按桥墩、台中心桩桩号，计算其间距。依据控制桩依次直接测设出墩、台中心点位置。

2. 角度交会法

当墩柱位于水中，在没有测距仪不便直接丈量时，可利用控制网的控制点，用角度交会法测设各墩柱中心位置。

3. 极坐标法

按设计给定的墩、台坐标（或计算的结果）与已测设的控制网控制点坐标，计算出测设所需的角度和距离，依次测设各墩、台中心位置。

13.4.3 桩基桩位的放线

桥墩柱、桥台的基础多为群桩或排桩，测设出各墩、台中心位置后，还需测设出各个灌注桩（或预制桩的）桩位。

如图 13.4.3 所示，根据桩基位置在同一轴线的条件，使用控制网的控制桩将 O 点（墩、台中心）测设出；通过 O 点测设墩台轴线；根据桩基之间的设计间距，定出 O_1、O_2、O_3、O_4 各点。然后放出纵横轴线控制桩。

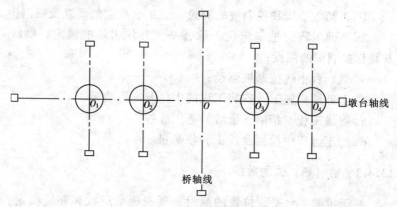

图 13.4.3 桥墩轴线控制

也可依据桥控制网的控制桩，使用极坐标法（特别是弯桥桩基）直接依次测设出 O_1、O_2、O_3、O_4 各点。然后测出纵横轴线控制桩。

13.4.4 预制构件吊装时的竖向校测

预制混凝土柱（如过街天桥）、钢管柱（如匝道桥）等构件吊装时，要进行竖向校测，以保证构件铅直。

两台经纬仪安置在互相垂直的轴线引点上，当构件起吊基本就位后，经纬仪以杯口中线或法兰盘十字线为准，俯仰望远镜，对预制构件上弹好的竖直中心线（或上下中心点），进行正倒镜反复观测，校正到构件满足铅直条件为止。

校测注意事项：

1. 事先经纬仪应进行检校；

2. 两架仪器应尽可能安置在相互垂直的两条轴线上，违反此规定将有可能产生不良后果，详见12.4.7。

13.4.5 锥形护坡的放线

桥台两边的护坡为1/4锥体，坡脚和基础边线平面形成1/4椭圆。放线具体方法一般采用坐标法（锥形护坡见图13.4.5）。

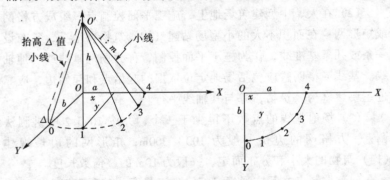

图 13.4.5 锥形护坡

1. 确定长轴和短轴：

长轴 $a = mh$，m——长向坡度，h——锥坡高度；

短轴 $b = nh$，n——短向坡度，h——锥坡高度。

2. 计算椭圆在坐标系中的各点坐标（设定 x 值，按公式 y

$=\frac{b}{a}\sqrt{(a^2-x^2)}$ 计算 y 值)。

3. 按坐标值实地测设坡脚位置。

4. 在坐标轴原点 O 上方 h 高度处，设立 O' 标志，用小线与坡顶相连，即构成护坡砌筑控制线（为使用方便，一般均抬高 Δ 值，挂线）。

13.5 场站建（构）筑物工程施工测量

13.5.1 场站建（构）筑物工程施工平面控制网的布设原则与精度要求

1. 布网原则

场站建（构）筑物工程施工平面控制网，应根据工程性质、场地大小及设计定位条件、施工方案、现场情况等进行全面考虑确定。布设原则：

(1) 由整体到局部，以高精度控制低精度。

(2) 在大、中型建筑场地上，施工平面控制点多组成方格网或矩形网；在面积不大的小型场站建（构）筑物场地上，常布设一条或几条基准线，作为施工平面控制，称为场地基线或场地轴线。基线或格网线应包括场地定位依据的起始点和起始边，应靠近主要建（构）筑物，并与其轴线平行。

(3) 场地基线的点数不得少于三个，并按 10.5.2 所讲测法调直。方格网的边长一般为 100～300m；矩形网的边长视建（构）筑物的大小和分布而定，一般为 10m 的整倍数长度。

(4) 控制点之间应通视良好、便于量距，其顶面标高应略高于场地设计标高，桩底低于冰冻层，以便长期保存。

2. 精度要求

根据《北京市城市道路工程施工技术规程》（DBJ 01—45—2000）中"3.2 平面控制测量"一节中规定：控制网量距的精度，用钢尺丈量应高于 1/10000，用光电测距往返较差应小于 2（A +

$B \cdot D$),测角和延长直线误差不应超过 ±20″。

复习思考题:

见 13.7 节 9 题。

13.5.2 场站建(构)筑物工程施工高程控制网的布设原则与精度要求

1. 布网原则

(1) 在整个场站建(构)筑物施工范围内,每距 100~200m 及每个较大建(构)筑物附近均应设置水准点。全部水准点应构成一环或多环闭合的高程控制网。在一般情况下,施工平面方格网点也同时作为高程控制点(在标石上除有固定平面点位的标志外,另设一半球形标志为高程控制点)。当场站面积较大时,高程控制网可分两级分布,即布设首级水准网和加密水准网,加密水准网点多用施工平面控制点。

(2) 为了高程放样方便和减少误差,在每个较大建(构)筑物附近,还要测设 ±0 水准点,其高程为该建(构)筑物的室内地坪设计高程。位置多选在其他较稳定建(构)筑物墙、柱的测面,以红漆绘成上顶为水平线的倒三角形标志。±0 水准点以水准环线上首级水准点为准,采用附合水准路线进行联测。

2. 精度要求

根据(DBJ01—45—2000)中"3.3 高程控制测量"一节中规定:城市道路工程按二、三等级水准测量方法建立首级控制,用附合或环线水准路线闭合差应小于 $±12\text{mm}\sqrt{L}$(L 为单程水准路线长度,以 km 为单位)。

复习思考题:

见 13.7 节 10 题。

13.5.3 场站建(构)筑物定位条件的选择

1. 建(构)筑物定位条件的选择

(1) 根据设计给定的依据和施工现场情况,尽量首先选用精度较高的城市测量控制点或场地基线的点位和方向作为依据进行定位。

（2）当以原有道路中线定位时，应选择规整的道路边线上的三个以上的点位为准，并按 10.5.2 所讲测法调直。

（3）当以原有建（构）筑物为定位依据时，必须选择四廊（或中心线）规整的永久性建（构）筑物为依据，外廊不明显的临时性建（构）筑物不能作为定位依据。

（4）定位几何条件应是能惟一确定，现场实测条件也应是通视和便于观测。

2．常用的定位条件

（1）根据现有建（构）筑物的位置关系定位　在建筑群内进行新建或扩建时，设计图上往往给出拟建建（构）筑物与原有建（构）筑物或道路中心线的位置关系，此时，其轴线可以根据给定的关系测设。定位后应用附近参照物进行校核。

（2）根据场地基线或城市测量控制网的关系定位　在施工场地内设有平面控制网时，可根据建（构）筑物各角点的坐标用直角坐标法或极坐标法测设。

复习思考题：

见 13.7 节 11 题。

13.5.4　圆形建（构）筑物施工控制桩的测设

烟囱、水塔、油（气）罐、水工建筑的曝气池、沉淀池等建筑物多为圆形构筑物。其中一些基础小、主体高的圆形构筑物，如烟囱、水塔等为圆筒形构筑物。

在圆形建（构）筑物施工中，测量的主要工作是严格控制中心位置，如图 13.5.4 中心点。在地面上确定建（构）筑物中心位置以后，以中心为交点，测设两条互相垂直的轴线 AB 和 CD，A、B、C、D 各点至中心的距离要选择适当，对于圆筒形建（构）筑物，应大于建（构）筑物的高度。另外，在轴线方向上，尽量靠近建（构）筑物而不影响桩位稳固的情况下，还要设置 E、F、G、H 四个方向控制桩。图 13.5.4 中，b 为基坑的放坡宽度。

在施工过程中，应随时使用经纬仪依据轴线方向将中心位置投测到施工作业面上，以此作为各层砌筑或支模的依据，控制施工全过程。

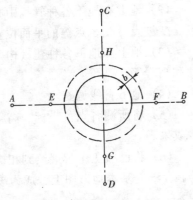

图 13.5.4 圆形构筑物十字形控制线

圆形建（构）筑物的标高控制除使用附近水准点外，在适当的时候在建（构）筑物侧壁上设一个标高线（最好是一个整米数高度），然后以此线为准，直接用钢尺向上量取竖直高度，在作业面上设立高程控制标志，然后用水准仪直接做各层次的标高控制。

复习思考题：

为什么要建立"十"字形控制线。

13.6 市政工程竣工测量

13.6.1 市政工程竣工测量

1. 市政工程竣工测量的目的

(1) 为验收和评价工程是否按设计图纸施工提供依据。

(2) 工程交付使用后，为管理、维修与改扩建提供依据。

(3) 为城市建设规划、设计及其他工程施工提供依据。

2. 市政工程竣工测量的主要内容

(1) 道路中心线的起点、终点、转折点及交叉路口等的平面位置坐标和高程。

（2）地上和地下各种管线中心线的起点、终点、折点、交叉点、变坡点、变径点等的平面位置坐标及高程。

（3）地上和地下各种建（构）筑物的平面位置坐标、几何尺寸和高程等。

（4）地下管线调查。

（5）将所测各点位坐标、高程及其他有关资料综合成竣工测量成果表。

（6）将已竣工工程展绘到相应的1:500带状地形图上，或展绘在1:500基本地形图上，成为竣工图。

复习思考题：

见13.7第12题。

13.6.2 地下管线竣工测量的基本精度要求

1. 用解析坐标法测量的管线点位中误差（指测点相对于邻近解析控制点）不应大于±5cm，管线点的高程中误差（指测点相对于邻近高程起算点）不应大于2cm；对于直埋电缆（规定测其沟道中心），其点位中误差不应大于±5cm；管线点的高程中误差（指测点相对于邻近高程起算点）不应大于2cm。

2. 用图解法测绘地下管线点与邻近主要地物点、相邻管线、规划道路中心线的间距图上误差不应大于±1.1mm。

13.6.3 用解析坐标测量地下管线所依据导线的布设与主要技术要求

1. 导线的布设

（1）地下管线坐标测量应尽量直接使用城市一、二级导线。需重新布设导线时，应按三、四级导线要求布设成起闭于一、二级导线或三角点上的附合导线。

（2）导线点应选在欲测点附近，应尽可能布设成直伸形状。相邻点应互相通视，地势应较平坦，桩位易于保存。

(3) 导线相邻边长应大致相等,平均边长及导线总长应符合技术要求(表 13.6.3),在不测地下管线地段,边长可适当放长、但相邻边长之比不应超过 1:3。

(4) 特殊情况下需做支点导线时,支点应不超过四个,边长不应超过后视边长的二倍,总长不超过 500m。

2. 导线主要技术要求

导线主要技术要求见表 13.6.3。

导线主要技术要求表 表 13.6.3

等级	测区范围	平均边长(m)	导线总长(km)	角度观测测回数	方位角闭合差(″)	边长测量方法 钢尺	边长测量方法 测距仪	坐标相对闭合差	导线超长时坐标闭合差的限差(m)
三	三环路之内	150	1.6	J6、2 J2、1	$\pm 24\sqrt{n}$	单程精概量法单程错尺量法读数至 mm	单向测边两次差值不超过 1cm	1/5000	0.32
三	三环路之外	250	3.6						0.72
四	三环路之内	150	1.0	J6、 J2、1	$\pm 40\sqrt{n}$	单程错尺法读数至 mm		1/3000	0.32
四	三环路之外	160	2.2						0.72

高程测量应起闭于等级水准点或一、二级导线点,闭合差不应超过 $\pm 10mm\sqrt{n}$,单程观测,估读至 mm。

注:①特殊情况下需在四级导线上再附合一次时,应按四级导线技术要求。
  ②在控制点稀少地区导线总长可放宽。钢尺量距导线:三级 4.4km,四级 2.6km。光电测距导线:三级为 6.6km,四级为 3.9km。但坐标闭合差应满足表中导线超长时的要求。
  ③导线总长在 500m 以下时坐标相对闭合差三级可放宽至 1/3000,四级可放宽至 1/2500。
  ④支导线测量可按三级导线要求。

3. 导线测量的外业与内业

详见 14.2 节。

复习思考题:

如何布设测量地下管线所依据的导线?其主要技术要求是什么?

13.6.4 线路转折点坐标的测算

线路转折点的坐标可采用导线串测法或极坐标法施测和支点测法。导线串测法是把欲测点相继连接成闭合导线形式，用 14.2.5 所述方法求算坐标。极坐标法是在已知控制点上设站，测出欲求点与已知点间边长及夹角，推算出方位角，再计算欲求点坐标。

竣工测量技术规定：用钢尺量距时，一般边长不超过后视边长的二倍，最长应不超过 200m，按三级导线要求丈量，必要时应进行尺长改正、温度改正和倾斜改正。用光电测距仪测边长应加倾斜改正和仪器常数改正。水平角应观测一测回。

对热力、燃气（高、中压）、上水（φ300mm 以上）的折点可用支点测法，支点不应超过 4 个点，边长不应超过后视边长的两倍，总边长不应超过 500m；边长用单程精概量法或用光电测距仪测距，水平角观测左、右角各一测回，测站圆周角闭合差应不超过 ±40″。计算原理同第 14.2.5（不调整角度闭合差及坐标增量闭合差）。

13.6.5 地下管线高程测量的主要技术要求

把地下管线的测点布设成附合水准路线或结点水准网。特殊情况，可布设同级附合水准路线（但以二次附合为限）。水准路线要起闭于等级水准点或经三、四等水准联测的导线点上，其闭合差不应超过 $\pm 6mm \sqrt{n}$（n 为测站数）。使用 S3 水准仪和带有水准气泡的水准尺单程观测，读数至 mm。水准尺至测站间的距离一般不应超过 70m，前后视距离应尽量相等。起闭于导线点时，应检测相邻三点的高差是否相符，满足要求时方可使用。

水准路线用简单分配误差法计算，构成结点的水准网采用加权平均法计算，数值取至 mm。

地下管线点的高程计算至 cm。个别点也可采用中视法观测，两次较差应小于 1cm，合于要求后取平均值。

13.6.6 各种地下管线高程施测部位的要求

各种地下管线高程施测部位如表 13.6.6。

各种地下管线设施调查内容表　　　　表 13.6.6

类　　别		管(沟)内底高	管外顶高	管径或断面	偏管距离	构筑物与管件	材料性质及修建时间	备　　注
给水（水）φ≥75mm			△	△（管径）	△	△	△	注明管材
污水（污）φ≥300mm		△		△	△	△	△	雨污水合流按污水算，非圆形管沟断面注宽×高，注明沟形，注明流向
雨水（雨）φ≥500mm				△	△	△	△	
燃气（天、煤、液）			△	△（管径）	△	△（小室尺寸）	△	注明压力等级
热力（热）	有沟道	△		△（宽×高）	△	△（小室尺寸）	△	无沟道应注明材料的厚度，拱形沟量取拱顶高程
	无沟道		△	△				
电力（力）	沟道	△		△（宽×高）	△	△	△	标准设计的转折点检修井，要注明长端方向；非标准设计的要量长、短端距离，并绘略图。电力应注明电压。路灯、电车、电缆应注记"路灯"、"电车"字样。电信电缆要条数。电力电缆要电压×条
	管道		△	△	△	△	△	
电信（话）（广）（长）（讯）	管块		△	△（宽×高）	△	△	△	
	直埋电缆		△	△（条数）	△		△	
工业管道（工）	自流压力	△	△	△	△	△	△	管子测外顶高，管沟测内底高

注：表中有△者为必须调查项目。构筑物指各种管线的检修井、暗井、进出水口、水源井、闸阀、消火栓、水表、排气门、抽水缸、小室（电信电缆分人孔、手孔）等。管件指三通、四通、变径通、弯管、盖堵等。

13.6.7 各种地下管线设施调查的基本内容与要求

1. 地下管线设施调查的基本内容

如表 13.6.6 所示。

2. 地下管线设施调查的要求

(1) 各种地下管线应在明槽时施测,特别情况下,可采用先用固定地物拴出点位,量取比高,回填后再测坐标和高程。拴点误差三角形内接圆直径不应大于 15cm。

(2) 应现场直接填写调查表,原始调查数据都应按要求正式记录。

(3) 应测部位高程都应按当地统一高程系统,直接实测。如因条件限制用尺量取再换算时,误差不应大于 ±5cm。

(4) 断面尺寸,电信管道以 cm 计,其他以 mm 计。

(5) 标记方法:

电信电缆"条数";电力电缆"电压×条数";管道"管径 ϕ";沟道"宽×高"或"断面形式,宽×高";两条平行的(重叠或并行),性质相同的设施应注明,如"2×ϕ1000";各种预留管或甩头要注明"预留";管线三通,先记主管管径,后注支管管径,如 ϕ200~ϕ100;偏离管路要注明偏距和方向,如东北管,偏东 0.3m。偏距≤0.2m 可忽略。

(6) 地下管线的来龙去脉要清楚,管线起点、终点、折点、分支点、变径点、变坡点及附属构筑物、管件等主要点位要测全。直线段一般每隔 150m 选测一点,高程点位与平面点位应取一致。

13.6.8 各种地下管线竣工测量资料整理与装订要求

地下管线竣工测量资料整理及装订要求规格统一,装订有序,封面上工程名称与施工图应一致。工程件号等应填写清楚。

装订顺序一般应为:工作说明(概况、施测情况及遗留问题)、管线测量成果表、略图、导线及管线坐标测量资料、水准测量资料、调查资料、附件有施工平面图、纵断面及横断面图、竣工线路位置图、质量检查验收记录等。

13.6.9 各种地下管线竣工测量检查验收的主要内容

地下管线竣工测量的成品必须经过作业班、组自检和本单位技术部门的审核，并经市主管部门验收合格后才能作为测量成品移交有关部门。检查验收的主要内容如下：

1. 各项测量是否符合规定，使用的起算数据是否正确；
2. 成果表抄写的是否完全、正确；
3. 记录、计算的数值是否正确，记录应填写的项目是否齐全、工作说明是否清楚；
4. 所测的地下管线有无错误或丢漏，管线的来龙去脉连接走向是否正确合理，与施工图的内容（包括工程变更）是否相符合。

13.6.10 编制（绘制）市政工程竣工图的技术要求

各种专业竣工图的绘制内容、图示、格式等，均按国家、专业系统相应的有关标准、规定、通则的要求进行绘制。各类竣工图的绘制应符合如下要求。

1. 各类专业工程的总平面位置图

比例尺一般采用 1:500～1:1000。此图的绘制应以地形图为依托（基础图），该地形图的技术要求应符合《城市测量规范》及北京市专业管理部门的有关规定，其内容可适当简化（择要地形、地物），图上应标绘坐标方格网并择点注记其坐标数据。总平面位置图的工程内容，一般应包括：

（1）工程总体布局与其相关的主要道路、单位、工厂及工程的名称；

（2）工程定位数据（必须是竣工实测）如工程起止端、折点的坐标或相关物的距离，与道路规划永中（永久中线的简称）或路中的距离，工程边界线等；

(3) 有关规划设计参数,如占地面积等;
(4) 必要的文字说明;
(5) 图例;
(6) 指北针。

2. 管线工程平面图

比例尺一般采用1∶500~1∶2000。此图的绘制与上述绘制总平面位置图的要求相同。管线工程平面图的工程内容除绘制如上所述总平面位置图的内容外还应绘制如下内容:

(1) 管线走向、管径(断面)、附属设施(检查井、人孔等)、里程、长度等,及主要点位的坐标数据;
(2) 主体工程与附属设施的相对距离及竣工测量数据;
(3) 现状地下管线及其管径、高程;
(4) 道路永中、路中、轴线、规划红线等;
(5) 预留管、口及其高程、断面尺寸和所连接管线系统的名称。

下列管线工程在平面图上的表示方法:

1) 利用原建管线位置进行改建、扩建管线工程,在平面图上要表示原建管线的走向、管材和管径,表示方法可加注符号或文字说明。

2) 随新建管线而废弃的管线,无论是否移出埋设现场,均应在平面图上加以说明,并注明废弃管线的起、止点。

3. 管线工程纵断面图

按照不同的专业采用不同的图标,其图示内容必须包括相关的现状管线、构筑物(注明管径、高程等),及根据专业管理的要求补充必要的内容。

4. 管线竣工测量资料与其在竣工图上的编绘

(1) 竣工测量资料的技术要求应符合《北京市地下管线竣工测量技术规定》和《北京市地下人防工程竣工测量技术规定》。

(2) 各种专业管线的竣工施测,以"解析法"(坐标法)为基本方法,远郊区一般性工程因地处施测条件困难,可采用"图解法"(栓点法)。

(3) 竣工测量资料的测点编号、数据及反映的工程内容(指设备点、折点、变径点、变坡点等)应与竣工图相对应一致。

(4) 采用"图解法"施测,其用图比例尺应不小于 1:500;当采用较小比例尺时,应择点绘大样图(点志记)。

(5) 测量观测点(测点)的布设,应按照管线专业的要求准确地反映管线的平面、竖向及附属设施等的特征点的位置,一般测点应包括:

1) 管线起点、终点、折点、分支点、变径点、变坡点、管线材质更换点等。

2) 检查井、小室、人孔、管件、进出口、预留管(口)等。

3) 与沿线其他管线、设施相交叉点。

4) 管线直线段两点之间距离较长且无其他点时应适当增设测点,其点间最大距离不得超过 150m(远郊区 200m)。

复习思考题:

见 13.7 节 13 题。

13.6.11 绘制市政工程竣工图的基本方法

绘制竣工图以施工图为基本依据,视施工图改动的不同情况采用重新绘制或利用施工图改绘成竣工图。

1. 重新绘制

如下情况,应重新绘制竣工图。

(1) 施工图纸不完整,而具备必要的竣工文件材料。

(2) 施工图纸改动部分在同一幅图中覆盖面积超过三分之一,及不宜利用施工图改绘清楚的图纸。

(3) 各种地下管线(小型管线除外)。

2. 利用施工图改绘竣工图

如下情况,可利用施工图改绘成竣工图。

(1) 具备完整的施工图纸。

(2) 局部变动，如结构尺寸、简单数据、工程材料、设备型号等及其他不属于工程图形改动并可改绘清楚的图纸。

(3) 施工图图形改动部分在同一幅图中覆盖图纸面积不超过三分之一。

(4) 各专业小型管线（如小区支、户线）工程改动部分不超过工程总长度的五分之一（超过五分之一应重新绘制）。

3. 绘制竣工图应注意的问题

(1) 洽商记录的附图，应作为竣工图的补充，如绘制质量不合格应重新绘制。

(2) 属于改动图形的洽商记录，而内容超出其相应施工图的范围应补充绘图。

(3) 重复变更的图纸，应按最终变更的结果绘图。

(4) 绘制管线工程竣工图，所需数据必须是合格的竣工测量成果。

(5) 采用标准图、通用图（一般在图纸中标注了图型号）作为施工图的只需把有改动的图纸按要求绘制竣工图，其余不再绘图，也不编入竣工文件材料中。

(6) 无论采用何种绘制竣工图的方法，均须绘制竣工图标题栏。

复习思考题：

见 13.7 节 14 题。

13.7 复习思考题

1. 市政工程按其所在位置可分哪两大类？其特点是什么？
2. 市政工程施工测量的主要内容是什么？
3. 市政工程施工测量的准备工作的主要内容是什么？
4. 为什么说做好施测前的准备工作，是保证施工测量全过程顺利进行的基础？

5．为什么要制定施工测量方案？施工测量方案应包括哪些基本内容？

6．恢复中线的基本测法与校核方法是什么？

7．测设中线的精度要求与里程桩的间距是多少？

8．对比测设坡度板的两种方法有何不同？

9．场站建（构）筑物工程施工平面控制网的布网原则、精度各是什么？又如何保护好控制点位？

10．场站建（构）筑物工程施工高程控制网的布网原则、精度各是什么？又为什么要强调使用附合测法？

11．场站建（构）筑物定位条件的选择与常用定位条件是什么？

12．市政工程竣工测量的特点是什么？主要内容是什么？

13．市政工程竣工图的技术要求是什么？

14．市政工程竣工图的绘制基本方法是什么？

13.8 操作考核内容

1．校核设计中线图与纵断面图

初级放线工应能校核小型道路与管道工程的设计中线图与纵断面。

中级放线工应能校核中型道路与管道工程的设计中线图与纵断面。

高级放线工应能校核大型道路与管道工程的设计中线图与纵断面。

2．根据设计图纸与工程现场情况制定市政工程的施工测量方案

中级放线工应能完成中小型市政工程的施工测量方案。

高级放线工应能完成大中型市政工程的施工测量方案。

3．恢复中线测量

初级放线工应能完成小型道路与管道工程的恢复中线测量。

中级放线工应能完成中型道路与管道工程的恢复中线测量。

高级放线工应能完成大型道路与管道工程的恢复中线测量。

4．圆曲线与缓和曲线的测设

初级放线工应能完成一般圆曲线主点与辅点的测设。

中级放线工应能完成一般有缓和曲线的圆曲线的主点与辅点的测设。

高级放线工应能完成复杂的有缓和曲线的圆曲线的主点与辅点的测设。

5．根据工程要求进行加密水准点、纵断面与横断面测量

初级放线工应能完成中小型工程的加密水准点、纵横断面测量。

中级放线工应能完成大中型工程的加密水准点、纵横断面测量。

6．根据设计图进行道路与管道工程施工中的测量工作

初级放线工应能完成中小型道路与管道工程施工中的测量工作。

中级放线工应能完成大中型道路与管道工程施工中的测量工作。

7．根据场站场地情况与场站设计总平面图，布设平面控制与高程控制网

初级放线工应能完成小型场站工程的平面控制与高程控制网。

中级放线工应能完成中型场站工程的平面控制与高程控制网。

高级放线工应能完成大型场站工程的平面控制与高程控制网。

8．根据场站平面控制网，进行建（构）筑物工程的定位放线

初级放线工应能完成小型场站建（构）筑物的定位放线。

中级放线工应能完成中型场站建（构）筑物的定位放线。

高级放线工应能完成大型场站建（构）筑物的定位放线。

9. 根据管道工程情况，布设与测量竣工导线，并进行细部竣工测量

中级放线中应能完成中小型管道工程竣工测量与细部测量。

高级放线中应能完成大中型管道工程竣工测量与细部测量。

10. 根据工程要求编制市政工程竣工图

中级放线工应能完成中小型市政工程竣工图的编制。

高级放线工应能完成大中型市政工程竣工图的编制。

第 14 章 小区域地形图的测绘

14.1 小区域测图的控制测量概念

14.1.1 测绘小区域地形图的基本步骤

遵照测量工作"先整体后局部,高精度控制低精度"的工作程序,测绘小区域地形图的基本步骤是:

1. 在测区内建立精度较高的控制网以控制测区的全局。
2. 根据控制网测绘出地形图。

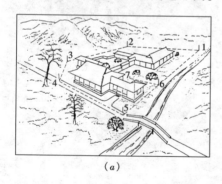
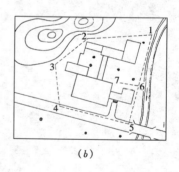

图 14.1.1
(a) 鸟瞰图;(b) 地形图

如图 14.1.1 中的 1-2-3-4-5-6-7 为控制全区的导线,先以较高的精度测定其位置,作为测定全区地形的骨架;然后再以各导线点为依据,测定各导线点附近的地形;最后,一张完整的全区地形图,就在导线控制的基础上测绘而成。

复习思考题:

1. 见 14.4 节 1 题
2. 控制网的精度为什么要高一些,才能保证整体地形图的精度?

14.1.2 控制网的作用

控制网的作用是测绘（测图）与测设（定位放线）平面位置及高程的依据,是保证其整体精度、减少误差传递与积累的根本措施。此外当控制网测定后,各个局部就可以分别进行各局部的测绘工作了,从而打开工作面,而加快测绘工作。

复习思考题:

控制网的作用有哪两方面？

14.2 经纬仪导线测量

14.2.1 导线与经纬仪导线

1. 导线

将相邻的互相通视的控制点连接成的连续折线。如图 14.1.1 中 1-2-3-4-5-6-7,作为测绘全区地形图的主导骨架。

2. 经纬仪导线

用经纬仪测量导线夹角,用钢尺丈量边长的叫经纬仪导线。在全站仪逐渐普及的当前,全站仪在测量导线夹角的同时就测出导线各边长,而极大的提高了观测速度与精度。

3. 经纬仪导线的形式

(1) 闭合导线（如图 14.1.1 中 1-2-3-4-5-6）；

(2) 附合导线与附合水准路线相仿,其起点与终点均为已知坐标和方位的已知点,这样可以校核起始数据与点位有无错误；

(3) 支导线（如图 14.1.1 中的 6-7）,是由已知点向外支出 1

~2个点,由于没有校核条件,施测中要特别注意。

复习思考题:

为什么实测中,最好选用附合导线?

14.2.2 导线选点的基本原则

1. 导线点要均布测区、控制意义强,即依据它能够测出全测区地物、地貌;
2. 相邻导线点必须通视,导线边长应大致相等(150~200m);
3. 点位要选择在视野开阔、土质坚固且易于长期保存的地方。

复习思考题:

如何理解导线点要均布全测区?且控制意义要强?

14.2.3 导线外业的基本内容

1. 踏勘选点,埋设标志;
2. 测导线夹角,用测回法测量导线的全部夹角(包括连接角);
3. 量导线边长,用全站仪或用经检定的钢尺往返丈量导线各边边长(包括连接边)。

复习思考题:

1. 见14.4节2题。
2. 为什么说导线的精度取决于外业测角和量距的精度?

14.2.4 导线内业的基本内容

1. 计算外业成果的精度(包括角度闭合差、坐标增量闭合差与导线精度);
2. 求出每个导线点的坐标,作为测绘其附近碎部点位的依据;

3．绘制导线图，作为绘制地形图的基础。

复习思考题：

导线内业计算前，为什么要全面校审外业记录？如何审核？

14.2.5 导线计算的步骤

1．根据导线各左夹角（β）计算角度闭合差

（1）计算角度闭合差（$f_{\beta测}$）；

（2）计算允许闭合差（三级导线角度允许闭合差 $f_{\beta允} \leq \pm 24''\sqrt{n}$）；

（3）若精度合格，则将角度闭合差按反号平均分配。

2．根据已知方位角（φ）及导线各调整后的左夹角（β）推算各边方位角，并做计算校核

3．根据各边方位角（φ）及边长（D）计算各边坐标增量（Δx、Δy）

（1）计算各边坐标增量；

（2）计算增量闭合差（f_y、f_x）及导线精度（k）（三级导线的允许精度 $k \leq \dfrac{1}{5000}$）；

（3）若精度合格，则将增量闭合差按反号与边长成正比例分配；

（4）用调整后的坐标增量推算各导线点坐标（y，x），并做计算校核。

根据以上计算步骤，将闭合与附合两种导线的计算公式列于表 14.2.5 中。

导线计算步骤与公式　　　　　　表 14.2.5

计算步骤	闭 合 导 线	附 合 导 线
1. 计算角度闭合差	$f_{\beta测} = \Sigma\beta_{测} - (n-2)\cdot 180°$	$f_{\beta测} = \varphi_{始} + \Sigma\beta_{测} - n\cdot 180° - \varphi_{终}$
调整角度闭合差计算校核	当闭合差在允许范围以内时，将 $f_{\beta测}$ 按相反符号，平均调整到各角上，各角改正数总和应等于角度闭合差（但符号相反）。$\Sigma\beta_{理} = (n-2)\cdot 180°$	$\varphi_{终} = \varphi_{始} + \Sigma\beta_{理} - n\cdot 180°$

续表

计算步骤	闭 合 导 线	附 合 导 线
2. 推算各边方位角 计算校核	下一边的方位角 φ_{ij} = 上一边的方位角 $\varphi_{i-1,i} + \beta_i \pm 180°$ 重推出始边方位角应与原值相等。	推算闭合边的方位角应等于 $\varphi_终$。
3. 计算各边坐标增量	$\left.\begin{array}{l}\Delta y = D \cdot \sin\varphi \\ \Delta x = D \cdot \cos\varphi\end{array}\right\}$	
计算坐标增量闭合差	$\left.\begin{array}{l}f_y = \Sigma\Delta_{y测} \\ f_x = \Sigma\Delta_{x测}\end{array}\right\}$	$\left.\begin{array}{l}f_y = \Sigma\Delta_{y测} - (y_终 - y_始) \\ f_x = \Sigma\Delta_{x测} - (x_终 - x_始)\end{array}\right\}$
计算导线全长闭合差	$f = \sqrt{f_y^2 + f_x^2}$	
计算导线精度	$k = \dfrac{f}{\Sigma D}$	
调整坐标增量闭合差	精度在允许限度内时，将 f_y、f_x 以相反的符号，按与各边长（增量）成比例调整到各坐标增量上。即： $V_{yi} = \dfrac{-f_y}{\Sigma D} \cdot D_i \quad V_{xi} = \dfrac{-f_x}{\Sigma D} \cdot D_i$ 各边坐标增量改正数的总和等于坐标增量闭合差（但符号相反） $\left.\begin{array}{l}V_{y1} + V_{y2} + \cdots + \Delta_{yn} = -f_y \\ V_{x1} + V_{x2} + \cdots + \Delta_{xn} = -f_x\end{array}\right\}$	
计算校核	$\left.\begin{array}{l}\Sigma\Delta_{y理} = 0 \\ \Sigma\Delta_{x理} = 0\end{array}\right\}$	$\left.\begin{array}{l}\Sigma\Delta_{y理} = y_终 - y_始 \\ \Sigma\Delta_{x理} = x_终 - x_始\end{array}\right\}$
4. 推算各点坐标	$\left.\begin{array}{l}y_i = y_{i-1} + \Delta_{i-1\,i} \\ x_i = x_{i-1} + \Delta_{i-1\,i}\end{array}\right\}$	
计算校核	推算闭合点坐标与原值相符	推算闭合点坐标应与 $y_终$、$x_终$ 相符

复习思考题：

1. 见 14.4 节 3 题。

2. 在导线计算中，为什么强调步步有校核？

14.2.6 按正算表格计算闭合导线与附合导线

1. 闭合导线计算

导线 1 点的坐标（y_1，x_1）与 12 边方位角（φ_{12}）均已知，各边长（D）与各左角（β）的测值均列入表 14.2.6-1 中，按上题所述步骤在表中计算。

表 14.2.6-1

闭合导线计算表

测站	导线左角 β 观测值	改正数	调整值	方位角 φ	边长 D	横坐标增量 Δy	横坐标 y	纵坐标增量 Δx	纵坐标 x	备注
1	2	3	4	5	6	7	8	9	10	11
1				38°37′00″	177.824	−10 +110.981	50 7007.289	+18 +138.941	30 4576.216	(y_1, x_1)已知 φ_{12}已知
2	122°46′12″	+9″	122°46′21″	341°23′21″	148.336	−9 −47.340	7118.260	+15 +140.579	4715.175	
3	102°17′48″	+8″	102°17′56″	263°41′17″	292.470	−17 −290.697	7070.911	+30 −32.155	4855.769	
4	104°44′10″	+8″	104°44′18″	188°25′35″	228.902	−13 −33.543	6780.197	+23 −226.431	4823.644	
5	86°11′15″	+8″	86°11′23″	94°36′58″	261.511	−15 +260.663	6746.641	+26 −21.046	4597.236	
1	123°59′54″	+8″	124°00′02″	38°37′00″	ΣD = 1109.043	+371.644 −371.580	7007.289	+279.520 −279.632	4576.216	
Σ =	539°59′19″	+41″	540°00′00″			$f_y =$				
						+0.064	$f_x =$	−0.112		

闭合差和精度

$f_{\beta允} = \pm 24''\sqrt{n} = \pm 24''\sqrt{5} = \pm 0'54''$

$f_{测} = \Sigma \beta_{测} - \Sigma \beta_{理} = 539°59′19″ - 540°00′00″ = -0'41'' < f_{\beta允}$

$f = \sqrt{f_y^2 + f_x^2} = \sqrt{(0.064)^2 + (-0.112)^2} = 0.129$ m

$k = \dfrac{f}{\Sigma D} = \dfrac{0.129}{1109.043} = \dfrac{1}{8600} < \dfrac{1}{5000}$

表 14.2.6-2 附合导线计算表

测站	导线左角 β 观测值	改正数	调整值	方位角 φ	边长 D	横坐标增量 Δy	横坐标 y	纵坐标增量 Δx	纵坐标 x	备注
1	2	3	4	5	6	7	8	9	10	11
P				31°25′00″						φ_{PQ}已知
Q	219°37′27″	−7″	219°37′20″		99.501	−4 +32.330	3959.632	+11 +94.102	7587.611	已知
1	216°10′00″	−10″	216°09′50″	71°02′20″	79.022	−3 −23.371	3991.958	+8 +75.487	7681.724	
2	144°21′21″	−10″	144°21′11″	107°12′10″	135.460	−6 +42.857	3968.584	+14 128.502	7757.219	
3	218°55′12″	−10″	218°55′02″	71°33′21″	85.627	−4 −29.949	4011.435	+9 80.219	7885.735	
M	194°15′10″	−10″	194°15′00″	110°28′23″			3981.482		7965.963	
N				124°43′23″						φ_{MN}已知
Σ	993°19′10″	−47″	993°18′23″		$\Sigma D=$ 399.610	$\Sigma\Delta y_{测}=$ +21.867 $y_M-y_Q=$ +21.850 $f_y=$ 0.017		$\Sigma\Delta x_{测}=$ +378.310 $x_M-x_Q=$ +378.352 $f_x=$ −0.042		

闭合差

$f_{\beta允}=\pm 24″\sqrt{n}=\pm 24″\sqrt{5}=\pm 0′54″$

$f_{\beta测}=\varphi_{PQ}+\Sigma\beta_{测}-\varphi_{MN}-n\times 180°=+0′47″<f_{\beta允}$

精度

$f=\sqrt{(0.017)^2+(-0.042)^2}=0.045\text{m}$

$k=\dfrac{f}{\Sigma D}=\dfrac{0.045}{399.610}=\dfrac{1}{8000}<\dfrac{1}{5000}$

2. 附合导线计算

PQ 与 MN 为两个已知导线边,即 Q 点坐标与 PQ 边方位角(φ_{PQ})、M 点坐标与 MN 边方位角(φ_{MN})均已知,Q-1-2-3-M 为附合导线,各边长(D)与各左角(β)的测值均列入表 14.2.6-2 中,按上题所述步骤在表中计算。

复习思考题:

1. 见 14.4 节 4~6 题。
2. 为什么闭合导线计算不能发现起始点坐标与起始边方位有无差错?

14.2.7 导线计算中的各项计算校核

1. 角度闭合差的计算校核无误,除能说明按表中数字计算无误外,还能说明观测值无误。但若角度观测值的次序颠倒,则发现不了。对于附合导线而言,还可说明两端已知方位角无误。

2. 推算方位角的计算校核,对于闭合导线,不能发现始边已知方位角是否有误;对于附合导线则能说明两端已知方位角无误,但两者均不能发现导线角度观测值次序问题。

3. 增量闭合差的计算校核无误,除能说明按表中数字计算无误外,还能说明观测值(边长与角度)均无误,且边、角次序匹配。对于附合导线而言,还能说明两端已知点坐标无误。

4. 推算各点坐标的计算校核,除能说明计算无误外,对于闭合导线不能说明起始点已知坐标无误;对于附合导线则能说明两端点已知坐标无误。

总而言之,计算校核无误时,只能说明按表中所列数字计算无误,不能说明观测数据与闭合导线的原始依据数字是否有误,但附合导线则可以。

为了使导线计算顺利进行,在计算之前应仔细检查、校核原始数据与外业观测的成果,发现问题应及时纠正。此外,在计算过程中还应采取两人对算等计算校核措施,详见 4.3.5。

复习思考题：

在导线计算中为何强调步步有校核？何时校核是有效的？何时校核是无效的？

14.2.8 导线图的展绘

1. 在图纸上精确地绘制 10cm×10cm 的直角坐标格网

如图 14.2.8（a）所示：先用直尺在图上画出两条对角线，从交点 O 起截取 $AO = BO = CO = DO$，连接 A、B、C、D 得到一个矩形，如图 14.2.8（b）所示：检查矩形两对边长，误差不应超过 0.3mm，然后在 AC 与 BD 线上自左至右、在 AB 与 CD 线上自下而上标出相隔 10cm 的点，连接相应点，即得坐标格网，如图 14.2.8（c）所示，并将坐标格网线的坐标值注在相应格网边线的外侧，如图 14.2.8（d）所示。

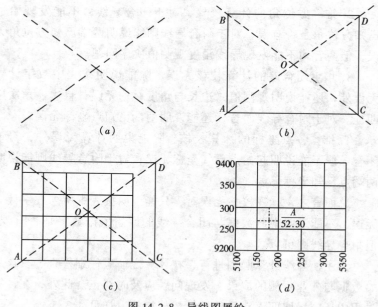

图 14.2.8 导线图展绘

2. 根据导线点的坐标值标出该点的位置

如图 14.2.8 (d) 中的 A 点。同法展绘出其他各导线点，并在点的右侧以分数形式注明点号及高程，最后检查各点间的距离，误差在图上应不大于 0.3mm。

复习思考题：

展绘导线图为什么不能用丁字尺与三角板绘制？

14.3 小平板仪、经纬仪和全站仪测图

14.3.1 小平板仪测图的原理

图 14.3.1 所示为平板仪测图的情况。O 点为地面控制点，将平板仪安置在 O 点上（图纸上展绘出 o 点与地面 O 点对到同一铅垂线上，图板水平，图上方向与实地方向一致），以 o 点为准，分别照准 A、B 两点，将 OA、OB 两方向铅垂投影到图纸上，做出方向线 oa'、ob'，丈量出 OA、OB 的水平距离，按测图比例尺在 oa'、ob' 方向上画出 a、b 两点，a、b 就是地面点 A、B 在图上的位置。

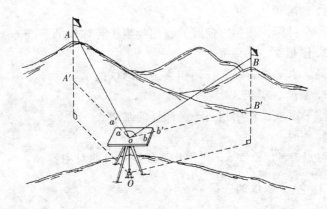

图 14.3.1 小平板测图原理

14.3.2 小平板仪的构造

如图 14.3.2 所示：小平板仪由照准仪、图板与脚架三部分组成，此外还有对点器、磁针等附件。

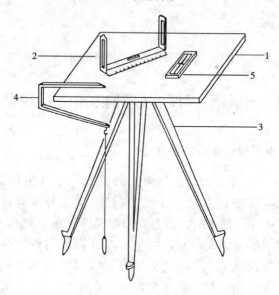

图 14.3.2　小平板仪构造

1. 照准仪 1

照准目标，提供方向线，作用相当于经纬仪的照准部。

2. 图板 2

提供水平投影面，作用相当于经纬仪的水平度盘。

3. 基座、脚架 3

整平图板，作用相当于经纬仪的基座。

4. 附件

对点器 4、磁针 5，作用相当于经纬仪的对中器。

14.3.3 小平板仪的安置

安置小平板仪的基本要求是：对中、定平与定向。

1. 对中

使图上控制点与地面相应控制点对到同一铅垂线上，对中误差不大于图上 0.05mm 所对应的实地距离。

2. 定平

使图板水平，利用脚架及基座上的定平螺旋使照准仪上的水准管气泡在两个互相垂直的方向上均居中。

3. 定向

使图上方向线与地面相应的方向线一致。由于对中与定向互有影响，实际安置平板仪时，应先概略做一次定向、定平、对中，然后再以相反的程序，精确地对中、定平及定向。

复习思考题：

1. 见 14.4 节 7 题
2. 安置水准仪只要求定平，安置经纬仪要求对中、定平，而安置平板仪为什么要求对中、定平与定向？
3. 如何快速安置好平板仪？操作要点何在？

14.3.4 小平板仪测定点位的基本方法

1. 极坐标法

这是大比例尺平板仪测图的主要方法。如图 14.3.4-1 所示：在 O 点安置平板仪，图板以 OB 方向定向，以 OA 方向做检查，然后照准仪以图上 o 点为中心，分别照准①、②、③、④、⑤等地形点，并用皮尺量出至测站点 O 的水平距离，在相应方向上按测图比例尺截取图上相应长度，即得到各地形点在图上的位置。

2. 前方交会法

如图 14.3.4-2 所示：在两个或两个以上的测站上向同一个地形点描绘方向线，以方向线交点确定地形点在图上位置，适用于测定不便量距的地形点。

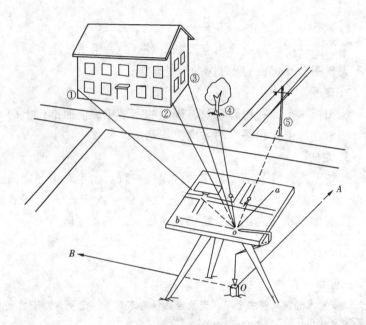

图 14.3.4-1 极坐标测法

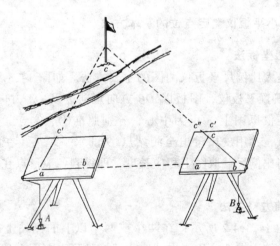

图 14.3.4-2 前方交会测法

复习思考题：

见 14.1 节 8 题。

14.3.5 经纬仪测记法、经纬仪测绘法与全站仪数字化测图法

1. 经纬仪测记法

如将图 14.3.4-1 中的平板仪换成经纬仪，安置在 O 点上，以 $0°00'00''$ 后视 B 点后，依次照准地形点①、②…⑤，用皮尺（或视距）量出测站 O 点至各地形点的水平距离，做记录。需要测高程时，再用视线高法测出各地形点的高程，一并记录，并在现场绘出草图。

内业绘图时，按外业记录用量角器、比例尺在导线图上绘出各地形点并勾出连线。外业逐站测记，内业逐站绘图，一张完整的地形图就在导线图的基础上绘成了。

2. 经纬仪测绘法

为了防止外业与内业工作中出现错误，采取现场绘图、边绘边对照的办法，或采取内业绘图后，现场实地核对的办法，以保证成图的质量。

3. 全站仪数字化测图法

由于全站仪在测站上可直接测出各地形点的坐标，通过机内软件进行贮存编辑。内业时则可将全站仪的通讯口与计算机相连接，在屏幕上显示并自动成图，具体测法可详见有关专业书籍。

14.4 复习思考题

1. 测绘小区域地形图的基本步骤是什么？
2. 导线外业的基本内容是什么？导线选点的基本原则是什么？
3. 导线内业的基本内容是什么？导线计算的步骤是什么？
4. 闭合导线 $ABCD$ 如图所示，各左角观测值如表中所示，

已知 BA 边方位角 $\varphi_{BA}=247°08'52''$，计算与调整角度闭合差，推算各边方位角，并做计算校核。

点	左角 β			方位角 φ
	观测值	改正值	调整值	
B				247°08′52″
A	100°06′28″			
D	75°10′42″			
C	92°28′16″			
B	92°14′10″			
A				
Σ				

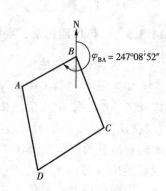

5. 根据表中所给闭合导线，$ABCD$ 各边方位角及距离，绘略图、计算坐标增量闭合差、导线精度，若精度合格进行增量调整并推算各点坐标。

点	方位角 φ	距离 D	Δy	y	Δx	x
A				8895.400		9064.066
	259°09′20″	199.868				
B						
	179°56′00″	121.152				
C						
	76°52′24″	201.421				
D						
	0°01′20″	113.012				
A						
Σ		$\Sigma D=$	$\Sigma\Delta y=$		$\Sigma\Delta x=$	

导线闭合差 $f=\sqrt{\Sigma\Delta y^2+\Sigma\Delta x^2}=$
导线精度 $k=f/\Sigma D=$

6. 对比闭合红线坐标反算，分析坐标正算中的计算次序上和误差方面的差异？

7. 小平板仪由哪三部分组成？安置小平板仪的基本要求和步骤是什么？

8. 小平板仪测定地面点的基本测法有哪两种？各适用于何种情况？

14.5 操作考核内容

1. 根据现场情况,完成闭合导线、附合导线测量外业工作,并进行内业计算与展绘导线图。中级放线工应能完成闭合导线测量的外业与内业工作,高级放线工应能完成附合导线测量工作。

2. 在导线测量的基础上用经纬仪测绘施工现场平面图中级放线工应能完成本题要求。

第 15 章 安全生产、公民道德和班组管理

15.1 安全生产

15.1.1 《中华人民共和国安全生产法》

《中华人民共和国安全生产法》（以下简称《安全生产法》）于 2002 年 6 月 29 日第 9 届全国人民代表大会常务委员会第 28 次会议通过，当天由国家主席第 70 号令公布，自 2002 年 11 月 1 日起实施。

《安全生产法》第 1 条规定了立法的宗旨：为了加强安全生产监督管理，防止和减少生产安全事故，保障人民群众生命和财产安全，促进经济发展，制定本法。

《安全生产法》共 7 章 97 条。各章标题是：1. 总则，2. 生产经营单位的安全生产保障，3. 从业人员的权利和义务，4. 安全生产的监督管理，5. 生产安全事故的应急救援与调查处理，6. 法律责任，7. 附则。

《安全生产法》第 1 章第 3 条"坚持安全第一、预防为主"是我国安全生产管理的基本方针。

复习思考题：

我国安全生产管理的基本方针是什么？

15.1.2 《安全生产法》规定有关人员的权利与义务

1. 根据《安全生产法》第 2 章第 17 条规定：生产经营单位的主要负责人对本单位安全生产工作负有下列职责：

（1）建立、健全本单位安全生产责任制；

（2）组织制定本单位安全生产规章制度和操作规程；

（3）保证本单位安全生产投入的有效实施；

（4）督促、检查本单位的安全生产工作，及时消除生产安全事故隐患；

（5）组织制定并实施本单位的生产安全事故应急救援措施；

（6）及时、如实报告生产安全事故。

2. 根据《安全生产法》第 3 章有关条目规定：从业人员的权利与义务的主要内容有：

（1）接受安全生产教育和培训，掌握本职工作所需的安全生产知识，提高安全生产技能，增强事故预防和应急处理能力；

（2）在作业过程中，应当严格遵守本单位的安全生产规章制度和操作规章，服从管理，正确佩戴和使用劳动防护用品；

（3）有权了解其作业场所和工作岗位存在的危险因素，防范措施及事故应急措施；

（4）有权拒绝违章指挥和强令冒险作业；

（5）发现直接危及人身安全的紧急情况时，有权停止作业或在采取可能的应急措施后撤离作业场所。

复习思考题：

见 15.6 节 1 与 2 题。

15.1.3 建筑业的有关安全规程、规范

1. 建筑业是有较大危险性的行业

目前我国建筑行业，仍然是以现场手工操作为主的劳动密集型行业。在一个大中型的施工现场、一般均有数百上千名素质差异较大的施工人员，在露天、立体（高空和地下）交叉作业，而且使用种类众多的施工机械与电器设备。因此，施工现场存在着发生伤亡事故是在所难免的，据全国伤亡事故统计，建筑业伤亡事故率仅次于矿山行业，是有较大危险性的行业。

2. 筑筑行业中的"五大伤害"

是高处坠落、触电事故、物体打击、机械伤害及坍塌事故等五种,为建筑业最常发生的事故,占事故总数的85%以上,故通常叫做"五大伤害"。

3. 国务院、建设部与北京市建委制定的有关安全生产的规程、规范

建设主管部门对安全生产一贯是重视的,早在1956年国务院就颁布了《建筑安装工程安全技术规程》。改革开放以来,各级领导部门更是针对建筑业特点制定并颁布了大量的有关安全生产的规范、规程如:

(1) 1985年8月1日实施的《排水管道维护安全技术规程》(**CJJ 6—1985);

(2) 1988年10月1日实施的《施工现场临时用电安全技术规范》(JGJ 46—1988);

(3) 1990年5月1日实施的《液压滑动模板施工安全技术规程》(JGJ 65—1989);

(4) 1992年8月1日实施的《建筑施工高处作业安全技术规范》(JGJ 80—1991);

(5) 1993年8月1日实施的《龙门架及井架物料提升机安全技术规范》(JGJ 88—1992);

(6) 1994年4月北京市劳动局公布《北京地区建筑施工人员安全生产须知》;

(7) 1994年8月1日实施的《建设工程施工现场供用电安全规范》(*GB 50194—1993);

(8) 1994年12月1日实施的《城镇供水厂运行、维护及安全技术规程》(CJJ 58—1994);

(9) 1995年7月1日实施的《城市污水处理厂运行、维护及其安全技术规程》(CJJ 60—1994);

(10) 1995年10月1日实施的《公路工程施工安全技术规程》(**JTJ 076—1995);

(11) 1999年5月1日实施的《建筑施工安全检查标准》（JGJ 59—1999）；

(12) 1999年8月1日实施的《城市粪便处理厂运行、维护及其安全技术规程》（CJJ/T 30—1999）；

(13) 2000年10月1日实施的《城镇供热系统安全运行技术规程》（CJJ/T 88—2000）；

(14) 2000年12月1日实施的《建筑施工门式钢管脚手架安全技术规范》（JGJ 128—2000）；

(15) 2001年6月1日实施的《建筑施工扣件式钢管脚手架安全技术规范》（JGJ 130—2001）；

(16) 2001年7月1日实施的《城镇燃气设施运行、维护和抢修安全技术规程》（CJJ 51—2001）；

(17) 2001年11月1日实施的《建筑机械使用安全技术规程》(**JGJ 33—2001）；

(18) 2001年7月1日实施的《北京市市政工程施工安全操作规程》(***DBJ 01—56—2001）；

(19) 2002年9月1日实施的《北京市建筑工程施工安全操作规程》（DBJ 01—62—2002）；

(20) 2003年1月14日颁布《北京市建设工程施工现场安全防护标准》（京建施［2003］1号）。

* GB——国家标准；** CJJ、JGJ、JTJ——行业标准；*** DBJ——北京市地方标准。

由于以上规程、规范的颁布执行，使安全生产有法可依。因而提高了"安全第一、预防为主"方针的贯彻力度。

复习思考题：

1. 建筑业为什么是较大危险的行业？建筑施工中"五大伤害"是什么？
2. 20种安全技术规范中有哪几种与施工测量最有关系？

15.1.4 施工安全生产中的基本名词术语

1. "三级"安全教育

对新进场或转换工作岗位和离岗后重新上岗人员，必须进行上岗前的"三级"安全教育，即：公司教育、项目教育与班组教育，以使从业人员学到必要的劳保知识与规章制度要求；此外，对特种作业人员（如架子工、电工等）还必须经过专门国家安全培训取得特种作业资格。

2. 做到"三不伤害"

在生产劳动中要处处、时时注意做到"三不伤害"，即：我不伤害自己，我不伤害他人，我不被他人伤害。

3. 正确用好"三宝"

进入施工现场必须正确戴好安全帽，在高处（指高差2m或2m以上者）作业、无可靠安全防护设施时，必须系好安全带，高处作业平台四周要有1~1.2m的密目封闭的安全网。

4. 做好"四口"防护

建筑施工中的"四口"是指：楼梯口、电梯口、预留洞口和出入口（也叫通道口），"四口"是高处坠落的重要原因。因此，应根据洞口大小、位置的不同，按施工方案的要求，封闭牢固、严密，任何人不得随意拆除，如工作需要拆除，须经工地负责人批准。

5. 造成事故原因的"三违"

是指负责人的违章指挥，从业人员的违章作业与违反劳动纪律。统计数字表明70%以上的事故都是由"三违"造成的。

6. 处理事故中的"四不放过"

施工现场一旦发生事故，要立即向上级报告，不得隐瞒不报，并按"四不放过"原则进行调查分析和处理。"四不放过"是指事故原因没有调查清楚不放过，事故责任人没有严肃处理不放过，广大职工没有受到教育不放过，针对事故的防范措施没有真正落实不放过。

复习思考题：

1. 安全教育中的"三级"是指什么？"三不伤害"、"三宝"、"四口"各指什么？
2. "三违"与"四不放过"各指什么？

15.2 施工测量人员的安全生产

15.2.1 施工测量人员在施工现场作业中必须特别注意安全生产

施工测量人员在施工现场，虽比不上架子工、电工或爆破工遇到的险情多，但是测量放线工作的需要，使测量人员在安全隐患方面有"八多"。即：

1. 要去的地方多、观测环境变化多

测量放线工作从基坑到封顶，从室内结构到室外管线的各个施工角落均要放线，所以要去的地方多，且各测站上的观测环境变化多；

2. 接触的工种多、立体交叉作业多

测量放线从打护坡桩挖土到结构支模，从预留埋件的定位到室内外装饰设备的安装，需要接触的工种多，相互配合多，尤其是相互立体交叉作业多；

3. 在现场工作时间多，天气变化多

测量人员每天早晨上班要早，以检查线位桩点，下午下班要晚，以查清施工进度安排明天的活茬，中午工地人少，正适合加班放线以满足下午施工的需要，所以施工测量人员在现场工作时间多；天气变化多也应尽量适应。

4. 测量仪器贵重，各种附件与斧锤、墨斗工具多、接触机电机会多

测量仪器怕摔砸，斧锤怕失手，线坠怕坠落，人员怕踩空跌落；现场电焊机、临时电线多。因此，钢尺与铝质水准尺触电机会多。

总之，测量人员在现场放线中，要精神集中观测与计算，而周围的环境却千变万化，上述的"八多"隐患均有造成人身或仪器损伤的可能。为此，测量人员必须在制定测量放线方案中，应根据现场情况按"预防为主"的方针，在每个测量环节中落实安全生产的具体措施。并在现场放线中严格遵守安全规章、时时处处谨慎作业，既要做到测量成果好，更要人身仪器双安全。

复习思考题：

为什么说测量人员在施工现场工作中，存在诸多安全隐患？如何做到预防为主？

15.2.2 市政工程施工测量人员安全操作要点

根据2001年7月1日起实施的北京市地方强制性标准《北京市市政工程施工安全操作规程》（DBJ 01—56—2001）第10章规定测量工安全操作的要点有以下10点：

（1）进入施工现场必须按规定配戴安全防护用品；

（2）作业时必须避让机械，躲开坑、槽、井，选择安全的路线和地点；

（3）上下沟槽、基坑应走安全梯或马道，在槽、基坑底作业前必须检查槽帮的稳定性，确认安全后再下槽、基坑作业；

（4）高处作业必须走安全梯或马道，临边作业时必须采取防坠落的措施；

（5）在社会道路上作业时必须遵守交通规则，并据现场情况采取防护、警示措施，避让车辆，必要时设专人监护；

（6）进入井、深基坑（槽）及构筑物内作业时，应在地面进出口处设专人监护；

（7）机械运转时，不得在机械运转范围内作业；

（8）测量作业钉桩前应检查锤头的牢固性，作业时与他人协调配合，不得正对他人抡锤；

(9) 需在河流、湖泊等水中测量作业前，必须先征得主管单位的同意，掌握水深、流速等情况，并据现场情况采取防溺水措施；

(10) 冬期施工不应在冰上进行作业，严冬期间需在冰上作业时，必须在作业前进行现场探测，充分掌握冰层厚度，确认安全后，方可在冰上作业。

复习思考题：

市政工程施工测量人员安全操作要点有哪些？

15.2.3 建筑工程施工测量人员安全操作要点

根据 2002 年 9 月 1 日起实施的北京市地方强制性标准《北京市建筑工程施工安全操作规程》（DBJ 01—69—2002）的精神，参照上述市政规程，编者认为建筑工程测量工安全操作的要点应有以下 10 点：

(1) 为贯彻"安全第一、预防为主"的基本方针，在制定测量放线方案中，就要针对施工安排和施工现场的具体情况，在各个测量阶段落实安全生产措施，做到预防为主。尤其是人身与仪器的安全，尽量减少立体作业，以防坠落与摔砸。如平面控制网站的布设要远离施工建筑物，内控法做竖向投测时，要在仪器上方采取可靠措施等。

(2) 对新参加测量的工作人员，在进行做好测量放线、验线应遵守的基本准则教育的同时，针对测量放线工作存在安全隐患"八多"的特点，进行安全操作教育，使他们能严格遵守安全规章制度；现场作业必须戴好安全帽，高处或临边作业要绑扎安全带；

(3) 各施工层上作业，要注意"四口"安全，不得从洞口或井字架上下，防止坠落。

(4) 上下沟槽、基坑或登高作业应走安全梯或马道。在槽、基坑底作业前必须检查槽帮的稳定性，确认安全后再下槽、基

坑;

(5) 在脚手板上行走、防踩空或板悬挑,在楼板临边放线,不要紧靠防护设备,严防高空坠落;机械运转时,不得在机械运转范围内作业;

(6) 测量作业钉桩前应检查锤头的牢固性,作业时与他人协调配合,不得正对他人抡锤;

(7) 楼层上钢尺量距要远离电焊机和机电设备,用铝质水准尺抄平时、要防止碰撞架空电线,以防造成触电事故;

(8) 仪器不得已安置在光滑的水泥地面上时,要有防滑措施,如三脚架尖要插入土中或小坑内、以防滑倒,仪器安置后必须设专人看护,在强阳光下或安全网下都要打伞防护;夜间或黑暗处作业时,应具备必要的照明安全设备;

(9) 有不宜登高作业疾病者,如高血压、心脏病等不宜高空作业;

(10) 操作时必须精神集中,不得玩笑打闹,或往楼下或低处掷杂物,以免伤人、砸物。

复习思考题:

建筑工程施工测量人员安全操作要点有哪些?

15.3 公民道德和职业道德

15.3.1 公民道德建设与基本道德规范

1.《公民道德建设实施纲要》(以下简称《纲要》)

2001年9月20日中共中央关于印发《纲要》的通知中指出:充分认识加强公民道德建设的重要性、艰巨性、长期性和紧迫性,把公民道德建设放在突出位置来抓,促进依法治国与以德治国的紧密结合,推动经济和社会的全面发展。

2. 公民道德建设的重要性

《纲要》第1条指出：社会主义道德建设是发展先进文化的重要内容。在新世纪全面建设小康社会，加快改革开放和现代化建设步伐，顺利实现第三步战略目标，必须在加强社会主义法制建设、依法治国的同时，切实加强社会主义道德建设、以德治国，把法制建设与道德建设、依法治国与以德治国紧密结合起来，通过公民道德建设的不断深化和拓展，逐步形成与发展社会主义市场经济相适应的社会主义道德体系。这是提高全民族素质的一项基础性工程，对弘扬民族精神和时代精神，形成良好的社会道德风尚，促进物质文明与精神文明协调发展，全面推进建设有中国特色社会主义伟大事业，是有十分重要的意义。

3. 公民道德建设的指导思想

《纲要》第4条指出：根据党在社会主义初级阶段的历史任务，当前和今后一个时期，我国公民道德的历史任务，当前和今后一个时期，我国公民道德建设的指导思想是：以马克思列宁主义、毛泽东思想、邓小平理论为指导，全面贯彻江泽民同志"三个代表"的重要思想，坚持党的基本路线、基本纲领，重在建设、以人为本，在全民族牢固树立建设有中国特色社会主义的共同理想和正确的世界观、人生观、价值观，在全社会大力倡导公民的基本道德观，努力提高公民道德素质，促进人的全面发展，培养一代又一代有理想、有道德、有文化、有纪律的社会主义公民。

4. 公民的基本道德规范

《纲要》第4条指出：公民的基本道德规范为：
爱国守法、明礼诚信、团结友善、勤俭自强、敬业奉献。

复习思考题：

见15.6节3题。

15.3.2 职业道德与职业守则

1. 职业道德

《纲要》第 16 条指出：职业道德是所有从业人员在职业活动中应该遵循的行为准则，涵盖了从业人员与服务对象、职业与职工、职业与职业之间的关系。随着现代社会分工的发展和专业化程度的增强，市场竞争日趋激烈，整个社会对从业人员职业观念、职业态度、职业技能、职业纪律和职业作风的要求越来越高。要大力倡导以**爱岗敬业**、**诚实守信**、**办事公道**、**服务群众**、**奉献社会**为主要内容的职业道德、鼓励人们在工作中做一个好建设者。

2. 职业守则

劳动和社会保障部与建设部于 2002 年 11 月 12 日共同批准的国家职业标准中规定的职业守则为：

热爱本职，忠于职守　　遵章守纪，安全生产
尊师爱徒，团结协作　　勤俭节约，关心企业
精心操作，重视质量　　钻研技术，勇于创新

复习思考题：

见 15.6 节 4、5 题。

15.3.3 测量放线人员应自觉遵守公民道德与职业道德，努力把自己培养成四有新人

1. 由于测量放线工作的重要性，单位领导应选派政治可靠、道德高尚、认真负责、业务精良的同志担任测量放线工作，以保证测量放线工作的质量。

2. 测量放线人员应从做好工作的需要出发，严格要求自己、自觉执行公民道德规范与职业道德规范，在长期严谨的工作中，逐步培养自己良好的品德、修养，做有理想、有道德、有文化、有纪律的四有新人。事实上在测量放线工作岗位上早已出现一大批品德高尚、认真负责、善于团结协作的，受到尊敬和信任的测量放线的把关人、测量放线先进工作者，为工程建设做出贡献。

3. 测量放线人员在遵守公民道德与职业道德中，还应针对

自身工作的特点，补充制定一些工作守则如：实事求是、认真负责，精心使用与爱护仪器，测量班组内要团结配合，测量班组要与其他有关工种协调共进，在全面执行放线工作准则与验线工作准则中，形成良好的工作体制，真正成为工程施工中，全局性、先导性、保证性的先进集体。

复习思考题：

测量放线人员应如何正确对待公民道德与职业道德。

15.4 施工测量班组管理

15.4.1 施工测量中的两种管理体制

目前国内建筑工程公司与市政工程公司多为公司——项目部（工程处）两级管理。由于各工程公司规模与管理体制的不同，对施工测量的管理体系也不一样。一般规模较大的工程公司对施工测量尚较重视，多在公司技术质量部门设专业测量队，由工程测量专业工程师与测量技师组成，配备全站仪与精密水准仪等成套仪器，负责各项目部（工程处）工程的场地控制网的建立、工程定位及对各项目部（工程处）放线班组所放主要线位进行复测验线，此外还可担任变形与沉降等观测任务。项目部（工程处）设施工放线班组，由高级或中级放线工负责，配备一般经纬仪与水准仪，其任务是根据公司测量队所定的控制依据线位与标高，进行工程细部放线与抄平，直接为施工作业服务。另一种施工测量体制是工程公司的规模也不小，但对施工测量工作的重要性与技术难度认识不足，以精减上层为名而只是在项目部（工程处）设施工测量班组，由放线工组成，受项目工程师或土建技术员领导，测量班组的任务是从工程场地控制网的测设、工程定位及细部放线抄平全面负责，而验线工作多由质量部门负责，由于一般质检人员的测量专业水平有限，故验线工作一般效果多不理想。

实践证明上述两种施工测量管理体制,以前者效果为好,具体反映在以下3个方面:

(1)测量专业人才与高新设备可以充分发挥作用,不同水平的放线工也能因材适用;

(2)测量场地控制网与工程定位的质量有保证,并能承接大型、复杂工程测量任务;

(3)有专业技术带头人,有利于实践经验的交流总结和人员的系统培训,这是不断提高测量工作质量的根本。

复习思考题:

见15.6节6题。

15.4.2 施工测量班组管理的基本内容

施工测量放线工作是工程施工总体的全局性工序。是工程施工各环节之初的先导性工序,也是该环节终了时的验收性工序。根据施工进度的需要,及时准确地进行测量放线、抄平,为施工挖槽、支模提供依据是保证施工进度和工程质量的基本环节,这一点在正常作业情况中,往往被人们认为测量工是不创造产值的辅助工种。可一旦测量出了问题,如:定位错了,将造成整个建筑物位移;标高引错了,将造成整个建筑抬高或降低;竖向失控,将造成建筑整体倾斜;护坡桩监测不到位,造成基坑倒塌……;总之,由于测量工作的失误,造成的损失有时是严重的、是全局性的。故有经验的施工负责人对施工测量工作都较为重视,他们明白"测量出错,全局乱"的教训,因而选派业务精良、工作上认真负责的测量专业人员负责组建施工测量班组。其管理工作的基本内容有以下6项:

1. 认真贯彻全面质量管理方针,确保测量放线工作质量

(1)进行全员质量教育,强化质量意识

主要是根据国家法令、规范、规程要求与《质量管理和质量保证标准》(GB/T 19000—2000)规定,把好质量关、做到测量班组所交出的测量成果正确、精度合格,这是测量班组管理工作的核心,也是荣誉所在。要做到人人从内心理解:观测中产生误差是不可避免的,工作中出现错误也是难于杜绝的客观现实。因此能自觉的做到:作业前要严格审核起始依据的正确性,在作业中坚持测量、计算工作步步有校核的工作方法。以真正达到:错误在我手中发现并剔除,精度合格的成果由我手中交出,测量放线工作的质量由我保证。

(2)充分做好准备工作,进行技术交底与有关规范学习

主要是按 11.1.2 的"三校核"要求,即校核设计图纸、校测测量依据点位与数据、检定与检校仪器与钢尺,以取得正确的测量起始依据,这是准备工作的核心。要针对工程特点进行技术交底与学习有关规范、规章,以适应工程的需要。

(3)制定测量放线方案,采取相应的质量保证措施

主要是按 11.1.3 的"三了解"要求,做好制定测量放线方案前的准备工作,按 11.1.4 的要求,制定好切实可行又能预控质量的测量放线方案;按工程实际进度要求,执行好测量放线方案,并根据工程现场情况,不断修改、完善测量放线方案;并针对工程需要,制定保证质量的相应措施。

(4)安排工程阶段检查与工序管理

主要是建立班组内部自检、互检的工作制度与工程阶段检查制度,强化工序管理。并严格执行 4.3.3 的测量验线工作的基本准则,防止不合格成果进入下一道工序。

(5)及时总结经验,不断完善班组管理制度与提高班组工作质量

主要是注意及时总结经验,累积资料,每天记好工作日志,做到班组生产与管理等工作均有原始记载,要记简要过程与经验教训,以发扬成绩、克服缺点,改进工作,使班组工作质量不断提高。

2. 班组的图纸与资料管理

设计图纸与洽商资料不但是测量放线的基本依据,而且是绘

制竣工图的依据,并有一定的保密性。施工中设计图纸的修改与变更是正常的现象,为防止按过期的无效图纸放线与明确责任,一定要管好用好图纸资料。

(1) 按1.7与11.2节的要求,做好图纸的审核、会审与签收工作;

(2) 做好日常的图纸借阅、收回与整理等日常工作,防止损坏与丢失;

(3) 按资料管理规程要求,及时做好归案工作;

(4) 日常的测量外业记录与内业计算资料,也必须按不同类别管好。

3. 班组的仪器设备管理

测量仪器设备价格昂贵,是测量放线工作必不可少的,其精度状况又是保证测量精度的基本条件。因此,管好用好测量仪器是班组管理中的重要内容。

(1) 要按4.1节计量法规定,做好定期检定工作;

(2) 在检定周期内,应按11.1节要求做好必要项目的检校工作,每台仪器要建有详细的技术档案;

(3) 班组内要设人专门管理,负责账物核实、仪器检定、检校与日常收发检查工作。高精度仪器要由专人使用与保养。一般仪器要人人按5.7.6、5.7.7、6.6.9、7.2.5、7.4.4与8.4.4要求进行精心使用与保养;

(4) 仪器应放在铁皮柜中保存,并做好防潮、防火与防盗措施。

4. 班组的安全生产与场地控制桩的管理

(1) 班组内要有人专门管理安全生产,要严格执行15.1与15.2节的有关规定,防止思想麻痹造成人身与仪器的安全事故;

(2) 场地内各种控制桩是整个测量放线工作的依据,除在现场采取妥善的保护措施外,要有专人经常巡视检查,防止车轧、人毁,并提请有关施工人员和施工队员共同给以保护。

5. 班组的政治思想与岗位责任管理

(1) 要按15.3与4.3.2要求,加强职业道德和文化技术培训,使班组成员素质不断提高,这是班组建设的根本;

(2) 建立岗位责任制,做到:事事有人管、人人有专责、办事有标准、工作有检查。使班组人人关心集体,团结配合全面做好各方工作。

6. 班组长的职责

(1) 以身作则全面做好班组工作,在执行"测量放线方案"中要有预见性,使施工放线工作,紧密配合施工,主动为施工服务,发挥全局性、先导性作用;

(2) 发扬民主调动全班组成员的积极性,使全班组人员树立群体意识、维护班组形象与企业声誉,把班组建成团结协作的先进集体,及时、高精度的放好线,发挥全局性、保证性的作用;

(3) 严格要求全班组成员,认真负责做好每一项细小工作,争取少出差错,做到奖惩分明一视同仁,并使工作成绩与必要的奖励挂钩;

(4) 注意积累全组成员的经验与智慧,不断归纳、总结出有规律的、先进的作业方法,以不断提高全班组的作业水平,为企业做出更大贡献。

复习思考题:

见15.6节7~9题。

15.5 向初、中级工传授技能和解决本工种操作技术的疑难问题

15.5.1 向初级测量放线工传授技能

向初级测量放线工全面传授测量放线工作的基本准则(以下简称放线准则,见4.3.2),使他们从一开始从事测量放线工作,

就要培养正确的工作态度和学会科学的工作方法，为今后做好测量放线工作打下良好的基础。放线准则共 7 条大体上分为两部分。其中第 1 条、第 6 条与第 7 条讲的是职业道德方面，要求测量放线人员必须具有高尚的思想品德和优良的工作作风；第 2 条~第 5 条讲的是测量放线人员必须掌握的业务素质方面，即科学的工作方法和遵守严谨的工作制度。这样才能从做人与做事两方面，做好测量放线工作。

1. 明确测量放线工作的重要性与责任感

（1）明确为施工服务，对工程负责的工作态度　测量放线工作是工程各施工阶段中的先导性工序，若工程定位放线或标高抄测中发生差错，未被发现会造成后续工序工种的返工、延误工期，或影响工程使用功能等经济损失，后果严重由此可看出测量放线工作的重要性，从而增强对放线工作的责任感。

（2）树立认真负责、团结协作的工作作风　为了保证按图施工，首先就要做到学好图纸、按图放线，测量放线工作是在条件变化的施工现场中进行的，要把图纸上的复杂尺寸核对无误并准确的放到现场。首先必须树立认真负责、踏实严谨，放线班组内同心协力，与各工种间要团结协作的优良作风，才能做好放线工作。

2. 传授识图方面的基本能力

（1）讲解尺寸标注的准确位置、三道尺寸的关系和平、立、剖面图相关尺寸与标高相对应关系。

（2）对矩形图中对边尺寸要相等，对圆弧形图中的圆弧半径 R、圆弧长 L 与圆心角 α 的尺寸要符合 $L = R \cdot \alpha$ 的几何关系等进行核对。

（3）结合学习建（构）筑物构造知识，使图纸中的平、立、剖面图形在自己的脑海中形成立体建（构）筑物。并能向现场的有关工种进行放线交底或说明所放的是什么位置的线。

3. 传授计算方面的基本能力

（1）用平面几何学、三角学和立体几何学的原理，引导和理解图纸上各部分的关系位置,并能计算相关尺寸。

(2) 逐项讲解与掌握测量计算工作的基本要求(见 4.3.5),学会函数型计算器的正确使用(见附录 2),掌握圆曲线的计算(见 10.2 节)与红线桩坐标反算(见 11.3 节)等。

4. 传授测量基本知识与 S3 水准仪、J6 经纬仪及普通钢尺的使用基本方法

(1) 讲解地面点位的确定(见 3.2 节)与测量误差的基本概念(见 3.4 节)。

(2) 讲解 S3 水准仪(见第 5 章)、J6 经纬仪(见第 6 章)与钢尺量距(见第 7 章)的基本原理操作方法及保养知识。

5. 传授测量与测设的基本方法,定位放线与抄平的基本能力

(1) 讲解测量点位与测设点位的基本原理与方法。

(2) 讲解一般建(构)筑物的定位放线方法与校核方法。

(3) 讲解一般建(构)筑物的标高定位方法与校核方法。

6. 传授施工现场的有关规章、制度

如安全、保密规定,仪器养护、保管制度,测量记录、资料整理以及图纸管理等方面的知识。

总之,要以测量放线工作的基本准则和初级测量放线工的应知、应会的要求,向初级工传授职业道德、测量放线业务和有关规章制度三方面的教育内容,使初级工从开始参加测量放线工作起,就能健康成长起来。

复习思考题:

1. 见 15、6 节 10 题。
2. 为什么要向初级放线工进行职业道德、测量业务与有关规章制度三方面的教育内容。
3. 中级、高级放线工如何以身传言教的自身所为带好初级工。

15.5.2 向中级测量放线工传授技能

中级工是本工种的中坚力量,对完成测量放线班组的工作,起着重要和决定性的作用,因之必须提出全面和严格的要求。

1. 明确中级测量放线工的重要责任,传授班组生产的组织领导能力

施工现场测量放线工作主要是通过中高级工为骨干的班组来完成,测量放线工作从施测准备工作开始、测设场地控制网、工程定位放线、标高的引入、基础开挖、施工层放线、竖向控制……内容众多、前后次序衔接配合等等,这就要求中高级工具有较扎实的基础知识、必要的专业知识和较熟练的操作技能,才能胜任测量班组的技术工作。同时由于工程规模和进度的变化,以及班组人员的变动等都给班组工作带来一定的难度,这都需要有足够的班组工作的管理能力。这些组织领导能力,主要通过高级工和技师的传授来不断地提高中级工的水平和能力。

2. 传授做好施测前的准备工作的能力

在接到一个新工程任务之后,要按 11.1 节与 11.2 节要求指导中级工在学习和审核图纸、检校仪器、检测测量定位依据(红线桩、水准点)等三方面做好准备工作的基础上,按 11.1.4 要求,制定切实可行的施工测量方案,并做好班组人员配备工作。

3. 传授按计量法要求送检仪器和定期检校仪器的能力

根据计量法规定,测量仪器每年应送计量部门进行检定。在检定周期内对测量仪器的主要轴线关系进行检验与校正,这是保证仪器观测精度的重要措施,也是目前的薄弱环节。应在高级工指导下对水准仪的 i 角、经纬仪 $LL \perp VV$、$CC \perp HH$ 及光学对中等主要项目进行检验,通过检验再逐步学会和掌握校正方法,这项传授不可求急,以防损伤仪器。

4. 传授新仪器新技术

根据工作需要和可能,传授以自动安平水准仪、电子经纬仪、光电测距仪、全站仪、铅直仪等为主的新仪器、新技术的性能和使用技术,使中级工逐步学会和掌握这些新仪器、新技术,以提高测量放线的精度与速度。

5. 传授中级工应知应会的专业理论和操作方法

根据现场存在的问题，有针对性的传授测量误差产生的原因、性质和消减方法，以提高测量专业理论和分析问题与解决问题的能力。根据工作任务的需要，逐步进行水准引测、平面控制网的布设，坐标换算、建筑物定位放线、结构安装、竖向投测以及沉降观测等，以提高操作技能水平。

6. 传授工序管理和全面贯彻《建筑工程施工测量规程》（DBJ 01—21—1995）与有关规范的要求

按照"先整体、后局部"的工作程序，施测前做到严格审核起始依据的正确性，施测中做到测、算工作步步有校核，道道工序均要满足《施工测量规程》与有关规范的要求，由工作质量和工序管理，保证测量成果质量。

复习思考题：

1. 为什么要向中级工传授技术的同时，还要传授班组管理与工序管理能力？

2. 见 15.6 节 11 题。

15.5.3 高级测量放线工需解决的疑难问题

高级测量放线工与测量放线技师是组织大型、复杂工程施工测量的骨干力量，本身应具有较好的基础知识、专业理论和较丰富的实践经验。因此在大型、复杂工程的测量放线中，应能较好的解决工作中出现的疑难问题，而使工作顺利进行。

1. 解决审校图纸、校核测量放线起始依据中的疑难问题

在大型复杂工程图纸的审核和图纸会审中，应能对图纸中设计不妥当的控制数据提出修改或质疑，对根据控制数据推算出的有错误的导出数据提出更正或补充。能发现测量外业记录中的问题与计算中不正确的结果。并能指导班组解决实测中存在的疑难问题。

2. 解决普通水准仪与经纬仪在检校中遇到的问题，并能进行一般的维修

能正确、较熟练的对普通水准仪与经纬仪进行检验与校正，并解决检校中出现的问题。对仪器使用中发现的故障，进行原因分析和一般的维修或处理意见。

3. 能编制较复杂、大、中型工程的施工测量方案，并能组织实施

能根据工程设计要求与施工现场实际情况，按《施工测量规程》与 ISO 9000 质量管理体系要求，编制切实可行的、并能预控质量要求的施工测量方案。对方案向测量放线班组进行技术交底并组织实施，在实测中能预控质量和避免发生事故，工程完成后，能及时进行总结，通过实际方案的实施积累自己的经验和提高班组作业能力。

4. 努力学习新知识，推广应用新技术、新设备

能针对工程的需要，引进新技术、新设备，并组织班组尽快用于生产，发挥效益。

复习思考题：

见 15.6 节 12 题。

15.6 复习思考题

1. 《安全生产法》规定了生产经营单位的主要负责人的职责是什么？

2. 《安全生产法》规定了从业人员的权利和义务的主要内容是什么？

3. 中共中央公布《公民道德建设实施纲要》的意义何在？公民的基本道德规范内容是什么？

4. 职工职业道德规范内容是什么？

5. 劳动和社会保障部与建设部共同制定的国家职业守责的内容是什么？

6. 对比施工测量中两种管理体制的优缺点。

7．为什么说施工测量是先导性的工序也是验收性工序？为什么说测量工作中的失误，有时是严重的，甚至造成全局性的损失？

8．施工测量班组管理工作的基本内容有哪6项？

9．如何贯彻全面质量管理方针，确保测量放线工作质量？

10．在向初级测量放线工传授中，为什么要首先传授正确认识与对待测量放线工作方面着手？

11．在向中级测量放线工传授中，认真贯彻全面质量管理方针，尤其是注意在校核能力方面提高他们如：图纸校核、测量依据的计算校核与校测、测量仪器检校、测量操作及计算中的校核及测量成果的校核等，以达到确保测量放线工作质量和独立工作能力？

12．高级测量放线工应如何在工作中注意自学理论、累积经验，以提高自己理论水平、操作水平、管理水平和解决实际问题的能力？

附录1 编写本教材依据的有关国家法令、标准、规范、文件和参考资料目录

一、测绘法规

1.《中华人民共和国测绘法》，2002年12月1日实施。

2. 国家科技名词审委会《测绘学名词》（第二版），2002年5月。

3. 国家标准《测绘基本术语》（GB/T 14911—1994），1994年10月1日实施。

4. 国家标准《工程测量基本术语标准》（GB/T 50228—1996），1996年10月1日实施。

5. 国家测绘总局《关于启用"1985国家高程基准"及国家一等水准网成果的通知》（国测发[1987]198号）1987年5月26日实施。

6. 国家标准《国家三、四等水准测量规范》（GB 12898—1991），1992年1月1日实施。

7. 国家标准《1:500 1:1000 1:2000地形图图式》（GB/T 7929—1995），1996.05.01实施。

8. 国家标准《1:500、1:1000、1:2000地形图平板仪测量规范》（GB/T 16819—1997），1998.02.01实施。

9. 国家标准《中、短程光电测距规范》（GB/T 16818—1997），1998.02.01实施。

10. 国家标准《全球定位系统（GPS）测量规范》（GB/T 18314—2001），2001.09.01实施。

11. 国家标准《工程测量规范》（GB 50026—1993），1993.08.01实施。

12. 城建行业标准《城市测量规范》(CJJ 8—1999),1999.07.01实施。

13. 城建行业标准《城市用地竖向规划规范》(CJJ 83—1999),1999.10.1实施。

14. 北京市地方性标准《建筑工程施工测量规程》(DBJ 01—21—1995),1996.06.01实施。

15. 国家标准《水准仪》(GB/T 10156—1997),1998.07.01实施。

16. 国家标准《光学经纬仪系列及其基本参数》(GB 3161—1991),1991.10.01实施。

二、计量法规

17. 《中华人民共和国计量法》,1986.07.01实施。

18. 《中华人民共和国计量法实施细则》,1987.02.01实施。

19. 《中华人民共和国法定计量单位》,1984.02.27实施。

20. 国家技术监督局《关于改革全国土地面积计量单位的通知》[1990] 660号文,1992.01.01实施。

21. 国家标准《国际单位制及其应用》(GB 3100—1993),1994.07.01实施。

22. 国家计量检定规程《光学经纬仪》(JJC 414—2003),2003.09.01实施。

23. 国家计量检定规程《水准仪》(JJG 425—2003),2003.09.01实施。

24. 国家计量检定规程《钢卷尺》(JJG 4—1999),1999.12.06实施。

25. 国家计量检定规程《光电测距仪》(JJG 703—2003),2004.2.23实施。

26. 国家计量检定规程《全站型电子速测仪》(JJG 100—2003),2004.02.23实施。

27. 测绘行业标准《全球系统(GPS)测量接收机检定规程》(CH

8016—1995),1995.07.01实施。

28.国家计量技术规范《垂准仪校准规范》(TJF 1081—2002),2002.07.01实施。

三、工程规范

29.国家标准《道路工程制图标准》(GB 50162—1992),1993.05.01实施。

30.国家标准《房屋建筑制图统一标准》(GB/T 50001—2001),2002.03.01实施。

31.国家标准《总图制图标准》(GB/T 50103—2001),2002.03.01实施。

32.国家标准《建筑制图标准》(GB/T 50104—2001),2002.03.01实施。

33.国家标准《建筑结构制图标准》(GB/T 50105—2001),2002.03.01实施。

34.国家标准《给水排水制图标准》(GB/T 50106—2001),2002.03.01实施。

35.国家标准《建筑工程施工质量验收规范》(GB 50300—2001),2002.01.01实施。

36.国家标准《建筑地基基础设计规范》(GBJ 50007—2002),2002.04.01实施。

37.建筑行业标准《建筑基坑支护技术规程》(JGJ 120—1999),1999.09.01实施。

38.国家标准《建筑地基基础工程施工质量验收规范》(GB 50202—2002),2002.05.01实施。

39.国家标准《砌体工程施工质量验收规范》(GB 50203—2002),2002.04.01实施。

40.国家标准《混凝土结构工程施工质量验收规范》(GB 50204—2002),2002.04.01实施。

41.国家标准《钢结构工程施工质量验收规范》(GB 500205—2001),2002.03.01实施。

42. 建筑行业标准《高层建筑混凝土结构技术规程》(JGJ 3—2002),2002.09.01 实施。

43. 公路桥梁行业标准《公路工程质量检验评定标准》(JTJ 071—1998),1990.07.01 实施。

44. 国家标准《沥青路面施工及验收规范》(GB 50092—1996),1997.05.01 实施。

45. 国家标准《给水排水管道工程施工及验收规范》(GB 50268—1997),1998.05.01 实施。

46. 北京市地方性标准《北京城市道路工程施工技术规程》(DBJ 01—45—2000),2000.06.01 实施。

47. 北京市地方性标准《北京城市桥梁工程施工技术规程》(DBJ 01—46—2000),2001.06.01 实施。

48. 北京市地方性标准《北京城市给水排水管道工程施工技术规程》(DBJ 01—47—2000),2001.03.01 实施。

四、管理法规、文件

49. 《中华人民共和国城市规划法》,1990.04.01 实施。

50. 《中华人民共和国公路法》,1998.01.01 实施。

51. 《中华人民共和国建筑法》,1998.03.01 实施。

52. 《中华人民共和国安全生产法》,2002.11.01 实施。

53. 建设部人事教育司颁发《土木建筑职业技能岗位培训计划大纲》(2002.10.28)。

54. 国家标准《质量管理体系 基础术语》(GB/T 19000—2000 idt ISO 9004:2000),2001.06.01 实施。

55. 国家标准《质量管理体系 要求》(GB/T 19001—2000 idt ISO 9001:2000),2001.06.01 实施。

56. 国家标准《质量管理体系 业绩改进指南》(GB/T 19004—2000 idt ISO 9004:2000),2001.06.01 实施。

57. 国家标准《建设工程项目管理规范》(GB/T 50326—2001),2002.05.01 实施。

58. 国家标准《建设工程文件归档整理规范》(GB/T 50328—

2001），2002.05.01 实施。

59．国家标准《建设工程监理规范》（GB 50319—2000），2001.05.01 实施。

60．北京市地方性标准《工程建设监理规程》（DBJ 01—41—2002），2002.04.01 实施。

61．北京市地方性标准《建筑工程资料管理规程》（DBJ 01—51—2002），2003.02.01 实施。

62．北京市地方性标准《市政公用工程资料管理规程》（DBJ 01—71—2003），2003.08.01 实施。

63．《北京市编制建筑安装工程竣工档案和资料的具体要求及作法》北京市城市建设档案馆 1999.10。

64．《北京市编制市政公用设施工程竣工档案的具体要求和作法》北京市城市建设档案馆 1999.10。

65．北京市地方性标准《北京市市政工程施工安全操作规程》（DBJ 01—56—2001），2001.07.01 实施。

66．北京市地方性标准《北京市建筑工程施工安全操作规程》（DBJ 01—62—2002），2002.09.01 实施。

67．建筑行业标准《建筑施工高处作业安全技术规范》（JGJ 80—1991），1992.08.01 实施。

68．建筑行业标准《建筑施工安全检查标准》（JGJ 59—1999），1999.05.01 实施。

五、参考资料

69．《中国大百科全书》（测绘学卷），1985.11。

70．杨金铎编《建筑识图》，《建筑构造》水利水电出版社，1989 年。

71．王广进主编《测量放线工》，中国建筑工业出版社，1989 年。

72．文孔越、高德慈主编《土木工程测量》，北京工业大学出版社，2002 年。

73．王光遐、黄佳全主编《城市建设工程测量》，测绘出版社，1982年。

74. 王光遐、马国庆主编《普通工程测量》（第二版），中国建筑工业出版社，1984年。

附录2 函数型计算器在施工测量中的应用

1. 前言

(1) 计算器的选择

1) 容量 能显示10位数。

2) 功能:

①数值十进位与六十进位换算;

②三角函数运算;

③直角坐标 R (x, y) 与极坐标 P (r, θ) 换算;

④统计计算 SD (STAT)。

(2) 计算器的检查

1) 数字显示 1、2、3……8、9×9 = 1111……101;

2) 阶乘 69! 看显示速度;

3) 三角函数、反三角函数 sin45°、cos135°、tan225°; arcsin0.5、…;

4) 平方、开方……;

5) 最好把所有按键都查看一遍。

(3) 对学习计算器的要求

正确、熟练、步骤简捷、最优。

(常用的函数型计算器有 CA 型、SH 型、EL-531 型及 506P 型等,本文以 CA 型为主介绍,□□□表示按键,其他型号的按键符号写在圆括号中。)

2．一般用键和四则运算

（1）开机键 $\boxed{\text{ON}}$ （$\boxed{\text{ON/C}}$）、**关机键** $\boxed{\text{OFF}}$

按 $\boxed{\text{ON}}$ 键，显示器右端显示出"0"，此时即可开始计算。计算结束后按 $\boxed{\text{OFF}}$ 键，显示器上的数字全部消失，即关机。现在多数计算器在开机后 6~7 分钟内不使用，就自动切断电源，当需要继续工作时，按 $\boxed{\text{AC/ON}}$（$\boxed{\text{ON/C}}$）键，即可接通电源。

（2）数字键

1）普通显示　$\boxed{0}$ ~ $\boxed{9}$、$\boxed{\cdot}$ 及正负号变换键 $\boxed{+/-}$，按 $\boxed{+/-}$ 键能使显示器上的数字改变 +、- 号。如欲输入 -1.2，则要先按 $\boxed{1}$ $\boxed{\cdot}$ $\boxed{2}$ 显示 1.2，再按 $\boxed{+/-}$ 则显示 -1.2，如再按 $\boxed{+/-}$，则又显示 1.2。

请注意 $\boxed{+/-}$ 键与 $\boxed{+}$、$\boxed{-}$ 键性质上的不同。

2）科学显示　如输入 12×10^{13}，则先输入 12 后，按 $\boxed{\text{ExP}}$ 键，再输入 13，则为科学显示 $12\square^{13}$；如输入 -12×10^{-13}，则依次按 12 $\boxed{+/-}$ $\boxed{\text{ExP}}$ 13 $\boxed{+/-}$，显示 $-12\square^{-13}$。

3）溢出（E）显示　当显示 E 时，有三种原因：①当输入值、计算中间值或最后结果值的数字超出计算器的容量（小于 $-0.00\cdots1 \times 10^{-99}$ 或大于 $99\cdots \times 10^{99}$）；②操作有误；③输入计算器没有的功能。

（3）四则运算键 $\boxed{+}$ $\boxed{-}$ $\boxed{\times}$ $\boxed{\div}$ $\boxed{[(\cdots)}$ $\boxed{\cdots)]}$ $\boxed{=}$

在四则运算中一般按先后次序进行，但自动执行"先乘除、后加减，括号优先"的四则运算规则。

例如：$3 + 4 \times 5 = 23$，$(3 + 4) \times 5 = 35$。

（4）全清除键 $\boxed{\text{AC}}$（$\boxed{\text{ON/C}}$）**输入清除键** $\boxed{\text{C}}$（$\boxed{\text{CE}}$）

按全清除键，则将计算中的数字和过程全部清除掉；而按输入清除键（也叫改正键），则只将刚输入的数字清除掉可继续输入正确数字，如 `1` `+` `2` `+` `3` `C` `4` `=` 7 或 `2` `×` `3` `C` `4` `=` 8。

（5）贮存键 `Min` (`x→M`)、调出键 `MR` (`RM`) 及累加键 `M+`

1) 贮存及调出　按 `Min` 键是将显示器上的数字贮存在计算器中的一空单元中（此时在显示器上出现 M），需要时按 `MR` 则可调出，即将所存数字重新显示出来，所以调出键也叫呼出键。只要贮存中有数字，调出多少次均可，即调出后贮存数仍有。

2) 重新贮存及腾空　当贮存中已有一个数时，若将与其不同的第二个数字存入，则前一个数字自动清除，若存一个 0，则贮存腾空（此时显示器上的 M 消失）。

3) 累加及调出　当贮存中已存有一个数字时，按累加键 `M+` 则在原贮存数字上累加新数，如 1+2+3=6 `Min`（即存入 6），4+5=9 `M+`（即在 6 上累加 9），此时若按调出键 `MR`，则显示 15。

这里要特别注意的是贮存与累加性质上的不同，但共用一个调出键。

例题：高差法水准记录计算中如何使用贮存、累加和调出键。

测 点	后视读数	前视读数	高　　差		高 程	备 注
			+	−		
BM1	1.672		0.570		43.714	已知标高
转点	1.516	1.102	0.162		44.284	
A	1.554	1.354			44.446	
B	1.217	1.615		0.061	44.385	
BM2		1.278		0.061	44.324	

解：先按 $\boxed{\text{ON}}$ 开机，将 43.714 $\boxed{\text{Min}}$ 贮存，然后依次计算：

1.672 $\boxed{-}$ 1.102 $\boxed{=}$ 0.570 $\boxed{\text{M}+}$ 、$\boxed{\text{MR}}$ 44.284；

1.516 $\boxed{-}$ 1.354 $\boxed{=}$ 0.162 $\boxed{\text{M}+}$ 、$\boxed{\text{MR}}$ 44.446；

1.554 $\boxed{-}$ 1.615 $\boxed{=}$ −0.061 $\boxed{\text{M}+}$ 、$\boxed{\text{MR}}$ 44.385；

1.217 $\boxed{-}$ 1.278 $\boxed{=}$ −0.061 $\boxed{\text{M}+}$ 、$\boxed{\text{MR}}$ 44.324。

3. 第二功能转换键和代数运算

（1）第二功能转换键 $\boxed{\text{INV}}$ 或 $\boxed{\text{SHIFT}}$（$\boxed{\text{2ndF}}$ 或 $\boxed{\text{F}}$）

此键多为橘红色。函数型计算器的每一个键一般均有两个功能（或三个功能），键面上的黑字（或白字）是它的第一功能，键面下的橘红字是它的第二功能；直接按某一个键，显示它的第一功能，若先按第二功能转换键 $\boxed{\text{INV}}$（此时在显示器上出现 INV），再按该键，则显示它的第二功能。如 $\boxed{\sqrt{x^2}}$ 键，其第一功能为乘方，第二功能为开平方。若连续按两次 $\boxed{\text{INV}}$，其效果等于没按 $\boxed{\text{INV}}$（即第一次按显示 INV，第二次再按该键，则所显示的 INV 消失）。

（2）代数运算键

$\boxed{x^2}$、$\boxed{\sqrt{\ }}$、$\boxed{1/x}$（倒数），$\boxed{x!}$（阶乘），…在代数运算中，计算器除执行四则运算规则外，还执行代数运算规则，即先代数运算，后四则运算。

例如：$3+4\times 5^2=103$，$(3+4)\times 5^2=175$。

例如：$69!\ =1.711224523\square 98$（即 $1.711224523\times 10^{98}$）。$70!=E$（溢出），即计算器容量不够。

例如：3 $\boxed{x^2}$ 9 $\boxed{\sqrt{\ }}$ 3，−3 $\boxed{x^2}$ 9 $\boxed{\sqrt{\ }}$ 3。

在此例中可看出：正算（乘方）有唯一结果，而反算（开方）只能得到其主值（正值）。这一点在计算中要特别注意。

4. 计算状态选择键和 DEG 制角度的两种显示

(1) 角度的三种单位制

1) DEG 制 即度、分、秒制（°′″或 D.M.S）即一个圆周角 = 360°、1° = 60′、1′ = 60″制。

2) RAD 制 即弧度制也叫半径角，它是一个圆周角 = 2π 弧度。1 弧度 = $\frac{180°}{\pi}$ = 57.29578° = 3437.75′ = 206264.8″。

3) GRAD 制 即 400g 制，它是一个圆周角 = 400g、1g = 100c、1c = 100cc。

(2) 计算状态选择键 $\boxed{\text{MODE}}$

在功能较多的计算器上，为了适应不同的计算状态，而设置了计算状态选择键 $\boxed{\text{MODE}}$，也叫计算模式（或方式）选择键。本文只介绍施工测量中常用到的以下三种计算状态。

1) DEG 制计算状态 即角度采用 DEG 单位制的计算状态。开机后，按 $\boxed{\text{MODE}}$ DEG，此时显示 DEG（或 D），才可以进行 DEG 单位制的角度计算。若按 $\boxed{\text{MODE}}$ RAD 或按 $\boxed{\text{MODE}}$ GRAD，则分别显示 RAD（或 R）或 GRAD（或 G），则分别为 RAD 制或 GRAD 制，一般情况下很少使用后两种单位制。

在不设 $\boxed{\text{MODE}}$ 键的计算器上，多有一 $\boxed{\text{D.R.G}}$ 键，按此键依次显示 DEG、RAD、GRAD，即分别表示相应的角度单位制。

在一般的计算中，均使用 DEG 制，这一点在开机后要首先检查，避免用错角度的不同单位制。这对初学者来说是非常重要的。

2) RUN（或 COMP）计算状态 即一般计算状态。开机后，按 $\boxed{\text{MODE}}$ RUN（或 COMP），此时只显示 $\boxed{\text{DEG}}$（或 D），即可进行一般计算。

3) SD（或 STAT）计算状态 即统计计算状态。开机后，按 $\boxed{\text{MODE}}$ $\boxed{\text{SD}}$，此时显示 SD（或 STAT 或 Σ），这时才能进行统计计算，如计算平均值 $\bar{x}$、中误差 m（标准差 σ）等。

在不设 [MODE] 键的计算器上，多有一 [SD]（[STAT]）键，按此键则显示 SD（STAT）。

(3) DEG 制角度的两种显示方法

计算器在计算过程中，只能进行 10 进位的运算，而 DEG 制角度为 60 进位制，这样计算器上就不得不设 DEG 制的 10 进位与 60 进位的换算键和两种显示方法。

1）CA 型计算器 60 进位的输入方法 是依次输入度（°）、分（′）、秒（″），如 12°34′56.7″的输入方法是：在 DEG 显示下，12 [°′″] 34 [°′″] 56.7 [°′″] 显示 12□34□56.7 即 60 进位显示；若按 [INV]（或 [SHIFT]），再按 [°′″] 键，显示 12.58241667（°）即 10 进位制显示。

2）SH 型计算器 60 进位的输入方法 是以度数为整数和分秒为小数形式一次输入后，再变成 10 进位制，如 12°34′56.7″的输入方法是：在 DEG 的显示下，输入 12.34567 后，按 [DEG] 键，显示 12.58241667（°）即 10 进位显示，若按 [2ndF]（或 [F]），再按 [D.M.S]（即：度、分、秒）键，则显示 12.34567，即 60 进位制显示。这两种显示表面看均是整数与小数形式，但意义不同了，这一点请初学者要特别注意，新型的 SH 型计算器的角度显示已向 CA 型改进，并有所超过，如 EL-531 型。

5. 三角函数和反三角函数

(1) 三角函数键 [sin]、[cos]、[tan]

它们分别是正弦键、余弦键及正切键。在计算三角函数时一般是先输入角度值，后按其函数键，即可得到该角度的三角函数值。

例如：如 $\sin 30°$、$\sin 150°$、$\sin 390°$、$\sin 3630°$ 和 $\sin 210°$、$\sin 330°$、$\sin(-30°)$ 的值分别为：

在 DEG 状态下：

30° $\boxed{\sin}$ 0.5、150° $\boxed{\sin}$ 0.5、390° $\boxed{\sin}$ 0.5、3630° $\boxed{\sin}$ 0.5；

210° $\boxed{\sin}$ -0.5、330° $\boxed{\sin}$ -0.5、30° $\boxed{+/-}$ $\boxed{\sin}$ -0.5。

例如：cos30°、tan30°（tg30°）的值分别为：

30° $\boxed{\cos}$ 0.866025403、30° $\boxed{\tan}$ 0.577350269。

角度一般为正号（即顺时针角度），但也有负号时（如 -30°，即逆时针转 30°），输入时要注意，所得函数值可正、可负，也要注意。

若角度为 60 进位的小数显示时，一定要先变成 10 进位后，才能求其函数，否则造成错误，如 sin30°30′要先变成 30.5°后再按 $\boxed{\sin}$ 键才得到 0.507538363 的正确值，否则按 30.30 $\boxed{\sin}$ 得到 0.504527623 的错误值。这一点对初学者要特别注意。

(2) 反三角函数值 $\boxed{\sin^{-1}}$（arcsin）、$\boxed{\cos^{-1}}$（arccos）、$\boxed{\tan^{-1}}$（arctan）

反三角函数均为三角函数键的第二功能，计算时要注意，先按第二功能转换键，再按三角函数键，即为其反函数。

例如：$\sin^{-1}0.5$、$\sin^{-1}(-0.5)$ 的值分别为：

在 DEG 状态下：

0.5 $\boxed{\text{INV}}$ 或 $\boxed{\text{SHIFT}}$（$\boxed{\text{2ndF}}$ 或 $\boxed{\text{F}}$）$\boxed{\sin}$ 30°

-0.5 $\boxed{\text{INV}}$ 或 $\boxed{\text{SHIFT}}$（$\boxed{\text{2ndF}}$ 或 $\boxed{\text{F}}$）$\boxed{\sin}$ -30°

和代数运算一样，正算（求三角函数值）有惟一结果，而反算（求反三角函数值）只能得到 +90°~ -90°间的主值。

若反三角函数所得不是整数角度时，则需要将所显示的 10 进位角度值换算成为 60 进位制。

例如：$\tan^{-1} 0.5 = 26.56505118$（°），要按 INV °′″ （或 2ndF DEG 即 D.M.S ）换算成 26□33□54.18（即 $26°33'54.18''$）。

总之，在三角函数和反三角函数计算中，要特别注意3点：

1）首先选定 DEG 状态；

2）注意10进位与60进位的换算及显示方法；

3）求三角函数值（正算）有惟一结果，求反三角函数值（反算）则只能得到 +90°～-90°间的主值。

6．坐标正算、坐标反算和坐标变换

(1) 坐标正算

即已知 i、j 两点间距离（d_{ij}）及其方位角（φ_{ij}），计算其坐标增量（Δy_{ij}、Δx_{ij}），也可说已知直角三角形的斜边长（d）和一锐角（φ），计算该锐角的对边长（Δy）及邻边长（Δx）。实为由极坐标 P（d，φ）或（r，θ）换算成直角坐标 R（Δx，Δy）或（x，y）。

1）公式

$$\left.\begin{array}{l}\Delta y_{ij} = d_{ij} \cdot \sin\varphi_{ij}\\ \Delta x_{ij} = d_{ij} \cdot \cos\varphi_{ij}\end{array}\right\} \quad (1)$$

例题 1：已知 $d_{51} = 261.511 \text{m}$、$\varphi_{51} = 94°36'58''$，求 Δy_{51}、Δx_{51}

解：$\Delta y_{51} = 261.511 \text{m} \cdot \sin 94°36'58'' = 260.663 \text{m}$

$\Delta x_{51} = 261.511 \text{m} \cdot \cos 94°36'58'' = -21.046 \text{m}$

2）函数型计算器一般均有专用按键以固定的程序进行坐标正算

CA 型计算器的计算程序为：

DEG：d P→R （ INV − ） $\varphi°$ = Δx x↔y Δy

SH-5812 型计算器的计算程序为：

DEG：d ↕ （或 x↔y ） $\varphi°$ →xy Δx ↕ （或

$\boxed{x \leftrightarrow y}$) Δy

EL-531G 型计算器的计算程序为：

DEG： d $\boxed{}$, $\varphi°$ $\boxed{\rightarrow xy}$ Δx $\boxed{\rightarrow}$ Δy

506P 型计算器的计算程序为：

DEG： d $\boxed{a}$ $\varphi°$ $\boxed{b}$ $\boxed{\rightarrow xy}$ Δx $\boxed{b}$ Δy

3）用计算器进行坐标正算时，要注意以下3点：

①一定是在"DEG"状态下进行，不能是"RAD"或"GRAD"或"STAT"状态；

②先输入 d，后输入 φ，但一定要把 $\varphi°'''$ 变成 $\varphi°$；

③结果是先得 Δx（邻边）、后得 Δy（对边），Δx、Δy 均带符号。

（2）坐标反算

即已知 i、j 两点间的坐标增量（Δy_{ij}、Δx_{ij}），计算其间距（d_{ij}）及其方位角（φ_{ij}）。也就是说已知直角三角形一锐角的对边（Δy）和邻边（Δx），计算其斜边长（d）及方位角（φ），实为由直角坐标 R（Δx，Δy）或（x，y）换算成极坐标 P（d，φ）或（r，θ）。

1）公式

$$\left.\begin{array}{l} d_{ij} = \sqrt{(\Delta y_{ij})^2 + (\Delta x_{ij})^2} \\ \varphi_{ij} = \tan^{-1}\dfrac{\Delta y_{ij}}{\Delta x_{ij}} \end{array}\right\} \quad (2)$$

φ 值的确定如下表：

Δy	+	+	−	−
Δx	+	−	−	+
象限	I	II	III	IV
φ	0° ~ 90°	~ 180°	~ 270°	~ 360°

例题 2：已知 $\Delta y_{AB} = -5.434$m、$\Delta x_{AB} = 216.768$m，求 d_{AB}、φ_{AB}。

解：$d_{AB} = \sqrt{(-5.434\text{m})^2 + (216.768\text{m})^2} = 216.836\text{m}$

$$\varphi_{AB} = \tan^{-1}\frac{-5.434\text{m}}{216.768\text{m}} = 358°33'50''$$

2）和坐标正算一样，函数型计算器上有专用按键和固定的程序进行坐标反算

CA 型计算器的计算程序为：

　　DEG：Δx | R→P | (| INV | + |) Δy | = | d | x↔y | $\varphi°$

SH-5812 型计算器的计算程序为：

　　DEG：Δx | ↓ | （或 | x↔y | ）Δy | →rθ | d | ↓ | （或 | x↔y | ）$\varphi°$

EL-531G 型计算器的计算程序为：

　　DEG：Δx | , | Δy | →rθ | d | → | $\varphi°$

506P 型计算器的计算程序为：

　　DEG：Δx | a | Δy | b | →rθ | d | b | $\varphi°$

3）用计算器进行坐标反算时，要注意以下 4 点

①一定要在"DEG"状态下进行，不能是"RAD"或"GRAD"或"STAT"状态；

②先输入 Δx（邻边），后输入 Δy（对边）（均带符号）；

③结果是先得 d，后得 $\varphi°$，但一定要把 $\varphi°$ 变成 $\varphi°'''$；

④当 $\varphi°$ 为"-"号时，要 +360° 变为"+"号。

（3）坐标变换

详见 11.4.3。

7. 统计计算

当已知某量的 n 个等精度的观测值 $x_1 \cdots x_n$ 或观测误差 $\Delta_1 \cdots \Delta_n$，统计计算就是根据 x_i，或 Δ_i 计算其平均值 $\bar{x}$（期望值）、观测值中误差 m（标准差 σ）等。

（1）公式

$$\bar{x} = \frac{\sum x}{n} \tag{3}$$

$$m = \pm\sqrt{\frac{[\Delta\Delta]}{n}} \tag{4}$$

式中：n 为真误差的个数；

$[\Delta\Delta]$ 为真误差的平方和，即 $[\Delta\Delta] = \Delta_1^2 + \cdots + \Delta_n^2$。若用改正数 v 计算（$v_i = \bar{x} - x_i$），则：

$$m = \sqrt{\frac{[vv]}{n-1}} \tag{5}$$

例题1：独立测得 9 个三角形的角度闭合差（Δ）分别为：$+4''$、$+10''$、$-15''$、$-10''$、$+8''$、$-17''$、$+9''$、$+16''$、$-5''$，求其中误差 $m = ?$

解：$m = \pm\sqrt{\dfrac{[\Delta\Delta]}{n}}$

$= \pm\sqrt{\dfrac{(+4'')^2 + (+10'')^2 + (-15'')^2 + \cdots + (-5'')^2}{9}}$

$= \pm 11.3''$

例题2：用钢尺丈量 AB 两点间距离，共量了 6 次，测值分别为 207.436m、207.442m、207.432m、207.439m、207.441m 和 207.438m，求其平均值 $\bar{d}$、观测值中误差 m 和观测值相对中误差（精度）k。

解：平均值 $\bar{d} = 207.400 + \dfrac{1}{6}(0.036 + 0.042 + 0.032 + 0.039$

$\qquad\qquad\qquad + 0.041 + 0.038)$

$\qquad\quad = 207.438\text{m}$

观测值中误差

$m = \pm\sqrt{\dfrac{[vv]}{n-1}}$

$= \pm\sqrt{\dfrac{(0.438-0.436)^2 + (0.438-0.442)^2 + \cdots + (0.438-0.438)^2}{6-1}}$

$= \pm 0.0036\text{m}$

观测值相对中误差（精度）$k = \dfrac{m}{d} = \dfrac{0.0036\text{m}}{207.438\text{m}} = \dfrac{1}{57600}$

(2) 用计算器计算

在 SD（STAT）状态下，前面两例的计算程序如下：

1) 例题 1 的计算程序 + 4″ $\boxed{\text{DATA}}$ （数据）+ 10″ $\boxed{\text{DATA}}$ - 15″ $\boxed{\text{DATA}}$ …… - 5″ $\boxed{\text{DATA}}$，按 0、按 $\boxed{n}$ 9（检查变量个数）、按 $\boxed{\sigma}$，即 $m = \pm 11.3''$。

2) 例题 2 的计算程序 36mm $\boxed{\text{DATA}}$ 42mm $\boxed{\text{DATA}}$ 32mm $\boxed{\text{DATA}}$ 39mm $\boxed{\text{DATA}}$ 41mm $\boxed{\text{DATA}}$ 38mm $\boxed{\text{DATA}}$，按 0、按 $\boxed{n}$ 6（检查变量个数），按 $\boxed{\bar{x}}$ 即 $\bar{d}' = 38\text{mm}$（即 $\bar{d} = 207.400\text{m} + \bar{d}' = 207.438\text{m}$），按 $\boxed{\sigma_{n-1}}$（$\boxed{Sx}$）即 $m = \pm 3.6\text{mm}$。

3) 用计算器进行统计计算（SD 或 STAT）时，要注意以下 4 点

①先按 $\boxed{\text{INV}}$ $\boxed{\text{AC}}$ 清除贮存与记忆；

②一定要在"SD"（"STAT"）的状态下进行；

③输入随机变量（带符号）后，按"0"、按"n"检查输入变量个数 n 是否正确；

④使用"Δ"计算时，求 m 按 $\boxed{\sigma_n}$（$\boxed{\sigma_x}$）；使用"v"计算时，求 m 按 $\boxed{\sigma_{n-1}}$（$\boxed{S_x}$）。

8. 复习思考题

(1) 全清除键 $\boxed{\text{AC}}$（$\boxed{\text{ON/C}}$）与输入清除键 $\boxed{\text{C}}$（$\boxed{\text{CE}}$）的功能有何区别？

贮存键 $\boxed{\text{Min}}$（$\boxed{\text{X→M}}$）与累加键 $\boxed{M_+}$ 的功能有何区别？

加号键 $\boxed{+}$、减号键 $\boxed{-}$ 与变号键 $\boxed{+/-}$ 的功能区别？

(2) 依次按角度单位制选择键 $\boxed{D.R.G}$，则分别显示：DEG (D)、RAD (R) 及 GRAD (G) 各表示什么？

(3) 在角度 DEG 单位制的模式显示下，10 进位制（即小数度制）与 60 进位制（即度、分、秒制）的换算方法如何？

(4) 举例说明：代数正算有惟一结果，而反算则只能得主值；三角函数正算有惟一结果，而反算则只能得到主值。

(5) 坐标正反算及统计计算的公式、程序及注意要点各是什么？

1) 已知：$d = 132.267\mathrm{m}$、$\varphi = 107°37'45''$，求 Δy、Δx。

公式：$\Delta y = \qquad = \qquad =$

$\Delta x = \qquad = \qquad =$

程序：

注意要点：① ②
③

2) 已知：$\Delta y = -127.336\mathrm{m}$、$\Delta x = 86.403\mathrm{m}$，求 d、φ。

公式：$d = \qquad = \qquad =$

$\varphi = \qquad = \qquad =$

程序：

注意要点：① ②
③ ④

3) 等精度观测 $\angle ABC$ 6 个测回，其值分别为：$64°33'48''$、$64°34'12''$、$64°34'06''$、$64°33'54''$、$64°33'54''$、$64°34'00''$，求其平均值 $\bar{x}$ 及观测值中误差 m。

公式：$\bar{x} = \qquad = \qquad =$

$m = \qquad = \qquad =$

程序：

4) 等精度观测 $\triangle ABC$ 6 个闭合，其内角和分别为：$179°59'42''$、$179°59'54''$、$180°00'06''$、$180°00'00''$、$180°00'12''$、$180°00'06''$，求其中误差 m。

公式：$m = \qquad = \qquad =$

程序：
注意要点：① ②
③ ④

附录3 施工测量记录和报验用表
（附3-1～附3-9）

附3-1 工程定位测量记录（表C3-1）（DBJ 01—51—2003）

表 C3-1

工程定位测量记录			编号	
工程名称		委记单位		
图纸编号		施测日期		
平面坐标依据		复测日期		
高程依据		使用仪器		
允许误差		仪器校验日期		
定位抄测示意图：				
复测结果：				
签字栏	建设（监理）单位	施工（测量）单位		测量人员岗位证书号
		专业技术负责人	测量负责人	复测人	施测人

本表由建设单位、监理单位、施工单位、城建档案馆各保存1份。

附 3-2 施工测量放线报验表（A2）（DBJ 01—41—2002）同 B2-2（DBJ 01—51—2003）

表 A2

施工测量放线报验表		编　号	
工程名称		日　期	

致＿＿＿＿＿＿＿＿＿＿＿＿＿＿＿＿＿＿（监理单位）：
我方已完成(部位)＿＿＿＿＿＿＿＿＿＿＿＿＿＿＿
　　　　　　(内容)＿＿＿＿＿＿＿＿＿＿＿＿＿＿＿
的测量放线，经自检合格，请予查验。
附件：1.□放线的依据材料＿＿＿＿＿页
　　　2.□放　线　成　果　表＿＿＿＿＿页
　　　　　　　测量员（签字）：　　　岗位证书号：
　　　　　　　查验人（签字）：　　　岗位证书号：
承包单位名称：　　　　　技术负责人（签字）：

查验结果：

查验结论：　　□合格　　□纠错后重报
监理单位名称：　　　监理工程师（签字）：　　　日期：

注：本表由承包单位填报，建设单位、监理单位、承包单位各存1份。

附 3-3 基槽验线记录（表 C3-2）（DBJ 01—51—2003）

表 C3-2

基槽验线记录		编　号	
工程名称		日　期	
验线依据及内容：			
基槽平面、剖面简图：			
检查意见：			

签字栏	建设（监理）单位	施工测量单位		
		专业技术负责人	专业质检人	施测人

本表由建设单位、施工单位、城建档案馆各保存 1 份。

附3-4 楼层平面放线记录（表C3-3）（DBJ 01—51—2003）

表 C3-3

楼层平面放线记录		编　号	
工程名称		日　期	
放线部位		放线内容	

放线依据：

放线简图：

检查意见：

签字栏	建设（监理）单位	施工单位		
		专业技术负责人	专业质检员	施测人

本表由施工单位填写并保存。

附3-5 楼层标高抄测记录（表C3-4）（DBJ 01—51—2003）

表 C3-4

楼层标高抄测记录		编 号	
工程名称		日 期	
抄测部位		抄测内容	

抄测依据：

抄测说明：

检查意见：

签字栏	建设（监理）单位	施工单位		
		专业技术负责人	专业质检员	施测人

本表由施工单位填写并保存。

附3-6 建筑物垂直度、标高观测记录(表C3-5)(DBJ 01—51—2003)

表C3-5

建筑物垂直度、标高观测记录		编 号	
工程名称			
施工阶段		观测日期	
观测说明（附观测示意图）：			

垂直度测量（全高）		标高测量（全高）	
观测部位	实测偏差（mm）	观测部位	实测偏差（mm）

结论：

签字栏	建设（监理）单位	施工单位		
		专业技术负责人	专业质检员	施测人

本表由施工单位填写建设单位、施工单位各保存1份。

附 3-7 沉降观测记录（表 C3-6）

表 C3-6

沉降观测记录			编号：	
工程名称		水准点编号	测量仪器	
水准点所在位置		水准点高程	仪器检定日期	年 月 日
观测日期：自　　年　　月　　日至　　年　　月　　日				
观测点布置简图				

观测点编号	观测日期	荷载累加情况描述	实测标高（m）	本期沉降量（mm）	总沉降量（mm）	仪器型号	仪器检定日　期

观测单位名称			
技术负责人	审核人	施测人	观测单位印章

本表由测量单位提供，城建档案馆、建设单位、监理单位、施工单位各保存 1 份。

附 3-8 方案报审表 A2 （GB 50319—2000）

施工组织设计（方案）报审表　　　　表 A2

工程名称：　　　　　　　　　　　　　　　　　　编号：

致：　　　　　　　　　　　　　（监理单位） 我方已根据施工合同的有关规定完成了＿＿＿＿＿＿＿＿＿＿工程施工组织设计（方案）的编制，并经我单位上级技术负责人审查批准，请予以审查。 附：施工组织设计（方案） 　　　　　　　　　　　　　承包单位（章）＿＿＿＿＿＿＿＿＿＿ 　　　　　　　　　　　　　　项目经理＿＿＿＿＿＿＿＿＿＿ 　　　　　　　　　　　　　　日　　期＿＿＿＿＿＿＿＿＿＿
专业监理工程师审查意见：   　　　　　　　　　　　专业监理工程师＿＿＿＿＿＿＿＿＿＿ 　　　　　　　　　　　　日　　期＿＿＿＿＿＿＿＿＿＿
总监理工程师审核意见：   　　　　　　　　　　　项目监理机构＿＿＿＿＿＿＿＿＿＿ 　　　　　　　　　　　总监理工程师＿＿＿＿＿＿＿＿＿＿ 　　　　　　　　　　　　日　　期＿＿＿＿＿＿＿＿＿＿

附 3-9 报验申请表 A4 (GB 50319—2000)

_____报验申请表　　　表 A4

工程名称：　　　　　　　　　　　　　　　　　　　　　编号：

致：　　　　　　　　　　　　　　　(监理单位)

我单位已完成了_____工作，现报上该工程报验申请表，请予以审查和验收。

附件：

承包单位（章）_____

项目经理_____

日　　期_____

审查意见：

项目监理机构_____

总/专业监理工程师_____

日　　期_____

附录4　测量放线中级工、高级工培训内容

北京建工总公司测量放线第三期中级工培训班与第一期高级工培训班完满结业、并通过评审发放等级证书

根据北京市建委（88）京质字第259号文件要求，对我总公司所属资质等级均为一、二级的建筑施工企业中的测量放线工，除应持有上岗合格证外，还必须配有一定比例的中、高级放线工。为此，总公司自1990年12月举办了测量放线工第三期中级工培训班与第一期高级工培训班，通过7个多月的理论教学与一个多月的操作实习，到8月底完满结业。1991年9月27日对培训班的教学内容与教学质量举行了评审会，以清华大学刘翰生教授为主任的16位专家学者对培训班的教学表示满意。1991年10月30日市劳动局培训处审核了全部学员的学习成绩同意发给相应的等级证书。

关于"测量放线工培训教学内容与教学质量"的评审意见

全体评审委员会通过对北京市劳动局委托市建工总公司举办的测量放线中级工和高级工培训试点班的全部教材、授课时间、考试内容和实习内容，学员学习效果以及教师水平等方面进行了全面考查和审定，对其教学内容与教学质量评审意见如下：

1. 市建工总公司为了从根本上提高建筑施工质量，采取积

极措施培训测量放线工,在上岗培训的基础上,从生产需要出发,有步骤的抓中级测量放线工和高级测量放线工培训的做法,是符合教学规律与当前形势发展的需要,对提高职工素质和发展生产将起积极促进作用,培训试点班是成功的。

2. 根据建设部颁布的《土木建筑工人技术等级标准》(JGJ 42—1988)中,对测量放线中级工和高级工应知应会的内容看,市建工总公司这次所办的中级工和高级工培训班设置的各门基础课和专业课是适合的,从教材内容和各科试卷内容看,其深广度均达到部颁标准。教材内容知识面广、针对性强、规格化严、紧密联系生产实际,符合成人教育的特点;试卷内容全面,有一定的深度和广度。

3. 从公司、院校及科研所,聘请的16位教师的教学水平是高的,有丰富的教学经验和理论实践水平,确保了教学质量。

4. 教学管理严格,学员的学习态度端正、刻苦努力,从审查学员的作业、理论考试和实习考核成绩看,达到中级工和高级工应知应会的水平。

5. 培训中开设了"思想修养与职业道德"课是很有必要的,效果是明显的,学员的思想水平和职业道德都得到不同程度的提高。理论教学后所安排的操作实习密切结合工程实际,起到巩固理论教学和全面提高操作水平的良好效果。

6. 中级工所编教材内容比较成熟,建议修改后可以出版;高级工班教学内容也应按中级班所编讲义方式尽早组织人员编辑成书,以利推广。

评审委员名单

主 任:	刘翰生	清华大学教授	
副主任:	洪立波	市测绘院总工	彭向东 市劳动局培训处
	马永乐	市城建总公司高工	
委 员:	汪　海	市建委综合处	黄建鹰 市建委综合处
	原祖荫	市质检总站副总工	张泽江 北京建工学院高工

文孔越	北京工业大学副教授	杨嗣信	市建工总公司总工
刘树驹	市建工总公司副总工	杨又铭	市建工总公司劳动处长
姜福慧	市建工总公司教育处长	马国庆	市政工程局高工
傅焕臣	市二建公司总工	徐建勋	市五建公司总工

北京市建筑工程总公司测量放线中级工第三期和高级工第一期培训班教学情况汇报

一、基本情况

1. 学员入学条件：中级工班是在受过 140 学时培训、考取了市建委颁发的测量放线上岗证，工资 83 元以上的在岗测量放线工。高级工班是在上述条件下，又领有总公司前两期经 400 学时培训的中级工班结业证，工资 119 元以上的在岗测量放线工。两班均经入学考试合格后录取。

2. 学员情况：见下表

班次	入学人数	结业人数	文化程度		平均年龄	平均工龄	平均放线	平均工资	注
			初中	高中					
中级工	80人	75人	50人	25人	34.3岁	15年	8年	115.5元	
高级工	50人	45人	15人	30人	36.5岁	15年	13年	130元	有城建总6人

3. 理论教学情况：自 1990 年 12 月 18 日开课至 1991 年 7 月 10 日止，每周上课两天、每天 8 学时，共 53.5 天、428 学时。两班各学五门课程（高级工班另补职业道德与建筑施工二门）。思想修养与职业道德课是以个人总结形式考核通过，其他课程均以考试（闭卷、严格监场）结合平日作业成绩按百分制评分，考试不及格者给一次补考机会。

4. 操作实习情况：自 1991 年 7 月 25 日起、至 1991 年 8 月

31日止,在北京工业大学进行了操作实习,中级工班分两班,每班每周实习2天共9.5天、76学时。高级工班每周三天,共13.5天、108学时。实习成绩按操作、记录等情况分别评给优、良和通过。

理论考试与实习考核成绩如下表:

班次	人数	平均90分以上人数	补考门次	全部课程平均分	施工测量平均分	实习成绩优秀
中级工	75	2（2.7%）	19	77.1	74.0	15人（20%）
高级工	45	8（17.8%）	2	85.0	84.2	13人（29%）

对比以上两表可看出,由于中级工班文化水平低,放线时间短,因之学习成绩较差。

二、中级工班的教学安排

1. 理论教学

课程名称	教学时数	任课老师	考核	教材与参考书
1. 思想修养与职业道德	48 4	市委党校赵春福副教授 六建公司宣传部长赵友来	个人总结	课堂笔记 《建筑职工职业道德》
2. 建筑施工技术与管理	72	二建公司钱力工程师	考2次	讲义90问答
3. 应用数学*	100	师大二附中夏国华讲师	考3次	讲义100问答
4. 建筑识图与构造	60	五建公司公司邓岩工程师	考1次	讲义90问答
5. 建筑施工测量	144	总公司王光遐高级工程师 建研所欧阳立高级工程师	考2次	讲义220问答
共　计	428			

*代数（数与式、方程与不等式）、平面几何（直线、圆）、三角（解直角三角形、正余弦坐标）、三角函数、立体几何、解析几何（直线、坐标变换、极坐标）

2. 操作实习:地点在北京工业大学

实 习 内 容	天数	指导老师
1. 组织动员	0.5天	文孔越副教授
2. S3 水准仪、J6 经纬仪操作考核	2天	高德慈副教授
3. 测图导线外业（测角、量边）内业计算与展图	2天	赵忠林工程师
4. 平板测图与经纬测图	2天	高贵田讲师
5. 红线桩测设与校测	1天	
6. 圆曲线测设	1天	
7. 内业整理与操作考核	1天	
共　　计	9.5天	

三、高级工班的教学安排

1. 理论教学

课程名称	教学时数	任课老师	考核	教材与参考书
思考修养与职业道德	484	市委党校赵春福副教授 六建公司宣传部长赵友来	个人总结	课堂笔记 《建筑职工职业道德》
建筑施工技术与管理	72	二建公司钱力工程师	考2次	讲义90问答
1. 工程数学*	60	建工学院楼香林副教授	考2次	讲义61问答
2. 建筑审图与构造	32	建工学院杨金铎副教授	考1次	讲义41问答
3. 测量误差理论与应用	72	清华大学郑国忠副教授	考2次	课堂笔记《误差理论及应用》
4. 电磁波测距	24	建工学院余贤著讲师	考1次	课堂笔记
5. 复杂工程施工测量	116	总公司王光遐高级工程师 住六公司辛瑞林工程师	考2次	课堂笔记 《复杂工程测量》 《测量工》
共　计	(124) 304			

* 直线（方程、两直线的关系），圆锥曲线，极限与连续、导线、微分及导数应用，积分及应用。

2. 操作实习：地点在北京工业大学

实 习 内 容	天数	指导老师
1. 组织动员	0.5 天	文孔越副教授
2. S3 水准仪、J2 经纬仪操作考核	2 天	高德慈副教授
3. 测图导线外业（J2 测角、光电测距）内业计算与展图	2 天	赵忠林工程师 高贵田讲师
4. 平板测图与经纬测图	2 天	
5. 红线桩测设与校测（J2 经纬仪）	1 天	
6. 仪器在任意点测设圆曲线	1 天	
7. Ⅲ等水准测量、电磁波测距	1 天	
8. 竣工图测量与变形观测	3 天	
9. 内业整理与补操作考核	1 天	
共　　计	13.5 天	

四、对培训班教学的几点分析

1. 根据建设部颁布的，由 1988 年 7 月 1 日起施行的《土木建筑工人技术等级标准》（JGJ 42—1988）（见附件 1）中，对测量放线中级工和高级工应知应会的内容看，两个班的课程设置是合适的。给两个班讲课和指导实习的 16 位老师中，有高级职称的 8 位、中级职称的 8 位，多数老师有丰富的教学经验和工程实践经验，教学质量与教学效果都比较好。两个班的多数学员都能刻苦学习。所以通过培训，学员的理论水平与操作水平均有显著的提高，达到了建设部的标准要求，而且在基础知识方面比"应知"的内容还深一些、宽一些。

2. 针对学员文化水平不齐，放线经历不同，参加全市上岗考核前后相差二年、年岁从 53 到 22，各自的现场放线工作忙闲不均、多数学员家务负担重、按部就班的课堂学习方式已不习惯等现实情况，为了保证大多数学员的学习质量，我们采取了以下措施：

（1）入学考试前，要求学员做好全面复习。入学考试时每人必须交来重新做的 200 道题的习题，作为考试成绩的 30%，这一措施就促使每个学员用 3~4 周的时间进行复习，为培训班打了基础。

（2）狠抓纪律教育，严格考勤。尤其是开班初期，早晨8点上课，总有几人迟到，我们连续抓了一个月后，情况大有改进，使培训班有了良好的教学秩序。

（3）合理安排教学时间。理论教学，中级工班每周二、五上课，高级工班每周三、五上课。原定集中连续实习10天左右，也改为中班每周连续两天，高班每周连续3天（占一个星期日）。这样错开教学时间，既保证了学员出勤，又保证了现场放线任务的完成，做到学习、工作两不误。

（4）要求各位教师了解学员的实际情况，讲课中注意，前后连贯，循序渐进，要求讲一课、会一课，避免夹生饭，尤其是数学与误差理论课一定让学员学的扎实，真正掌握。

施工测量课是两个班的主课，除按计划讲授外，还结合学员当时工作中遇到的实际问题个别解决或向全班讲解，做到学以致用。高级班中还组织了几次学员讲课，向全班介绍了电视塔、北京图书馆、北京电视台、奥林匹克运动中心等工程的测量工作，学员还在课后，彼此参观工地进行经验交流，收效很好。

（5）教师课上举例，给学员课后留作业，这些必要的巩固环节，对成人教育更是必要，测量课还适当安排了几次课堂的教学操作实习，对巩固理论教学起到良好作用。抓好每门课程的阶段考试和结束考试，更是巩固教学的重要手段，严肃考场纪律、杜绝抄袭，发现作弊现象及时教育处理，对不及格者给一次补考机会等措施都是保证教学质量的重要措施。

总之，要针对成人教育的特点，采取有效措施，并不断启发和调动学员积极性，端正学习态度、改进学习方法才能使多数学员学好。

3. 根据测量放线工的思想、作风实际情况，设置了"思想修养与职业道德"课，多数学员反映从来没有听过这样的课，对如何严格要求自己、提高了对道德修养的认识，老师在总结时提出"良心、自律、慎独"大家都铭记在心。学员每人结合自己写的学习心得体会，老师审阅后很是满意。

我们认为品德教育要贯彻整个培训的全过程，发现好人好事及时表扬，发现个别不良行为要及时教育、适当处理，以求不断提高学员品德修养。

4. 理论教学结束后，两班学员到北京工业大学进行了操作实习，由于内容安排的紧密结合工程实际，四位指导老师认真负责和学员们的刻苦学习，圆满地完成了实习内容，起到了系统复习巩固和全面提高操作水平的良好效果，实践说明安排操作实习是非常必要的。

5. 两个班的 10 门课中，有讲义与合适的参考书的课程教学效果就好。只做课堂笔记的课程有 2 门，不但多占用了时数，而且效果也差，这是培训班中最大的缺欠。

又 1986~1988 年办的两期中级工班，只开设了数学、识图与测量 3 门课，参加这次高级班先补上了"思想修养与职业道德"和"建筑施工技术与管理" 2 门课后，才学习高级工班的 5 门业务课。

五、附件（略）

1. 建设部《土木建筑工人技术等级标准》（JGJ 42—1988）摘录。
2. 建设部 1990 年制定的测量放线高级工技术理论教学计划。
3. 培训班学员守则。
4. 培训班各门课程的主要内容。
5. 培训班各门课程的试卷。
6. 中级工班学员学习心得体会摘编。
7. 高级工班班长单德福学习体会。

附录5 阶段模拟测验题和总复习提纲
（附5-1～附5-3）

附5-1 1～8章模拟测验题

1. 名词解释（8分）
(1) 大地水准面　　　　(2) 1985年国家高程基准
(3) 真子午线　　　　　(4) 方位角（φ）
(5) 视准轴（CC）　　(6) 水准管轴（LL）
(7) 等高线　　　　　　(8) 测图精度

2. 填空（42分）
(1) 中华人民共和国计量法是＿＿＿年＿＿＿月＿＿＿日由＿＿＿＿＿＿＿＿＿＿＿＿＿＿通过的，由＿＿＿年＿＿＿月＿＿＿日起实施。计量法的核心是＿＿＿＿＿＿＿＿＿＿＿＿＿＿＿＿＿＿＿。
(2) 法定计量单位是＿＿＿＿＿＿＿＿＿＿＿＿＿＿＿＿＿。
(3) 做好施工测量放线工作应遵守的基本准则（7条）：
(4) 做好施工测量验线工作应遵守的基本准则（7条）：
(5) 测量记录的基本要求是＿＿＿＿、＿＿＿＿、＿＿＿＿、＿＿＿＿；计算工作的基本要求是＿＿＿＿、＿＿＿＿、＿＿＿＿、＿＿＿＿。
(6) 地面上一点到＿＿＿＿面的铅直距离叫该点的＿＿＿＿高程，到＿＿＿＿面的铅直距离叫该点的相对高程。建筑工程中规定首层室内地面相对高程是±0.000。若室外地面比室内地面低0.600m，则其相对高程＿＿＿＿；若室外暖气沟底的设计高程是－1.800m，则其挖深是＿＿＿＿。

(7)误差 = ＿＿＿＿ － ＿＿＿＿ = ＿＿＿＿改正数（修正值）。

(8)根据（JJG 4—1999）钢尺检定规程规定：钢尺检定的标准温度是＿＿＿＿，标准拉力是＿＿＿＿＿＿＿＿。某钢尺的名义长度是 50.000m，经检定其实际长度是 50.053m。若在放线工作岗位上使用这盘钢尺是＿＿＿＿法的，因为＿＿＿＿＿＿＿＿＿＿。

(9)S3 微倾式水准仪是由＿＿＿＿、＿＿＿＿和＿＿＿＿三部分组成。它的四条主要轴线，其相互间应具备的几何关系＿＿＿＿＿＿＿＿＿＿和＿＿＿＿＿＿。自动安平水准仪的构造特点是：取消了微倾水准仪的＿＿＿＿与＿＿＿＿，增加了＿＿＿＿；在水准测量中，为了能够得到正确的水准读数，安置仪器时应＿＿＿＿。

(10)在水准引测中取前后视线等远，好处有三：①＿＿＿＿、②＿＿＿＿＿＿＿＿和③＿＿＿＿＿＿＿＿。

(11)水准记录中的计算校核公式是＿＿＿＿＿＿＿＿。计算校核无误只能说明＿＿＿＿＿＿＿＿，计算校核无误不能说明＿＿＿＿＿＿＿＿。

(12)为检校水准仪的视准轴（CC）是否水平？如图示今在距 MN 两点等远处安置仪器，定平后测得 $a_1 = 1.424$m、$b_1 = 1.435$m；然后移仪器于 M 点近旁，定平后测得 $a_2 = 1.348$m，问此时水准仪视准轴水平时，视线在 N 尺上的正确读数 $b_2 = $＿＿＿＿ m。若实际读数 $b'_2 = 1.337$m，则说明视线向＿＿＿＿＿＿＿＿倾斜＿＿＿＿＿＿＿＿ m。为使 LL

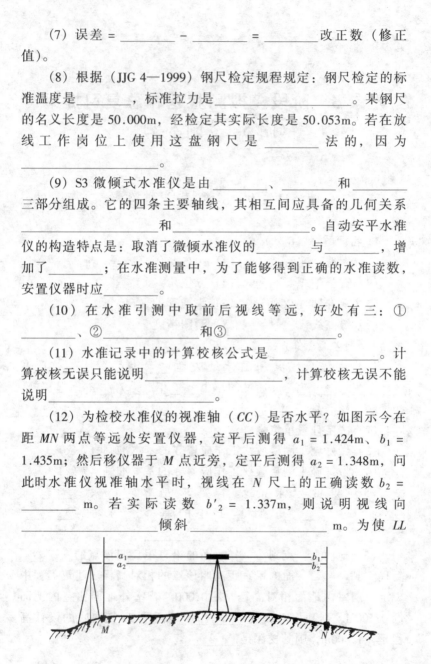

// CC，校正方法是_____。

(13) 精密水准仪的构造特点有：①_____、②_____、③_____、④_____。

(14) 经纬仪上四条主要轴线应具备的几何关系是_____、_____和_____。在用经纬仪测角、设角、延长直线或竖向投测中，均应取盘左、盘右观测的平均值。因为这样可以抵消_____轴不垂直_____轴和_____轴不垂直_____轴的误差，但不能抵消_____轴不垂直_____轴的误差。

(15) 电子经纬仪的主要特点是：①_____，②_____，③_____。因此，使用与光学经纬仪同精度的电子经纬仪，工作速度快，成果精度高。

(16) 测距仪的标称精度 $m_D = \pm (A + B \cdot D)$，式中：$A$ 是仪器的_____，其单位为_____；B 是仪器的_____，其单位为_____；D 是_____，其单位为_____。若 $A = 3$、$B = 2$，当用该仪器测量 150m 时，其精度为 ± (____ + ____) = ____。

(17) 全站仪主机是由_____部分、_____部分和机中_____三部分组成的全能仪器。

3. 计算下列各题（50 分）

(1) 如图示：由 BM7（已知高程 43.724m）向现场 A 点与 B 点引测高程后，又到 BM5（已知高程 44.542m）附合校对，填写记录表格，做计算校核与成果校核，若精度合格应进行成果调整。

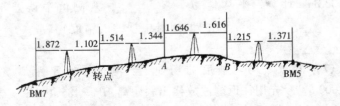

(2) 为什么强调使用附合测法向现场引测高程点？如下表所

示数据,对附合观测结果进行误差调整。

点 名	站 数	高 差			高程	备 注
		观测值	改正值	调整值		
BMA	7	-0.688			46.848	已知高程
1						
	4	+2.006				
2						
	8	-0.889				
BMB					47.286	已知高程
Σ						

实测高差 =
已知高差 =
实测闭合差 =
允许闭合差 =
每站改正数 =

(3) 当测角的精度分别是 20″ 与 30″,则和它精度相匹配的量距精度应分别是 1/____ 与 1/____。

(4) 以 ±15″ 的设角精度与 1/12000 的设距精度,由 A 点测设 P 点,AP 边长 80m,求 P 点的点位误差 $m_{点}$ = ?

(5) 独立测量 12 个三角形的角度闭合差 (Δ) 分别为:-13″、+4″、-6″、+16″、-12″、+10″、-9″、+2″、+15″、+8″、+3″、-18″,求其中误差 m = _____ = _____。

(6) 用钢尺丈量 AB 两点间距离。共量 6 次,测值分别为:136.366m、136.345m、136.339m、136.343m、136.344m 及 136.333m。计算:平均值 $\bar{d}$ = _____,观测值中误差 m = _____ = _____。观测值相对中误差(精度)k = _____ = _____。

(7) 欲在一均匀坡度的场地上,测设一水平距离 AB = 184.000m,今先用往返测法放样出斜距离 AB' = 185.197m,又测得 h'_{AB} = 3.700m,使用名义长度 50m 钢尺,在标准拉力和标准温度条件下,检定该尺实长 50.0049m,线膨胀系数为 0.000012/1℃。放样

AB'时使用标准拉力,平均温度为35℃,问 AB' 的实长是多少?问 B' 应否改正?改多少?向哪个方向改正才是欲求的 B 点?

(8) 已知 $d_{51}=261.511\text{m}$,$\varphi_{51}=94°36'58''$,求 Δy_{51} 及 Δx_{51}。(写出公式和计算器的计算程序)

(9) 已知 $\Delta y_{AB}=-5.434\text{m}$,$\Delta x_{AB}=216.768\text{m}$。求 d_{AB} 及 φ_{AB}。(写出公式和计算器的计算程序)

(10) 已知幢号水准点的高程为 48.737m,安置水准仪在水准点上的后视读数 $a=1.476\text{m}$,问如何用两种测法在龙门桩上测设 ±0.000(48.600)水平线?

附 5-2 9~15 章模拟测验题

1. 名词解释(3分)
(1)里程桩号 (2)缓和曲线 (3)断链 (4)纵断面测量

2. 填空(22分)

(1) 下图为某学校教学楼施工平面图。图中曲线为原地面等高线,平行斜线为场地平整后的地面设计等高线。按图判断和回

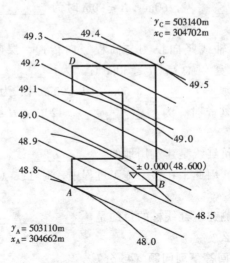

答下问题：

1) 首层室内地面设计高程（合理，不合理）；
2) A 点处是（填、挖、不填不挖）_____ m；
3) D 点处是（填、挖、不填不挖）_____ m；
4) AD 距离是_____ m；
5) AB 距离是_____ m；
6) AC 距离是_____ m；
7) AC 两点间竣工后的坡度 $i =$ _____比施工前（陡、缓、相同）。

(2) 选择建筑物定位条件的基本原则有哪三条？常用的定位方法有哪些方法？

(3) 放线、验线人员必须掌握以下五项精度限差，即：

1) 测设一般场地平面控制网的精度要求：量距_____，测角或延长直线_____；
2) 测定一般场地高程控制网的精度要求是_____或_____；
3) 撂底的允许偏差是 $B \leqslant 30m$ 时为_____，$30m < B \leqslant 60m$ 时为_____，$60m < B \leqslant 90m$ 时为_____，$B > 90m$ 时为_____。
4)、5) 轴线竖向投测与高程竖向传递，层间允许偏差是_____建筑总高 $H \leqslant 30m$ 时、为_____，$30m < H \leqslant 60m$ 时、为_____，$60m < H \leqslant 90m$ 时、为_____，$90m < H \leqslant 120m$ 时、为_____，$120m < H \leqslant 150m$ 时、为_____。

(4) 建筑红线是建筑用地的_____线，是建筑物定位的_____。因此，在整个施工过程中，对红线（桩）要特别注意哪几点？

(5) 校测建筑红线桩的目的是_____；校测的方法是什么？

3. 简要回答下列问题（45分）

(1) 施工测量前应做好哪些准备工作？其主要目的是什么？

(2) 如何在设计图上校核建筑物±0.000的设计高程是否有误？

(3) 如何在设计图上校核建筑物的定位条件是否有误？

(4) 场地平面控制网的布网原则是什么？场地高程控制网的布网原则及测设方法是什么？

(5) 建筑物定位放线的基本步骤是什么？

(6) 建筑物定位放线后，验线时的工作要点是什么？

(7) 建筑物基础放线的基本步骤、验线的要点各是什么？

(8) 用经纬仪外控法作竖向投测的方法有哪三种？投测时，应特别注意哪三点？

(9) 内控法作竖向投测的方法有哪四种？

(10) 沉降观测的特点是什么？观测的要点是什么？

(11) 导线计算的目的是什么？闭合导线计算的步骤是什么？附合导线计算的步骤是什么？

4. 计算下列各题（30分）

(1) 按下图计算经纬仪在 O 点以 $O1$ 为起始方向（0°00′00″）用极坐标放线"风车楼"的数据。

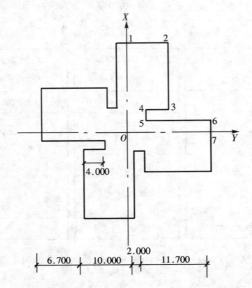

点	直角坐标 R		极坐标 P		间距 D
	横坐标 y	纵坐标 x	极距 d	极角 φ	
0	0.000	0.000	0.000	不	
1					
2					
3					
4					
5					
6					
7					

(2) 如图示：为了测设圆弧 06 上五个等分点 1、2、3、4、5，填表计算极坐标法、角度交会法及距离交会法的所需数据。

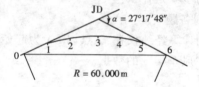

点	极坐标 P		间距 D
	极距 d	极角 φ	
0	0.000	不	
1			
2			
3			
4			
5			
6		13°38′54″	

点	角度交会	
	不在 0 点	不在 6 点
0	不	0°00′00″
1		
2		
3		
4		
5		
6	13°38′54″	不

点	距离交会	
	尺端在 0 点	尺端在 6 点
0	0.000	
1		
2		
3		
4		
5		
6		0.000

(3) 现场的红线桩坐标如下表所示：在表中计算红线各边长

（D）及左夹角（β），并做计算校核。

点名	横坐标 y	Δy	纵坐标 x	Δx	边长 D	方位角 φ	左夹角 β
A	508699.101		309026.462				
B	508699.242		308905.310				
C	508895.400		308951.054				
D	508895.400		309064.066				
A							
Σ							

（4）根据上表坐标反算各边长 D 及左夹角 $β$ 中，$\Sigma\Delta y = 0.000$，$\Sigma\Delta x = 0.000$ 和 $\Sigma β = 360°00'00''$ 校核无误时，只能说明什么？不能说明什么？又由 Δy、Δx 计算 D、φ 时，如何做计算校核？

附5-3　总复习提纲

第一部分　测量专业知识（3～14章）

1. 有关法令、规范、规程、标准、准则

（1）《中华人民共和国测绘法》（2002.12.01实施）

1）1985国家高程基准（原点在山东、青岛），1980国家大地坐标系（原点在陕西、泾阳）

2）测量直角坐标系，高斯正形投影平面直角坐标，1984世界大地坐标系（WGS—84坐标系）

（2）《中华人民共和国计量法》（1986.07.01实施）

1）计量法的核心是_____、_____。

2）计量法实施细则（1987.02.01实施）第25条"3不准"，_____、_____、_____。

3）法定计量单位（1984.02.27 实施）

(3)《中华人民共和国城市规划法》（1990.04.01 实施）

1）建筑红线是建设用地_____，用建筑物定位的_____。

2）建筑红线使用中要注意的要点，4 项_____、_____、_____、_____。

(4) ISO 9000 质量管理体系（见 4.2 节）

1) ISO 9000:2000 质量管理体系的基本内容

2) GB/T 19000 质量管理体系标准对施工测量管理工作有什么要求

(5) 北京市《建筑工程施工测量规程》（DBJ 01—21—1995）（1996 年 6 月 1 日强制执行）（见 4.3 节）

1）五项精度指标（场地控制网、高程网、基础放线、竖向投测、高程传递）

2）测量放线准则（7 条）

3）测量验线准则（7 条）

4）测量记录基本要求：_____、_____、_____、_____。

5）测量计算基本要求：_____、_____、_____、_____。

6）测量人员的基本能力（见 4.5.1）

7）初、中、高级测量放线工应知应会（见 4.5.2）

2. 测量基本概念——点位、误差

(1) 高程位置

1）大地水准面

2）1985 国家高程基准

3）北京地方高程系

4）绝对高程（海拔）H

5）相对高程（假定）H'

6）高差 h

7) 坡度 $i = h/D$

8) 等高线、等高距、等高线平距

(2) 平面位置

1) 子午线（真子午线、磁子午线、坐标子午线）

2) 方位角（φ）　正北顺时针转到直线的夹角（$0° \sim 360°$）

3) 北京城市测量坐标系

4) 测量直角坐标系（R—y, x）

5) 极坐标系（P—d, φ）

(3) 误差与错误（见 3.4 节）

1) 绝对误差 $\overline{\Delta}$ = 测值 L − 真值 $\tilde{L}$ = − 改正数 v

2) 相对误差（精度 k）= $\Delta/\tilde{L}$

3) 测角与测边的精度匹配、点位误差 m_F

4) 误差产生的原因有 3 方面：＿＿＿＿、＿＿＿＿、＿＿＿＿。

5) 误差分类　(1) 系统误差；

　　　　　　(2) 随机误差（偶然误差）的特性有 4 方面：＿＿＿＿、＿＿＿＿、＿＿＿＿、＿＿＿＿。

6) 中误差（标准差）(1) $m = \pm\sqrt{\dfrac{[\Delta\Delta]}{n}}$；

　　　　　　　　　(2) $m = \pm\sqrt{\dfrac{[vv]}{n-1}}$

7) 错误（粗大误差）

8) 如何正确对待误差与错误有 3 方面：＿＿＿＿、＿＿＿＿、＿＿＿＿。

9) 如何校核　(1) 计算校核方法有 5：＿＿＿＿、＿＿＿＿、＿＿＿＿、＿＿＿＿、＿＿＿＿。

　　　　　　(2) 测量校核方法有 4：＿＿＿＿、＿＿＿＿、＿＿＿＿、＿＿＿＿。

3. 基本计算

(1) 函数型计算器的使用要点（见附录2）

1) 三种角度单位的选择

2) *DEG* 制的两种显示

3) 正算有惟一的结果，反算只能得到主值

4) 坐标正算（P→R）　已知 d、φ，计算 Δy、Δx

5) 坐标反算（R→P）　已知 Δy、Δx，计算 d、φ

6) 坐标变换（测量坐标与建筑坐标的变换）

7) 统计计算（STAT 或 SD）

(2) 误差计算

1) 边角匹配与点位误差 $m_p = \pm \sqrt{m_纵^2 + m_横^2}$（见 3.4.5）

2) 钢尺量距三差改正（见 7.2.2）

3) 水准闭合差计算与调整（见 5.4.3 与 5.4.4）

4) 闭合导线的计算与调整、附合导线的计算与调整（见 14.2.6）

(3) 红线（反算）与导线（正算）计算

1) 红线桩坐标反算（见 11.3.2）

2) 导线计算（闭合、附合）

(4) 解任意三角形

1) 已知两边一夹角（s、a、s）（余弦定律）

2) 已知二角一夹边（a、s、a）（正弦定律）

(5) 极坐标放线数据计算（平面尺寸→y，x→d，φ）

(6) 圆曲线计算（见 10.2 节）

1) 测设要素计算　已知 R、α，计算 T、L、C、E、M

2) 主点桩号计算　已知 JD 桩号，计算 ZY、QZ、YZ 桩号。

3) 极坐标法测设辅点　弦切角 $\Delta = \alpha/2$，$\Delta_i = i\alpha/2n$，弦长 $C = 2R\sin\Delta$，$c_i = 2R\sin\Delta_i$。

(7) 缓和曲线计算

(8) 复杂曲线计算

1) 椭圆曲线计算
2) 双曲线计算
3) 抛物线计算

4. 仪器构造、操作和基本测设

(1) 仪器的主要轴线

1) 视准轴（CC）
2) 水准管轴（LL）
3) 水准盒轴（$L'L'$）
4) 横轴（HH）
5) 竖轴（VV）
6) 仪器轴线的几何关系

　　(1) 水准仪 2 个平行＿＿＿＿、＿＿＿＿。

　　(2) 经纬仪 3 个垂直＿＿＿＿、＿＿＿＿、＿＿＿＿。

(2) 水准仪

1) S3 微倾水准仪构造 3 部分：＿＿＿＿、＿＿＿＿、＿＿＿＿。

2) 安置　(1) 概略定平；(2) 精密定平。
3) 水准点（BM）
4) 转点（TP）与中间点
5) 记录　(1) 高差法；(2) 视线高法。
6) 成果校核　(1) 往返测法；(2) 闭合测法；(3) 附合测法。
7) 抄平　(1) 高差法；(2) 视线高法（加中间点）。
8) 操作要点　前后视线等长，3 方面好处：＿＿＿＿＿＿＿＿＿＿＿＿＿＿＿＿＿＿＿＿＿＿。
9) 仪器视线不水平的检校（i 角检校）
10) 自动安平水准仪特点 2 个：＿＿＿＿、＿＿＿＿。
11) 电子水准仪特点 3 个：＿＿＿＿、＿＿＿＿、＿＿＿＿。
12) 精密水准仪特点 4 个：＿＿＿＿、

_____、_____。

13) 精密水准尺特点 2 个：_____、_____。

(3) 经纬仪

1) J6、J2 光学经纬仪构造 3 部分：_____、_____、_____。

2) 安置 (1) 线坠对中；(2) 光学对中；(3) 等偏定平；(4) 等偏对中。

3) 测回法测水平角、测回法测设水平角与竖直角测法、视距法

4) 操作要点 正倒镜观测有 4 方面好处：_____、_____、_____、_____。

5) 仪器检校 (1) $LL \perp VV$；(2) $CC \perp HH$；(3) $HH \perp VV$。

6) 电子经纬仪特点 4 个：_____、_____。

(4) 测距仪

1) 标称精度 $m_D = \pm (A + B \cdot 10^{-6} \cdot D)$

2) 使用要点 4 项：_____、_____、_____。

(5) 钢尺

1) 性质 (1) 受温度影响；(2) 受拉力影响；(3) 平量与悬空量。

2) 操作要点 4 项：_____、_____、_____。

3) 往返量距

4) 钢尺在施工测量中的应用

(6) 全站仪

1) 全站仪的基本构造有 3 部分：_____、_____。

2) 国产第二代全站仪构造特点：_____、

_____、_____。

3) 全站仪的基本操作方法：_____、_____、_____、_____、_____、_____。

(7) GPS

1) GPS 定位原理

2) GPS 定位功能特点：_____、_____、_____、_____、_____、_____。

(8) 点位测设

1) 直角坐标法

2) 极坐标法

3) 角度交会法

4) 距离交会法

适用场合	优　点	缺　点

(9) 建筑物定位

1) 坐标法定位　根据现场测量控制点与拟建建筑物的设计坐标定位

2) 关系位置定位　根据现场原有建（构）筑物与拟建建筑物的关系位置定位，具体定法又分由线上点向外定位与由线外点与线上条件定位两种。

5．建筑施工测量

(1) 准备工作

1) 主要内容　三校（校图纸、校测量定位依据桩、检定与检校仪器）、一制定（方案）。

2) 校核图纸

①总图　定位桩坐标；定位依据、定位条件；相对关系；设

计高程。

②建筑图　轴线关系；平、立、剖、大样；相对高程。

③结构图　轴线、层高；上下层关系；建筑、结构关系。

④设备图　与土建对应；与设备基础对应。

3）场地平整原则 3 项＿＿＿、＿＿＿、＿＿＿。

4）测量方案的内容

①工程概况；②施工测量基本要求；③场地准备测量；④起始依据校测；⑤场区控制网测设；⑥建筑物定位与基础施工测量；⑦±0.000 以上施工测量；⑧特殊工程施工测量；⑨室内、外装饰与安装测量；⑩竣工测量与变形观测；⑪验线工作；⑫施工测量工作的组织与管理。

(2) 平面控制

1）布网原则 3 项＿＿＿、＿＿＿、＿＿＿。

2）精度：测角＿＿＿、量距＿＿＿。

3）网种 3 种＿＿＿、＿＿＿、＿＿＿。

4）测法 3 种＿＿＿、＿＿＿、＿＿＿。

(3) 高程控制

1）布网原则 3 项＿＿＿、＿＿＿、＿＿＿。

2）精度：＿＿＿或＿＿＿。

3）测法 4 种＿＿＿、＿＿＿、＿＿＿、＿＿＿。

(4) 建筑定位放线

1）选择定位依据与定位条件；

2）定位放线与定位验线；

3）基础放线与基础验线。

(5) 高程竖向传递

1）测法

2）操作要点 2 项＿＿＿、＿＿＿。

(6) 轴线竖向投测

1）外控法 3 种＿＿＿、＿＿＿、＿＿＿，与操作要点，3 项＿＿＿、＿＿＿、＿＿＿。

2）内控法 4 种＿＿＿＿、＿＿＿＿、＿＿＿＿、＿＿＿＿。

（7）沉降观测

1）规定 2 项。

2）目的 3 项＿＿＿＿、＿＿＿＿、＿＿＿＿与内容 4 项＿＿＿＿、＿＿＿＿、＿＿＿＿、＿＿＿＿。

3）特点 3 个＿＿＿＿、＿＿＿＿、＿＿＿＿，与要点 3 固定：＿＿＿＿、＿＿＿＿、＿＿＿＿；2 稳定：＿＿＿＿、＿＿＿＿。

（8）竣工测量

1）目的 3 项＿＿＿＿、＿＿＿＿、＿＿＿＿。

2）内容 4 项＿＿＿＿、＿＿＿＿、＿＿＿＿、＿＿＿＿。

3）要点

6. 市政施工测量

（1）准备工作（见 13.1 节）

1）学习与校核设计图纸

2）复测现状高程及土方量的复算

3）制定市政工程施工测量方案

（2）道路工程施工测量（见 13.2 节）

1）恢复中线测量

2）纵、横断面测量

3）边桩放线

4）竖曲线与路拱曲线的测设

（3）管道工程施工测量（见 13.3 节）

（4）桥涵工程施工测量（见 13.4 节）

1）桥位与基桩放线

2）预制构件吊装测量

（5）市政工程竣工测量（见 13.6 节）

7. 地形测图与识图

（1）地形图 按一定比例表示地物、地貌平面位置和高程的正投影图。

1) 地物　人工建造与自然形成的物体。
2) 地貌　地面的高低起伏。
（2）比例尺　图上任意线段的长度 l 与它所代表的地面上实际水平长度 L 之比。
1) 1:500 大比例尺，精度高，表示地物、地貌详尽准确。1:5000 小比例尺精度低，表示地物、地貌简略。
2) 比例尺精度　图上 0.1mm 所代表的实地水平距离。
3) 测图精度　图上 0.5mm 所代表的实地水平距离。
（3）地物符号
1) 比例符号　轮廓较大能按比例绘出的地物；
2) 非比例符号　轮廓较小不能按比例绘出的地物；
3) 线形符号　带状地物，如铁路、输电线等；
4) 注记符号　表示地物名称及有关数字。
（4）地貌符号
1) 等高线　地面上高程相等的相邻点所连成的闭合曲线。
2) 等高距、平距与精度、坡度的关系
①等高距小——表示地貌详细、精度高；等高距大——表示地貌粗略、精度低；
②平距小——地面坡度陡；平距大——地面坡度缓；平距相等——地面坡度均匀。
（5）识图
1) 判定方向　①根据指北针判定；②根据坐标格网判定；③根据图上注字判定。
2) 求点位坐标（图解法）　根据图廓坐标平行量取 y，x。
3) 求直线水平距离、方位角
①求水平距离　用比例尺量；图解两点坐标，根据公式计算 $d = \sqrt{(\Delta y)^2 + (\Delta x)^2}$；
②求方位角　根据指北方向用量角器量出直线方位角；图解两点坐标，根据公式计算方位角 $\varphi = \tan^{-1}\left(\dfrac{\Delta y}{\Delta x}\right)$。

4）求点位高程与平均坡度

①求高程　点在等高线上、直接求得；点在等高线间，按比例求得；

②求平均坡度　求两点高差 h；求两点间水平距离 d；求坡度 $i = h/d$。

5）求面积

①划分三角形用几何公式计算；

②使用求积仪计算；

③根据多边形各顶点坐标计算（见 11.3.5）。

第二部分　工程基本知识和相关知识（1、2、15 章）

8. 工程识图的基本知识

（1）工程制图三面正投影的基本原理（见 1.2 节）

1）三面正投影体系；

2）三面正投影体系中的三等关系。

（2）民用建筑工程施工图（见 1.3 节）

1）建筑总平面图；

2）建筑平面图、定位轴线与基础图；

3）建筑立面图与剖面图。

（3）工业建筑工程施工图（见 1.4 节）

1）单层工业厂房平面图与基础图；

2）单层工业厂房立面图与剖面图。

（4）市政工程施工图（见 1.5 节）

1）道路、公路带状平面图；

2）桥涵工程图；

3）管道工程图。

（5）工程标准图（见 1.6）

（6）图纸会审（见 1.7 节）

9. 工程构造的基本知识

（1）民用建筑工程构造（见 2.1 节）

(2) 工业建筑工程构造（见 2.2 节）

(3) 市政工程构造（见 2.3 节）

10. 安全生产和班组管理

(1)《中华人民共和国安全生产法》与施工测量人员的安全生产（见 15.1 与 15.2 节）

(2) 测量班组管理的基本内容（见 15.4 节）

11. 公民道德和职业道德（见 15.3 节）

(1) 公民的基本道德规范

(2) 职业道德与职业守则

附录6 测量放线、验线技术人员和测量放线等级工理论测试示范试卷
（附6-1～附6-4）

附6-1 测量放线、验线技术人员理论测试示范试卷（共100分）

1. 是非题（全对的划"√"、有错的划"×"，每题1分，共20分）

（1）大地坐标系也叫地理坐标系。是用经纬度表示一点的位置，北京地区是北纬39°30′～41°05′，东经115°30′～117°30′。（ ）

（2）ISO 9000—2000版的质量管理体系要求的核心思想，是以顾客为关注的焦点，通过有效的过程管理和管理的系统方法，持续的改进质量管理，提供满足顾客要求的产品，并增强顾客的满意程度。
（ ）

（3）测量记录的基本要求是：原始真实、数字正确、内容完整、必要时可以重抄。（ ）

（4）测量计算的基本要求是：依据正确、方法科学、预估结果、四舍六入、结果可靠。（ ）

（5）测量班组收到成套的设计图纸后，要有专人签收、保管，签收时一定要注明日期与时间，对有更改的图纸与设计洽商文件一定要及时通报全班组，以防止误用过时或失效的图纸而造成放线失误，图纸中的问题一定要通过设计修改，测量人员不得自作主张。（ ）

（6）对成套的图纸要全面阅读、仔细核对，找出图纸中的

缺、漏、不交圈、不合理等问题。通过设计交底图纸会审，测量人员一定要消除设计图上的差错，取得正确的定位依据、定位条件与有关测量数据及设计对精度等的有关要求。总之，取得正确的设计数据是做好按图放线的基础。（ ）

（7）定位轴线图的审核原则是：①先校整体尺寸交圈后，再查细部尺寸；②先审定基本依据数据（或起始数据），正确无误后，再校核推导数据；③必须采用独立、有效的计算校核方法；④工程总体布局合理、适用，各局部布置符合各种规范要求。
（ ）

（8）大比例尺工程用地形图是工程设计的基本依据。在正常情况下，人眼直接在图上能分辨出的最小长度为0.2mm。因此，地形图上0.2mm所代表的实地水平距离叫比例尺精度。（ ）

（9）在测绘地形图中，由于控制测量与碎部测绘各种误差的影响，使得地形图上明显地物点的误差一般在0.5mm左右。因此，地形图上0.5mm所表示的实地水平距离叫测图精度。（ ）

（10）《钢尺检定规程》（JJG 4—1999）规定：钢尺检定的标准温度为20℃、标准拉力为50N、50mⅠ级钢尺尺长允许误差（平量法）为±5.1mm。（ ）

（11）光电测距仪的标称精度表达式为 $m_D = \pm (A + B \times D)$。式中 m_D 为测距中误差（mm），A 为固定误差（mm），B 为比例误差系数（10^{-6}或mm/km），D 为被测距离（m或km）。（ ）

（12）自动安平水准仪是在微倾水准仪基础上发展起来的，它取消了水准管与微倾螺旋，但增设自动补偿器。当望远镜水平视线有微量倾斜时，补偿器在重力作用下对望远镜相对移动，从而能自动迅速地获得视线水平时的水准读数。但补偿器的补偿范围一般为±8′左右。因此，在使用自动安平水准仪时，要先定平圆水准盒，使望远镜处于概略水平，补偿器才能有效。（ ）

（13）光电测距仪主要由主机、反射棱镜、电源、充电设备及气压表、温度计等5部分组成，其中主机与反射棱镜必须配套使用，否则会出现用错棱镜常数的错误。（ ）

(14) 全站仪的主机是一种光、机、电、算、贮存一体化的高科技全能测量仪器。测距部分由发射、接收与照准成共轴系统的望远镜完成，测角部分由电子测角系统完成，机中电脑编有各种应用程序，可完成各种计算和数据贮存功能。直接测出水平角、竖直角及斜距离是全站仪的基本功能。（ ）

(15) 常用的计算校核方法：①总和校核，②复算校核，③几何条件校核，④变换算法校核，⑤概略估算校核。（ ）

(16) 常用的测量校核方法：①闭合校核，②复测校核，③几何条件校核，④变换测法校核。（ ）

(17) 根据国家标准《砌体工程施工质量验收规范》（GB 50203—2002）3.0.2 条规定：基础放线的允许误差为 $L（B）\leqslant 30m$ 时、允许误差为 $\pm 5mm$，$30m < L（B）\leqslant 60m$ 时、允许误差为 $\pm 10mm$，$60m < L（B）\leqslant 90m$ 时、允许误差为 $\pm 15mm$，$90m < L（B）\leqslant 120m$ 时、允许误差 $\pm 20mm$，$120m < L（B）\leqslant 150m$ 时、允许误差为 $\pm 25mm$，$150m < L（B）\leqslant 200m$ 时、允许误差为 $\pm 30mm$。
（ ）

(18) 为了保证沉降观测的精度，观测中应采取三固定的做法，即①观测人员固定，②记录人员固定，③立尺人员固定。（ ）

(19) 施工中造成安全事故的主要原因是"三违反"，即负责人的违章指挥，从业人员的违章作业与违反指挥。（ ）

(20) 把好质量关、做到测量班组所交出的测量成果正确、精度合格，这是测量班组管理工作的核心。为此在作业中必须坚持测量、计算工作步步有校核的工作方法，才能保证测量成果的正确性。（ ）

2. 选择题（把正确答案的序号填在各题横线上，每题 1 分共 20 分）

(1) 目前我国建立的统一测量坐标系与高程系分别叫做 _____。大地原点在陕西省泾阳县永乐镇，水准原点在山东省青岛市观象山上。

A. 高斯平面直角坐标系、1985 国家高程基准

B. 北京坐标系、1956 高程系

C.1980 国家大地坐标、1985 国家高程基准

D.84WGS 坐标系、黄海高程系

（2）今用名义长为 50.000m、经检定实长为 49.9957m 的钢尺，在温度 8.4℃和标准拉力下量得平地上 AB 两点间距离为 167.878m，钢尺的线膨胀系数 $\alpha = 0.000012/℃$，则 AB 间的实际水平距离 $d_{AB} = $____。

  A.167.864m   B.167.855m

  C.167.869m   D.167.840m

（3）水准测量计算校核公式 $\Sigma h = \Sigma a - \Sigma b$ 和 $\Sigma h = H_终 - H_始$ 可分别校核____是否有误。

  A．水准点高程、水准尺读数

  B．水准点位置、水准记录

  C．高程计算、高差计算

  D．高差计算、高程计算

（4）自 BMA（$H_A = 49.053$m）经 8 个站测至待定点 P，得 $h_{AP} = +1.021$m。再由 P 点经 12 个站测至另一 BMD（$H_D = 54.171$m），得 $h_{PD} = 4.080$m。则平差后的 P 点高程为____。

  A.50.066m   B.50.082m   C.50.084m   D.50.074m

（5）一般水准测量中，在一个测站上均先读测后视读数、后读测前视读数，这样仪器下沉与转点下沉所产生的误差，将使测得的终点高程中存在____。

  A."+"号与"-"号抵消性误差

  B."-"号与"+"号抵消性误差

  C."+"号累积性误差

  D."-"号累积性误差

（6）检验经纬仪照准部水准管垂直竖轴，当气泡居中后，平转 180°时，气泡若偏离。此时用拨针校正水准管校正螺丝，使气泡退回偏离值的____，以达到校正目的。

  A.1/4   B.1/2   C. 全部   D.2 倍

（7）经纬仪观测中，取盘左、盘右平均值是为了消除____的

误差影响，但不能消除照准部水准管轴不垂直竖轴的影响。

A. 视准轴不垂直横轴

B. 横轴不垂直竖轴

C. 度盘偏心

D. A + B + C

（8）测得两个边长 D_1、D_2 与两个角度 $\angle A$、$\angle B$ 及其中误差为：$D_1 = 23.076\text{m} \pm 12\text{mm}$、$D_2 = 115.386\text{m} \pm 12\text{mm}$，$\angle A = 23°07'06'' \pm 12''$、$\angle B = 115°38'36'' \pm 12''$。据此进行精度比较，得____。

A. 两边等精度、两个角等精度

B. D_2 精度高于 D_1、两个角等精度

C. D_2 精度高于 D_1、$\angle B$ 精度高于 $\angle B$

D. 两边等精度、$\angle B$ 精度高于 $\angle A$

（9）实测得闭合导线全长 $\Sigma D = 876.302\text{m}$，$\Sigma \Delta y = 0.033\text{m}$，$\Sigma \Delta x = -0.044\text{m}$，则导线闭合差 f、导线精度 k 分别为____。

A. 0.077m、1/11300   B. -0.011m、1/79600

C. 0.055m、1/16000   D. 0.055m、1/15900

（10）经纬仪安置在 O 点，后视 200m 边长的 A 点，以 $\pm 20''$ 的设角精度，测设 $90°00'00''$，并在此方向上以 1/10000 精度测设 80.000m 定出 B 点，则 B 点的横向误差、纵向误差与点位误差分别为____。

A. 8mm、8mm、16mm   B. 8mm、8mm、9.4mm

C. 10mm、10mm、14.1mm   D. 8mm、10mm、12.8mm

（11）经纬仪如有竖盘指标差 X，将使观测结果出现____。

A. 一测回水平角不正确

B. 一测回竖直角不正确

C. 盘左与盘右水平角均含指标差 X

D. 盘左与盘右竖直角均含指标差 X

（12）等精度观测是指____的观测。

A. 允许误差相同   B. 系统误差相同

C. 偶然误差相同   D. 观测条件相同

(13) 对一个角度进行了 n 次等精度观测，则根据公式 $M = \pm\sqrt{\dfrac{[vv]}{n(n-1)}}$ 求得的结果为____。

A. 观测值中误差 B. 算术平均值中误差
C. 算术平均值真误差 D. 一次观测中误差

(14) 一圆形的半径及其中误差为 $27.50 \pm 0.01\text{m}$，则圆面积中误差为____。

A. 1.73m^2 B. $\pm 1.73\text{m}^2$ C. $\pm 1.77\text{m}^2$ D. 1.32m^2

(15) 用 J2、J6 经纬仪观测一测回角的中误差分别为____。

A. $2''$、$6''$ B. $\pm 2''$、$\pm 6''$
C. $\pm 2''\sqrt{2}$、$\pm 6''\sqrt{2}$ D. $4''$、$12''$

(16) 《工程测量规范》(GB 50026—1993)第 7 章施工测量第 2 节施工控制测量中规定，建筑场地方格网分为两级其边长相对中误差分别为____。一级主要用于 1km^2 以上的大型场地和重要工业建筑。

A. 1/30000、1/15000 B. 1/30000、1/20000
C. 1/40000、1/20000 D. 1/20000、1/10000

(17) A、B 两红线桩的坐标分别为：$y_A = 2000.000\text{m}$，$x_A = 1000.000\text{m}$，$y_B = 2080.000\text{m}$，$x_B = 1060.000\text{m}$。现要测设建筑物上的 P 点 ($y_P = 2090.000\text{m}$，$x_P = 991.000\text{m}$)，则在 A 点上，以 B 点为后视点，用极坐标法测设 P 点的极距 d_{AP} 和极角 $\angle BAP$ 分别为____。

A. 90.449m，42°34′50″ B. 90.449m，137°25′10″
C. 50.000m，174°17′20″ D. 90.000m，95°42′40″

(18) 用经纬仪做高层建筑竖向轴线投测时，要特别注意以下 3 点：①严格校正好仪器，②尽量以首层轴线作为后视向上投测，③____。

A. 取盘左位置向上投测即可
B. 取盘右位置向上投测即可
C. 取二次盘左位置的平均位置
D. 取盘左、盘右向上投测的居中位置

(19) 用经纬仪校正柱身铅垂时，同截面的柱子，可把经纬仪安置在轴线的一侧校正几根柱子铅垂;变截面的柱子,则必须将经纬仪逐一安置在各自柱子的轴线上,否则将可能使柱身产生____。

A.铅垂　　　　　　　B.倾斜
C.偏转　　　　　　　D.又倾斜、又偏转

(20) 2001年9月20日中共中央印发的《公民道德建设实施纲要》第4条指出公民的基本道德规范为:爱国守法、明礼诚信、团结友善、勤俭自强、____。

A.奋发有为　　B.努力献身　　C.刻苦工作　　D.敬业奉献

3. 计算题(每题10分,共30分)

(1) 如图示:由 BM3(已知高程 43.714m)向施工现场引测 A、B 两点高程后,到 BM6(已知标高 44.424m)附合校核,按规定填写记录表格、做计算和成果校核,若观测精度合格,应进行误差调整。

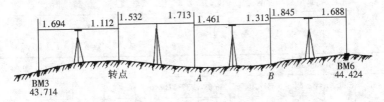

【解】　　　　　　　视线高法水准记录表

测　点	后视读数 (a)	视线高 (H_i)	前视读数 (b)	高　程 (H)	备　注
BM3				43.714	已知标高
计算 校核	$\Sigma a =$ $\dfrac{-\Sigma b =}{\Sigma h =}$	$\Sigma b =$		$\dfrac{-H_{始}}{\Sigma h =}$	
成果 校核	实测闭合差 = 允许闭合差 = 每站改正数 =	=			

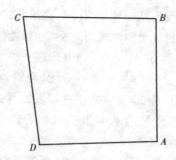

(2) 某工地红线桩，ABCD 的城市测量坐标如表中所示，A 在建筑坐标系中的坐标 B (y') = 2000.000m，A (X') = 500.000m，AB 方位角 φ'_{AB} = 0°00′00″。在表中计算 BCD 在建筑坐标系中的坐标。

城市测量坐标（y, x）和建筑坐标（B, A）的换算表

点号	城市测量坐标系（y, x）							建筑场地坐标系（B, A）			
	y	z	Δy	Δx	D	φ	φ'	ΔB ($\Delta Y'$)	ΔA ($\Delta X'$)	B (Y')	A (X')
A	6215.931	4615.726								2000.000	500.000
B	6210.497	4832.494	−5.434	216.768	216.836	358°33′50″	0°00′00″				
C	5989.567	4826.916									
D	5998.883	4610.285									
A	6215.931	4615.726									

(3) 如图所示，会议大厅的东北 1/4 象限，该厅东西为双曲线，南北为抛物线，现以双曲线中心为坐标原点 O（0, 0）建立测量直角坐标系，在表中计算用极坐标法测设 1~8 各点的数据。

①抛物线

p =

方程：

②双曲线

a =　　　b =

方程：

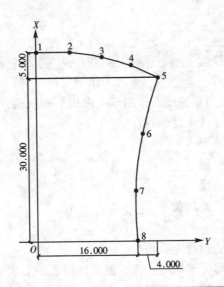

测站	后视	点名	直角坐标 R		极坐标 P	
			横坐标 y	纵坐标 x	极距 d	极角 φ
O			0.000	0.000	0.000	
	X		0.000			0°00′00″
		1	0.000	35.000	35.000	0°00′00″
		2	5.000			
		3	10.000			
		4	15.000			
		5	20.000	30.000		
		6		20.000		
		7		10.000		
		8	16.000	0.000	16.000	90°00′00″

4. 简答题（每题5分，共30分）

（1）"施工测量放线工作的基本准则"中规定：施工测量人员在工作中

①要遵守先_____后_____、高精度控制低精度的工作

641

程序；

②测法要_____、_____的工作原则；

③严格审核_____、坚持_____的工作方法；

④认真执行_____的工作制度。

(2) "施工测量验线工作的基本准则"中规定：

①验线工作应主动预控_____；

②验线的依据_____；

③验线的仪器_____；

④验线的精度_____；

⑤验线与放线的关系_____；

⑥验线部位_____；

⑦验线方法与误差处理_____。

(3) 建设部明确规定：高级测量放线工，必须掌握精密水准仪及其用法。简答以下两问。

①精密水准仪的构造有哪4项特点。

②精密水准尺的构造有哪2项特点。

(4) 如图所示，AB 为建筑红线，1#楼为原有建筑，2#楼为拟建建筑，设计定位条件为 $NR \parallel AB$、$MQ \parallel RS$ 且间距为 y，施工现场通视、可量，简述2#楼4角点 $MNPQ$ 的定位步骤。

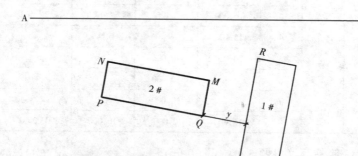

(5) 如图所示，AB 为建筑红线，现以 AB 两点为依据，用极坐标和直角坐标验测 M 点位。在下表中根据 A、B、M 各点

坐标计算验测所需数据。

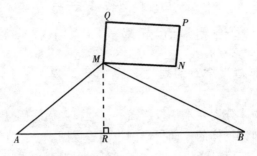

点	横坐标 y	Δy	纵坐标 x	Δx	距离 D	方位角 φ	左角 β
A	6574.581	124.018	4419.719	10.902	124.496	84°58′34″	
B	6698.599	-78.599	4430.621	29.879	84.087	290°48′51″	25°50′17″
M	6620.000		4460.500				
A	6574.581		4419.719			84°58′34″	
和校核	ΣΔY =		ΣΔX =			Σβ =	

若 AM、BM 均不通视,只能由 A、B 两点用直角坐标法检测 M 点,计算检测所需数据。

①在 Rt△ARM 中:

AR =　　　=　　　=

RM =　　　=　　　=

②在 Rt△MRB 中:

BR =　　　=　　　=

RM =　　　=　　　=

③计算校核:AB = AR + BR =

(6) 制定施工测量放线方案,应包括哪些主要内容?

附 6-2 测量放线初级工
理论测试示范试卷（共 100 分）

1. 是非题（全对的划"√"、有错的划"×"，每题 1 分，共 20 分）

（1）物体分别在水平投影面、正立投影面、侧立投影面上的正投影，即为物体的三面投影图也叫三视图。（ ）

（2）在三面投影中，物体高度可以用上下来表达，宽度可以用左、右来表示，长度可以用前后来确定。这三个互相相等的关系叫三面投影图的三等关系。（ ）

（3）建筑工程施工图主要是由建筑总平面图、建筑施工图、结构施工图、水暖、空调设备施工图与电气施工图 5 部分组成。（ ）

（4）建筑总平面图中，测量坐标 y 为南北向的纵坐标，x 为东西向的横坐标；新建建筑物中的圆点表示层数。（ ）

（5）一般民用建筑物是由基础、墙或柱、楼板与地板、楼梯、屋顶、门窗等 6 大部分组成。（ ）

（6）建筑定位轴线是用来确定建（构）筑物的主要结构或构件位置及尺寸的控制线。它是以平面图左前角为准，沿长度（横向）方向从左向右用汉语拼音字母的大写体标注，即Ⓐ、Ⓑ、Ⓒ……表示；沿宽度（纵向）方向从前向后用阿拉伯数字①、②、③……表示。（ ）

（7）砖缝的宽度应不小于 1 公分（cm）。（ ）

（8）平静时的水表面是水平面。（ ）

（9）在施工测量中，只要认真仔细工作，误差是可以消除的。（ ）

（10）安置微倾水准仪、定平圆水准盒后，一定要先用微倾螺旋将符合气泡精密定平，再用对光螺旋进行对光看清水准尺并消除视差后，才能读数。（ ）

（11）安置自动安平水准仪，也是定平圆水准盒后，才能进

行抄平。（　）

（12）安置经纬仪用光学对中器对中后，定平圆水准盒与二个方向的长水准管后，还要再检查一下对中，若有偏移，应打开连接螺旋、平移经纬仪基座严格对中。（　）

（13）用 J6、J2 测微轮经纬仪测设 90°00′00″时，用度盘变位器只要仔细操作是可以将后视读数非常准确地对准 0°00′00″的。（　）

（14）《钢尺检定规程》（JJG 4—1999）规定：钢尺检定的标准温度为 20℃、标准拉力为 50N、50m Ⅰ 级钢尺尺长允许误差（平量法）为 ±5.1mm。（　）

（15）用钢尺沿均匀坡地丈量，上坡量将产生"＋"积累误差、下坡量将产生"－"积累误差。（　）

（16）测设点位的基本方法是：直角坐标法、极坐标法、距离交会法、正倒镜延长直线法。（　）

（17）根据国家标准《砌体工程施工质量验收规范》（GB 50203—2002）3.0.2 条规定：基础放线的允许误差为 $L（B）\leqslant 30m$ 时、允许误差为 ±5mm，$30m< L（B）\leqslant 60m$ 时、允许误差为 ±10mm，$60m< L（B）\leqslant 90m$ 时、允许误差为 ±15mm，$90m< L（B）\leqslant 120m$ 时、允许误差 ±20mm，$120m< L（B）\leqslant 150m$ 时、允许误差为 ±25mm，$150m< L（B）\leqslant 200m$ 时、允许误差为 ±30mm。

（　）

（18）用经纬仪竖向投测的方法有：延长轴线法、侧向借线法与正倒镜挑直法。（　）

（19）《中华人民共和国安全生产法》于 2002 年 11 月 1 日起实施，"坚持安全第一、预防为主"是我国安全生产管理的基本方针。

（　）

（20）建筑行业中的"五大伤害"是高处坠落、触电事故、物体打击、机械伤害及塔吊倒塌事故。（　）

2. 选择题（把正确答案的序号填在各题横线上，每题 1 分，共 20 分）

（1）传统的测量方法确定地面点位的三个基本观测量是＿＿＿

①水平角；②竖直角；③坡度；④水平距离；⑤高差；⑥方位角。

A.①②③　　B.①②④　　C.①④⑤　　D.②④⑥

(2) 自由静止的海水面向大陆内延伸而成的闭合曲面叫水准面。与平均海水面相重合的水准面叫大地水准面。地面上一点到大地水准面的铅垂距离叫该点的____。

A.相对高程　　B.标高　　C.高差　　D.绝对高程

(3) 从测量平面直角坐标系的规定可知____。

A.象限与数学平面直角坐标象限编号及顺序方向一致

B.X轴为纵坐标轴，Y轴为横坐标轴

C.方位角由纵坐标轴逆时针量测 $0°\sim360°$

D.东西方向为 X 轴，南北方向为 Y 轴

(4) 用望远镜观测中，当眼晃动时，如目标影像与十字线之间有相互移动现象叫视差现象，其产生的原因是____。

A.观测者的视力不适应

B.目标高度不够

C.目标成像平面与十字线平面不重合

D.仪器视准轴未满足几何条件

(5) 水准仪测得后视读数后，在一个方格的 4 个角点①、②、③及④各点上测得水准读数分别为 1.277m、0.866m、2.667m 及 0.401m，则方格上最高点、最低点及其高差分别为____。

A.①、②、0.411m　　　　B.②、④、0.465m

C.①、③、1.801m　　　　D.③、④、2.466m

(6) 微倾水准仪的轴线应满足 3 个几何条件中最重要的是____。

A.十字线横线垂直竖轴　　B.圆水准盒轴平行竖轴

C.视准轴平行水准管轴　　D.视准轴垂直竖轴

(7) 水准引测高程中，要求前后视线等长的好处在于抵消____的误差和抵消弧面差与折光差，并可减少对光，提高观测精

646

度与速度。

A. 圆水准盒轴不平行竖轴　　B. 视差未消除
C. 视准轴不水平　　D. 估读小数不准

（8）经纬仪对中是使仪器中心与测站点安置在同一铅垂线上；定平是使仪器____。

A. 圆水准盒居中　　B. 视准轴水平
C. 竖轴铅垂和水平度盘水平　　D. 横轴水平

（9）测站点 O 与观测目标 A、B 位置不变，如安置仪器高度发生变化，则观测结果____。

A. 水平角改变、竖直角不变
B. 水平角与竖直角都改变
C. 水平角与竖直角都不变
D. 水平角不变、竖直角改变

（10）相对误差（精度）是衡量距离丈量精度的标准。现用钢尺返往测得 167.886m 与 167.871m，则其相对误差为____。

A. 0.015m　　B. 0.015/167.878
C. 0.000089　　D. 1/11000

（11）今用名义长为 50.000m、经检定实长为 49.9957m 的钢尺，在温度 8.4℃ 和标准拉力下量得平地上 AB 两点间距离为 167.878m，钢尺的线膨胀系数 $\alpha = 0.000012/℃$，则 AB 间的实际水平距离 $d_{AB} =$ ____。

A. 167.864m　　B. 167.855m　　C. 167.869m　　D. 167.840m

（12）在均匀的坡地上量得 AB 斜距离 $d'_{AB} = 50.000\text{m}$，AB 间的高差 $h_{AB} = 0.707\text{m}$，则 AB 间的水平距离 $d_{AB} =$ ____。

A. 50.005m　　B. 49.9995m　　C. 50.0005m　　D. 49.995m

（13）用线坠检测柱身模板铅垂情况，线上端固定在模板外侧、线坠自由下垂不碰模板，视线顺着线绳来检测，若线绳到模板的距离上下都相等，则表示柱身____。

A. 两面垂直　　B. 两面铅垂　　C. 两面不垂直　　D. 单面铅垂

（14）由子午线北端起，顺时针量到直线的水平夹角，其名称与取值范围是____。

A. 象限角、0°~90° B. 象限角、0°~±90°
C. 方位角、0°~±180° D. 方位角、0°~360°

（15）已知 AB 两点间的 $\Delta Y_{AB} = -10.336\text{m}$、$\Delta X_{AB} = 72.667\text{m}$，则 AB 两点间距 d_{AB} 与其方位角 φ_{AB} 分别为____。

A. 73.398m，-8°05′43″ B. -73.398m，351°54′17″
C. 73.398m，351°54′17″ D. 73.398m，8°05′43″

（16）在已知高程为 43.714m 的水准点上，读得后视读数 $a = 1.633\text{m}$，为在木桩侧面上测设 ±0（44.800m），则前视尺读数为____时，尺底画线即为 ±0 线。

A. 45.347m B. 46.433m C. 0.547m D. 1.633m

（17）用经纬仪做高层建筑竖向轴线投测时，要特别注意以下3点：①严格校正好仪器，②尽量以首层轴线作为后视向上投测，③____。

A. 取盘左位置向上投测即可
B. 取盘右位置向上投测即可
C. 取二次盘左位置的平均位置
D. 取盘左、盘右向上投测的居中位置

（18）仪器不得已安置在光滑的地面上时，一定要有防滑措施，如将三足架尖插入土中或小坑内，仪器安置后必须设专人看护，在强阳光或安全网下都要____防护

A. 用塑料布遮盖 B. 打伞
C. 用安全帽遮盖 D. 用雨衣挡着

（19）在施工生产作业中，要时时注意做到"三个伤害"，即我不伤害自己，我不伤害____，我不被他人伤害。

A. 公物 B. 仪器 C. 易碎品 D. 他人

（20）2001年9月20日中共中央印发的《公民道德建设实施纲要》第4条指出公民的基本道德规范为：____、明礼诚信、团结友善、勤俭自强、敬业奉献。

A. 忠于祖国 B. 热爱祖国 C. 爱国守法 D. 爱国爱民

3. 计算题（每题 10 分，共 30 分）

（1）今欲由 A 点起，在 AC 直线上测设 B 点，使 AB 间距 $D_{AB} = 185.000\text{m}$，场地为一均匀坡地，现用名义长 50m，实长 50.0048m 的钢尺，以标准拉力沿地面往返测得 B' 点，AB' 斜距 $D'_{AB} = 185.888\text{m}$，丈量时平均温度为 33.6℃，$AB'$ 间高差 $h_{AB'} = -1.857\text{m}$，钢尺的线胀系数 $a = 0.000012/1℃$，问 B' 点应改正多少？

（2）如图示：由 BM3（已知高程 43.714m）向施工现场引测 A、B 两点高程后，由 BM6（已知标高 44.424m）附合校核，按规定填写记录表格、做计算和成果校核，若观测精度合格，应进行误差调整。

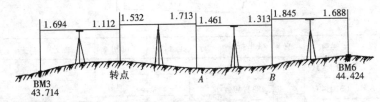

测 点	后视读数 (a)	视线高 (H_i)	前视读数 (b)	高 程 (H)	备 注
BM3				43.714	已知标高
计算 校核	$\Sigma a =$	$\Sigma b =$ $\Sigma h =$		$- H_{始}$ $\Sigma h =$	
成果 校核	实测闭合差 = 允许闭合差 = 每站改正数 =	=			

在上表的计算校核中,若计算无误只能说明_____,不能说明_____、_____。又在附合水准观测中,若观测精度合格,则还可以说明_____。

(3) 如图示:ABCD 为建筑红线,为校核各边长 D、左角 B 与其坐标对应,在表中计算有关数据,并进行计算校核。

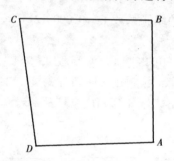

点	横坐标 y	Δy	纵坐标 x	Δx	边长 D	方位角 φ	左角 β
A	6215.931		4615.726				
B	6210.497		4832.494				
C	5989.567		4826.916				
D	5998.883		4610.285				
A	6215.931		4615.726				
校核		ΣΔy=		ΣΔx=			Σβ=

4. 简答题(每题 5 分,共 30 分)

(1)"施工测量放线工作的基本准则"中规定:施工测量人员在工作中

① 要遵守先____后____、高精度控制低精度的工作程序;
② 测法要____、____的工作原则;
③ 严格审核_____、坚持_____的工作方法;
④ 认真执行_____的工作制度。

(2)什么是"建筑红线"?在施工中它的作用是什么?对待和使用红线(桩)应特别注意哪 4 点?

(3) 为了保证施工测量全过程顺利进行，施测前应做好哪 4 项准备工作？

(4) 如图示：经纬仪在 O 点以 O①边为后视（0°00′00″），用极坐标测设①、②、③、④、⑤各点位置，在表中填出各点的直角坐标，并据此计算出各点的极坐标及其间距。

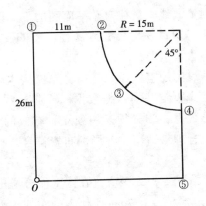

点	直角坐标 R		极坐标 P		间 距 D
	横坐标 y	纵坐标 x	极距 d	极角 φ	
O	0.000	0.000	0.000	不	
①	0.000	26.000	26.000	0°00′00″	26.000
②	11.000	26.000	28.231	22°55′58″	11.000
③	15.393	15.393	21.770	45°00′00″	11.781
④	26.000	11.000	28.231	67°04′02″	11.781
⑤	26.000	0.000	26.000	90°00′00″	11.000

(5) 建筑物定位放线的基本步骤是什么？

(6) 建筑物基础放线的基本步骤是什么？

附录6-3 测量放线中级工
理论测试示范试卷（共100分）

1. 是非题（全对的划"√"、有错的划"×"，每题1分，共20分）

(1) 施工测量放线人员应对总平面图的平面设计尺寸与设计高程进行严格的审核，发现尺寸或高程不交圈、不合理等错误，应自行改正，再去放线。（　）

(2) 定位轴线图的审核原则是：①先校整体尺寸交圈后，再查细部尺寸；②先审定基本依据数据（或起始数据），正确无误后，再校核推导数据；③必须采用独立、有效的计算校核方法；④工程总体布局合理、适用，各局部布置符合各种规范要求。（　）

(3) 在正常情况下，人眼直接在图上能分辨出的最小长度为0.2mm。因此，地形图上0.2mm所代表的实地水平距离叫比例尺精度。（　）

(4) 在测绘地形图中，由于控制测量与碎部测绘各种误差的影响，使得地形图上明显地物点的误差一般在0.5mm左右。因此，地形图上0.5mm所表示的实地水平距离叫测图精度。（　）

(5) 地形图上表示各种地物的符号叫地物符号，它分为①依比例尺绘制的符号，如房屋；②不依比例尺绘制的符号，如电杆；③线形符号，如铁路；④注记符号等4类。（　）

(6) 等高线是地面上高程相等的相邻点所连成的闭合曲线。相邻两条等高线间的高差叫平距。（　）

(7) 根据国家标准《水准仪》（GB/T 10156—1997）规定我国水准仪按精度分为3级。高精密水准仪（S02、S05）、精密水准仪（S1）与普通水准仪（S1.5～S4）。普通水准仪是施工测量中最常使用的。（　）

(8) 将微倾水准仪安置在 A、B 两点间的等远处，A 尺读数

$a_1 = 1.644$m，B 尺读数 $b_1 = 1.633$m，仪器移至 A 点近旁，尺读数分别为 $a_2 = 1.533$m、$b_2 = 1.544$m，则 $LL /\!/ CC$。（ ）

(9) 自动安平水准仪设置了自动补偿器。当望远镜水平视线有微量倾斜时，补偿器在重力作用下对望远镜相对移动，从而能自动迅速地获得视线水平时的水准读数。但补偿器的补偿范围一般为 $\pm 8'$ 左右。因此，在使用自动安平水准仪时，要先定平圆水准盒，使望远镜处概略水平，补偿器才能有效。（ ）

(10) 电子经纬仪的主要特点是：①按键操作、数字显示；②测量模式多、适应多种要求；③设有通讯接口，可与光电测距仪配套成半站仪使用。因此，使用与光学经纬仪同精度的电子经纬仪，工作速度快、成果精度高。（ ）

(11) 视距测量距离的精度约在 1/300 左右，多用于地形测图也可用于施工放线或验线。（ ）

(12) 光电测距仪主要由主机、反射棱镜、电源、充电设备及气压表、温度计等 5 部分组成，其中主机与反射棱镜必须配套使用，否则会出现用错棱镜常数的错误。（ ）

(13) 全站仪的主机是一种光、机、电、算、贮存一体化的高科技全能测量仪器。测距部分由发射、接收与照准成共轴系统的望远镜完成，测角部分由电子测角系统完成，机中电脑编有各种应用程序，可完成各种计算和数据贮存功能。直接测出水平角、竖直角及斜距离是全站仪的基本功能。（ ）

(14) 常用的计算校核方法：①总和校核；②复算校核；③几何条件校核；④变换算法校核，⑤概略估算校核。（ ）

(15) 常用的测量校核方法：①闭合校核；②复测校核；③几何条件校核；④变换测法校核。（ ）

(16) 一般场地平整的原则是：①地面水平；②土方平衡；③工程量最小。（ ）

(17) 测设圆曲线辅点的常用测法有：①直角坐标法（支距法）；②极坐标法；③偏角法；④距离交会法；⑤正倒镜挑直法；⑥中央纵距法等 6 种。（ ）

(18)英制不是我国法定计量单位,但施工中常遇到英制与我国法定计量单位的换算问题。1 码(yd)= 3 英尺(呎、ft),1 英尺(ft)= 12 英寸(吋、in),1 英寸(in)= 25.4mm。（　）

(19)施工中造成安全事故的主要原因是"三违反",即负责人的违章指挥,从业人员的违章作业与违反指挥。（　）

(20)把好质量关、做到测量班组所交出的测量成果正确、精度合格,这是测量班组管理工作的核心。为此在作业中必须坚持测量、计算工作步步有校核的工作方法,才能保证测量成果的正确性。（　）

2. 选择题（把正确答案的序号填在各题横线上,每题 1 分,共 25 分）

(1) 目前我国建立的统一测量坐标系与高程系分别叫做____。大地原点在陕西省泾阳县永乐镇,水准原点在山东省青岛市观象山上。

A. 高斯平面直角坐标系、1985 国家高程基准

B. 北京坐标系、1956 高程系

C. 1980 国家大地坐标、1985 国家高程基准

D. 84WGS 坐标系、黄海高程系

(2) 水准测量计算校核公式 $\Sigma h = \Sigma a - \Sigma b$ 和 $\Sigma h = H_终 - H_始$ 可分别校核____是否有误。

A. 水准点高程、水准尺读数　B. 水准点位置、水准记录

C. 高程计算、高差计算　　　D. 高差计算、高程计算

(3) 水准路线闭合差调整是对实测高差进行改正,方法是将高差闭合差按与测站数成____的关系求得高差改正数。

A. 正比例并同号　　　　B. 反比例并反号

C. 正比例并反号　　　　D. 反比例并同号

(4) 自 BMA（$H_A = 49.053\text{m}$）经 8 个站测至待定点 P,得 $h_{AP} = +1.021\text{m}$。再由 P 点经 12 个站测至另一 BMD（$H_D = 54.171\text{m}$）,得 $h_{PD} = 4.080\text{m}$。则平差后的 P 点高程为____。

A. 50.066m　　B. 50.082m　　C. 50.084m　　D. 50.074m

(5) 一般水准测量中,在一个测站上均先读测后视读数、后读测前视读数,这样仪器下沉与转点下沉所产生的误差,将使测得的终点高程中存在____。

A."+"号与"-"号抵消性误差

B."-"号与"+"号抵消性误差

C."+"号累积性误差

D."-"号累积性误差

(6) 检验经纬仪照准部水准管垂直竖轴,当气泡居中后,平转180°时,气泡若偏离。此时用拔针校正水准管校正螺丝,使气泡退回偏离值的____,以达到校正目的。

A.1/4   B.1/2   C.全部   D.2倍

(7) 经纬仪观测中,取盘左、盘右平均值是为了消除____的误差影响,但不能消除照准部水准管不垂直竖轴的影响。

A.视准轴不垂直横轴   B.横轴不垂直竖轴

C.度盘偏心   D.A+B+C

(8) 用光学经纬仪顺时针观测水平角中,盘左后视方向 OA 的水平度盘读数 $359°42'15''$,前视方向 OB 的读数为 $154°36'04''$,则 $\angle AOB$ 前半测回值为____。

A.$154°36'04''$ B.$-154°36'04''$

C.$154°43'49''$ D.$-154°43'49''$

(9) 全圆测回法(方向观测值)观测中应顾及的限差有____。

A.半测回归零差

B.各测回间归零方向值之差

C.2倍照准差(2c)

D.A+B+C

(10) 视距测量时,经纬仪安置在高程 62.381m 的 A 点上,仪器高 $i=1.401$m,上、中、下三线读得立于 B 点的尺读数分别为 1.020m、1.401m 与 1.782m,测得竖直角 $\theta=-3°12'10''$,则 AB 的水平距离 D_{AB} 与 B 点高程 H_B 分别为____。

A.75.962m、58.131m　　B.75.962m、66.633m
C.76.081m、58.125m　　D.76.081m、66.639m

(11) 使用北光仪器厂生产的 DZQ22-HC 型全站仪其测距标称精度为 $\pm(3mm + 2 \times 10^{-6}D)$，使用该仪器测量 1000m 与 100m 距离，如不顾及其他因素影响，则将产生的测距中误差分别为____。

A.5mm、3.2mm　　B.$\pm$5mm、$\pm$3.2mm
C.23mm、5mm　　D.$\pm$23mm、$\pm$5mm

(12) 三角高程测量中，高差计算公式 $h = D \cdot \tan\theta + i - v$，式中 i 与 v 分别是____。

A.仪器高、十字中线读数　　B.仪器高、视距段
C.初算高差、十字中线读数　　D.视距段、仪器高

(13) 测得两个边长 D_1、D_2 与两个角度 $\angle A$、$\angle B$ 及其中误差为：$D_1 = 23.076m \pm 12mm$、$D_2 = 115.386m \pm 12mm$、$\angle A = 23°07'06'' \pm 12''$、$\angle B = 115°38'36'' \pm 12''$。据此进行精度比较，得____。

A.两边等精度、两个角等精度
B.D_2 精度高于 D_1、两个角等精度
C.D_2 精度高于 D_1、$\angle B$ 精度高于 $\angle B$
D.两边等精度、$\angle B$ 精度高于 $\angle A$

(14) 实测得五边形导线内角和 $\Sigma\beta_{测} = 539°59'25''$，则内角和的真误差和每个角度的改正数分别为____。

A.35''、7　　B. $-35''$、$+7''$
C. $-35''$、$-7''$　　D. $+35''$、$-7''$

(15) 实测得闭合导线全长 $\Sigma D = 876.302m$，$\Sigma\Delta y = 0.033m$，$\Sigma\Delta x = -0.044m$，则导线闭合差 f、导线精度 k 分别为____。

A.0.077m、1/11300　　B. $-0.011m$、1/79600
C.0.055m、1/16000　　D.0.055m、1/15900

(16) 设角精度为 $\pm 8''$，则与其相对应的量距精度为____。

A.1/25783　　B.1/26000　　C.1/25700　　D.1/25000

（17）经纬仪安置在 O 点，后视 200m 边长的 A 点，以 ±20″ 的设角精度，测设 90°00′00″，并在此方向上以 1/10000 精度测设 80.000m 定出 B 点，则 B 点的横向误差、纵向误差与点位误差分别为____。

　　A.8mm、8mm、16mm　　　　B.8mm、8mm、9.4mm

　　C.10mm、10mm、14.1mm　　D.8mm、10mm、12.8mm

（18）已知 BM7 的高程为 49.651m，P 点的设计高程 50.921m，当用水准仪读得 BM7 点的后视读数 1.561m，P 点上读数为 0.394m，则 P 点处填挖高度为____。

　　A. 挖 0.103m　B. 不填不挖　C. 填 0.103m　D. 填 1.270m

（19）平板仪安置包括____。

　　A. 对中、定平　　　　　　B. 对中、定平、定向

　　C. 对中、定平、照准　　　D. 对中、定平、量视线高

（20）职业道德规范为：爱岗敬业、诚实守法、办事公道、服务群众、____。

　　A. 奉献人民　　　　　　　B. 奉献社会

　　C. 建设祖国　　　　　　　D. 奋发图强

3. 计算题（每题 10 分，共 30 分）

（1）某工地红线桩 $ABCD$ 的城市测量坐标如表中所示，A 在建筑坐标系中的坐标 $B(Y') = 2000.000m$，$A(X') = 500.000m$，AB 方位角 $\varphi'_{AB} = 0°00'00''$。在表中计算 BCD 在建筑坐标系中的坐标。

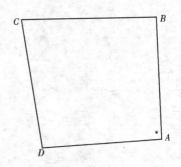

城市测量坐标（y, x）和建筑坐标（B, A）的换算表

点号	城市测量坐标系（y, x）						建筑场地坐标系（B, A）			
	y	x	Δy	Δx	D	φ	φ'	ΔB ($\Delta Y'$)	ΔA ($\Delta X'$)	B (Y')	A (X')
A	6215.931	4615.726								2000.000	500.000
B	6210.497	4832.494	-5.434	216.768	216.836	358°33'50″	0°00'00″				
C	5989.567	4826.916									
D	5998.883	4610.285									
A	6215.931	4615.726									

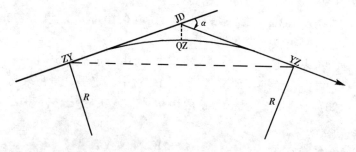

（2）如图示：已知 JD 的里程桩号为 2 + 996.547，α = 36°46'40″，R = 200.000m，计算圆曲线元素及主点里程桩号，并做计算校核。

切线长 T =   =   =

曲线长 L =   =   =

弦长 C =   =   =

外距 E =   =   =

矢高 M =   =   =

校正值 J =   =   =

计算校核：T =   =   =

ZY 里程桩号 =   =   =

QZ 里程桩号 =   =   =

YZ 里程桩号 =   =   =

计算校核：

YZ 里程桩号 =　　　　=　　　　　　=

(3) 计算下表闭合导线（$f_{\beta允} \leq \pm 24''\sqrt{n}$，$k_名 \leq 1/5000$）。

【解】 闭合导线计算表

测站	左角 β 观测值	左角 β 调整值	方位角 φ	边长 D	横坐标增量 Δy	横坐标 y	纵坐标增量 Δx	纵坐标 x
1	2	3	4	5	6	7	8	9
1			38°37′12″	142.256		5000.000		1000.000
2	122°46′18″			118.736				
3	102°17′48″			233.984				
4	104°44′12″			183.201				
5	88°11′24″			209.232				
1	123°59′52″							
2								
Σ				$\Sigma D=$	$f_y=$		$f_x=$	
闭合差和精度	$f_{\beta测}=\Sigma f_{\beta测}-\Sigma f_{\beta理}$ $f_{\beta允}=\pm 24''\sqrt{n}$				$f=\sqrt{f_y^2+f_x^2}$ $k=\dfrac{f}{\Sigma D}$			

4. 简答题（每题 5 分，共 30 分）

(1) 使用光电测距仪测距中，应特别注意哪几点？

(2) 如图所示：A、B、C 为红线桩，A 与 B、B 与 C 均互相通视且可丈量，$\angle ABC = 60°$。MNPQ 为拟建建筑物，定位条件为 MN∥BA，Q' 点正在 BC 线上，简述以 BA 为极轴的直角坐标法的定位步骤。

(3) 下图为圆弧形建筑物，$R=60.000\text{m}$，$\alpha=41°22′00″$，现

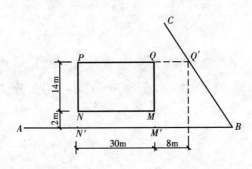

欲在圆弧上设 4 个等分点①、②、③、④。用极坐标法测设所需数据，填入下表，并说明如何测设。

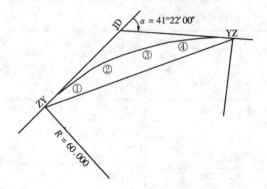

不 点		极距 d	极角 φ	间距 D
ZY	JD	后视	0°00′00″	
	①			1
	②			
	③			
	④			
	YZ			

（4）如何贯彻全面质量管理方针，确保测量放线工作质量？

（5）在建筑物定位中，在以下 3 种情况下，应如何选择定位条件。

①当以城市测量控制点或场区控制网定位时，应选择 _____ ；

②当以建筑红线定位时，应选择 _____ ；

③当以原有建（构）筑物或道路中心线定位时，应选择 _____ 。

（6）在多层和高层建筑施工测量中，用经纬仪外控法控制竖向时。

①外控测法：②投测中应特别注意以下 3 点：

①　　　　　①
②　　　　　②
③　　　　　③

附 6-4　测量放线高级工
理论测试示范试卷（共 100 分）

1. 是非题（全对的划"√"、有错的划"×"，每题 1 分，共 20 分）

(1) 测量班组收到成套的设计图纸后，要有专人签收、保管，签收时一定要注明日期与时间，对有更改的图纸与设计洽商文件一定要及时通报全班组，以防止误用过时或失效的图纸而造成放线失误，图纸中的问题一定要通过设计修改，测量人员不得自作主张。（　）

(2) 对成套的图纸要全面阅读、仔细核对，找出图纸中的缺、漏、不交圈、不合理等问题。通过设计交底图纸会审，测量人员一定要消除设计图上的差错，取得正确的定位依据、定位条件与有关测量数据及设计对精度等的有关要求。总之，取得正确的设计数据是做好按图放线的基础。（　）

(3) 1984 世界大地坐标系（WGS—84 坐标系）是原点位于地球质心，X 轴指向 1984.0 的零子午面和赤道的交点，其椭球长半轴 $a = 6378137m$，GPS 测出的点位即为该坐标系值。（　）

(4) ISO 9000—2000 版的质量管理体系要求的核心思想，是以顾客为关注的焦点，通过有效的过程管理和管理的系统方法，持续的改进质量管理，提供满足顾客要求和法律法规要求的产品，并增强顾客的满意程度。（　）

(5) 用 GPS 接收机，可以直接测定地面点的三维坐标，其中所测得的高程就是到大地水准面的铅垂距离。（　）

(6) 水准观测的要点是：视差要消除、视线要水平、读数要快、估读毫米数要取小值、读数后要检查视线是否水平。（　）

(7) 一次精密定平微倾水准仪的实质是达到 $LL \perp VV$。（　）

(8) 用一台水准仪往返测取其所测两高差的平均值，与用两台同精度水准仪并进行观测所得两高差的平均值，效果是一样的。（　）

(9) 用经纬仪盘左、盘右延长直线取其中点，严格讲起不到测量校核的作用。（　）

(10) 对水准仪、经纬仪的保养，主要做到三防（防震、防潮、防晒）、两护（保护物镜、三脚架）。（　）

(11) 对普通水准仪、经纬仪进行一般维修时,一定要在充分了解仪器构造与拆卸步骤的条件下,谨慎从事,决不可鲁莽而损伤仪器。但对望远镜内部与其他光学零件,原则上可用洁净水清洗。（　）

(12) 安置经纬仪要求是对中、定平,对中要精细。安置平板仪的要求是对中、定平与定向,定向要精细。（　）

(13) 经纬仪检验校正中,可以先检校 $CC\perp HH$,后检校 $LL\perp VV$。（　）

(14) 线路上相邻两 JD 点的桩号差,就是该两 JD 点间的间距。（　）

(15) GPS 接收机在夜间不能观测。（　）

(16) 在光电测距出现前,公路上和铁路上测设圆曲线多使用偏角法,即用经纬仪测设偏角（弦切角）,只用钢尺量设辅点间距,故速度快、点位准确误差不累积。（　）

(17) 选择建筑物定位条件的原则可以概括为:以大定小、以高定低、以永久（建筑）定临时（建筑）。（　）

(18) 在矩形建筑基础的验线工作中,重要的是在垫层上实量建筑物四廓的两对边是否相等,还要实量对角线是否相等,以保证摆底工作的正确性。（　）

(19) 精密水准仪的构造特别是视准轴水平精度高、望远镜光学性能好,但它可以与铝质的水准塔尺配套使用,以发挥效用。（　）

(20) 根据国家标准《钢结构工程施工质量验收规范》（GB 50205—2001）规定:建筑物定位轴线的允许偏差为 1/20000,且不应大于 3mm。（　）

2. 选择题（把正确答案的序号填在各题横线上,每题 1 分,共 20 分）

(1) P 点所在的 6° 带的高斯坐标值为 $y_P = 20441992.188$m, $x_P = 396712.408$m,则 P 点位于____。

A. 20 带的中央子午线以东

B. 39 带的中央子午线以东

C. 20 带的中央子午线以西

D. 39 带的中央子午线以西

(2) 公式____用于附合水准路线的成果校核。

A. $f_h = \Sigma h$ B. $f_h = \Sigma h_测 - (H_终 - H_始)$

C. $f_h = \Sigma h_往 + \Sigma h_往$ D. $\Sigma h = \Sigma a - \Sigma b$

(3) 水准测量时、后视尺前俯或后仰将导至前视点高程____。

A. 偏小   B. 偏大

C. 偏小或偏大   D. 不偏小也不偏大

(4) 电子水准仪在中央处理器中，建立图像信息自动编码程序，通过对条码水准尺进行____，实现图像的数据化处理及观测数量的自动化检核、运算和显示。

A. 直接读数   B. 摄像观测

C. 自动读数   D. 测微器读数

(5) 经纬仪观测中，取盘左、盘右平均值是为了抵消____的误差影响，而不能抵消照准部水准管轴和垂直竖轴的误差影响。

A. 视准轴不垂直横轴   B. 横轴不垂直竖轴

C. 度盘偏心   D. A + B + C

(6) 全圆测回法（方向观测法）观测中应顾及的限差有____。

A. 半测回归零差   B. 各测回间归零方向值之差

C. 二倍照准差   D. A + B + C

(7) 实测 7 边形内角和为 899°59′18″，则内角和的真误差与每个内角改正数分别为____。

A. +42″、−6″   B. +42″、+6″

C. −42″、+6″   D. +42″、−6″

(8) 对一个角度进行了 n 次等精度观测，则根据公式 $M = \pm\sqrt{\dfrac{[vv]}{n(n-1)}}$ 求得的结果为____。

663

A. 观测值中误差 B. 算术平均值中误差
C. 算术平均值真误差 D. 一次观测中误差

（9）用 J6 经纬仪观测水平角，要使角度平均值中误差不大于 3″，应观测____测回。

A. 2 B. 4 C. 6 D. 8

（10）一圆形的半径及其中误差为 27.50 ± 0.01m，则圆面积中误差为____。

A. $1.73m^2$ B. $\pm 1.73m^2$ C. $\pm 1.77m^2$ D. $1.32m^2$

（11）用 J2、J6 经纬仪观测一测回角的中误差分别为____。

A. 2″、6″ B. $\pm 2″$、$\pm 6″$
C. $\pm 2″\sqrt{2}$、$\pm 6″\sqrt{2}$ D. 4″、12″

（12）三等水准测量为削弱水准仪与转点下沉的影响，应采用____观测方法。

A. 后前前后、往返 B. 后后前前、往返
C. 后前前后、两次同向 D. 后后前前、两次同向

（13）《工程测量规范》(GB 50026—1993) 第 7 章施工测量第 2 节施工控制测量中规定，建筑场地方格网分为两级其边长相对中误差分别为____。一级主要用于 $1km^2$ 以上的大型场地或重要工业区。

A. 1/30000、1/15000 B. 1/30000、1/20000
C. 1/40000、1/20000 D. 1/20000、1/10000

（14）全站仪主机是由____等几个部分组成。
① 电源 ② 线坠 ③ 测角系统 ④ 测距系统 ⑤ 中央处理器 ⑥ 输入输出设备 ⑦ 棱镜

A. ①～⑤ B. ①～⑥
C. ①③④⑤⑥ D. ①③④⑤⑦

（15）A、B 两红线桩的坐标分别：$y_A = 2000.000$m，$x_A = 1000.000$m；$y_B = 2080.000$m，$x_B = 1060.000$m。现要测设建筑物上的 P 点（$y_P = 2090.000$m，$x_P = 991.000$m），则在 A 点上，以 B 点为后视点，用极坐标法测设 P 点的极距 D_{AP} 和极角 $\angle BAP$ 分

别为____。

A.90.449m, 42°34′50″　　　B.90.449m, 137°25′10″
C.50.000m, 174°17′20″　　　D.90.000m, 95°42′40″

(16) 用经纬仪校正柱身铅垂时，同截面的柱子，可把经纬仪安置在轴线的一侧校正几根柱子铅垂；变截面的柱子，则必须将经纬仪逐一安置在各自柱子的轴线，否则将可能使柱身产生____。

A．铅垂　　　　　　　　　B．倾斜
C．偏转　　　　　　　　　D．又倾斜、又偏转

(17) 随机误差（偶然误差）与系统误差分别具有____。
①累积性　②抵消性　③有界性　④小误差密集性　⑤大误差有界性　⑥对称性　⑦符号的一致性

A.②③④⑤、①～⑥　　　B.②～⑥、①⑦
C.③～⑥、②⑦　　　　　D.①～⑤、⑥⑦

(18) 要求图上表示实地地物最小长度为0.1mm，则应选择____测图比例尺。

A.1/500　　B.1/1000　　C.1/2000　　D.1/5000

(19) 要求图明显地物点的误差不大于1m，应选择____的图比例尺。

A.1/500　　B.1/1000　　C.1/2000　　D.1/5000

(20) 劳动部与建设部2002年11月12日共同批准职工守则：____，遵章守纪、安全生产，尊师爱徒、团结协作，勤俭节约、关心企业，精心操作、重视质量，钻研技术、勇于创新。

A．热爱本职、忠于职守　　B．热爱劳动、忠于祖国
C．爱岗敬业、努力工作　　D．坚守岗位、认真负责

3. 计算题（每题10分，共30分）

(1) 如图所示，会议大厅的东北1/4象限；该厅东西为双曲线，南北为抛物线，现以双曲线中心为坐标原点 O（0，0）建立测量直角坐标系，在表中计算用极坐标法测设1～8各点的数据。

①抛物线

665

$p =$
方程:
②双曲线
$a =$ $b =$
方程:

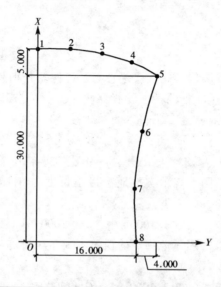

测站	后视	点名	直角坐标 R		极坐标 P	
			横坐标 y	纵坐标 x	极距 d	极角 φ
O			0.000	0.000	0.000	
	X		0.000			0°00′00″
		1	0.000	35.000	35.000	0°00′00″
		2	5.000			
		3	10.000			
		4	15.000			
		5	20.000	30.000		
		6		20.000		
		7		10.000		
		8	16.000	0.000	16.000	90°00′00″

(2) 如图示，从 A、B、C、D 四个已知高程点出发，通过四条水准路线测到结点 K，求 K 点高程 H_K 及其中误差 m_K。

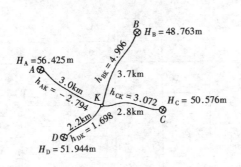

路线	起始点高程 (m)	观测高差 (m)	结点观测高程 (m)	路线长 S_i (km)	权 $p = 1/S_i$	δ_i (mm)	$p_i \cdot \delta_i$	v (mm)	pv	pvv
AK	56.425	−2.794		3.0						
BK	48.763	4.906		3.7						
CK	50.576	3.072		2.8						
DK	51.944	1.698		2.2						
Σ										
高程与精度计算	$H_K^0 =$ 加权平均值：$H_K + H_K^0 + \dfrac{[p\delta]_K}{[p]} =$ 单位数中误差为：$\mu = \pm \sqrt{\dfrac{[pvv]}{n-1}} =$ 加权平均值中误差：$m_K = \pm \dfrac{\mu}{\sqrt{[p]}} =$ 最后结果： $H_K =$										

(3) 计算下表附合导线（$f_{\beta允} \leq \pm 24'' \sqrt{n}$，$k_允 \leq 1/5000$）。

【解】 附合导线计算表

测站	左角 β 观测值	调整值	方位角 φ	边长 D	横坐标增量 Δy	横坐标 y	纵坐标增量 Δx	纵坐标 x
1	2	3	4	5	6	7	8	9
P			(237°59′30″)					
Q	(99°01′03″)			(225.848)		(50 7215.687)		(30 3607.684)
1	(167°45′36″)			(139.031)				
2	(123°11′24″)			(172.567)				
3	(189°20′42″)			(100.068)				
4	(179°59′18″)			(102.482)				
M	(129°27′24″)					(50 7757.366)		(30 3466.701)
N			(46°45′24″)					
Σ				$\Sigma D=$	$f_y=$		$f_x=$	
闭合差和精度	$f_{\beta测}=$ $f_{\beta允}=$			$f=\sqrt{f_y^2+f_x^2}$ $k=\dfrac{f}{\Sigma D}=$				

4. 简答题（每题5分，共30分）

（1）"施工测量验线工作的基本准则"中规定：

①验线工作应主动预控

②验线的依据

③验线的仪器

④验线的精度

⑤验线与放线的关系

⑥验线部位

⑦验线方法与误差处理

（2）如图所示，AB 为建筑红线，1#楼为原有建筑，2#楼为拟建建筑，设计定位条件为 $NR \mathbin{/\mkern-5mu/} AB$、$MQ \mathbin{/\mkern-5mu/} RS$ 且间距为 y 施工现场通视、可量，简述 2#楼 4 角点 $MNPO$ 的定位步骤。

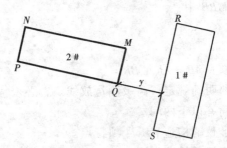

(3)如图所示,AB 为建筑红线,现以 AB 两点为依据,用极坐标和直角坐标检测 M 点位。在下表中根据 A、B、M 各点坐标计算检测所需数据。

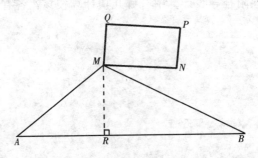

点	横坐标 y	Δy	纵坐标 x	Δx	距离 D	方位角 φ	左角 β
A	6574.581	124.018	4419.719	10.902	124.496	84°58′34″	
B	6698.599	-78.599	4430.621	29.879	84.087	290°48′51″	25°50′17″
M	6620.000		4460.500				
A	6574.581		4419.719			84°58′34″	
和校核	$\Sigma\Delta Y =$		$\Sigma\Delta X =$			$\Sigma\beta$	

若 AM、BM 均不通视,只能由 A、B 两点用直角坐标法检测 M 点,计算检测所需数据。

①在 Rt△ARM 中:

AR =   =   =

$RM =$ = =

②在 Rt△MRB 中：

$BR =$ = =

$RM =$ = =

③计算校核：$AB = AR + BR =$

（4）建设部明确规定：高级测量放线工，必须掌握精密水准仪及其用法。简答以下两问。

①精密水准仪的构造有哪 4 项特点。

②精密水准尺的构造有哪 2 项特点。

（5）为何要在 $CC \perp HH$ 的条件下，才能检验 HH 是否垂直 VV，检验的步骤如何？

（6）在附合导线计算中有哪几项计算校核？各有何意义？

编 后 语

1. 测量人员的理论培训

若在施工技术人员中,培训测量人员或验线人员,使用本教材作为施工测量放线、验线的培训内容是完全能满足要求的,因为施工技术人员一般都有中专以上的学历,有较好的数学和工程施工的基本知识。可是在工人中培训测量放线工除用本教材外,还应补充必要的数学与施工等方面的基础知识。无论是培训测量员、验线员或测量放线工,都要首先让学员正确、熟练地掌握好函数型计算器的使用(见附录2)。

在培训中,宜将第4章放在第8章之后为好。讲理论课中一定要讲清如何应用,每讲一课后一定要让学员复习与做作业。重要的作业,教师一定要收上来批改,以了解学员消化的情况。1~8章与9~15章讲完后要做阶段小结,并进行阶段模拟测验(见附录5-1与附录5-2),全书讲完一定要进行总复习(内容见附录5-3),以便学员能系统、全面掌握所学的内容。

2. 测量人员的操作培训

在理论培训的同时,安排操作实习是必要的。操作培训应根据培训的对象而定,内容应以仪器操作与施工放线为主。

3. 上岗考核

理论试题可参考附录6-1~附录6-4(与建设部试题库相对应)。

理论考试通过后,还应进行水准仪与经纬仪基本操作及按4.5.3~4.5.5的有关要求进行个人操作考核。

4. 本教材编写简况

(1) 1987年秋编者王光遐应邀参加了建设部在西安与北京

召开的修改建筑工人工种应知应会的会议,会上编者提出增设测量放线工的建议及草案,得到与会者的支持和通过,从此测量放线工被纳入了建设部的正式工种。会后编者根据通过的测量放线工的应知应会开始编写了初、中级工的培训教材,并于1991年通过北京市劳动局与建委的评审通过并在内部试用。

(2) 2001年8月~2002年6月编者根据建设部1994年制定的岗位培训大纲,对已试用10年的初、中、高级工培训教材按现行规范、规程进行了全面修改,于2002年7月写出了50万字共12章的初、中、高级工培训教材的"送审稿",送北京市建委和北京市各大施工企业与院校征求意见。

(3) 根据各单位返回的意见编者对"送审稿"进行了大量的修改并补充了:①工程识图、审图;②工程构造;③安全生产、职业道德、班组管理等3章内容,全书形成15章的"修订稿",以满足应知应会的要求。

(4) 2003年初,又根据建设部2002年10月制定的"岗位培训计划大纲"的要求对"修订稿"进行了全面修改:

①将分初、中、高级分段编写改成按学科体系一性编写;

②将全书问答式的形式改为章节式以求体系上、概念上的完整性与系统性;

③由于近两年工程规范大规模的修改,故对书中所涉及规范的地方均按最新现行规范进行了修订;

④对全书所介绍的测量仪器也按最近产品进行更换;

⑤对个别章、节做了进一步的推敲、修改以求完善;

⑥补充了总结复习提纲与上岗考核示范试题。

(5) 本教材的第4.2节(GB/T 19000质量管理体系标准)是马国庆高工(北京市政总公司)所写。第13章市政工程施工测量是马国庆与张金元高工(北京城建总公司)所写。其余均为王光遐高工(北京建工总公司)所写。这次对全书的全面修改、补充、统稿、定稿均由王光遐、马国庆完成。

(6) 唐梦元高工(北京市政总公司)、黄绍林(北京市双兴公司）与韩瑞（北京市六建公司）两位高级技师做了大量校对工作和部分绘图工作。

5. 本教材得到各方人士的大力鼎助

（1）本教材是从 1988 年起至今为止的近 15 年中，经历了编写—修改—补充—再修改……，在这过程中，一直得到北京市建委原祖荫总工程师的大力支持、指导与审定，在此向原祖荫总工程师致谢。

（2）本教材的"送审稿"与出版稿均得到清华大学刘翰生老教授、北京建工总公司杨嗣信总工程师与北京市政工程总公司白崇智总工程师的审定。对此向他们三位致谢。

（3）本教材还得到北京市各兄弟建筑公司、各大专院校与北京光学仪器厂等单位的大力支持和提供资料，在此向他们致谢。

在使用本教材时欢迎各方面人士多提宝贵意见与建议，谢谢！

主编：王光遐　马国庆

2003 年 6 月 2 日